全国水利行业规划教材　高职高专水利水电类
中国水利教育协会策划组织

水工建筑物

主　编　刘咏梅　陈一华
副主编　王　晶　张馨玉　鞠丽秀
　　　　张　涛　朱　强
主　审　林　辉

黄河水利出版社
·郑州·

内 容 提 要

本书是全国水利行业规划教材，是根据中国水利教育协会职业技术教育分会高等职业教育教学研究会组织制定的水工建筑物课程标准及水利部行业标准规范要求编写完成的。全书共分十个项目，主要讲述各种水工建筑物的工作原理、形式种类、构造布置、设计原理及计算方法，主要建筑物项目有案例分析，各项目有习题供学习者选做。

本书可作为高职高专水利大类专业、成人教育水利水电类专业的教材使用，也可供水利水电工程设计及施工技术人员学习参考。

图书在版编目(CIP)数据

水工建筑物/刘咏梅，陈一华主编. —郑州：黄河水利出版社，2016.5

全国水利行业规划教材

ISBN 978-7-5509-1351-6

Ⅰ.①水… Ⅱ.①刘… ②陈 Ⅲ.①水工建筑物-教材 Ⅳ.①TV6

中国版本图书馆 CIP 数据核字(2016)第108750号

组稿编辑：王路平 电话：0371-66022212 E-mail：hhslwlp@163.com

出 版 社：黄河水利出版社

地址：河南省郑州市顺河路黄委会综合楼14层 邮政编码：450003

发行单位：黄河水利出版社

发行部电话：0371-66026940、66020550、66028024、66022620(传真)

E-mail：hhslcbs@126.com

承印单位：河南承创印务有限公司

开本：787 mm×1 092 mm 1/16

印张：21.25

字数：490 千字 印数：1—4 100

版次：2016年5月第1版 印次：2016年5月第1次印刷

定价：42.00 元

前 言

本书是贯彻落实《国家中长期教育改革和发展规划纲要(2010～2020年)》、《国务院关于加快发展现代职业教育的决定》(国发〔2014〕19号)、《现代职业教育体系建设规划(2014～2020年)》和《水利部教育部关于进一步推进水利职业教育改革发展的意见》(水人事〔2013〕121号)等文件精神,在中国水利教育协会指导下,由中国水利教育协会职业技术教育分会高等职业教育教学研究会组织编写的第三轮水利水电类专业规划教材。第三轮教材以学生能力培养为主线,体现出实用性、实践性、创新性的教材特色,是一套理论联系实际、教学面向生产的高职教育精品规划教材。

本书根据高职教育人才培养模式和基本特点,依托水工建筑物国家精品课程资源库平台素材资源,以"项目任务式""案例引导式"等形式开展教材改革,行业企业专家参与课程内容遴选,课程内容与职业标准对接,重点突出专业技能、注重学生职业能力培养等要求。本书结合编者多年的教学经验,在编写过程中力求层次清楚、内容精炼,重点突出水利专业特色;还注重基本概念、基本理论和基本计算方法在解决实际工程问题中的应用,以培养强化学生的工程意识。在编排上符合学生的认知规律,具有很强的逻辑性和条理性。

本书共分十个项目,每个项目开篇指明项目任务,各任务有知识要求及技能要求。在编写过程中,本书以求新、求准、实用为原则,以常见的主要水工建筑物设计案例为载体,实现了知识目标与技能目标的对接,结合了近期相关的新技术、新工艺、新材料及先进的优化设计手段等。

本书编写人员及编写分工如下:湖南水利水电职业技术学院刘咏梅编写项目一、项目二;长江工程职业技术学院陈一华编写项目三、项目四;黑龙江农垦科技职业学院鞠丽秀编写项目五、项目十;湖南水利水电职业技术学院王晶编写项目六;湖南水利水电职业技术学院张馨玉编写项目七;云南经济管理职业学院张涛编写项目八;长江工程职业技术学院朱强编写项目九。本书由刘咏梅和陈一华担任主编,刘咏梅负责全书统稿;由王晶、张馨玉、鞠丽秀、张涛、朱强担任副主编;由福建水利电力职业技术学院林辉教授担任主审。

由于编写水平有限及编写时间仓促,书中难免存在错误和疏漏之处,恳请广大读者批评指正。

编 者

2016年3月

目录

前 言
项目一 绪 论 ……………………………………………… (1)
任务一 我国的水资源及水利工程建设 ……………………… (2)
任务二 水利枢纽和水工建筑物 …………………………… (6)
习 题 ……………………………………………………… (12)
项目二 重力坝 ……………………………………………… (14)
任务一 重力坝的认知 ……………………………………… (15)
任务二 非溢流坝剖面设计 ………………………………… (17)
任务三 重力坝的荷载及其组合 …………………………… (19)
任务四 重力坝的抗滑稳定分析 …………………………… (29)
任务五 重力坝的应力分析 ………………………………… (31)
任务六 溢流坝设计 ………………………………………… (34)
任务七 重力坝的泄水孔布置 ……………………………… (43)
任务八 重力坝的材料及构造布置 ………………………… (46)
任务九 重力坝的地基处理 ………………………………… (51)
任务十 其他类型重力坝认知 ……………………………… (55)
任务十一 案例分析 ………………………………………… (58)
习 题 ……………………………………………………… (65)
项目三 拱 坝 ……………………………………………… (67)
任务一 拱坝的认知 ………………………………………… (68)
任务二 拱坝的荷载及组合 ………………………………… (72)
任务三 拱坝的布置 ………………………………………… (75)
任务四 拱坝的应力分析 …………………………………… (81)
任务五 拱坝坝肩的稳定分析 ……………………………… (83)
任务六 拱坝的泄流和消能 ………………………………… (85)
任务七 拱坝的构造与地基处理 …………………………… (88)
习 题 ……………………………………………………… (92)
项目四 土石坝 ……………………………………………… (94)
任务一 土石坝的认知 ……………………………………… (95)
任务二 土石坝的基本剖面 ………………………………… (99)
任务三 土石坝的渗流分析 ………………………………… (102)
任务四 土石坝的稳定分析 ………………………………… (111)

任务五　筑坝材料选择与填筑标准 …………………………（118）
任务六　土石坝的构造 …………………………（121）
任务七　土石坝的地基处理 …………………………（129）
任务八　土石坝与坝基、岸坡及其他建筑物的连接 …………………………（135）
任务九　案例分析 …………………………（135）
习　题 …………………………（140）
项目五　河岸溢洪道 …………………………（142）
任务一　溢洪道的认知 …………………………（143）
任务二　正槽溢洪道 …………………………（147）
任务三　侧槽溢洪道 …………………………（155）
任务四　非常溢洪道 …………………………（160）
习　题 …………………………（161）
项目六　水　闸 …………………………（163）
任务一　水闸的认知 …………………………（164）
任务二　闸址选择和闸孔布置 …………………………（168）
任务三　水闸的消能防冲设计 …………………………（177）
任务四　水闸的防渗排水设计 …………………………（187）
任务五　闸室的布置和构造 …………………………（200）
任务六　闸门与启闭机 …………………………（206）
任务七　水闸的稳定分析与地基处理 …………………………（210）
任务八　闸室的结构设计 …………………………（223）
任务九　水闸的两岸连接建筑物 …………………………（231）
习　题 …………………………（237）
项目七　水工隧洞与坝下涵管 …………………………（240）
任务一　水工隧洞的认知 …………………………（241）
任务二　水工隧洞的布置和构造 …………………………（242）
任务三　作用在水工隧洞衬砌上的荷载 …………………………（253）
任务四　圆形有压隧洞的结构计算 …………………………（259）
任务五　坝下涵管 …………………………（268）
习　题 …………………………（272）
项目八　渠系建筑物 …………………………（275）
任务一　渠系建筑物认知 …………………………（276）
任务二　渠道设计 …………………………（278）
任务三　渡槽设计 …………………………（284）
任务四　桥梁认知 …………………………（296）
任务五　倒虹吸管认知 …………………………（298）
任务六　跌水与陡坡认知 …………………………（303）
习　题 …………………………（307）

项目九 其他水工建筑物 …………………………………………………… (308)
任务一 橡胶坝的构造 …………………………………………………… (309)
任务二 船闸的构造 ……………………………………………………… (311)
任务三 升船机 …………………………………………………………… (314)
任务四 过鱼建筑物 ……………………………………………………… (316)
习 题 ……………………………………………………………………… (317)
项目十 水利枢纽布置 ……………………………………………………… (318)
任务一 蓄水枢纽布置 …………………………………………………… (319)
任务二 引水枢纽布置 …………………………………………………… (325)
参考文献 ……………………………………………………………………… (332)

项目一　绪　论

项目任务书

<table>
<tr><td colspan="2">项目名称</td><td>项目一　绪　论</td><td>参考学时</td><td>2 学时</td></tr>
<tr><td colspan="2" rowspan="2">教学任务</td><td colspan="2">任务一　我国的水资源及水利工程建设</td><td rowspan="2">2 学时</td></tr>
<tr><td colspan="2">任务二　水利枢纽和水工建筑物</td></tr>
<tr><td colspan="2">学习任务</td><td colspan="3">让学生理解掌握水工建筑物、水利枢纽的概念与分类，水利枢纽的分等、水工建筑物的分级、洪水标准的确定方法</td></tr>
<tr><td colspan="2">教学内容</td><td colspan="3">1. 我国水资源分布和开发状况。
2. 水利工程建设成就。
3. 水利工程的定义、分类。
4. 水利枢纽、水工建筑物的定义。
5. 水利枢纽的分等。
6. 水工建筑物的分级。
7. 本课程的教学方法、学习方法、考核方法</td></tr>
<tr><td rowspan="3">教学目标</td><td>知识</td><td colspan="3">1. 掌握水工建筑物、水利工程的概念与分类。
2. 掌握水利枢纽的分等、水工建筑物的分级。
3. 掌握洪水标准的确定方法。
4. 了解我国水资源分布和开发状况。
5. 掌握本课程的教学方法、学习方法、考核方法。
6. 了解设计规范、设计标准的使用</td></tr>
<tr><td>技能</td><td colspan="3">1. 能确定水利枢纽等别、水工建筑物级别。
2. 能确定水工建筑物设计的洪水标准。
3. 能够正确使用设计规范、设计标准</td></tr>
<tr><td>态度</td><td colspan="3">1. 能按时到课，遵守课堂纪律，积极回答课堂问题，按时上交作业。
2. 课下能配合小组积极完成老师布置的各项任务。
3. 同学间能对疑难问题相互讨论。
4. 能勇于表达个人的观点和见解</td></tr>
</table>

任务一　我国的水资源及水利工程建设

知识要求

了解我国水资源分布和开发状况。

技能要求

熟悉水利工程的分类。

一、水资源

(一)水资源的定义

水资源作为地球自然资源的一种,是指地球所属范围内的、可作为资源的水。它包括地球表面地层中和围绕地球的大气中的水分。1998 年,联合国教科文组织和世界气象组织给出的水的定义为:作为资源的水应当是可供利用或有可能被利用,具有足够数量和可用质量,并可适合某地对水的需求而能长期供应的水源。因此,水资源可以理解为人类长期生存、生活和生产过程中所需要的各种水,既包括了它的数量和质量,又包括了它的使用价值和经济价值。许多国家在谈到水资源时,常常把通过全球水文循环而可不断获得补充的淡水作为水资源。

综上所述,水资源作为维持人类社会存在及发展的重要资源之一,应当具有以下功能:①可以按照社会的需要提供或有可能提供的水量。②水量有可靠的来源,且来源可以通过自然界水文循环不断得到更新或补充。③水量可以由人工加以控制。④水量及水质能够适应人类用水的需求。

(二)我国水资源特点

(1)人均水资源占有量偏少。根据 2014 年《中国水资源公报》及人口统计,我国水资源总量为 27 266.9 亿 m^3,居世界第六位;人均占有量为 2 080 m^3,不足世界平均值的1/5,列世界第 121 位,是世界上水资源贫乏的国家,水资源十分宝贵。

(2)水资源分布与人口、耕地布局不相适应。长江流域及其以南地区年水资源总量占全国水资源总量的 82.9%;人口占全国总人口的 54.7%,人均年水资源量 4 170 m^3,为全国平均值的 1.5 倍;耕地占全国的 34.7%,亩均年水资源量 4 134 m^3,为全国平均值的 2.3 倍。北方地区水资源总量占全国水资源总量的 17.1%;人口占全国总人口的 43.2%,人均年水资源量只有 938 m^3,为全国平均值的 35%;耕地占全国耕地的 65.3%,亩均年水资源量仅 454 m^3,为全国平均值的 26%。水土资源和人口组合极不均衡造成了北方用水过分紧张。

(3)年际和季节变化大,水旱灾害频繁。我国大部分地区受季风影响显著,降水量、径流量的年际和季节变化很大,而且干旱地区的变化一般大于湿润地区。降水量和径流量年际间的悬殊差别和年内高度集中的特点,不仅给开发利用水资源带来困难,还是水旱灾害频繁的根本原因。

(4)地下水分布广泛,是北方地区重要的供水水源。由于地下水分布相对地表水均匀且相对稳定，年际与季节变化小，水质较好，不易受到污染，所以在北方地表水资源相对贫乏的地区，地下水对工业、农业和城镇供水有着重要的意义。北方6区（松花江区、辽河区、海河区、黄河区、淮河区、西北诸河区6个水资源一级区简称为北方6区）平原地下水总补给量为1 370.3亿m^3，是北方地区的重要供水水源。

（5）水质变化大，污染严重。我国河流的天然水质相当好，水量较多的地区，河水矿化度和总硬度都比较低。但是人口的不断增长和工业的迅速发展，使废污水的排放量增加很快，从而导致水体污染日趋严重。北方地区水体污染比南方严重，西部比东部严重。在我国大城市的工业区和人口密集区附近的水体污染较严重。全国的江河水质，中小河流水污染状况重于各大水系干流。

（6）水土流失严重，河流泥沙含量大。由于自然条件和长期以来人类活动的结果，我国森林覆盖率很低，水土流失严重。我国平均每年被河流带走的泥沙约为35亿t，其中直接入海的泥沙约18.5亿t，占全国河流输沙量的53%；其余泥沙大都淤积在流域中，包括下游平原河道、湖泊、水库或引入灌区、分蓄洪区等。黄河是中国泥沙最多的河流，也是世界罕见的多沙河流，年平均含沙量和年输沙总量均居世界大河的首位，多年平均含沙量为35 kg/m^3，多年平均输沙量达到16亿t。

（7）水能资源丰富。我国地势西高东低，地形复杂多变。水能资源中山地占33%，高原占26%，丘陵占10%，合计占69%。长江落差为5 400 m，黄河落差为4 830 m，雅鲁藏布江、澜沧江、怒江的落差都在4 000 m以上。水能资源居世界第一位，理论蕴藏量为6.944亿kW，经济可开发量为4.018亿kW。

二、水利工程建设

（一）水利工程的定义

水利工程是指对自然界的地表水和地下水进行控制和调配，以达到除害兴利的目的而修建的工程。在时间上重新分配水资源，做到防洪补枯，以防止洪涝灾害和发展灌溉、发电、供水、航运等事业。

（二）水利工程的分类

1. 河道整治与防洪工程

河道整治主要是通过整治建筑物和其他措施，防止河道冲蚀、改道和淤积，使河流的外形和演变过程都能满足防洪与兴利等各方面的要求。一般防治洪水的措施是建立“上拦下排，两岸分滞”的工程体系。

“上拦”是防洪的根本措施，不仅可以有效防治洪水，而且可以综合地开发利用水土资源。“上拦”就是在山地丘陵地区开展水土保持，拦截水土，有效地减少地面径流；在干、支流的中上游兴建水库拦蓄洪水，调节下泄流量不超过下游河道的过流能力。

水库作为一种蓄水工程，在汛期可以拦蓄洪水，削减洪峰，保护下游地区安全，拦蓄的水流由于下游水位抬高可以用来满足灌溉、发电、航运、供水和淡水养殖的需要。

水库的形成造成库区淹没，村镇、居民、工厂及交通等设施需要迁移重建；水库水位的升降可能引起岸坡大范围滑坡，影响拦河坝的安全；在地震多发区，还有可能诱发地震；水库水质、水温的变化使库区附近的生态平衡发生变化。

水库改变了河道的径流状态，下游河道流量发生了变化。在枯水期，如果电站运行和灌溉用水，则对航运、河道水质改善、维持生态平衡等方面均有利。如不放水，将使河道干涸，过流能力下降，两岸地下水位降低，影响生态。另外，下泄的清水易冲刷河床，将影响下游桥梁、护岸等工程的安全。

某些水库上游河道的入库处，流速较低，容易发生淤积，使河水下泄不畅，库区上游河道容易发生洪水泛滥。

因此，应认真研究和正确解决这些问题，充分利用有利条件，使水库发挥最大效益。

“下排”就是疏浚河道，修筑堤防，提高河道泄洪能力，减轻洪水威胁。这是治标的办法，不能从根本上防治洪水。但是，在“上拦”工程没有完全控制洪水之前，筑堤防洪仍是一项重要的有效措施，而且要加强汛期的防护、管理、监察等工作，确保安全。

“两岸分滞”是在河道两岸适当位置修建分洪闸、引洪道、滞洪区等，将超过河道安全泄量的洪峰流量通过泄洪建筑物分流到该河道下游或其他水系，或者蓄于低洼地区（滞洪区），以保证河道两岸保护区的安全。滞洪区的规划与兴建应根据实际经济发展情况、人口因素、地理情况和国家的需要，由国家统筹安排。为了减少滞洪区的损失，必须做好通信、交通和安全措施等工作，并做好水文预报，只有万不得已时才运用分洪措施。

2. 农田水利工程

农业是国民经济的基础，通过建闸、修渠等工程措施，形成良好的灌、排系统，来调节和改变农田水分状态和地区水利条件，使之符合农业生产发展的需要。

农田水利工程一般包括以下三种类型：

（1）取水工程。从河流、湖泊、水库、地下水等水源适时适量地引取水量，用于农田灌溉的工程称为取水工程。在河流中引水灌溉时，取水工程一般包括抬高水位的拦河坝（闸）、控制引水的进水闸、排沙用的冲沙闸、沉沙池等。当河流流量较大、水位较高能满足自流引水灌溉要求时，可以不修建拦河坝（闸）。当河流水位较低又不宜修建坝（闸）时，可建提灌站，提水灌溉。

（2）输水配水工程。将一定流量的水流输送并配置到田间的建筑物的综合体称为输水配水工程，如各级固定渠道系统及渠道上的涵洞、渡槽、交通桥、分水闸等。

（3）排水工程。各级排水沟及沟道上的建筑物称为排水工程。其作用是将农田内多余水分排泄到一定范围以外，使农田水分保持适宜状态，满足通气、养料和热状况的要求，以适应农作物的正常生长，如排水沟、排水闸等。

3. 水力发电工程

水力发电工程是将具有巨大能量的水流通过水轮机转换为机械能，再通过发电机将机械能转换为电能的工程措施。

落差和流量是水力发电的两个基本要素。为了有效地利用天然河道的水能，常采用工程措施，修建能集中落差和流量的水工建筑物，使水流符合水力发电工程的要求。在山区常用的水能开发方式是拦河筑坝，形成水库，它既可以调节径流又可以集中落差。在坡度很陡或有瀑布、急滩、弯道的河段，而上游又不许淹没时，可以沿河岸修建引水建筑物（渠道、隧洞）来集中落差和流量，开发水能。

4. 供水和排水工程

供水是将水从天然水源中取出,经过净化、加压,用管网供给城市、工矿企业等用水部门;排水是排除工矿企业及城市废水、污水和地面雨水。城市供水对水质、水量及供水可靠性要求很高;排水必须符合国家规定的污水排放标准。

我国水源不足,现有供水、排水能力与科技和生产发展及人民物质文化生活水平的不断提高不相适应,特别是城市供水与排水的要求愈来愈高;水质污染问题也加剧了水资源的供需矛盾,而且恶化环境,破坏生态。

5. 航运工程

航运包括船运与筏运(木、竹浮运)。发展航运对物资交流、繁荣市场、促进经济和文化发展是很重要的。它运费低,运输量大。内河航运有天然水道(河流、湖泊等)和人工水道(运河、河网、水库、渠化河流等)两种。

利用天然河道通航,必须进行疏浚、河床整治、改善河流的弯曲情况,设立航道标志,以建立稳定的航道。当河道通航深度不足时,可以通过拦河建闸、坝的措施抬高河道水位;或利用水库进行径流调节,改善水库下游的通航条件。人工水道是人们为了改善航运条件,开挖人工运河、河网及渠化河流,以节省航程,节约人力、物力、财力。人工水道除可以通航外,还有综合利用的效益,如运河可以作为水电站的引水道、灌溉干渠、供水的输水道等。

在航道上如建有闸、坝等拦水建筑物,应同时修建通航建筑物。如果船舶不多、货运量不大,可以设中转码头;如果航线较为重要,运输任务较大,则宜采用升船机、船闸、过木道等建筑物,使船只、木排直接通过。例如,在葛洲坝水利枢纽中布置了三个船闸来满足长江的通航需要。

(三)我国水利工程建设的发展

几千年来,勤劳勇敢的中国人民为兴水利、除水害进行着坚持不懈的努力,做出了突出的成绩,并积累了宝贵的经验。水利工程建设的发展体现如下:

(1)从春秋时期开始,1 800 多 km 的黄河大堤,为治河防洪、堤防工程的建设与管理提供了丰富的经验;公元前 485 年开始兴建到 1293 年全线通航的京杭大运河,全长 1 794 km,是世界上最长的运河;目前,灌溉面积达 1 000 多万亩(1 亩 = 1/15 hm^2)的四川都江堰工程已有 2 250 多年的历史,仍为我国的农业发展发挥着巨大的效益;库容为 393 亿 m^3,水电站设计装机容量 1 820 万 kW 的我国三峡工程,于 2009 年建成。200 m 以上的高坝,现已建和在建的有 71 座。

(2)将土石坝施工中的碾压技术应用于混凝土坝的碾压混凝土筑坝新技术,不仅成功地用于重力坝,而且已开始在拱坝中采用。随着大型碾压施工机械的出现,混凝土面板堆石坝已在许多国家广为采用。超贫胶凝材料坝试验研究在国内外已经展开,并开始建筑了一些试验坝,预计在中、低坝建设中有广阔的发展前景。

(3)高度机械化的隧洞掘进机(TBM)技术的应用,为大型地下工程和特长深埋隧洞工程的顺利完成提供了广阔前景。TBM 技术在国外应用已相当广泛,如澳大利亚雪山水利工程(工程包括 137 km 的引水隧洞、80 km 的高架渠、7 个水力发电站、2 个抽水站及库容为 85 亿 m^3 的水库)、长 50 km 的英吉利海峡隧道,以及长 90 km 以上的瑞士洛克伯格和哥特哈德隧道都应用了TMB技术。我国在水工隧洞和城市地铁隧道建设中也开始应用盾构施工;南水北调西线工程,将修建长深埋隧洞,TMB技术将大有用武之地。

(4)地基处理和加固技术不断发展,使得处理效果更加可靠,造价进一步降低。例如,深厚覆盖层地基防渗处理,广泛采用混凝土防渗墙技术。加拿大马尼克3级坝的混凝土防渗墙深达131 m,是目前世界上最深的防渗墙。我国黄河小浪底水利工程创造了国内混凝土防渗墙81.9 m的最高深度纪录,防渗效果好。此外,利用水泥或水泥黏土进行帷幕灌浆也是处理深厚覆盖层的一项有效措施,如法国的谢尔蓬松坝,高129 m,帷幕深110 m,从蓄水后的观测资料看,阻水效果较好。20世纪70年代初出现的利用水气射流切割掺搅地层,同时将胶结材料(如水泥浆)灌注到被掺搅的地层中去的高压喷射灌浆,也已成功地应用于地基防渗和加固处理。

(5)信息化技术在水利水电建设中得以广泛使用。随着高速度、大容量计算机的出现,水工结构、水工水力学和水利施工中的许多复杂问题都可以通过计算机得到解决。由于在计算中可以很方便地变更参数,因而可以迅速地进行方案比较和选择建筑物的最优方案。

(6)大型试验设备和现场量测设备的发展,使得水工建筑物的模型试验和原型观测也得到相应的发展,并且与电算分析方法相结合,互相校核、互相验证,还可以通过反演分析进行安全评价和安全预测。这些研究成果反馈到工程设计中,使得设计更加安全、可靠,也更加经济合理。

任务二　水利枢纽和水工建筑物

知识要求

掌握水利枢纽分等、水工建筑物分级;掌握洪水标准的确定。

技能要求

能够正确使用设计规范、设计标准进行水利枢纽分等、水工建筑物分级。

一、水利枢纽

为了综合利用水资源,达到防洪、灌溉、发电、供水、航运等目的,需要在河流的适宜地段修建几种不同类型的建筑物,以控制和支配水流,满足国民经济发展的需要,这些建筑物称为水工建筑物,而由不同用途的水工建筑物组成的综合体称为水利枢纽。

(一)水利枢纽的分类

一个水利枢纽的功能可以是单一的,如防洪、发电、灌溉、引水等,但多数情况是兼有几种功能的,此类水利枢纽称为综合利用水利枢纽。

水利枢纽按其所在地区的地貌形态分为平原地区水利枢纽和山区(包括丘陵区)水利枢纽;也可按承受水头的大小分为高、中、低水头水利枢纽。在农田水利工程中,还往往把水利枢纽按其作用分为蓄水(水库)枢纽和取(引)水枢纽。有些水利枢纽常以其主体工程(坝或水电站)或形成的水库名称来命名,如埃及的阿斯旺高坝、中国的葛洲坝水电站水利枢纽及官厅水库等。

低水头水利枢纽多建在河道下游的平原地区或河道开阔地段。由于河床坡度平缓，地形开阔，枢纽中的挡水建筑物多为较低的拦河闸或溢流坝，因此壅水不高，库容较小，调蓄能力不大，所以在岩基或软基上均可修建。

高、中水头水利枢纽位于山区或丘陵区，通常是高坝，洪水流量大，地基多为岩基。

(二)水利枢纽实例——三峡工程

图1-1为三峡水利枢纽工程布置图。三峡水利枢纽位于西陵峡中段，湖北宜昌的三斗坪，是一座具有防洪、发电、航运等巨大综合效益的多目标开发工程，主要由拦河坝及泄水建筑物、水电站厂房、通航建筑物组成。正常运行水位175 m，总库容393亿m^3，坝轴线长2 309 m，坝体高程185 m，最大坝高181 m，主要建筑物按1 000年一遇洪水设计，10 000年一遇洪水加大10%校核，总投资达2 039亿元。枢纽泄洪坝段位于河床主河槽部位，两侧为电站厂房坝段和非溢流坝段，另在右岸留有后期扩机的地下厂房位置，通航建筑物位于左岸。

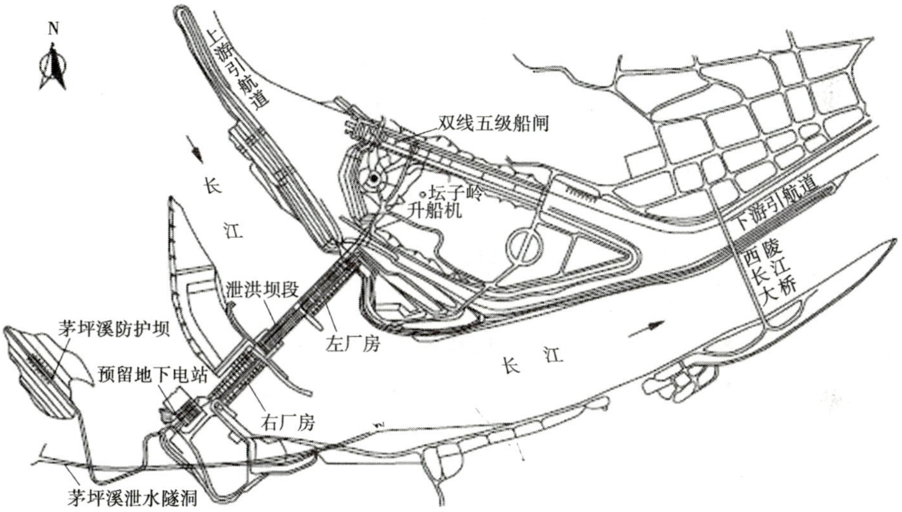

(a) 平面布置图

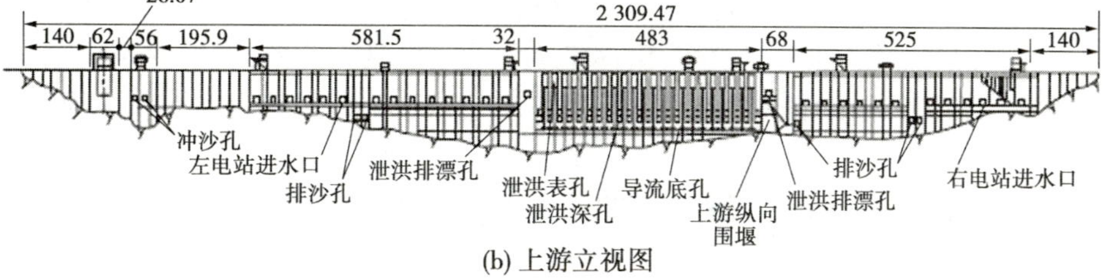

(b) 上游立视图

图1-1 三峡水利枢纽工程布置图 (单位:m)

枢纽主要由以下建筑物组成：

(1)泄洪坝段位于河床主河槽部位，前沿总长483 m，分为23个坝段，每个坝段长21 m。共布置有23个深孔和22个表孔。深孔布置在每个坝段的中部，尺寸为7 m×9 m(宽×高)，进水口高程90 m。表孔跨两个坝段间的横缝布置，净宽8 m，堰顶高程158 m。采用鼻坎挑流消能,最大泄洪能力 11.9 万 m^3/s。

(2)水电站为坝后式厂房。布置在泄洪坝段的左、右两侧,分别安装 14 台和 12 台 70 万 kW 机组,共计 26 台,另在右岸留有为后期扩机的 6 台地下厂房位置。主要向华东、华中地区供电,少部分向川东供电,每年可节约原煤 4 000 万 ~5 000 万 t。

(3)通航建筑物包括船闸和垂直升船机,均布置在左岸。船闸为双线五级船闸,总水头 113 m,闸室有效尺寸为 280 m×34 m×5 m(长×宽×坝上最小水深),能通过万吨船队。升船机为垂直均衡重式,承船厢内有效水域尺寸为 120 m×18 m×3.5 m(长×宽×厢内水深),可通过 3 000 t 级客货轮。

二、水工建筑物

(一)水工建筑物的分类

1. 按建筑物的用途分类

(1)挡水建筑物。用以拦截江河,形成水库或壅高水位,如各种坝和闸,以及为抗御洪水或挡潮,沿江河海岸修建的堤防、海塘等。

(2)泄水建筑物。用以宣泄各种情况下,特别是洪水期的多余入库水量,以确保大坝和其他建筑物的安全,如溢流坝、溢洪道、泄洪洞等。

(3)输水建筑物。为灌溉、发电和供水的需要从上游向下游输水用的建筑物,如输水洞、引水管、渠道、渡槽等。

(4)取水建筑物。是输水建筑物的首部建筑,如进水闸、扬水站等。

(5)整治建筑物。用以整治河道,改善河道的水流条件,如丁坝、顺坝、导流堤、护岸等。

(6)专门建筑物。专门为灌溉、发电、供水、过坝需要而修建的建筑物,如电站厂房、沉沙池、船闸、升船机、鱼道、筏道等。

2. 按建筑物使用时间分类

水工建筑物按使用的时间长短分为永久性建筑物和临时性建筑物两类。

(1)永久性建筑物。在运用中长期使用,根据其在整体工程中的重要性又分为主要建筑物和次要建筑物。主要建筑物是指该建筑物失事后将造成下游灾害或严重影响工程效益的建筑物,如闸、坝、泄水建筑物、输水建筑物及水电站厂房等;次要建筑物是指失事后不致造成下游灾害和对工程效益影响不大且易于检修的建筑物,如挡土墙、导流墙、工作桥及护岸等。

(2)临时性建筑物。仅在工程施工期间使用,如围堰、导流建筑物等。有些水工建筑物在枢纽中的作用并不是单一的,如溢流坝既能挡水,又能泄水;水闸既可挡水,又能泄水,还可作取水之用。

(二)水工建筑物的特点

水工建筑物与其他土木建筑物相比,除工程量大、投资多、工期较长外,还具有以下几个方面的特点。

1. 工作条件复杂

水的作用形成了水工建筑物特殊的工作条件:挡水建筑物蓄水以后,除承受一般的地震力和风压力等水平推力外,还承受很大的水压力、浪压力、冰压力、地震动水压力等水平推力,对建筑物的稳定性影响极大;通过水工建筑物和地基的渗流,对建筑物和地基产生渗透压力,还可能产生侵蚀和渗透破坏;当水流通过水工建筑物下泄时,高速水流可能引起建筑物的空蚀、振动,以及对下游河床和两岸的冲刷;对于特定的地质条件,水库蓄水后可能诱发地震,进一步恶化建筑物的工作条件。

水工建筑物的地基是多种多样的。在岩基中,经常遇到节理、裂隙、断层、破碎带及软弱夹层等地质构造;在土基中,可能遇到粉细砂、淤泥等构成的复杂地基。为此,在设计之前必须进行周密的勘测,作出正确的判断,为建筑物的选型和地基处理提供可靠的依据。

2. 设计选型独特

水工建筑物的形式、构造和尺寸,与建筑物所在地的地形、地质、水文、建筑材料储量等条件密切相关。

由于各工程的地形条件、地质条件不相同,在岩石地基中经常遇到节理、裂隙、断层、破碎带、软弱夹层等地质构造,在土基中也可能遇到压缩性大、强度低的土层或流动性强的细砂层。为此,必须周密勘测、正确判断,提出合理、可靠的处理措施。

由于水工建筑物工程量大,当地建筑材料储备情况对建筑物的形式选择有重大影响,所以主要建筑材料应就地取材,以降低工程造价。

由于自然条件千差万别,每一个工程都有其自身的特定条件,因此除非小型工程的建筑物,一般不能采用定型设计。当然,水工建筑物中某些结构部件的标准化,则是可能而且必要的。

3. 施工条件复杂

水工建筑物的兴建:第一,需要解决好施工导流问题,要求在施工期间,在保证建筑物安全的前提下,河水应能顺利下泄,必要的通航、过木要求应能满足,这是水利工程设计和施工中的一个重要课题;第二,工程进度紧迫,工期也比较长,截流、度汛需要抢时间、争进度,否则将导致工期拖延;第三,施工技术复杂,水工建筑物的施工受气候影响较大,例如大体积混凝土的温度控制和复杂的地基较难处理,填土工程要求一定的含水量和一定的压实度,雨季施工有很大的困难;第四,地下、水下工程多,排水施工难度比较大;第五,交通运输比较困难,高山峡谷地区更为突出等。

4. 对国民经济及环境的影响巨大

水利枢纽工程和单项的水工建筑物可以承担防洪、灌溉、发电、航运等任务,同时也可以绿化环境,改良土壤植被,发展旅游,甚至建成优美的城市等。但是,如果处理不当也可能产生消极的影响。例如,水库蓄水越多,效益越高,但淹没损失就越大,不仅导致大量移民和迁建,还可能引起库区周围地下水位的变化,直接影响到工农业生产,甚至影响生态环境,库尾的泥沙淤积可能会使航道恶化。堤坝等挡水建筑物万一失事或决口,将会给下游人民的生命财产和国家建设带来灾难性的损失。1975 年 8 月,我国河南省遭遇特大洪水,加之板桥、石漫滩两座大型水库漫顶垮坝,使下游 1 700 万亩农田受淹,京广铁路线冲毁 102 km,1 100 万人受灾,伤亡惨重。

三、水利水电工程的分等和水工建筑物的分级

为了贯彻执行国家的经济和技术政策，达到既安全又经济的目的，应把水利水电枢纽工程按其规模、效益及其在国民经济中的重要性分等，再将枢纽中的不同建筑物按其所属工程的等别和重要性分级。级别高的建筑物，对设计及施工的要求也高；级别低的建筑物，则可以适当降低。

根据《水利水电工程等级划分及洪水标准》（SL 252—2000）规定，水利水电工程的等别按表 1-1 确定。综合利用的水利水电工程，当按其各项用途分别确定的等别不同时，应按其中的最高等别确定整个工程的等别。

表 1-1　水利水电工程分等指标

工程等别	工程规模	水库总库容（亿 m^3）	防洪		治涝	灌溉	供水	水电站
			保护城镇及工矿企业的重要性	保护农田面积（万亩）	治涝面积（万亩）	灌溉面积（万亩）	供水对象的重要性	装机容量（万 kW）
Ⅰ	大(1)型	≥10	特别重要	≥500	≥200	≥150	特别重要	≥120
Ⅱ	大(2)型	10～1.0	重要	500～100	200～60	150～50	重要	120～30
Ⅲ	中型	1.0～0.1	中等	100～30	60～15	50～5	中等	30～5
Ⅳ	小(1)型	0.1～0.01	一般	30～5	15～3	5～0.5	一般	5～1
Ⅴ	小(2)型	0.01～0.001		<5	<3	<0.5		<1

注：1. 水库总库容指水库最高水位以下的静库容。
2. 治涝面积和灌溉面积均指设计面积。

单项用途的永久性水工建筑物，应根据用途相应的等别和其本身的重要性按表 1-2 确定级别。多用途的水工建筑物，应根据各用途相应的等别中最高者和其本身的重要性按表 1-2 确定级别。

表 1-2　水工建筑物级别的划分

工程等别	永久性建筑物级别	
	主要建筑物	次要建筑物
Ⅰ	1	3
Ⅱ	2	3
Ⅲ	3	4
Ⅳ	4	5
Ⅴ	5	5

永久性建筑物是指工程运行期间使用的建筑物。根据其重要性分为主要建筑物和次要建筑物。主要建筑物是指失事后将造成下游灾害和严重影响工程效益的建筑物，如堤坝、水闸、电站厂房及泵站等。次要建筑物是指失事后不至于造成下游灾害或对工程效益影响不大，并易于修复的建筑物，如挡土墙、导流墙及护岸等。

失事后损失巨大或影响十分严重的水利水电工程，经论证并报主管部门批准，其 2～

5级主要永久性建筑物可提高一级设计；失事后造成损失不大的水利水电工程，经论证并报主管部门批准，其1～4级主要永久性水工建筑物可降低一级设计。水利水电工程挡水建筑物高度超过表1-3所列数值者，2、3级建筑物可提高一级设计，但洪水标准不予提高。

当永久性水工建筑物基础的工程地质条件复杂或采用实践经验较少的新型结构时，2～5级建筑物可提高一级设计，但洪水标准不予提高。

水利水电工程施工期使用的临时性挡水建筑物和泄水建筑物的级别，应根据保护对象的重要性、失事后果、使用年限和临时性建筑物规模，按表1-3确定。

表1-3　临时水工建筑物级别

级别	保护对象	失事后果	使用年限（年）	临时性水工建筑物规模	
				高度（m）	库容（亿 m^3）
3	有特殊要求的1级永久性水工建筑物	淹没重要城镇、工矿企业、交通干线或推迟总工期及第一台（批）机组发电，造成重大灾难和损失	>3	>50	>1.0
4	1、2级永久性水工建筑物	淹没一般城镇、工矿企业交通干线或影响工程总工期及第一台（批）机组发电而造成较大经济损失	3～1.5	50～15	1.0～0.1
5	3、4级永久性水工建筑物	淹没基坑、但对总工期及第一台（批）机组发电影响不大，经济损失较小	<1.5	<15	<0.1

当临时性水工建筑物根据表1-3指标分属不同级别时，其级别应按其中最高级别确定。但对3级临时性水工建筑物，符合该级别规定的指标不得少于两项。利用临时性水工建筑物挡水发电、通航时，经过技术经济论证，3级以下临时性水工建筑物的级别可提高一级。

对不同级别的水工建筑物，在设计过程中应有不同要求，主要体现在以下方面：

（1）抵御洪水能力，如洪水标准、坝顶安全超高等。

（2）强度和稳定性，如建筑物的强度和抗滑稳定安全度，防止裂缝发生或限制裂缝开展的要求及限制变形要求等。

（3）建筑材料，如选用材料的品种、质量、强度等级及耐久性等。

（4）运行可靠性，如建筑物各部分尺寸裕度和是否设置专门设备等。

四、洪水标准

水利水电工程永久性建筑物的洪水标准，应按山区、丘陵区（见表1-4）和平原区（见表1-5）分别确定。

当山区、丘陵区的水利水电工程永久性水工建筑物的挡水高度低于15 m，且上下游最大水头差小于10 m时，其洪水标准宜按平原、滨海区标准确定；当平原、滨海区的水利水电工程永久性水工建筑物的挡水高度高于15 m，且上下游最大水头差大于10 m时，其洪水标准宜按山区、丘陵区标准确定。

表1-4　山区、丘陵区水利水电工程永久性建筑物的洪水标准[重现期(年)]

项目		永久性水工建筑物级别				
		1	2	3	4	5
设计		1 000～500	500～100	100～50	50～30	30～20
校核	土石坝	可能最大洪水(PMF)或10 000～5 000	5 000～2 000	2 000～1 000	1 000～300	300～200
	混凝土坝、浆砌石坝	5 000～2 000	2 000～1 000	1 000～500	500～200	200～100

表1-5　平原区水利水电工程永久性建筑物的洪水标准[重现期(年)]

项目		永久性水工建筑物级别				
		1	2	3	4	5
水库工程	设计	300～100	100～50	50～20	20～10	10
	校核	2 000～1 000	1 000～300	300～100	100～50	50～20
拦河水闸	设计	100～50	50～30	30～20	20～10	10
	校核	300～200	200～100	100～50	50～30	30～20

习　题

一、填空题

1. 水利工程的任务是__________和_____________。
2. 蓄水枢纽中应包含的基本建筑物有______、_____和_____三种。
3. 蓄水枢纽、取水枢纽解决了河流天然来水在_____、_____、_____上的矛盾。
4. 水工建筑物按作用分有_____、_____、_____、_____、_____、_____六大类。
5. 水工建筑物按使用期限分有______和_____两大类。
6. 为了解决______和_____之间的矛盾，将水利枢纽工程按其_____、_____及其_____划分为不同等别。
7. 对水利枢纽中的水工建筑物，按其______和_____进行分级。
8. 等别是对_____而言的、级别是对_____而言的。
9. 规范中规定水利水电枢纽工程按_____、_____及_____划分为_____等，而水工建筑物划分为_____级。
10. 水工建筑物的特点是_____、_____、_____、_____。

二、判断题

1. 临时性水工建筑物不作为长期使用，所以不用进行级别划分。(　　)

2. 工程等别确定后不再改变，建筑物级别则根据具体情况，经过论证，可适当提高或降低。(　　)

3. 水利枢纽是按其规模、效益及重要性分等，而水工建筑物则按其作用和重要性分级。(　　)

三、多项选择题

1. 由于水量分布的地域不均衡、时间不均衡等因素，旱灾和洪涝灾害几乎每年都可能在不同的地区出现，造成这些现象的因素有(　　)。

A. 水土流失严重　　B. 耕地太多

C. 南北方降雨量差别太大　　D. 水库修建过多

2. 水利工程按其所承担的任务来进行分类，一般可分为(　　)。

A. 防洪工程　　B. 灌溉工程

C. 土石坝工程　　D. 水力发电工程

四、思考题

1. 什么是水利枢纽？什么是水工建筑物？水工建筑物有什么特点？

2. 在河川上建造水利枢纽对环境影响如何？人们应如何对待？

3. 水利枢纽、水工建筑为何要分等分级？分等分级的依据是什么？

项目二　重力坝

项目任务书

<table>
<tr><td colspan="2">项目名称</td><td>项目二　重力坝</td><td>参考学时</td><td>20 学时</td></tr>
<tr><td colspan="2" rowspan="11">教学任务</td><td colspan="2">任务一　重力坝的认知</td><td>1 学时</td></tr>
<tr><td colspan="2">任务二　非溢流坝剖面设计</td><td>2 学时</td></tr>
<tr><td colspan="2">任务三　重力坝的荷载及其组合</td><td>2 学时</td></tr>
<tr><td colspan="2">任务四　重力坝的抗滑稳定分析</td><td>2 学时</td></tr>
<tr><td colspan="2">任务五　重力坝的应力分析</td><td>2 学时</td></tr>
<tr><td colspan="2">任务六　溢流坝设计</td><td>4 学时</td></tr>
<tr><td colspan="2">任务七　重力坝的泄水孔布置</td><td>1 学时</td></tr>
<tr><td colspan="2">任务八　重力坝的材料及构造布置</td><td>2 学时</td></tr>
<tr><td colspan="2">任务九　重力坝的地基处理</td><td>2 学时</td></tr>
<tr><td colspan="2">任务十　其他类型重力坝认知</td><td>1 学时</td></tr>
<tr><td colspan="2">任务十一　案例分析</td><td>1 学时</td></tr>
<tr><td colspan="2">学习任务</td><td colspan="3">使学生掌握非溢流坝的剖面设计方法、主要荷载(自重、扬压力、浪压力、泥沙压力、地震荷载)的计算方法、抗滑稳定计算、提高重力坝抗滑稳定的措施、坝体边缘应力的计算方法、溢流坝的剖面设计、深式泄水孔的设计方法</td></tr>
<tr><td colspan="2">教学内容</td><td>1. 非溢流坝剖面设计。
2. 重力坝的荷载及其组合。
3. 重力坝的抗滑稳定分析。
4. 重力坝的应力分析。</td><td colspan="2">5. 溢流坝设计。
6. 重力坝的深式泄水孔。
7. 重力坝的材料及构造。
8. 重力坝的地基处理</td></tr>
<tr><td rowspan="3">教学目标</td><td>知识</td><td>1. 掌握重力坝的定义、特点、分类。
2. 掌握重力坝的基本剖面设计。
3. 掌握重力坝荷载作用计算及组合。
4. 掌握坝基抗滑稳定分析计算。
5. 掌握应力分析计算方法。
6. 掌握溢流坝的剖面设计。</td><td colspan="2">7. 掌握泄水孔的分类和作用。
8. 掌握泄水孔设计。
9. 掌握重力坝的材料与分区方法。
10. 掌握重力坝细部构造方法。
11. 掌握重力坝坝基开挖方法。
12. 掌握重力坝基础处理方法</td></tr>
<tr><td>技能</td><td>1. 能拟定非溢流坝的剖面尺寸,设计非溢流坝剖面。
2. 能设计溢流坝剖面。
3. 能正确计算荷载,利用公式计算坝体应力、验算抗滑稳定性。</td><td colspan="2">4. 能够绘制和阅读重力坝剖面构造图和重力坝细部构造图。
5. 能正确使用重力坝设计规范和水工设计手册</td></tr>
<tr><td>态度</td><td>1. 能按时上课,遵守课堂纪律,积极回答课堂问题,按时上交作业。
2. 课下能配合小组积极完成老师布置的各项任务。</td><td colspan="2">3. 同学间能对疑难问题相互讨论。
4. 能勇于表达个人的观点和见解</td></tr>
</table>

任务一　重力坝的认知

知识要求

掌握重力坝的工作原理及特点，了解重力坝的分类及其适用条件。

技能要求

熟悉重力坝设计的基本内容。

重力坝是一种古老而又应用广泛的坝型，它因主要依靠坝体自重产生的抗滑力维持稳定而得名。通常修建在岩基上，用混凝土或浆砌石筑成。坝轴线一般为直线，垂直坝轴线方向设有永久性横缝，将坝体分为若干个独立坝段，以适应温度变化和地基不均匀沉陷，坝的横剖面基本上是上游近于铅直的三角形，如图 2-1 所示。

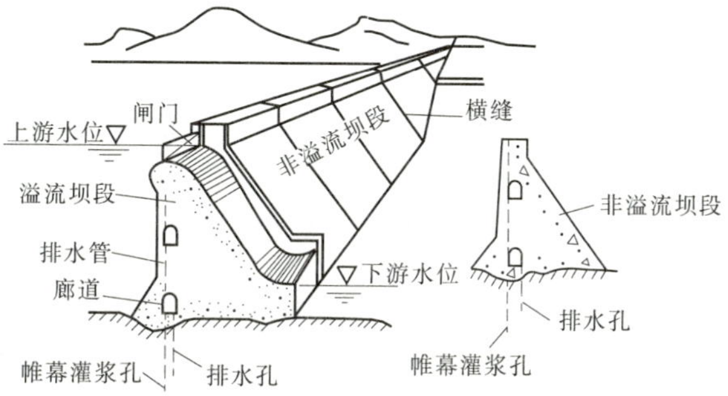

图 2-1　混凝土重力坝示意图

一、重力坝的工作原理及特点

(一)重力坝的工作原理

重力坝的工作原理是在水压力及其他荷载的作用下，主要依靠坝体自身重量在滑动面上产生的抗滑力来满足稳定要求；同时也依靠坝体自重在水平截面上产生的压应力来抵消由于水压力所引起的拉应力，以满足强度要求。

(二)重力坝的特点

与其他坝型比较，其主要特点有：

(1)结构作用明确，设计方法简便。重力坝沿坝轴线用横缝将坝体分成若干个坝段，各坝段独立工作，结构作用明确，稳定和应力计算都比较简单。

(2)泄洪和施工导流比较容易解决。重力坝的断面大，筑坝材料抗冲刷能力强，适用于在坝顶溢流和坝身设置泄水孔。在施工期可以利用坝体或底孔导流。枢纽布置方便紧凑，一般不需要另设河岸溢洪道或泄洪隧洞。在意外的情况下，即使从坝顶少量过水，一般也不会导致坝体失事，这是重力坝最大的优点。

(3)结构简单，施工方便，安全可靠。坝体放样、立模、混凝土浇筑和振捣都比较方便，有利于机械化施工。而且由于剖面尺寸大，筑坝材料强度高，耐久性好，因此抵抗水的渗透、冲刷,以及地震和战争破坏的能力都比较强,安全性较高。

(4)对地形、地质条件适应性强。地形条件对重力坝的影响不大,几乎任何形状的河谷均可修建重力坝。由于坝体作用于地基面上的压应力不高,所以对地质条件的要求也较低。重力坝对地基的要求虽比土石坝高,但低于拱坝及支墩坝,对于无重大缺陷、一般强度的岩基均可满足要求。

(5)坝体受扬压力影响较大。坝体和坝基在某种程度上都是透水的,渗透水流将对坝体产生扬压力。由于坝体和坝基接触面较大,故受扬压力影响也大。扬压力的作用方向与坝体自重的方向相反,会抵消部分坝体的有效重量,对坝体的稳定和应力不利。

(6)材料强度不能充分发挥。由于重力坝的断面是根据抗滑稳定和无拉应力条件确定的,坝体内的压应力通常不大,所以材料强度得不到充分发挥,这是重力坝的主要缺点。

(7)坝体体积大,水泥用量多,一般均需采取温控散热措施。许多工程因施工时温度控制不当而出现裂缝,有的甚至形成危害性裂缝,从而削弱坝体的整体性能。

二、重力坝的类型

(1)按坝的高度分类,可分为高坝、中坝、低坝三类。坝高大于 70 m 的为高坝,坝高 30 ~ 70 m 的为中坝,坝高小于 30 m 的为低坝。坝高指的是坝体最低面(不包括局部深槽或井、洞)至坝顶路面的高度。

(2)按筑坝材料分类,可分为混凝土重力坝和浆砌石重力坝。一般情况下,较高的坝和重要的工程经常采用混凝土重力坝;中、低坝则可以采用浆砌石重力坝。

(3)按泄水条件分类,可分为溢流坝和非溢流坝。坝体内设有泄水孔的坝段和溢流坝段统称为泄水坝段。非溢流坝段也可称为挡水坝段,如图 2-1 所示。

(4)按施工方法分类,可分为浇筑式混凝土重力坝和碾压式混凝土重力坝。

(5)按坝体的结构形式分类,可分为实体重力坝(见图 2-2(a))、宽缝重力坝(见图 2-2(b))、空腹重力坝(见图 2-2(c))。

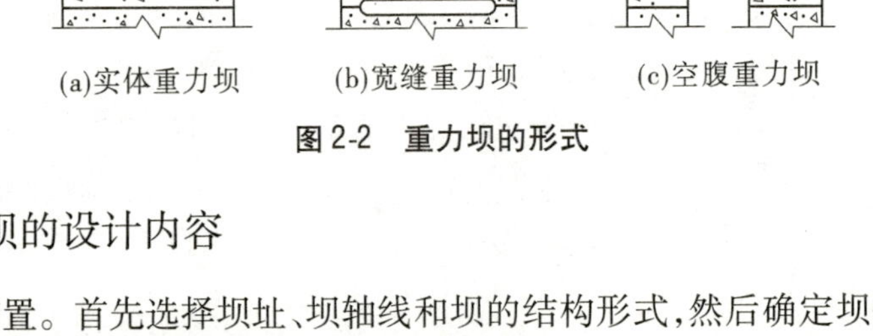

图 2-2　重力坝的形式

三、重力坝的设计内容

(1)总体布置。首先选择坝址、坝轴线和坝的结构形式,然后确定坝体与两岸及交叉建筑物的连接方式,最终确定坝体在枢纽中的布置。

(2)剖面设计。可参照已建的类似工程,初拟剖面尺寸。

(3)稳定分析。验算坝体沿坝基面或沿地基深层软弱结构面的抗滑稳定安全度。

(4)应力分析。用材料力学法对坝体进行强度校核,使坝体、坝基应力满足要求。

(5)构造设计。根据施工和运行要求,确定坝体细部构造,包括廊道、排水、分缝、止水等。

(6)地基处理。包括地基的开挖、防渗(帷幕灌浆)、排水、断层、破碎带的处理等。

(7)溢流重力坝和泄水孔的孔口设计。包括堰顶高程、孔口尺寸、体形、消能防冲设计等。

(8)监测设计。包括坝体内部和外部的观测设计,制定大坝的运行、维护和监测条例。

任务二　非溢流坝剖面设计

知识要求

掌握重力坝基本剖面及技术要素的确定,掌握绘制非溢流坝剖面图步骤。

技能要求

能根据剖面的基本参数绘制非溢流坝剖面图。

重力坝剖面设计的任务是在满足稳定和强度要求的条件下,求得一个施工简单、运用方便、体积最小的剖面。影响剖面设计的因素很多,主要有作用荷载、地形地质条件、运用要求、筑坝材料、施工条件等。其设计步骤一般是:首先,简化荷载条件并结合工程经验,拟定出基本剖面;其次,根据坝的运用和安全要求,将基本剖面修改为实用剖面,并进行稳定计算和应力分析;再次,优化剖面设计,得出满足设计原则条件下的经济剖面;最后,进行构造设计和地基处理。

一、基本剖面

重力坝承受的主要荷载是静水压力、扬压力和自重,控制剖面尺寸的主要指标是稳定和强度要求。因为作用于上游面的水压力呈三角形分布,所以重力坝的基本剖面是三角形,如图 2-3 所示。

图 2-3 中坝高 H 是已知的,关键是要确定最小坝底宽 B 及上、下游边坡系数 n、m。经分析计算可知,坝体断面尺寸与坝基的好坏有着密切关系,当坝体与坝基的摩擦系数较大时,坝体断面由应力条件控制;当摩擦系数较小时,坝体断面由稳定条件控制。根据工程经验,重力坝基本剖面的上游边坡系数常采用 0 ~0.2,下游边坡系数常采用 0.6 ~0.8,坝底宽一般为坝高的 0.7 ~0.9 倍。

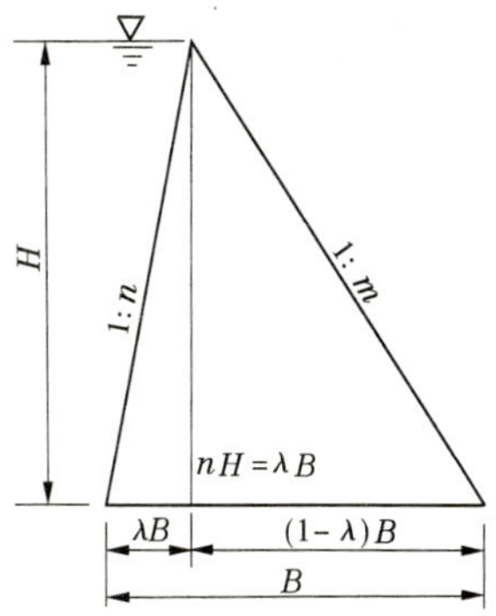

图 2-3　重力坝的基本剖面

二、实用剖面

(一)坝顶宽度

由于运用和交通的需要,所以坝顶应有足够的宽度。坝顶宽度应根据设备布置、运行、检修、施工和交通等需要确定,并满足抗震、特大洪水时抢护等要求。无特殊要求时,常态混凝土坝坝顶最小宽度为 3 m,碾压混凝土坝为 5 m,一般取坝高的 1/8 ~ 1/10。当有交通要求或有移动式启闭设施时,应根据实际需要确定。

(二)坝顶超高

实用剖面必须加安全高度,坝顶应高于校核洪水位,坝顶上游防浪墙顶的高程应高于波浪顶高程。坝顶高于水库静水位的高度按下式计算:

$$\Delta h = h_{1\%} + h_z + h_c \tag{2-1}$$

式中 Δh——坝顶高于水库静水位的高度,m;

$h_{1\%}$——累积频率为 1% 时的波浪高度,计算方法见本项目任务三“波浪要素”,m;

h_z——波浪中心线至静水面的高度,计算方法见本项目任务三“波浪要素”,m;

h_c——安全超高,m,按表 2-1 选用。

表 2-1 安全超高 h_c

运用情况	坝的安全级别		
	Ⅰ	Ⅱ	Ⅲ
	1 级	2,3 级	4,5 级
正常蓄水位	0.7	0.5	0.4
校核洪水位	0.5	0.4	0.3

必须注意:在计算 $h_{1\%}$ 和 h_z 时,正常蓄水位和校核洪水位应采用不同的计算风速值。正常蓄水位时,采用重现期为 50 年的最大风速;校核洪水位时,采用多年平均最大风速。因此,坝顶高程或坝顶上游防浪墙顶高程应按下列两式计算,并取大值:

$$Z_{坝顶}(坝顶高程) = Z_{正}(正常蓄水位) + \Delta h_{正} \tag{2-2}$$

$$Z_{坝顶}(坝顶高程) = Z_{校}(校核洪水位) + \Delta h_{校} \tag{2-3}$$

式中 $\Delta h_{正}$——计算的坝顶(或防浪墙顶)距正常蓄水位的高度,m;

$\Delta h_{校}$——计算的坝顶(或防浪墙顶)距校核洪水位的高度,m。

有时为了同时满足稳定和强度的要求,重力坝的上游面布置成倾斜面或折面(见图 2-4),这样可利用部分水重,以满足坝体抗滑稳定要求,同时也避免施工期下游面产生拉应力。折坡点高度应结合引水管、泄水孔的进口布置等因素确定,一般为坝前最大水头的 1/2 ~ 1/3。

三、优化设计

由三角形基本剖面经反复验算修改成为实用剖面的方法,是工程设计中常用的坝体经济剖面选择方法,但此方法试算工作繁重,故较难真正求得最优剖面。近些年来,大中

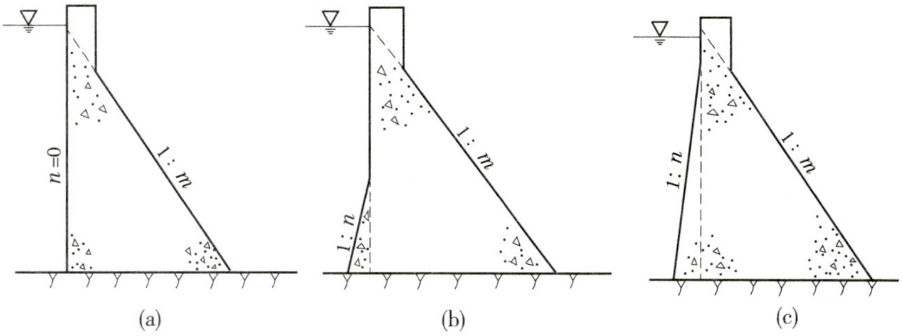

图 2-4 重力坝常用剖面形式

型工程设计一般都要进行优化设计。重力坝结构优化设计要点如下。

(一)设计变量

一个结构的设计方案是由若干个变量来描述的,首先规定描述坝体体形的设计参数,对于实体重力坝,一般是上下游坝面的坡率、坝体高度、坝顶宽度、坝顶距上下游起坡点的高度等。这些参数中的一部分是按照某些具体要求事先给定的,它们在优化设计过程中始终保持不变,称为预定参数,如坝体高度、坝顶宽度等。另一部分参数在优化过程中是可以变化的,称为设计变量,如上下游坝面的坡率、起坡点等。

(二)建立目标函数

一般取结构重量或造价作为目标函数。由于重力坝的造价主要取决于坝体混凝土的工程量,所以常取坝体体积作为目标函数,记为 $V(x)$。

(三)确定约束条件

根据重力坝设计规范的规定,对坝段的稳定和应力施加限制,同时考虑布置和施工要求,规定设计参数的上、下限,如上游坡度不为倒坡,也不易太缓等。在给定预定参数情况下,求一组设计变量 $\{x\} = [A]^{T}$,使目标函数 $V(x)$ 趋于最小。

(四)选择求解方法

目标函数和约束条件都是设计参数的非线性函数,因此重力坝的优化设计是一个非线性规划问题,具体计算方法可参考有关书籍。

任务三 重力坝的荷载及其组合

知识要求

掌握作用于重力坝上主要荷载的计算及其组合。

技能要求

能查阅有关规范,并能应用 Excel 表格进行荷载计算。

作用在重力坝上的主要荷载有坝体自重、上下游坝面上的水压力、扬压力、浪压力或冰压力、泥沙压力及地震荷载等。

一、荷载计算

荷载计算包括确定荷载的大小、方向、作用点。一般按单位坝长进行分析，对溢流坝段则通常取一个坝段进行计算。

（一）自重（包括永久设备重）

坝体自重是维持大坝稳定的主要荷载，其大小可根据坝的体积和材料重度计算确定。

$$G = \gamma_c V \tag{2-4}$$

式中 G——坝体自重，kN；

V——坝的体积，m^3；

γ_c——筑坝材料的重度，kN/m^3。

筑坝材料重度选用得是否合适，直接影响坝的安全和经济，对此必须慎重。在初步设计阶段可根据材料种类按表2-2选取，施工图设计阶段应通过现场试验确定。

表2-2　筑坝材料的重度

筑坝材料	混凝土	浆砌石	浆砌条石	细骨料混凝土砌石
重度（kN/m^3）	23.5～24	21～23	23～25	23～24

（二）水压力

1. 挡水坝段的静水压力

静水压力可按水力学的原理计算。坝面上任意一点的静水压强 $p = \gamma_0 y$，其中 γ_0 为水的重度，y 为该点距水面深度。当坝面倾斜或为折面时，为了计算方便，常将作用在坝面上的水压力分为水平水压力和垂直水压力分别计算，见图2-5。

2. 溢流坝的静水压力

溢流坝段坝顶闸门关闭挡水时，静水压力计算与挡水坝段完全相同。在泄水时，作用在上游坝面的水压力（见图2-6）可按式（2-5）近似计算。

$$P = \frac{1}{2}\gamma_0(H_1^2 - h^2) \tag{2-5}$$

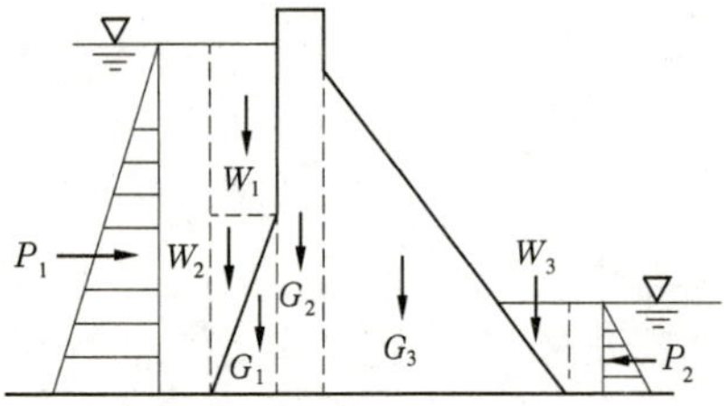

图2-5　挡水坝的静水压力

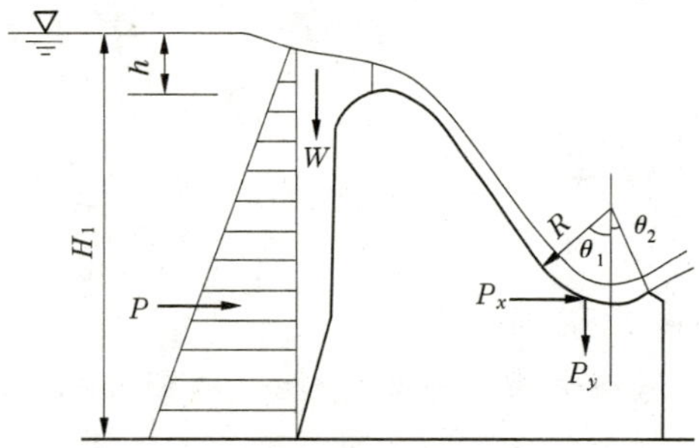

图2-6　溢流坝的静水压力

式中 P——单位坝长的上游水平压力，kN/m，作用在压力图形的形心；

H_1——上游水深，m；

h ——坝顶溢流水深，m；

γ_0——水的重度，一般采用 9.81 kN/m^3。

3. 溢流坝下游反弧段的动水压力

溢流坝下游反弧段的动水压力可根据流体动量方程求得。若假设反弧段始、末两断面的流速相等，则单位坝长在该反弧段上动水压力的总水平分力 P_x 与总垂直分力 P_y 的计算公式如下：

$$P_x = \frac{\gamma_0 q v}{g}(\cos\theta_2 - \cos\theta_1) \quad (\mathrm{kN/m}) \tag{2-6}$$

$$P_y = \frac{\gamma_0 q v}{g}(\sin\theta_2 + \sin\theta_1) \quad (\mathrm{kN/m}) \tag{2-7}$$

式中 q——鼻坎处单宽流量，m^3/(s·m)；

v——反弧段上的平均流速，m/s；

θ_1、θ_2——反弧段圆心竖线左、右的中心角。

P_x，P_y 的作用点，可近似地认为作用在反弧段中央，其方向以图 2-6 所示为正。溢流面上的脉动水压力和负压对坝体稳定和坝内应力影响很小，可以忽略不计。

（三）扬压力

1. 坝基面上的扬压力

扬压力由上、下游水位差产生的渗透水压力和下游水深产生的浮托力两部分组成，其大小可按扬压力分布图形进行计算。影响扬压力分布及数值的因素很多，设计时根据坝基地质条件、防渗及排水措施、坝体的结构形式等综合考虑选用扬压力计算图形。

1）坝基设有防渗帷幕和排水幕的实体重力坝

防渗帷幕和排水幕是重力坝减小渗透压力的常用措施。防渗帷幕是通过在岩基中钻孔灌浆而成的，其渗透系数远小于周围岩石的渗透系数，渗透水流绕过或渗过帷幕时要消耗很大的能量，从而使帷幕后的渗透压力大为降低。排水幕是一排由钻机钻成的排水孔组成的，能使部分渗透水流自由排出，使渗透压力进一步降低。这种情况的扬压力分布图形如图 2-7 所示。图中矩形部分是由下游水深 H_2 产生的浮托力，在水平坝基上任一点的压强为 $\gamma_0 H_2$；折线部分是由上、下游水位差 H 产生的渗透压力，上游压强为 $\gamma_0 H$，下游为零，排水幕处为 $\alpha\gamma_0 H$。α 为剩余水头系数，河床坝段采用 $\alpha = 0.25$，岸坡坝段采用 $\alpha = 0.35$，对于水文和工程地质条件较复杂的地基，应进行研究论证，以确定合适的数值。

在特殊情况下，也可只设灌浆帷幕或排水幕，相应的扬压力图形与图 2-7 类似，其剩余水头系数 α 可以结合专门论证确定。

2）采用抽排降压措施的实体重力坝

防渗帷幕和排水幕不能降低浮托力，当下游水深较大时，浮托力对扬压力的影响显著。为了更有效地降低扬压力，可以采用抽排降压措施，即在坝体廊道内设置抽水设备及排水系统，定时抽排，使扬压力进一步降低。此时坝基面上的扬压力分布图形如图 2-8 所示。图中 α_1 为主排水幕处扬压力剩余系数，一般取 $\alpha_1 = 0.2$，α_2 为坝基面上残余扬压力系数，可采用 0.5。当有专门论证时，系数 α_1、α_2 可采用论证后的值。

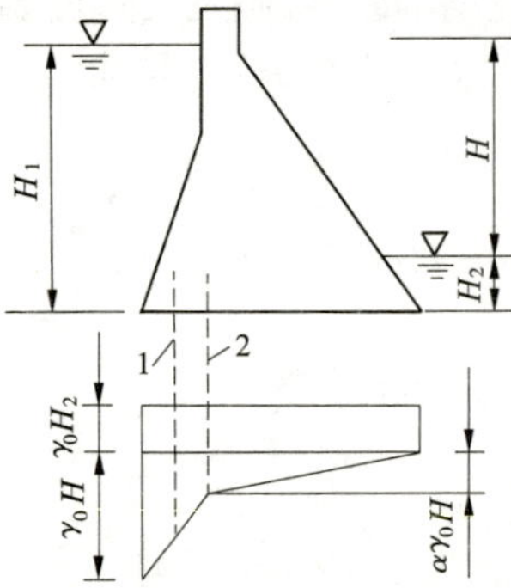

1—防渗帷幕;2—主排水幕

图 2-7 设有防渗帷幕和排水幕的坝基面扬压力

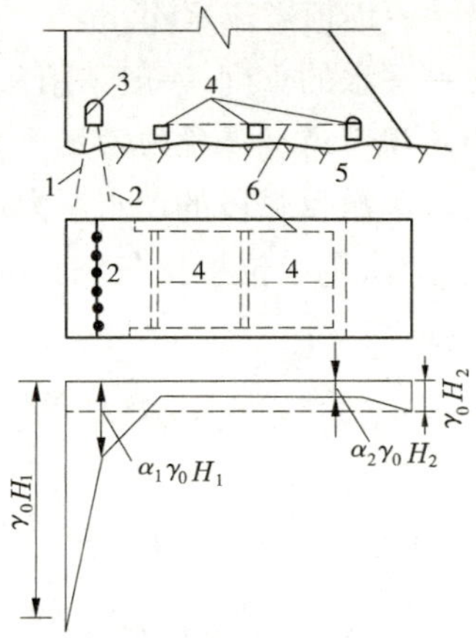

1—防渗帷幕;2—主排水幕;3—灌浆廊道;
4—纵向排水廊道;5—基岩面;6—横向排水

图 2-8 采用抽排降压措施的实体重力坝坝基面扬压力

2. 坝体内部的扬压力

渗透水流除在坝基面产生渗透压力外，渗入坝体内部的水流也会产生渗透压力。为减小坝体内的渗透压力，常在坝体上游面附近的 3～5 m 范围内提高混凝土的防渗性能，形成防渗层，并在防渗层后设坝身排水管。坝体内部的扬压力按图 2-9 所示的分布图形进行计算，图中 α_3 常取 0.2。当坝内无排水管时，则取渗透压力为三角形分布。

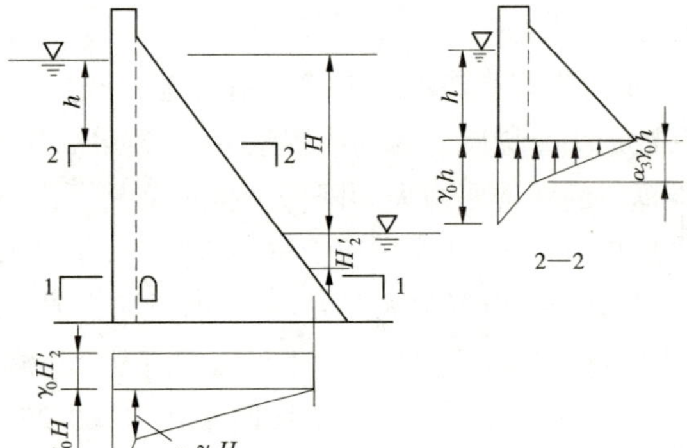

图 2-9 坝体内部的扬压力

(四) 泥沙压力

水库建成蓄水后，入库水流挟带的泥沙将逐年淤积在坝前，对坝体产生泥沙压力。取淤积计算年限为 50～100 年，参照经验数据，按主动土压力公式计算泥沙压力：

$$P_n = \frac{1}{2}\gamma_n h_n^2 \tan^2\left(45° - \frac{\varphi_n}{2}\right) \tag{2-8}$$

式中　P_n——泥沙压力，kN/m；

γ_n——泥沙的浮重度，一般为 6.5～9.0 kN/m^3；

h_n——泥沙的淤积厚度，m；

φ_n——泥沙的内摩擦角，(°)，对于淤积时间较长的粗颗粒泥沙 $\varphi_n = 18° \sim 20°$，对于黏土质泥沙 $\varphi_n = 12° \sim 14°$，对于淤泥、黏土和胶质颗粒 $\varphi_n = 0°$。

当上游坝面倾斜时，除计算水平向泥沙压力 P_n 外，还应计算铅直向泥沙压力。铅直向泥沙压力可按作用在坝面上的土重计算。

（五）浪压力

1. 波浪要素

水库水面在风的作用下产生波浪，波浪对坝面的冲击力称为浪压力。计算浪压力时，首先要计算波浪高度 h、波浪长度 L_m 和波浪中心线超出静水面的高度 h_z 等波浪要素（见图 2-10）。由于影响波浪的因素很多，因此目前仍用已建水库长期观测资料所建立的经验公式进行计算。

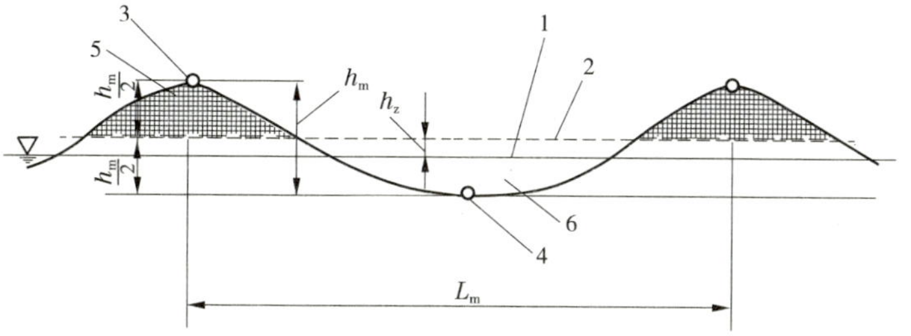

1—计算水位（静水水位）；2—波浪中心线；3—波顶；4—波底；5—波峰；6—波谷

图 2-10　波浪要素

1）对于山区峡谷水库，推荐采用官厅水库公式计算 h 和 L_m

$$\frac{gh}{v_0^2} = 0.0076 v_0^{-1/12}\left(\frac{gD}{v_0^2}\right)^{1/3} \tag{2-9}$$

$$\frac{gL_m}{v_0^2} = 0.331 v_0^{-1/2.15}\left(\frac{gD}{v_0^2}\right)^{1/3.75} \tag{2-10}$$

式中　h——波浪高度，m，当 $gD/v_0^2 = 20 \sim 250$ 时为累积频率 5% 的波高，当 $gD/v_0^2 = 250 \sim 1\,000$ 时为累积频率 10% 的波高，计算浪压力时，规范规定应采用累积频率为 1% 的波高，对应于 5% 的波高应乘以 1.24，对应于 10% 的波高应乘以 1.41；

v_0——计算风速，m/s，设计情况取 50 年一遇风速，校核情况取多年平均最大风速；

D——吹程，m，可取坝前沿水面到水库对岸水面的最大直线距离，当水库水面特别狭长时，以 5 倍平均水面宽计算，如图 2-11 所示。

式(2-9)、式(2-10)的适用范围是：吹程 $D < 20$ km，风速 $v_0 < 20$ m/s，且库水较深的情

况。

由于波浪在空气和水两种介质中行进所受的阻力不同，波浪并不对称于静水面，而是波浪中心线高出静水位（见图2-10），其数值 h_z 按下式计算

$$h_z = \frac{\pi h_{1\%}^2}{L_m}\mathrm{cth}\frac{2\pi H_1}{L_m} \tag{2-11}$$

式中　H_1——坝前水库水深，m。

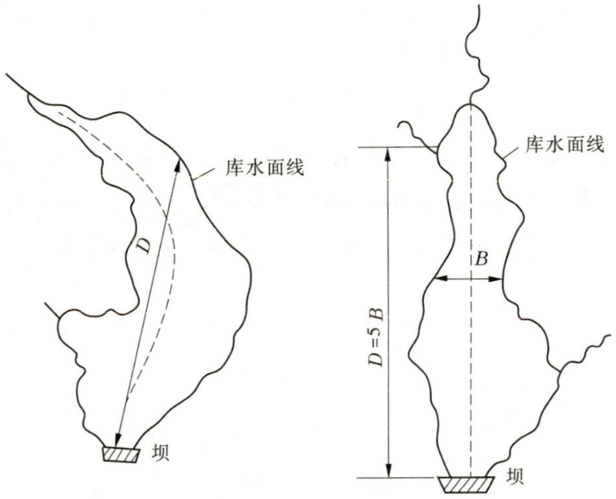

图2-11　吹程

2）对于平原、滨海地区水库，宜采用福建莆田试验站公式计算 h 和 L_m

（1）平均波高 h_m 和平均波周期 T_m 采用以下公式计算：

$$\frac{gh_m}{v_0^2} = 0.13\mathrm{th}\left[0.7\left(\frac{gH_m}{v_0^2}\right)^{0.7}\right]\mathrm{th}\left\{\frac{0.001\,8(gD/v_0^2)^{0.45}}{0.13\mathrm{th}[0.7(gH_m/v_0^2)^{0.7}]}\right\} \tag{2-12}$$

$$\frac{gT_m}{v_0} = 13.9\left(\frac{gh_m}{v_0^2}\right)^{0.5} \tag{2-13}$$

式中　h_m——平均波高，m；

H_m——风区内的平均水深，m；

T_m——平均波周期，s。

（2）计算波高 h_p。累积频率 $p(\%)$ 对应的波高 h_p 与 h_m 的关系可按表2-3查取，然后进行换算，从而计算出波高 h_p。

表 2-3　h_p/h_m 值

h_m/H_m	p(%)						
	0.1	1	2	5	10	20	50
0	2.97	2.42	2.23	1.95	1.71	1.43	0.94
0.1	2.70	2.26	2.09	1.87	1.65	1.41	0.96
0.2	2.46	2.09	1.96	1.76	1.59	1.37	0.98
0.3	2.23	1.93	1.82	1.66	1.52	1.34	1.00
0.4	2.01	1.78	1.68	1.56	1.44	1.30	1.01
0.5	1.80	1.63	1.56	1.46	1.37	1.25	1.01

(3)计算平均波长 L_m：

$$L_m = \frac{gT_m^2}{2\pi}\text{th}\frac{2\pi H_1}{L_m} \tag{2-14}$$

(4)计算临界水深 H_{cr}：

$$H_{cr} = \frac{L_m}{4\pi}\ln\frac{L_m + 2\pi h_{1\%}}{L_m - 2\pi h_{1\%}} \tag{2-15}$$

(5)波浪中心线高出静水面的高度 h_z 仍按式(2-11)计算。

2. 浪压力的计算

当重力坝的迎水面为铅直或接近铅直时，波浪推进到坝前，受到坝的阻挡，而使波浪壅高形成驻波。计算浪压力和坝顶超高时，坝前波浪在静水位以上的高度为 $h_{1\%} + h_z$。此外，随着建筑物迎水面前水深的不同，可能产生三种波态：深水波、浅水波和破碎波，见图 2-12，浪压力计算时需根据不同波态选择相应的计算公式。

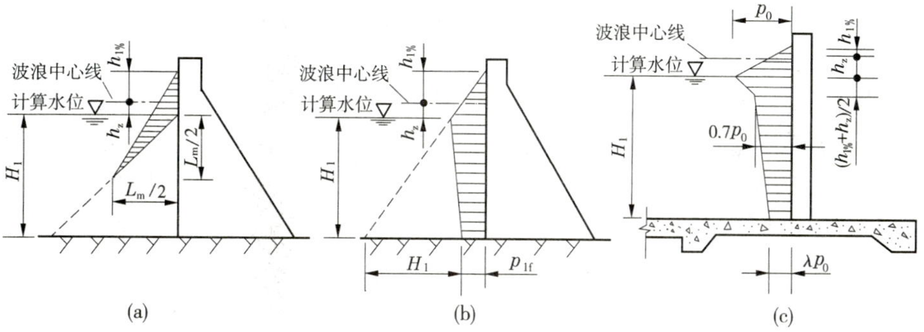

图 2-12　直墙式挡水面浪压力分布图

(1)当 $H_1 \geqslant H_{cr}$ 和 $H_1 \geqslant L_m/2$ 时(见图 2-12(a))，单位长度上的浪压力计算公式为：

$$P_{wk} = \frac{1}{4}\gamma L_m(h_{1\%} + h_z) \tag{2-16}$$

(2)当 $H_{cr} \leqslant H_1 < L_m/2$ 时(见图 2-12(b))，单位长度上的浪压力计算公式为：

$$P_{wk}=\frac{1}{2}[(h_{1\%}+h_z)(\gamma H_1+p_{1f})+H_1p_{1f}] \tag{2-17}$$

$$p_{1f}=\gamma h_{1\%}\operatorname{sech}\frac{2\pi H_1}{L_m} \tag{2-18}$$

式中　p_{1f}——坝基底面处剩余浪压力强度，kPa。

(3)当 $H_1<H_{cr}$时(见图 2-12(c))，单位长度上的浪压力计算公式为：

$$P_{wk}=\frac{1}{2}p_0[(1.5-0.5\lambda)h_{1\%}+(0.7+\lambda)H_1] \tag{2-19}$$

$$p_0=K_i\gamma h_{1\%} \tag{2-20}$$

式中　λ——浪压力强度折减系数，$H_1\leqslant1.7h_{1\%}$时 λ 为 0.6，$H_1>1.7h_{1\%}$时 λ 为 0.5；

p_0——计算水位处的浪压力强度，kPa；

K_i——底坡影响系数，查表 2-4，i 为坝前一定距离库底纵坡平均值。

表 2-4　底坡影响系数 K_i 取值表

底坡 i	1/10	1/20	1/30	1/40	1/50	1/60	1/80	1/100
K_i	1.89	1.61	1.48	1.41	1.36	1.33	1.29	1.25

(六)地震荷载

在地震区筑坝，必须考虑地震的影响。地震对建筑物的影响程度常用地震烈度表示。地震烈度划分为 12 度，烈度越大，对建筑物的影响越大。在抗震设计中常用到基本烈度和设计烈度两个概念。基本烈度是指该地区今后 50 年期限内，可能遭遇超越概率 p_{50}为 0.10 的地震烈度。设计烈度是指设计时采用的地震烈度。一般情况下，采用基本烈度作为设计烈度；但对 1 级建筑物，可根据工程重要性和遭受震害的危险性，在基本烈度的基础上提高 1 度作为设计烈度。设计烈度为 7 度及其以上的地震区应考虑地震力，设计烈度超过 9 度时，应进行专门研究。设计烈度为 6 度及其以下时，一般不考虑地震力。

地震荷载包括由建筑物重量引起的地震惯性力、地震动水压力和动土压力。地震对扬压力、坝前泥沙压力和浪压力的影响可不考虑。

《水电工程水工建筑物抗震设计规范》(NB 35047—2015)规定：重力坝抗震计算可采用动力法或拟静力法，对于工程抗震设防类别为甲类，工程抗震设防类别为乙、丙类但设计裂度 8 度及以上的或坝高大于 70 m 的重力坝的地震作用效应应采用动力法计算。具体计算方法可参阅《水电工程水工建筑物抗震设计规范》(NB 35047—2015)。

(七)冰压力

1. 静冰压力

库水结冰后，当气温升高时，冰层膨胀对坝面产生的压力称为静冰压力。静冰压力的大小取决于冰的最低温度、温度回升率、冰层厚度、热膨胀系数、冰的抗压强度和岸边对冰层的约束情况等。一般在确定开始升温时的气温及气温上升率后，可由表 2-5 查得单位面积上的静冰压力，乘以冰厚即为作用在单位坝长上的静冰压力。

当水库在冬季采用破冰、融冰措施以清除冰压力对建筑物的影响时，可不考虑坝体上的冰压力。

表 2-5　静冰压力标准值

冰层厚度(m)	0.4	0.6	0.8	1.0	1.2
静冰压力标准值(kN/m)	85	180	215	245	280

注:1. 冰层厚度取多年平均年最大值。
2. 对于小型水库,应将表中静冰压力标准值乘以 0.87 后采用;对于库面开阔的大型平原水库,应将表中静冰压力标准值乘以 1.25 后采用。
3. 表中静冰压力标准值适用于结冰期内水库水位基本不变的情况,结冰期内水库水位变动情况下的静冰压力应作专门研究。
4. 静冰压力数值可按表列冰厚内插。

2. 动冰压力

当冰盖破碎后发生冰块流动,流冰撞击坝面而产生的冲击力称为动冰压力。动冰压力的大小与冰的运动速度、冰块尺寸、建筑物表面积的大小和形状、风向和风速、流冰的抗碎强度等因素有关。

(1)冰块撞击在铅直坝面时的动冰压力可按下式计算:

$$P_{bd} = 0.07V_b d_b \sqrt{A_b f_{ic}} \tag{2-21}$$

式中　P_{bd}——冰块撞击在铅直坝面时的动冰压力,kN;

f_{ic}——冰的抗压强度,对于水库可取 0.3 MPa,对于河流,流冰初期取 0.45 MPa,后期可取 0.3 MPa;

V_b——冰块流速,对于大水库应通过研究确定,一般不大于 0.6 m/s;

A_b——冰块的面积,m^2;

d_b——冰块的厚度,m。

(2)冰块撞击在铅直闸墩上的动冰压力按下式计算:

$$P'_{bd} = mR_b B d_b \tag{2-22}$$

式中　P'_{bd}——冰块撞击在铅直闸墩上的动冰压力,kN;

R_b——冰的抗压强度,当无资料时,在结冰初期取 750 kPa,末期可取 450 kPa;

B——闸墩在冰层处的前沿宽度,m;

m——闸墩的平面形状系数,按表 2-6 采用;

其他符号意义同前。

表 2-6　闸墩的平面形状系数

闸墩的平面形状	半圆形或多边形	矩形	三角形(顶端角度 α)					
			45°	60°	75°	90°	120°	150°
形状系数 m	0.9	1.0	0.54	0.59	0.64	0.69	0.77	1.00

二、荷载组合

作用在重力坝上的各种荷载,除坝体自重外,都有一定的变化范围。例如,在正常运行、放空水库、设计或校核洪水等情况下,其上下游水位各不相同。当水位发生变化时,相应的水压力、扬压力亦随之变化。又如，在短期宣泄最大洪水时，就不一定会同时发生强烈地震。再如，当水库水面封冻，坝面受静冰压力作用时，波浪压力就不存在。因此，在进行坝的设计时，应该根据“可能性和最不利”的原则，把各种荷载合理地组合成不同的设计情况，然后进行安全核算，以妥善解决安全和经济的矛盾。

作用于重力坝上的荷载，按其出现的概率和性质，可分为基本荷载和特殊荷载。

(一)基本荷载

基本荷载包括：①坝体及其上永久设备自重；②正常蓄水位或设计洪水位时大坝上、下游面的静水压力（选取一种控制情况）；③相应于正常蓄水位或设计洪水位时的扬压力；④大坝上游淤沙压力；⑤相应于正常蓄水位或设计洪水位时的浪压力；⑥冰压力；⑦土压力；⑧设计洪水位时的动水压力；⑨其他出现机会较多的荷载。

(二)特殊荷载

特殊荷载包括：①校核洪水位时的大坝上、下游面的静水压力；②相应于校核洪水位时的扬压力；③相应于校核洪水位时的浪压力；④相应于校核洪水位时的动水压力；⑤地震荷载；⑥其他出现机会很少的荷载。

重力坝抗滑稳定及坝体应力计算的荷载组合分为基本组合和特殊组合两种情况。荷载组合按表 2-7 的规定进行（表中数字即荷载的序号），必要时还可考虑其他的不利组合。

表 2-7　荷载组合

作用组合	主要考虑情况	作用类别										备注
		自重	静水压力	扬压力	淤沙压力	浪压力	冰压力	动水压力	土压力	地震荷载	其他荷载	
基本组合	1. 正常蓄水位情况	(一)①	(一)②	(一)③	(一)④	(一)⑤	—	—	(一)⑦	—	(一)⑨	土压力根据坝体外是否有填土而定（下同）
基本组合	2. 设计洪水位情况	(一)①	(一)②	(一)③	(一)④	(一)⑤	—	(一)⑧	(一)⑦	—	(一)⑨	
基本组合	3. 冰冻情况	(一)①	(一)②	(一)③	(一)④	—	(一)⑥	—	(一)⑦	—	(一)⑨	静水压力及扬压力按相应冬季库水位计算
特殊组合	1. 校核洪水位情况	(一)①	(二)①	(二)②	(一)④	(二)③	—	(二)④	(一)⑦	—	(二)⑥	
特殊组合	2. 地震情况	(一)①	(一)②	(一)③	(一)④	(一)⑤	—	—	(一)⑦	(二)⑤	(二)⑥	静水压力、扬压力和浪压力按正常蓄水位计算，有论证时可另行规定

注：1. 应根据各种荷载同时作用的实际可能性，选择计算中最不利的组合。
2. 分期施工的坝应按相应的荷载组合分期进行计算。
3. 施工期的情况应进行必要的核算，作为特殊组合。
4. 根据地质和其他条件，当考虑运用时排水设备易于堵塞，须经常维修时，应考虑排水失效的情况，作为特殊组合。
5. 地震情况，如按冬季计及冰压力，则不计浪压力。
6. 对于以防洪为主的水库，正常蓄水位较低时，采用设计洪水位情况进行组合。

任务四　重力坝的抗滑稳定分析

知识要求

掌握重力坝抗滑稳定安全系数法应用及提高坝体抗滑稳定的工程措施。

技能要求

会应用抗滑稳定安全系数法进行重力坝稳定分析。

抗滑稳定分析是重力坝设计中的一项重要内容，其目的是核算坝体沿坝基面或沿地基深层软弱结构面抗滑稳定的安全性能。因为重力坝沿坝轴线方向用横缝分隔成若干个独立的坝段，假设横缝不传力，所以稳定分析可以按平面问题进行，取一个坝段或单位宽度作为计算单元。

岩基上的重力坝常见的失稳形式有两种：一种是沿坝体抗剪能力不足的薄弱面滑动，这种薄弱面包括坝体与坝基的接触面和坝基岩体内有连续的断层破碎带；另一种是在各种荷载作用下，上游坝踵出现拉应力导致裂缝，或下游坝趾压应力过大，超过坝基岩体或坝体混凝土的允许强度而被压碎，从而产生倾覆破坏。当重力坝满足抗滑稳定和应力要求时，通常不必校核抗倾覆的安全性。

核算坝体沿坝基面的抗滑稳定性时，应按抗剪强度公式或抗剪断强度公式进行计算。

一、抗剪强度公式（摩擦公式）

抗剪强度分析法把坝体与基岩间看成是一个接触面，而不是胶结面，其抗滑稳定安全系数 K_s 为：

$$K_s = \frac{f\sum W}{\sum P} \tag{2-23}$$

式中　K_s——按抗剪强度公式计算的抗滑稳定安全系数；

$\sum W$——作用在坝体上全部荷载（包括扬压力，下同）对滑动平面法向分力的代数和，kN；

$\sum P$——作用在坝体上全部荷载对滑动平面切向分力的代数和，kN；

f——坝体混凝土与坝基的接触面间的抗剪摩擦系数，缺乏试验资料时，可按表 2-8、表 2-9 选用。

由于抗剪强度公式未考虑坝体混凝土与基岩间的胶结作用，因此该公式不能完全反映坝的实际工作状态，只是一个抗滑稳定的安全指标，《混凝土重力坝设计规范》（SL 319—2005）给出的控制值也较小，具体见表 2-10。

表 2-8　坝基岩体力学参数

岩体分类	混凝土与坝基接触面			岩体		变形模量 E_0(GPa)
	f'	C'(MPa)	f	f'	C'(MPa)	
Ⅰ	1.50~1.30	1.50~1.30	0.85~0.75	1.60~1.40	2.50~2.00	40.0~20.0
Ⅱ	1.30~1.10	1.30~1.10	0.75~0.65	1.40~1.20	2.00~1.50	20.0~10.0
Ⅲ	1.10~0.90	1.10~0.70	0.65~0.55	1.20~0.80	1.50~0.70	10.0~5.0
Ⅳ	0.90~0.70	0.70~0.30	0.55~0.40	0.80~0.55	0.70~0.30	5.0~2.0
Ⅴ	0.70~0.40	0.30~0.05	—	0.55~0.40	0.30~0.05	2.0~0.2

注:1. f'、C'为抗剪断参数,f为抗剪参数。

2. 表中参数限于硬质岩,软质岩应根据软化系数进行折减。

表 2-9　结构面、软弱层和断层力学参数

类型	f'	C'(MPa)	f
胶结的结构面	0.80~0.60	0.250~0.100	0.70~0.55
无充填的结构面	0.70~0.45	0.150~0.050	0.65~0.40
岩块岩屑型岩	0.55~0.45	0.250~0.100	0.50~0.40
岩屑夹泥型	0.45~0.35	0.100~0.050	0.40~0.30
泥夹岩屑型	0.35~0.25	0.050~0.020	0.30~0.23
泥	0.25~0.18	0.005~0.002	0.23~0.18

注:1. f'、C'为抗剪断参数,f为抗剪参数。

2. 表中参数限于硬质岩中的结构面。

3. 软质岩中的结构面应进行折减。

4. 胶结或无充填的结构面抗剪断强度,应根据结构面的粗糙程度选取大值或小值。

表 2-10　抗滑稳定的安全系数 K_s、K'_s

荷载组合	抗剪强度公式安全系数 K_s			抗剪断强度公式安全系数 K'_s
	1 级	2 级	3 级	1,2,3 级
基本组合	1.10	1.05	1.05	3.0
特殊组合 1	1.05	1.00	1.00	2.5
特殊组合 2	1.00	1.00	1.00	2.3

二、抗剪断强度公式

抗剪断强度公式计算坝基面的抗滑稳定安全系数,认为坝体与基岩胶结良好,滑动面上的阻滑力包括抗剪断摩擦力和抗剪断凝聚力,其抗滑稳定安全系数由下式计算:

$$K_s' = \frac{f'\sum W + C'A}{\sum P} \tag{2-24}$$

式中 K_s'——按抗剪断强度公式计算的抗滑稳定安全系数；

f'——坝体混凝土与坝基的接触面间的抗剪断摩擦系数；

C'——坝体混凝土与坝基的接触面间的抗剪断凝聚力；

A——坝体与坝基接触面的面积；

其他符号意义同前。

该公式考虑了坝体的胶结作用，计入了摩擦力和凝聚力，是比较符合坝的实际工作状态的，物理概念也比较明确。当无实验资料时，f'、C'值可参考表2-9、表2-10选用。

三、提高坝体抗滑稳定性的措施

当坝体的抗滑稳定安全系数不能满足要求时，除改变坝体的剖面尺寸外，还可以采取以下的工程措施提高坝体的稳定性：

(1)利用水重。将坝体的上游面做成倾向上游的斜面或折坡面，利用坝面上的水重增加坝的抗滑力，以达到提高坝体稳定的目的。

(2)减小扬压力。通过结构措施或工程措施加强防渗排水，以达到减小扬压力的目的。

(3)提高坝基面的抗剪断参数f'、C'值。措施主要有将坝基开挖成“大平小不平”等形式，对整体性较差的地基进行固结灌浆，设置齿墙或抗剪键槽等。

(4)预应力锚固措施。一般是在靠近坝体上游面采用深孔锚固预应力钢索，既增加了坝体稳定性，又可消除坝踵处的拉应力。

(5)增大筑坝材料重度(在坝体混凝土中埋置重度大的块石)，或将坝基面开挖成倾向上游的斜面，借以增加抗滑力，提高稳定性。

任务五 重力坝的应力分析

知识要求

掌握边缘应力的计算及控制标准的应用。

技能要求

会应用材料力学法进行重力坝坝基正应力计算及分析。

一、重力坝应力分析的目的与方法

(1)应力分析的目的：①验算拟定的坝体断面是否经济合理；②根据应力分布情况进行坝体混凝土强度等级分区；③为研究坝体某些部位的应力集中和配筋等提供依据。

(2)应力分析的过程：首先进行荷载计算和荷载组合，然后选择适宜的方法进行应力计算，最后检验坝体各部位的应力是否满足强度要求。

(3)应力分析方法：可归结为理论计算和模型试验两大类。对于中、小型工程，一般可只进行理论计算。理论计算法又包括材料力学法和弹性理论的解析法、有限元法，其中材料力学法应用最广、最简便，也是重力坝设计规范中规定采用的计算方法之一。

二、材料力学法

（一）材料力学法的基本假定

（1）坝体混凝土为均质、连续、各向同性的弹性材料。

（2）视坝段为固接于地基上的悬臂梁，不考虑地基变形对坝体应力的影响，并认为各坝段独立工作，横缝不传力。

（3）假定坝体水平截面上的垂直正应力按直线分布，其数值可按偏心受压公式计算，其他应力分量可根据静力平衡条件确定，并且不考虑廊道等对坝体应力的影响。

（二）边缘应力计算

材料力学法通常沿坝轴线取单位长度（1 m）的坝体作为计算对象。坝体的最大应力和最小应力一般发生在上、下游坝面，且计算坝体内部应力也需要以边缘应力作为边界条件，同时对于较低重力坝的强度，只需用边缘应力控制即可，所以应首先计算坝体边缘应力。计算简图及荷载、应力的正方向，如图 2-13所示。

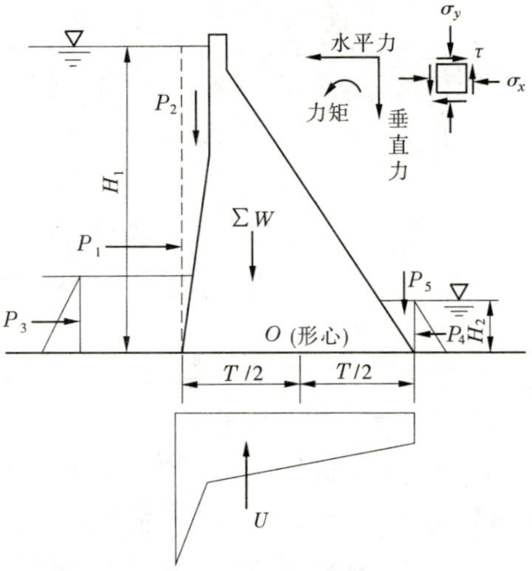

图 2-13　坝体应力计算图

（1）上、下游坝面垂直正应力：

$$\left.\begin{matrix}\sigma_y^u \\ \sigma_y^d\end{matrix}\right\} = \frac{\sum W}{T} \pm \frac{6\sum M}{T^2} \qquad (2\text{-}25)$$

式中　σ_y^u——上游面垂直正应力，kPa；

σ_y^d——下游面垂直正应力，kPa；

T——坝体计算截面沿上下游方向的水平宽度，m；

$\sum W$——计算截面以上所有垂直分力的代数和（包括扬压力，下同），以向下为正，kN；

$\sum M$——计算截面以上所有作用力对计算截面形心的力矩代数和（以逆时针方向为正），kN · m。

（2）上、下游面剪应力：

$$\tau^u = (p - p_U^u - \sigma_y^u)m_1 \qquad (2\text{-}26)$$

$$\tau^d = (\sigma_y^d - p' + p_U^d)m_2 \qquad (2\text{-}27)$$

式中　τ^u——上游面剪应力，kPa；

τ^d——下游面剪应力，kPa；

p——计算截面在上游坝面所承受的水压力强度（如有泥沙压力和地震动水压力时，应计入在内），kPa；

p'——计算截面在下游坝面所承受的水压力强度（如有泥沙压力和地震动水压力

时，应计入在内），kPa；

p_U^u——计算截面在上游坝面处的扬压力强度，kPa；

p_U^d——计算截面在下游坝面处的扬压力强度，kPa；

m_1——上游坝坡坡率；

m_2——下游坝坡坡率；

其他符号意义同前。

（3）上、下游面水平正应力：

$$\sigma_x^u = (p - p_U^u) - (p - p_U^u - \sigma_y^u)m_1^2 \tag{2-28}$$

$$\sigma_x^d = (p' - p_U^d) + (\sigma_y^d - p' + p_U^d)m_2^2 \tag{2-29}$$

式中　σ_x^u——上游面水平正应力，kPa；

σ_x^d——下游面水平正应力，kPa；

其他符号意义同前。

（4）上、下游面主应力：

$$\sigma_1^u = (1 + m_1^2)\sigma_y^u - m_1^2(p - p_U^u) \tag{2-30}$$

$$\sigma_2^u = p - p_U^u \tag{2-31}$$

$$\sigma_1^d = (1 + m_2^2)\sigma_y^d - m_2^2(p' - p_U^d) \tag{2-32}$$

$$\sigma_2^d = p' - p_U^d \tag{2-33}$$

式中　σ_1^u、σ_2^u——上游面主应力，kPa；

σ_1^d、σ_2^d——下游面主应力，kPa；

其他符号意义同前。

以上各式适用于计及扬压力的情况。如果不计截面上扬压力的作用，则上游面和下游面的各种应力计算公式中将 p_U^u 和 p_U^d 取值为零。

三、强度校核

（一）重力坝坝基面坝踵、坝趾的垂直应力的要求

（1）运用期：在各种荷载组合下（地震荷载除外），坝踵垂直正应力不应出现拉应力，坝趾垂直正应力应小于坝基容许压应力；在地震荷载作用下，坝踵、坝趾的垂直应力应符合《水电工程水工建筑物抗震设计规范》（NB 35047—2015）的要求。

（2）施工期：坝趾垂直正应力允许有小于 0.1 MPa 的拉应力。

（二）重力坝坝体应力的要求

（1）运用期：①坝体上游面的垂直正应力不出现拉应力（计扬压力）。②坝体最大主压应力，不应大于混凝土的允许压应力值。③在地震荷载作用下，坝体上游面的应力控制标准应符合《水电工程水工建筑物抗震设计规范》（NB 35047—2015）的要求。

（2）施工期：①坝体任何截面上的主压应力不应大于混凝土的允许压应力。②在坝体的下游面，允许有不大于 0.2 MPa 的主拉应力。

混凝土的允许应力按混凝土的极限强度除以相应的安全系数确定。坝体混凝土抗压安全系数，基本组合应不小于 4.0，特殊组合（不含地震情况）应不小于 3.5。当局部混凝

土有抗拉要求时,抗拉安全系数应不小于4.0。混凝土极限抗压强度是指90 d龄期的15 cm立方体强度,强度保证率应达80%以上。

地震荷载是一种机遇较少的荷载,在动荷载的作用下混凝土材料的允许应力可适当提高,并允许产生一定的瞬时拉应力。

任务六　溢流坝设计

知识要求

掌握溢流坝孔口尺寸拟定,掌握溢流坝剖面设计及构造布置。

技能要求

会应用规范进行溢流坝剖面图的设计及绘制。

一、溢流坝的工作特点

溢流坝既是挡水建筑物又是泄水建筑物,除应满足稳定和强度要求外,还需要满足泄流能力的要求。溢流坝在枢纽中的作用是将规划确定的库内所不能容纳的洪水由坝顶泄向下游,以确保大坝的安全。溢流坝满足泄水要求包括以下几个方面内容:

(1)有足够的孔口尺寸和较大的流量系数,以满足泄洪能力要求。

(2)体形和流态良好,使水流平顺地流过坝体,控制不利的负压和振动,避免产生空蚀现象。

(3)满足消能防冲要求,保证下游河床不产生危及坝体安全的局部冲刷。

(4)溢流坝段在枢纽中的布置,应使下游流态平顺,不产生折冲水流,不影响枢纽中其他建筑物的正常运行。

(5)有灵活控制水流下泄的机械设备,如闸门、启闭机等。

二、孔口设计

溢流坝孔口尺寸的拟定包括孔口形式、溢流前缘总长度、堰顶高程、每孔尺寸和孔数。设计时一般先选定泄水方式,再根据泄流量和允许单宽流量,以及闸门形式和运用要求等因素,通过水库的调洪计算、水力计算,求出各泄水布置方案的防洪库容、设计洪水位和校核洪水位及相应的下泄流量等,进行技术经济比较,选出最优方案。

(一)孔口形式的选择

溢流坝常用的孔口形式有坝顶溢流式和大孔口溢流式。

1.坝顶溢流式

坝顶溢流式也称开敞式,见图2-14,这种形式的溢流孔除宣泄洪水外,还能用于排除冰凌和其他漂浮物。通常在大中型工程溢流坝的堰顶装有闸门,对于洪水流量较小、淹没损失不大的小型工程,堰顶可不设闸门。

坝顶溢流式闸门承受的水头较小,所以孔口尺寸可以较大。当闸门全开时,下泄流量与堰上水头 H_0 的3/2次方成正比。随着库水位的升高,下泄流量可以迅速增大,当遭遇意外洪水时可有较大的超泄能力。闸门在顶部,操作方便,易于检修,工作安全可靠,因此坝顶溢流式得到广泛采用。

2. 大孔口溢流式

大孔口溢流式见图 2-15。泄水孔的上部设置胸墙,堰顶高程较低。这种形式的溢流孔可根据洪水预报提前放水,以便腾出较多库容储蓄洪水,从而提高调洪能力。当库水位低于胸墙时,泄流和坝顶溢流式相同;当库水位高出孔口一定高度时为大孔口泄流,下泄流量与作用水头 H_0 的 1/2 次方成正比,超泄能力不如坝顶溢流式。胸墙为钢筋混凝土结构,一般与闸墩固接,也有做成活动的,遇特大洪水时可将胸墙吊起以提高泄水能力。

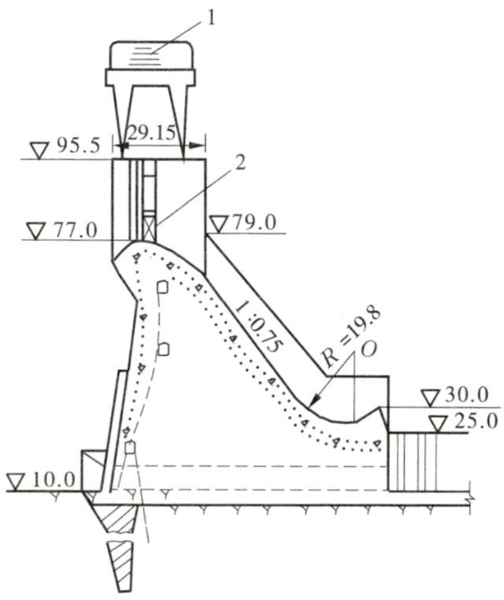

1—门机;2—工作闸门

图 2-14 坝顶溢流式 (单位:m)

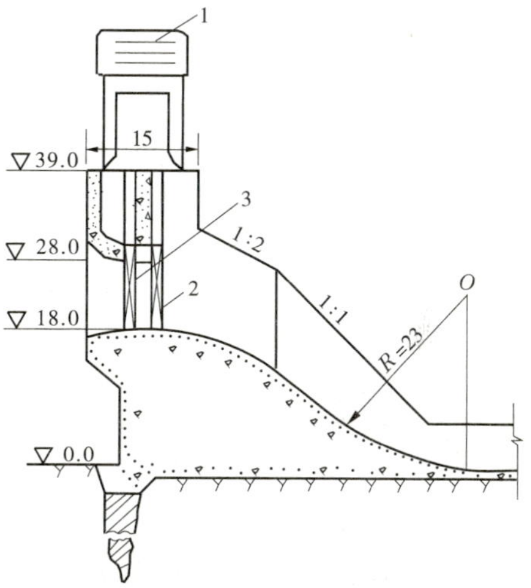

1—门机;2—工作闸门;3—检修闸门

图 2-15 大孔口溢流式 (单位:m)

(二)溢流坝孔口尺寸的确定

溢流坝的孔口设计涉及很多因素,如洪水设计标准,下游防洪要求,库水位壅高有无限制,是否利用洪水预报,泄水方式,枢纽布置,坝址的地形、地质条件等。若已知溢流坝的下泄流量 Q,可通过下列步骤求得孔口尺寸。

1. 单宽流量的确定

设 L 为溢流段净长度(不包括闸墩的厚度),则通过溢流孔口的单宽流量 q 为:

$$q = \frac{Q}{L} \tag{2-34}$$

单宽流量是决定孔口尺寸的重要指标。单宽流量愈大,孔口净长愈小,从而能减少溢流坝长度和交通桥、工作桥等造价。但是,单宽流量愈大,单位宽度下泄水流所含的能量也愈大,消能愈困难,下游局部冲刷可能愈严重。若选择过小的单宽流量 q,则会增加溢流坝的造价和枢纽布置上的困难。因此,单宽流量的选定,一般首先考虑下游河床的地质条件,在冲坑不危及坝体安全的前提下选择合理的单宽流量。根据国内外工程实践得知:软弱基岩常取 $q = 20 \sim 50\ m^3/(s \cdot m)$,较好的基岩取 $q = 50 \sim 70\ m^3/(s \cdot m)$,特别坚硬完整的基岩取 $q = 100 \sim 150\ m^3/(s \cdot m)$。随着消能工的研究和科技水平的提高,单宽流量取值有不断增大的趋势。我国乌江渡拱形重力坝,设计单宽流量为165 $m^3/(s\cdot m)$,校核情况为201 $m^3/(s\cdot m)$。国外有些工程的单宽流量高达300 $m^3/(s\cdot m)$以上。

2.孔口尺寸的确定

1)溢流前缘总长度 L_0

对于堰顶设闸门的溢流坝,用闸墩将溢流段分隔为若干个等宽的溢流孔口。设孔口数为 n,则孔口净宽 $b=L/n$。令闸墩厚度为 d,则溢流前缘总长度 L_0 为:

$$L_0 = nb + (n-1)d \tag{2-35}$$

选择 n、b 时,要综合考虑闸门的形式和制造能力、闸门跨度与高度的合理比例,以及运用要求和坝段分缝等因素。我国目前大中型混凝土坝的孔口宽度一般取用8~16 m,有排泄漂浮物要求时,可以加大到18~20 m。闸门的宽高比,一般采用 $b/H=1.5\sim2.0$。为了方便闸门的设计和制造,应尽量采用规范推荐的标准尺寸。

2)溢流坝的堰顶高程

由调洪演算得出设计洪水位和相应的下泄流量 Q。当采用开敞式溢流时,可利用式(2-36)计算出堰顶水头 H_0。

$$Q = Cm\varepsilon\sigma_s L\sqrt{2g}H_0^{3/2} \tag{2-36}$$

式中 Q——下泄流量,m^3/s;

L——溢流段净长度,m;

H_0——堰顶作用水头,m;

g——重力加速度,9.81 m/s^2;

m——流量系数,与堰型有关;

C——上游面坝坡影响修正系数,当上游坝面铅直时,C 值取1.0;

ε——侧收缩系数,根据闸墩厚度和墩头形状确定,取 $\varepsilon=0.90\sim0.95$;

σ_s——淹没系数,视淹没程度而定,不淹没时 $\sigma_s=1.0$。

设计洪水位减去堰上水头 H_0 即为堰顶高程。

当采用大孔口泄洪时,可利用式(2-37)计算出堰顶水头 H_0。

$$Q = \mu A\sqrt{2gH_0} \tag{2-37}$$

式中 A——出口处孔口面积,m^2;

H_0——自由出流时为孔口中心处的作用水头,淹没泄流时为上下游水位差,m;

μ——孔口或管道的流量系数,对设有胸墙的堰顶高孔,当 $H_0/D=2.0\sim2.4$(D 为孔口高度)时,取 $\mu=0.83\sim0.93$,μ 的具体取值应通过计算沿程及局部水头损失后确定,具体公式详见水力学。

(三)溢流坝的结构布置

1.闸门和启闭机

水工闸门按其功用可分为工作闸门、检修闸门和事故闸门。工作闸门用来控制下泄流量,需要在动水中启闭,要求有较大的启门力;检修闸门用于短期挡水,以便对工作闸门、建筑物及机械设备进行检修,一般在静水中启闭,启门力较小;事故闸门是在建筑物或设备出现事故时紧急应用,要求能在动水中快速关闭。溢流坝一般只设置工作闸门和检修闸门。工作闸门常设在溢流堰的顶部,有时为了使溢流面水流平顺,可将闸门设在堰顶稍下游一些。检修闸门和工作闸门之间应留有 1 ~3 m 的净距,以便进行检修。全部溢流孔通常备有 1 ~2 个检修闸门,交替使用。

常用的工作闸门有平面闸门和弧形闸门。平面闸门的主要优点是结构简单,闸墩受力条件较好,各孔口可共用一个活动式启闭机;缺点是启门力较大,闸墩较厚。弧形闸门的主要优点是启门力小,闸墩较薄,且无门槽,水流平顺,闸门开启时水流条件较好;缺点是闸墩较长,且受力条件差。

检修闸门通常采用平面闸门,小型工程也可采用比较简单的叠梁门。

启闭机有活动式和固定式两种。活动式启闭机多用于平面闸门,可以兼用启吊工作闸门和检修闸门。固定式启闭机有螺杆式、卷扬式和液压式三种。

2. 闸墩和工作桥

闸墩的作用是将溢流坝前缘分隔为若干个孔口,并承受闸门传来的水压力(支承闸门),也是坝顶桥梁和启闭设备的支承结构。

闸墩的断面形状应使水流平顺,减小孔口水流的侧收缩。闸墩上游端常采用三角形、半圆形和流线型,下游端多为半圆形和流线型,以使水流平顺扩散。闸墩厚度与闸门形式有关。由于平面闸门的闸墩设有闸门槽,工作闸门槽深一般不小于 0.3 m,宽 0.5 ~1.0 m,最优宽深比宜取 1.6 ~1.8;检修门槽深一般为 0.15 ~0.25 m,宽 0.15 ~0.3 m,故闸墩厚度一般为 2.0 ~4.0 m;弧形闸门闸墩的厚度为 1.5 ~3.0 m。如果是缝墩,墩厚要增加 0.5 ~1.0 m。闸墩通常需要配置受力钢筋和构造钢筋,并将钢筋伸入坝体受压区内,配筋数量由闸墩结构计算确定。

闸墩的长度和高度,应满足布置闸门、工作桥、交通桥和启闭机的要求,见图 2-16。

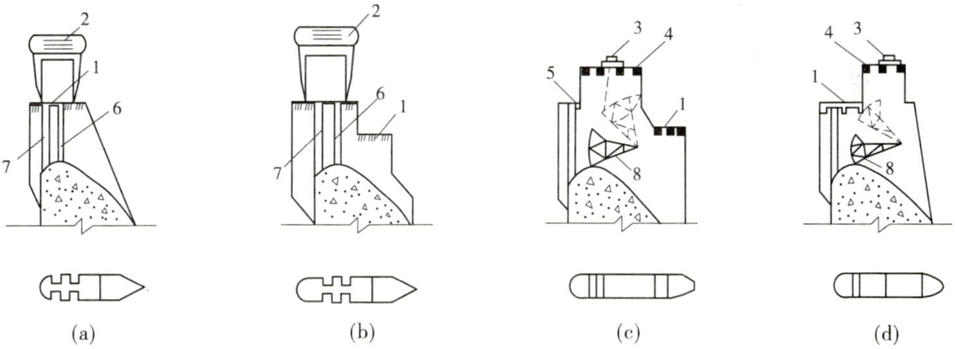

1—公路桥;2—门机;3—启闭机;4—工作桥;5—便桥;6—工作门槽;7—检修门槽;8—弧形闸门

图 2-16 溢流坝坝顶布置图

工作桥多采用钢筋混凝土结构,大跨度的工作桥也可采用预应力钢筋混凝土结构。工作桥的平面布置应满足启闭机的安装和运行的要求。

溢流坝两侧设边墩,也称边墙或导水墙,一方面起闸墩的作用,另一方面起分隔溢流段和非溢流段的作用,见图 2-17。边墩从坝顶延伸到坝趾,边墙高度由溢流水面线决定,并应考虑溢流面上水流的冲击波和掺气所引起的水面增高,一般应高出掺气水面 1 ~1.5 m。当采用底流式消能工时,边墙还需延长到消力池末端形成导水墙。

3. 横缝的布置

溢流坝段的横缝有两种布置方式:①缝设在闸墩中间,如图 2-18(a)所示,各坝段产生不均匀沉陷时不影响闸门启闭,工作可靠,缺点是闸墩厚度增大。②缝设在溢流孔跨中,如图 2-18(b)所示,闸墩可以较薄,但易受地基不均匀沉陷的影响,且水流在横缝上流过,易造成局部水流不顺,适用于基岩较坚硬完整的情况。

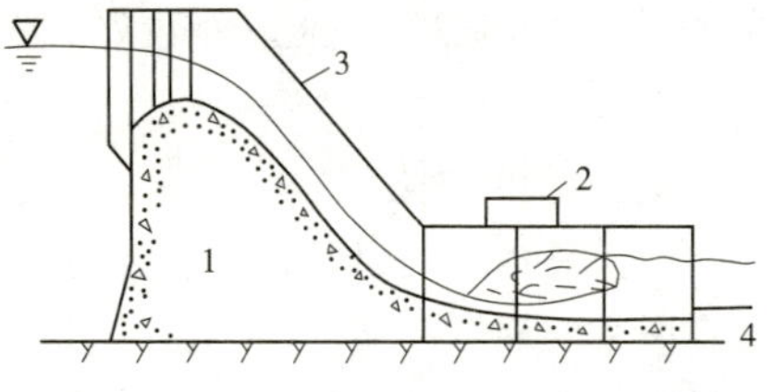

1—溢流坝;2—水电站;3—边墙;4—护坦

图 2-17 边墙和导水墙

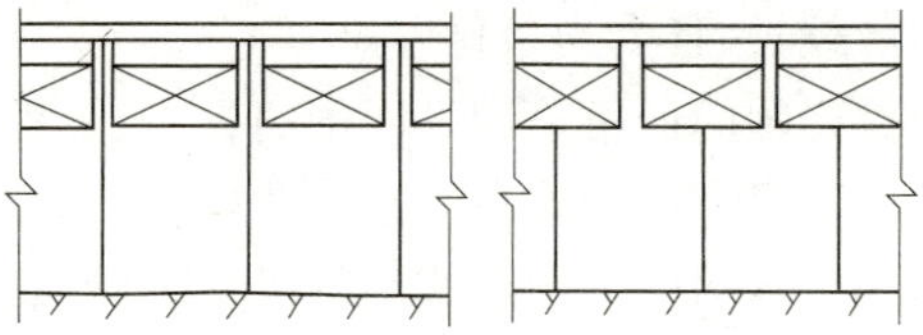

(a) (b)

图 2-18 溢流坝段横缝布置图

三、溢流面曲线和剖面设计

(一)溢流面曲线

溢流面曲线由顶部曲线段、中间直线段和下部反弧段等三部分组成,如图 2-19 所示。设计要求是:①有较高的流量系数;②水流平顺,不产生空蚀。

顶部曲线段的形状对泄流能力和流态有很大的影响。我国规范推荐,当采用开敞式溢流孔时可采用 WES 幂曲线。堰面曲线方程如下:

$$x^n = KH_d^{n-1}y \tag{2-38}$$

式中 H_d——定型设计水头,取堰顶最大作用水头 H_{max} 的 75% ~95%;

K,n——与上游面倾斜坡度有关的参数,当上游面垂直时 $K=2.0$,$n=1.85$;

x,y——以溢流坝顶点为坐标原点的坐标,x 以指向下游为正,y 以向下为正。

坐标原点的上游段采用复合圆弧或椭圆曲线与上游坝面连接,曲线方程及相关参数确定详见《混凝土重力坝设计规范》(SL 319—2005)。

设有胸墙的溢流面曲线如图 2-20 所示,当校核洪水情况下最大作用水头与孔口高度比值 $H_{max}/D>1.5$ 或闸门全开仍属孔口出流时,可按孔口射流曲线设计:

$$y = \frac{x^2}{4\varphi^2 H_d} \tag{2-39}$$

式中 H_d——定型设计水头,取孔口中心至校核洪水位的 75% ~95%;

φ——孔口收缩断面上的流速系数,一般取 $\varphi=0.96$,若有检修门槽时 $\varphi=0.95$。

若 $1.2<H_{max}/D\leqslant1.5$,则堰面曲线应通过试验确定。

按定型设计水头确定的溢流面曲线,当通过校核洪水闸门全部打开时,堰面将出现负压,其最大负压值不得超过 6×9.81 kPa。定型设计水头 H_d 的取值不同,堰面出现的最大负压值也不同,具体可参考表 2-11 估算。

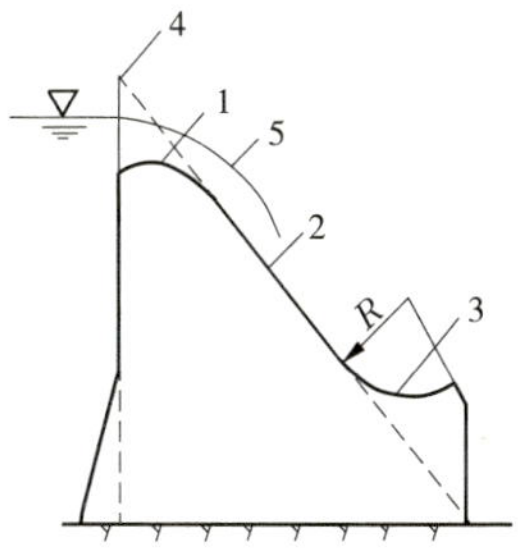

1—顶部曲线段;2—直线段;3—反弧段;
4—基本剖面;5—溢流水舌

图 2-19 溢流面曲线组成图

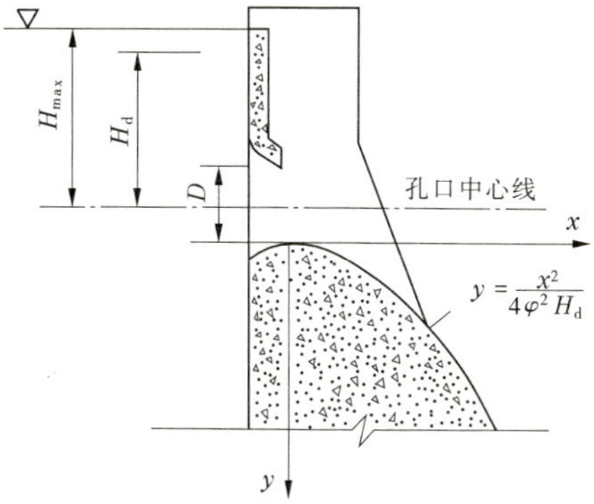

图 2-20 大孔口溢流面曲线

表 2-11 堰面最大负压值参考取值

H_d/H_{max}	0.75	0.775	0.80	0.825	0.85	0.875	0.90	0.95	1.0
最大负压值（×9.81 kPa）	$0.5H_d$	$0.45H_d$	$0.4H_d$	$0.35H_d$	$0.3H_d$	$0.25H_d$	$0.2H_d$	$0.1H_d$	$0.0H_d$

（二）反弧段

溢流坝下游反弧段的作用是使溢流坝面下泄的水流平顺地与下游消能设施相衔接。对不同的消能设施可采用不同的公式：

（1）对于挑流消能，通常取反弧半径 $R=(4\sim10)h$。其中，h 为校核洪水位闸门全开时反弧段最低点处的水深。R 太小时，水流转向不够平顺，过大时又使反弧段向下游延伸太长，增加工程量。当反弧段流速 $v<16$ m/s 时，可取下限，流速越大，反弧半径宜选用较大值。

（2）对于底流消能，反弧半径可近似按下式求得：

$$R=\frac{10x}{3.28} \tag{2-40}$$

其中

$$x=\frac{3.28v+21H+16}{11.8H+64}$$

式中 H——不计行进流速的堰上水头，m；

v——坝址处流速，m/s。

（三）直线段

中间的直线段与坝顶曲线和下部反弧段相切，坡度一般与非溢流坝段的下游坡相同。具体应由稳定和强度分析及剖面设计确定。

（四）溢流坝剖面设计

溢流坝的实用剖面，既要满足稳定和强度要求，也要符合水流条件的需要，还要与非溢流重力坝的剖面相适应，上游坝面尽量与非溢流坝相一致。设计时先按稳定和强度要求及水流条件定出基本剖面和溢流面曲线，然后使基本剖面的下游边与溢流面曲线相切。当溢流坝剖面超出基本剖面时，为节约坝体工程量并满足泄流条件，可以将堰顶做成悬臂式的，如图 2-21(a) 所示（悬臂高度 h_1 应大于 $H/2$，H 为堰顶最大水头）。若溢流坝剖面小于基本剖面,则将上游坝面做成折线形,使坝底宽等于基本剖面的底宽,如图 2-21(b)所示。有挑流鼻坎的溢流坝,当鼻坎超出基本三角形以外(见图 2-21(b))时,若 $l/h>0.5$,应核算 $B—B'$ 截面的应力,如果拉应力较大,可设缝将鼻坎与坝体分开。

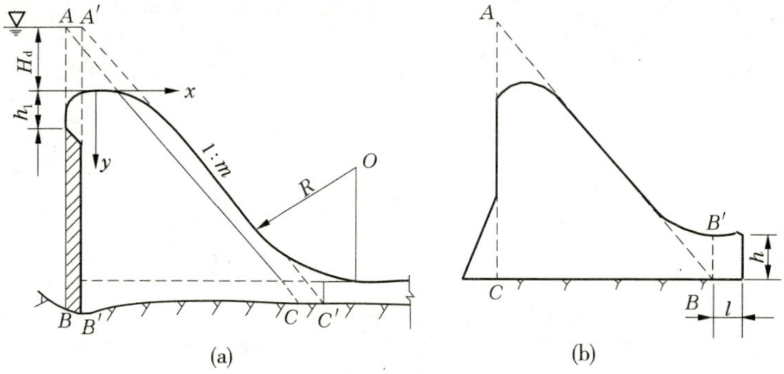

图 2-21 溢流坝剖面设计图

四、消能工的形式与设计

(一)概述

1. 消能工的设计原则

(1)尽量使下泄水流的大部分动能消耗于水流内部紊动及水流与空气的摩擦中。

(2)不产生危及坝体安全的河床冲刷或岸坡局部冲刷。

(3)下泄水流平稳,不影响枢纽中其他建筑物的正常运行。

(4)结构简单,工作可靠。

(5)工程量小,经济。

2. 消能工形式

常用的消能工形式有底流式消能、挑流式消能、面流式消能、消力戽消能及联合式消能(宽尾墩－挑流、宽尾墩－消力戽、宽尾墩－消力池等)。设计时应根据地形、地质、枢纽布置、水头、泄量、运行条件、消能防冲要求、下游水深及其变幅等条件进行技术经济比较,选择消能工的形式。

3. 设计洪水标准

消能防冲建筑物设计的洪水标准,可低于大坝的泄洪标准。Ⅰ等工程消能防冲建筑物宜按 100 年一遇洪水设计,Ⅱ等工程消能防冲建筑物宜按 50 年一遇洪水设计,Ⅲ等工程消能防冲建筑物宜按 30 年一遇洪水设计,并需考虑在小于设计洪水时可能出现的不利情况,保证安全运行。

(二)挑流消能

挑流消能是通过挑流鼻坎将高速水流自由抛射远离坝体,并利用水舌在空中扩散、掺气及水舌跌入下游水垫内的紊动扩散消耗能量,如图 2-22 所示。具有结构简单、工程造价低、施工检修方便等优点;但下泄水流会形成雾化,尾水波动较大,且下游冲刷较严重,冲刷坑后形成堆丘等。这种消能方式适用于水头较高、下游有一定水垫深度、基岩条件良好的高中坝,低坝经过严格论证也可采用这种消能方式。

挑流消能设计的任务是：选择鼻坎形式、反弧半径、鼻坎高程和挑射角，计算水舌挑射距离和冲刷坑深度等。

挑流鼻坎的常用形式有连续式和差动式两种。连续式鼻坎在工程中应用较为广泛。其优点是构造简单，水流平顺，防空蚀效果较好，但扩散掺气作用较差。连续式鼻坎的挑角可采用15°~35°，反弧半径 R 应在 $(4\sim10)h$ 范围内选取。鼻坎高程一般应高出下游最高水位1~2 m，以利于挑流水舌下缘的掺气。水舌挑射距离可用下式估算：

$$L' = L + \Delta L \tag{2-41}$$

$$L = \frac{1}{g}\left[v_1^2\sin\theta\cos\theta + v_1\cos\theta\sqrt{v_1^2\sin^2\theta + 2g(h_1+h_2)} \right] \tag{2-42}$$

$$\Delta L = T\cot\beta \tag{2-43}$$

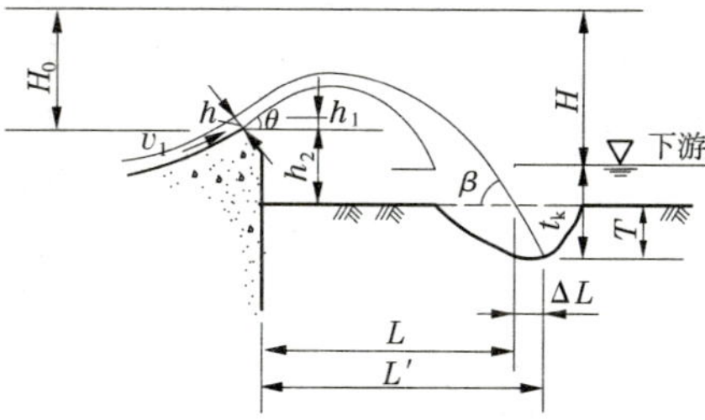

图2-22 挑射距离和冲坑深计算图

式中 L'——冲坑最深点到坝下游垂直面的水平距离，m；

L——坝下游垂直面到挑流水舌外缘与原河床面交点的水平距离，m；

ΔL——水舌外缘与原河床面交点到冲坑最深点的水平距离，m；

v_1——坎顶水面流速，按鼻坎处平均流速 v 的1.1倍计，即 $v_1=1.1v=1.1\varphi\sqrt{2gH_0}$（$H_0$ 为水库水位至坎顶的落差，m，φ 为堰面流速系数，可取0.9~1.0），m/s；

θ——鼻坎的挑角；

h_1——坎顶垂直方向水深，m，$h_1=h/\cos\theta$（h 为坎顶平均水深）；

h_2——坎顶至河床面高差，m，如冲坑已经形成，作为计算冲坑进一步发展时，可算至坑底；

T——最大冲坑深度（由河床面至坑底），m；

β——水舌外缘与下游水面的交角。

最大冲坑深度可按下式估算：

$$T = t_k - t \tag{2-44}$$

其中

$$t_k = kq^{0.5}H^{0.25}$$

式中 t_k——最大冲坑水垫层厚度（自下游水位算至坑底），m；

q——单宽流量，$m^3/(s\cdot m)$；

H——上下游水位差，m；

t——下游水深，m；

k——冲刷系数，坚硬完整的基岩取0.6~0.9，坚硬但完整性较差的基岩取0.9~

1.2,较坚硬,但呈块状、碎石状的基岩取1.2~1.6,软弱、完全碎石状的基岩取1.6~2.0。

为确保冲坑不致危及大坝和其他建筑物的安全,根据经验,安全挑距一般大于最大可能冲坑深度的2.5~5.0倍,具体取值需根据河床基岩节理裂隙的产状发育情况确定。

(三)底流消能

底流消能是在溢流坝坝趾下游设置一定长度的护坦,使过坝水流在护坦上发生水跃,通过水流的漩滚、摩擦、撞击和掺气等作用消耗能量,以减轻对下游河床和岸坡的冲刷。底流消能原则上适用于各种高度的坝及各种河床地质情况,尤其适用于地质条件差、河床抗冲能力低的情况。底流消能运行可靠,下游流态比较平稳,对通航和发电尾水影响较小;但工程量较大,且不利于排冰和过漂浮物。

设计底流消能时,首先要进行水力计算以判断水流衔接状态。若为远驱水跃,则应采取工程措施,如设置消力池、消力坎或综合消力池等,促使水流在池内发生水跃以消能。为提高消能效果,还可以布置一些辅助消能工,如趾坎、消力墩、尾槛等,以强化消能,减小消力池的深度和长度。底流消能的水力计算(消力池的深度和长度、导水墙高度)具体见"水闸"一章的相关内容。图2-23为湖北陆水水电站底流消能布置图。

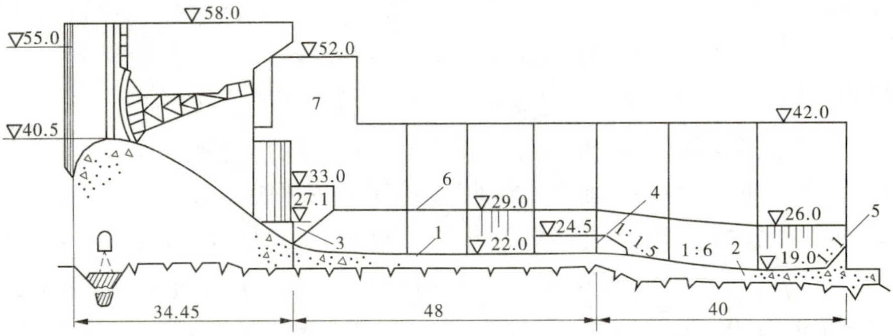

1—一级消力池;2—二级消力池;3—趾墩;4—消力墩;5—尾墩;6—导水墙;7—电站厂房

图2-23 湖北陆水水电站底流消能布置图 (单位:m)

底流消能的护坦通常用钢筋混凝土修筑,其配筋一般按构造要求配置。护坦厚度可由抗浮稳定和强度条件确定,一般为1~3 m。岩基上的护坦可用锚筋和基岩锚固,锚筋直径25~36 mm,间距1.5~2.0 m,按梅花形布置;当基岩软弱或构造发育时,也可在护坦底部设置排水系统以降低扬压力;护坦一般还应设置伸缩缝,以适应温度变形;护坦表层常采用高强度混凝土浇筑,以提高抗冲和抗磨能力。

(四)面流消能

面流消能是在溢流坝下游面设置低于下游水位、挑角不大(挑角小于10°~15°)的鼻坎,使下泄的高速水流既不挑离水面也不潜入底层,而是沿下游水流的上层流动。水舌下有一水滚,主流在下游一定范围内逐渐扩散,使水流流速分布逐渐接近正常水流情况,因此称为面流消能(见图2-24)。

面流消能适用于水头较小的中、低坝,且下游水深较大,水位变幅小,河床和两岸有较高的抗冲能力,或有排冰和过木要求的情况;虽然水舌下的水滚是流向坝趾的,但流速较

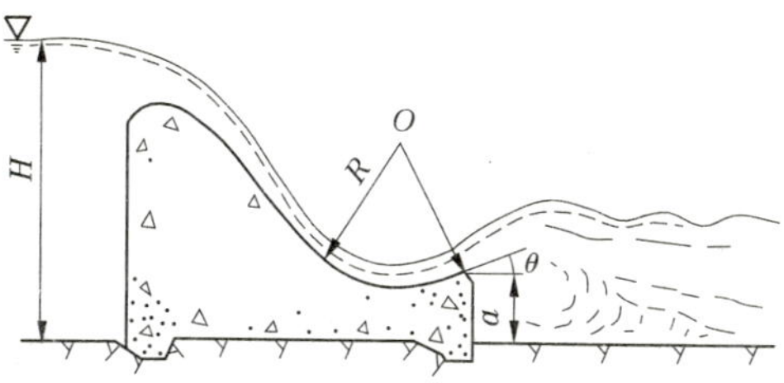

图 2-24 面流消能

低,河床一般不需加固。由于表面高速水流会产生很大的波动,有的绵延数千米还难以平稳,所以对电站运行和下游航运不利,且易冲刷两岸。

(五)消力戽消能

消力戽消能是在坝后设一大挑角(约 45°)的低鼻坎(即戽唇,其高度 a 一般约为下游水深的 1/6),其水流形态的特征表现为三滚一浪(见图 2-25)。戽内产生逆时针方向(如果水流方向向右时)的表面漩滚,戽外产生顺时针方向的底部漩滚和逆时针方向的表面漩滚,下泄水流穿过漩滚产生涌浪,并不断掺气进行消能。

消力戽消能的优点是:工程量比底流消能的小,冲刷坑比挑流消能的浅,不存在雾化问题。其主要缺点与面流消能相似,并且底部漩滚可能将砂石带入戽内造成磨损。如将戽唇做成差动式可以避免上述缺点,但其结构复杂,齿坎易空蚀,采用时应慎重研究。消力戽消能的适用情况与面流消能基本相同,但不能过木排冰,且对尾水的要求是须大于跃后水深。

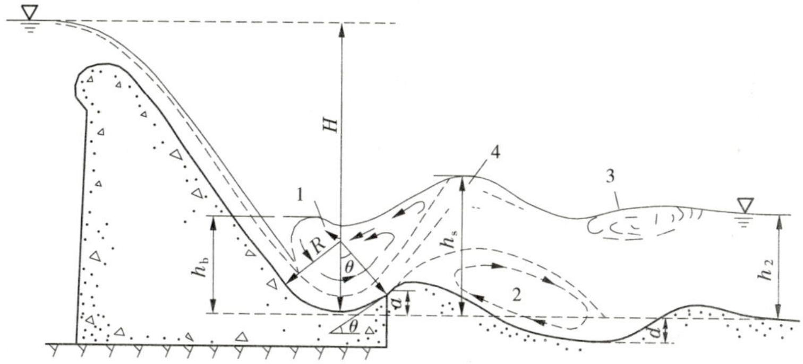

1—戽内漩滚;2—戽后底部漩滚;3—下游表面漩滚;4—戽后涌浪

图 2-25 消力戽消能布置图

任务七 重力坝的泄水孔布置

知识要求

了解溢流坝坝身泄水孔的组成及其布置。

技能要求

会识读泄水孔纵剖视图。

一、坝身泄水孔的作用

坝身泄水孔的进口全部淹没在设计水位以下，随时可以放水，故又称深式泄水孔。其作用有：①预泄洪水，增大水库的调蓄能力；②放空水库以便检修；③排放泥沙，减少水库淤积，延长水库使用寿命；④向下游供水，满足航运和灌溉要求；⑤施工导流。

二、坝身泄水孔的组成及形式

（一）泄水孔的组成

泄水孔一般由进口段、闸门控制段、孔身段和出口消能段组成。

（二）泄水孔的形式

按孔身水流条件，坝身泄水孔可分为无压和有压两种类型。前者指泄水时除进口附近一段为有压外，其余部分均处于明流无压状态，见图2-26。后者是指闸门全开时，整个管道都处于满流承压状态，见图2-27。无压孔的有压段又包括进口段、门槽段和压坡段三个部分，压坡段末端设工作闸门；有压孔的进口段之后为事故检修闸门门槽段，其后接平坡段或小于1∶10的缓坡段，工作闸门设在出口端，其前为压坡段。

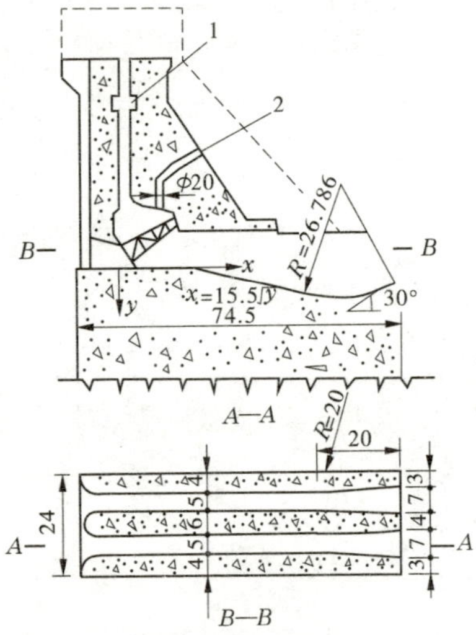

1—启闭机廊道；2—通气孔

图2-26　无压泄水孔　（单位：m）

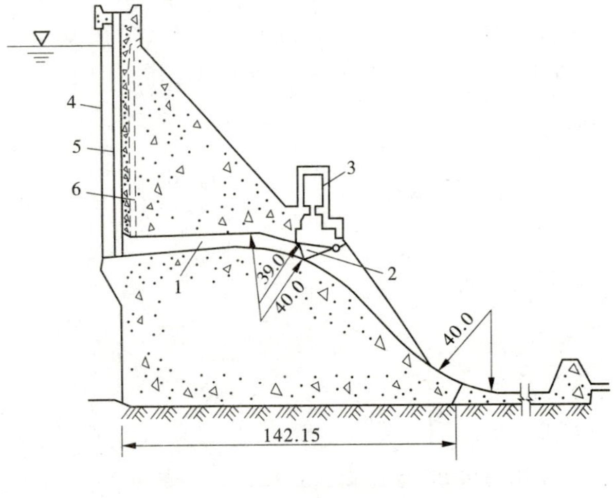

1—泄水孔；2—弧形闸门；3—启闭机室；4—闸墩；5—检修闸门；6—通气孔

图2-27　有压泄水孔　（单位：m）

发电引水应为有压孔，其他用途的泄水孔，可以是有压的或是无压的。有压孔的工作闸门一般都设在出口，孔内始终保持满水有压状态。无压孔的工作闸门和检修闸门都设在进口，工作闸门后的孔口断面扩大抬高，以保证门后为无压明流。

三、泄水孔的布置

坝身泄水孔应根据其用途、枢纽布置要求、地形地质条件和施工条件等因素进行布置。泄水孔宜布置在河槽部位，以便下泄水流与下游河道衔接。当河谷狭窄时，宜设在溢流坝段；当河谷较宽时，则可考虑布置于非溢流坝段。其进口高程在满足泄洪任务的前提下，应尽量高些，以减小进口闸门上的水压力；灌溉孔应布置在灌区一岸的坝段上，以便与灌溉渠道连接，其进口高程则应根据坝后渠首高程来确定，必要时，也可根据泥沙和水温情况分层设置进水口；排沙底孔应尽量靠近电站、灌溉孔的进水口及船闸闸首等需要排沙的部位；发电进水口的高程，应根据水力动能设计要求和泥沙条件确定。一般设于水库最低工作水位以下一倍孔口高度处，并应高出淤沙高程1 m以上；为放空水库而设置的放水孔、施工导流孔，一般均布置得较低。

四、泄水孔的体形与构造

(一)有压泄水孔

(1)进水口的体形。为使水流平顺、减少水头损失，避免孔壁空蚀，进口形状应尽可能符合流线变化规律，工程中宜采用四侧或顶、侧面椭圆曲线进水口，其典型布置如图2-28所示。

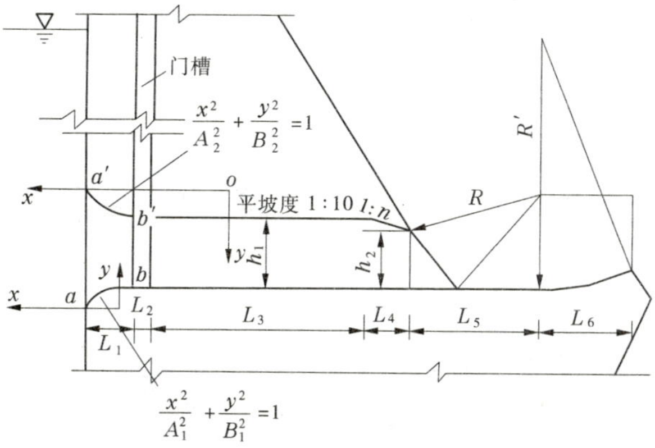

图2-28 有压泄水孔典型布置图

(2)出水口。有压泄水孔的出口控制着整个泄水孔内的内水压力状况。为消除负压，避免出现空蚀破坏，宜将出口断面缩小，收缩量大致为孔身面积的10%～15%，并将孔顶降低，孔顶坡比可取1:10～1:5。

(3)孔身断面及渐变段。有压泄水孔的断面一般为圆形，但进出口部分为适应闸门要求应为矩形断面，故圆形、矩形断面间应设渐变段过渡连接。

(4)闸门槽。有压泄水孔出口的工作闸门，一般采用不设门槽的弧形闸门，而进口检修闸门常采用平面闸门。

若闸门槽体形设计不当，很容易产生空蚀。对高水头的情况，闸门槽应用图2-29所示的形状。

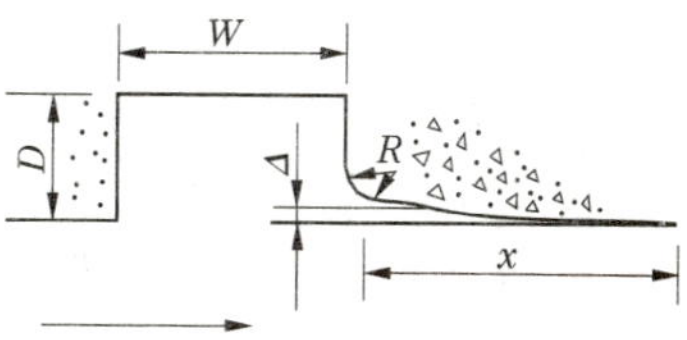

$W/D=1.6\sim1.8$；$\Delta/D=0.05\sim0.08$；
$R/D=0.1$；$x/\Delta=10\sim12$

图2-29 闸门槽形状图

(5)通气孔。作用是关闭检修闸门后，开工作闸门放水，向孔内充气；检修完毕后，关闭工作闸门，向闸门之间充水时排气。通气孔的断面面积由计算确定，但宜大于充水管或排水管的过水断面面积。为防止发生事故，通气孔的进口必须与闸门启闭室分开，以免影响工作人员的安全。

(二)无压泄水孔

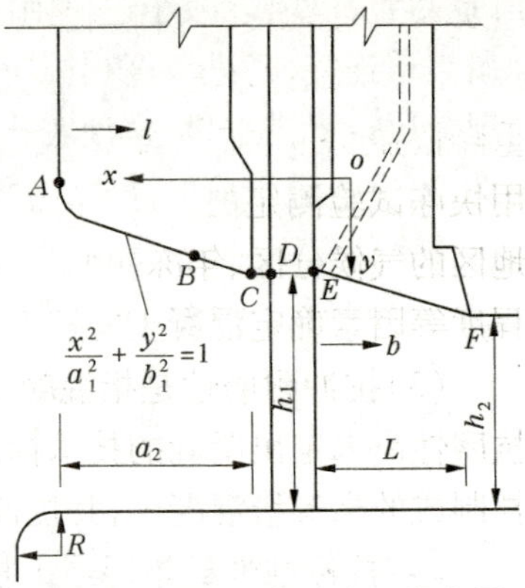

图 2-30 无压泄水孔有压段布置

无压泄水孔在平面上宜作直线布置,其过水断面多为矩形。

(1)进水口体形。无压泄水孔的有压段与有压泄水孔的相应段体形、构造基本相同,如图 2-30 所示。压坡段的坡度一般为 1:4 ~1:6,压坡段的长度一般为 3 ~6 m。

(2)明流段。为使水流平顺无负压,明流段的竖曲线通常设计为抛物线。明流段的孔顶在水面以上应有足够的余幅,当孔身为矩形时,顶部高出水面的高度取最大流量时不掺气水深的 30% ~50%;当孔顶为圆拱形时,拱脚距水面的高度可取不掺气水深的 20% ~30%。明流段的反弧段,一般采用圆弧式,末端鼻坎高程应高于该处下游水位以保证发生自由挑流。

(3)通气孔。检修闸门后的通气孔布置要求与有压泄水孔完全相同。除此之外,为使明流段流态稳定,还应在工作闸门后设通气孔(见图 2-27),向明流段不断补气。

任务八 重力坝的材料及构造布置

知识要求

掌握重力坝混凝土各区材料的性能要求,掌握重力坝坝顶、分缝、止水、排水、廊道等构造布置。

技能要求

会合理选择大坝筑坝材料,会识读大坝构造布置图。

一、混凝土重力坝的材料

(一)水工混凝土的特性指标

建造重力坝的混凝土,除应有足够的强度承受荷载外,还要有一定的抗渗性、抗冻性、抗侵蚀性、抗冲耐磨性以及低热性等。

1. 强度

混凝土按标准立方体试块抗压极限强度分为 12 个强度等级,用符号 C 表示。重力坝常用的有 C7.5、C10、C15、C20、C25、C30 六个级别。混凝土的强度随龄期而增加,坝体混凝土抗压强度一般采用 90 d 龄期强度,保证率为 80%。抗拉强度采用 28 d 龄期强度,一般不采用后期强度。

2. 混凝土的耐久性

混凝土的耐久性包括抗渗、抗冻、抗冲耐磨、抗侵蚀等。

(1)抗渗性是指混凝土抵抗水压力渗透作用的能力。抗渗性可用抗渗等级表示,抗渗等级是用 28 d 龄期的标准试件测定的,分为 W2、W4、W6、W8、W10 和 W12 六级。重力坝所采用的抗渗等级应根据所在的部位及承受的渗透水力坡降进行选用。

(2)抗冻性是表示混凝土在饱和状态下能经受多次冻融循环而不破坏,同时也不严重降低强度的性能。混凝土抗冻性用抗冻等级表示。抗冻等级是用 28 d 龄期的试件采用快冻试验测定的,分为 F50、F100、F150、F200、F300 五级。采用时,应根据建筑物所在地区的气候分区、年冻融循环次数、表面局部小气候条件、结构构件重要性和检修的难易程度等因素确定混凝土的抗冻等级。

(3)抗冲耐磨性是指混凝土抗高速水流或挟沙水流的冲刷、磨损的性能。目前,对于抗磨性尚未定出明确的技术标准。根据经验,使用高等级硅酸盐水泥或硅酸盐大坝水泥拌制成的高等级混凝土,其抗冲耐磨性较强,且要求骨料坚硬、振捣密实。

(4)抗侵蚀性是指混凝土抵抗环境侵蚀的性能。当环境水有侵蚀时,应选择抗侵蚀性能较好的水泥,水位变化区及水下混凝土的水灰比,可比常态混凝土的水灰比减少 0.05。

为了降低水泥用量并提高混凝土的性能,在坝体混凝土内可适量掺加粉煤灰掺合料及引气剂、塑化剂等外加剂。

(二)坝体混凝土分区

混凝土重力坝坝体各部位的工作条件及受力条件不同,对上述混凝土材料性能指标的要求也不同。为了满足坝体各部位的不同要求,节省水泥用量及工程费用,把安全与经济统一起来,通常将坝体混凝土按不同工作条件分为 6 个区,见图 2-31。

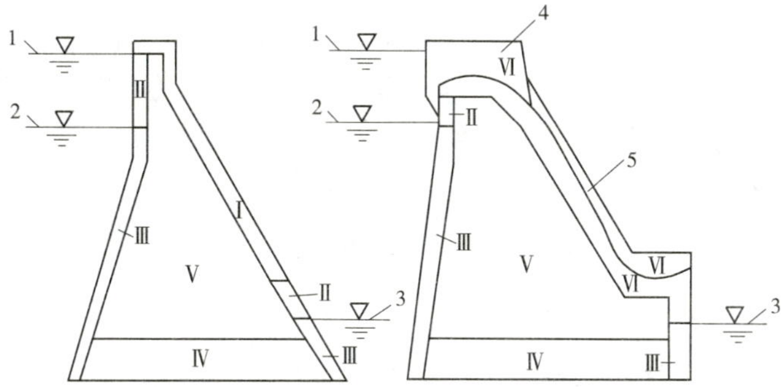

1—上游最高水位;2—上游最低水位;3—下游最低水位;4—闸墩;5—导墙

图 2-31 坝体混凝土分区示意图

Ⅰ区——上、下游水位以上坝体表层混凝土,其特点是受大气影响。

Ⅱ区——上、下游水位变化区坝体表层混凝土,既受水的作用也受大气影响。

Ⅲ区——上、下游最低水位以下坝体表层混凝土。

Ⅳ区——坝体基础混凝土。

Ⅴ区——坝体内部混凝土。

Ⅵ区——抗冲刷部位的混凝土(如溢流面、泄水孔、导墙和闸墩等)。

为了便于施工,选定各区混凝土强度等级时,强度等级的类别应尽量少,相邻区的强度等级相差应不超过两级,以免由于性能差别太大而引起应力集中或产生裂缝。分区的厚度一般不得小于 2 ~ 3 m,以便浇筑施工。

二、混凝土重力坝的构造

重力坝的构造设计包括坝顶构造、坝体分缝、止水、排水、廊道布置等内容。构造的合理选型和布置,可以改善重力坝工作性能,满足运用和施工上的要求,保证大坝正常工作。

(一)坝顶构造

溢流坝的坝顶构造已在"任务六"中讲述。非溢流坝坝顶上游侧一般设有防浪墙,防浪墙宜采用与坝体连成整体的钢筋混凝土结构,高度一般为 1.2 m,防浪墙在坝体横缝处应留伸缩缝并设止水。坝顶路面一般为实体结构(见图 2-32(a)、(b)),并布置排水系统和照明设备,也可采用拱形结构支承坝顶路面(见图 2-32(c)),以减轻坝顶重量,有利于抗震。

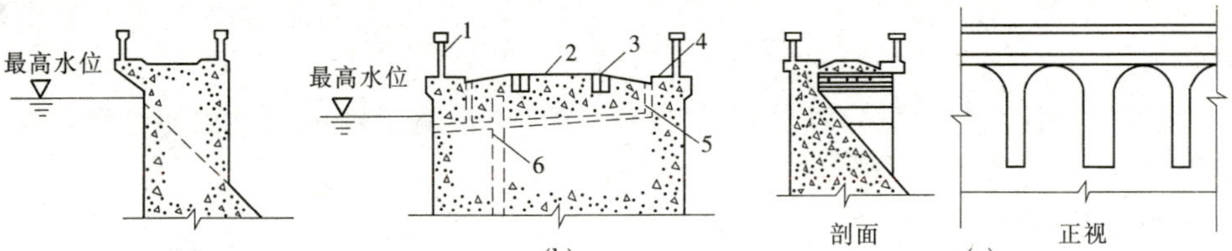

1—防浪墙;2—公路;3—起重机轨道;4—人行道;5—坝顶排水管;6—坝体排水管

图 2-32　非溢流坝坝顶构造

(二)坝体分缝与止水

为了适应地基不均匀沉降和温度变化,以及施工期混凝土的浇筑能力和温度控制等要求,常需设置垂直于坝轴线的横缝、平行于坝轴线的纵缝以及水平施工缝。横缝一般是永久缝,纵缝和水平施工缝则属于临时缝。重力坝分缝如图 2-33 所示。

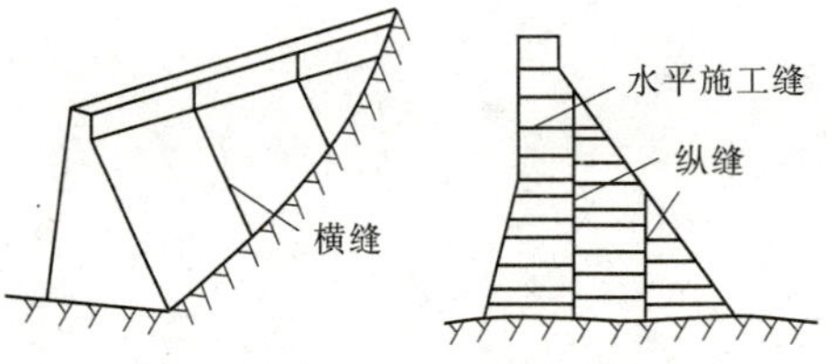

图 2-33　坝体分缝示意图

1. 横缝及止水

永久性横缝将坝体沿坝轴线分成若干坝段,其缝面常为平面,各坝段独立工作。横缝可兼作伸缩缝和沉降缝,间距(坝段长度)一般为 12 ~ 20 m,当坝内设有泄水孔或电站引水管道时,还应考虑泄水孔和电站机组间距;对于溢流坝段还要结合溢流孔口尺寸进行布置。

横缝内需设止水设备,止水材料有金属片、橡胶、塑料及沥青等。高坝的横缝止水应采用两道金属止水铜片和一道防渗沥青井,如图 2-34 所示。中、低坝的止水可适当简化,中坝第二道止水片,可采用橡胶或塑料片等,低坝经论证也可仅设一道止水片。金属止水片的厚度一般为 1.0 ~ 1.6 mm,加工成"ϟ"形,以便更好地适应伸缩变形。第一道止水片距上游坝面为 0.5 ~ 2.0 m,以后各道止水设备之间的距离为 0.5 ~ 1.0 m;止水每侧埋入混凝土的长度为 20 ~ 25 cm。沥青井为方形或圆形，边长或内径为 15 ~ 25 cm，为便于施工，后浇坝段一侧可用预制混凝土块构成，井内灌注石油沥青和设置加热设备。

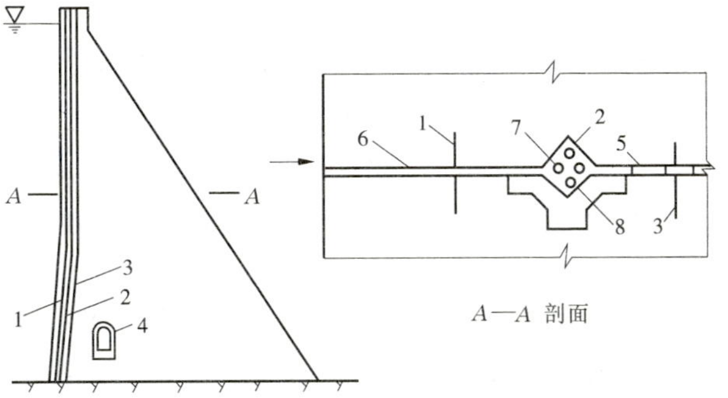

1—第一道止水铜片；2—沥青井；3—第二道止水片；
4—廊道止水；5—横缝；6—沥青油毡；7—加热电极；8—预制块

图 2-34 横缝止水构造图

止水片及沥青井需伸入基岩 30 ~ 50 cm，止水片必须延伸到最高水位以上，沥青井需延伸到坝顶。

溢流孔口段的横缝止水应沿溢流面至坝体下游尾水位以下，穿越横缝的廊道和孔洞周边均需设止水片。

当遇到下述情况时，可将横缝做成临时性横缝：①河谷狭窄时做成整体式重力坝，可适当发挥两岸的支撑作用，有利于坝体的强度和稳定；②岸坡较陡，将各坝段连成整体，以改善岸坡坝段的稳定性；③坐落在软弱破碎带上的各坝段，连成整体可增加坝体刚度；④在强地震区，各坝段连成整体可提高坝段的抗震性能。

2. 纵缝

为了适应混凝土的浇筑能力和减少施工期的温度应力，常在平行坝轴线方向设纵缝，将一个坝段分成几个坝块，待坝体降到稳定温度后再进行接缝灌浆。常用的纵缝形式有竖直纵缝、斜缝和错缝等，如图 2-35 所示。纵缝间距一般为 15 ~ 30 m。为了在接缝之间传递剪力和压力，缝内还必须设置足够数量的三角形键槽（见图 2-36）。斜缝适用于中、低坝，可不灌浆。错缝也不做灌浆处理，施工简便，可在低坝上使用。

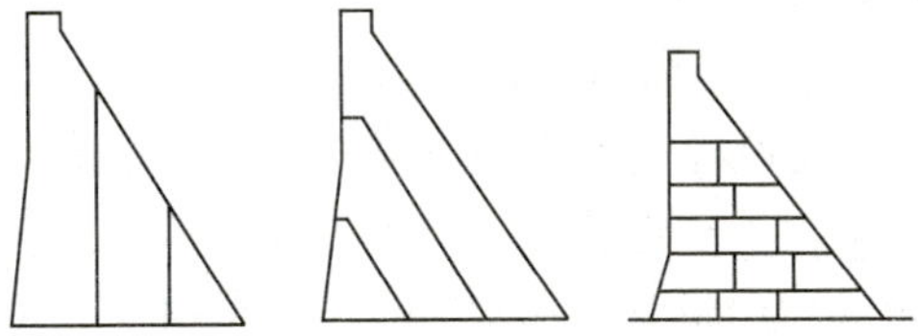

(a)竖直纵缝　　(b)斜缝　　(c)错缝

图 3-35 常用的纵缝形式

3. 水平工作缝

水平工作缝是分层施工的新老混凝土之间的接缝，是临时性的。为了使工作缝结合好，在新混凝土浇筑前，必须清除施工缝面的浮渣、灰尘和水泥乳膜，用风水枪或压力水冲洗，使表面成为干净的麻面，再均匀铺一层 2 ~ 3 cm 的水泥砂浆，然后浇筑。国内外普遍采用薄层浇筑,浇筑块厚1.5~3.0 m。在基岩表面须用0.75~1.0 m的薄层浇筑,以便通过表面散热,降低混凝土温升,防止开裂。

(三)坝体排水

为了减小坝体渗透压力,靠近上游坝面应设排水管幕,将渗入坝体的水由排水管排入廊道,再由廊道汇集于集水井,由抽水机排到下游。排水管距上游坝面的距离,一般要求不小于坝前水头的1/15~1/25,且不小于2 m,以使渗透坡降在允许范围以内。排水管的间距为2~3 m,上、下层廊道之间的排水管应布置成垂直的或接近于垂直方向,不宜有弯头,以便检修。

排水管可采用预制无砂混凝土管、多孔混凝土管,内径为15~25 cm,见图2-37。排水管施工时用水泥浆砌筑,随着坝体混凝土的浇筑而加高。在浇筑坝体混凝土时,须保护好排水管,以防止水泥浆漏入而造成堵塞。

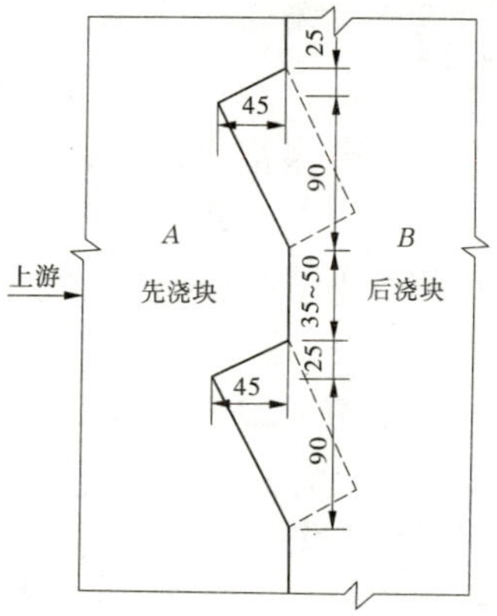

图2-36 三角形键槽 (单位:cm)

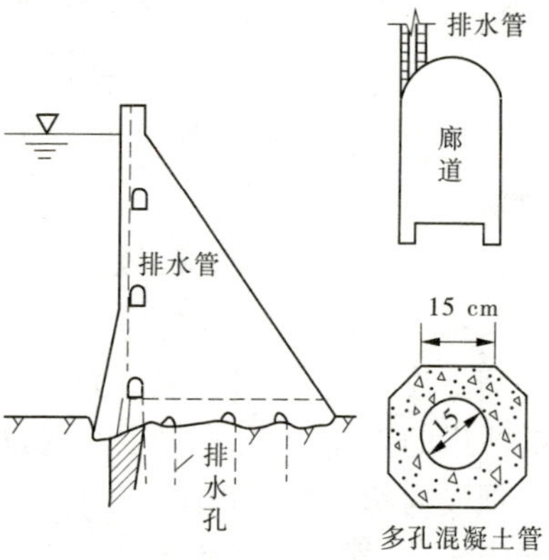

图2-37 坝体排水管

(四)廊道系统

为了满足施工运用要求,如灌浆、排水、观测、检查和交通的需要,须在坝体内设置各种廊道。这些廊道互相连通,构成廊道系统,如图2-38所示。

1. 基础灌浆廊道

帷幕灌浆须在坝体浇筑到一定高程后进行,以便利用混凝土压重提高灌浆压力,保证灌浆质量。为此,须在坝踵部位沿纵向设置灌浆廊道,以便降低渗透压力。基础灌浆廊道的断面尺寸,应根据钻灌机具尺寸及工作要求确定,一般宽度可取2.5~3 m,高度可为3.0~3.5 m。断面形式采用城门洞形。灌浆廊道距上游面的距离可取0.05~0.1倍水头,且不小于4~5 m。廊道底面距基岩面的距离不小于1.5倍廊道宽度,以防廊道幕底板被灌浆压力掀动开裂。廊道底面上、下游侧设排水沟,下游排水沟设坝基排水孔及扬压力观测孔。灌浆廊道沿地形向两岸逐渐升高,坡度不宜大于40°~45°,以便进行钻孔、灌浆操作和搬运灌浆设备。对坡度较陡的长廊,应分段设置安全平台及扶手。

2. 检查和坝体排水廊道

为了检查巡视和排除渗水,常在靠近坝体上游面沿高度方向每隔15~30 m设置检查排水廊道。断面形式多采用城门洞形,最小宽度为1.2 m,最小高度为2.2 m,距上游面距

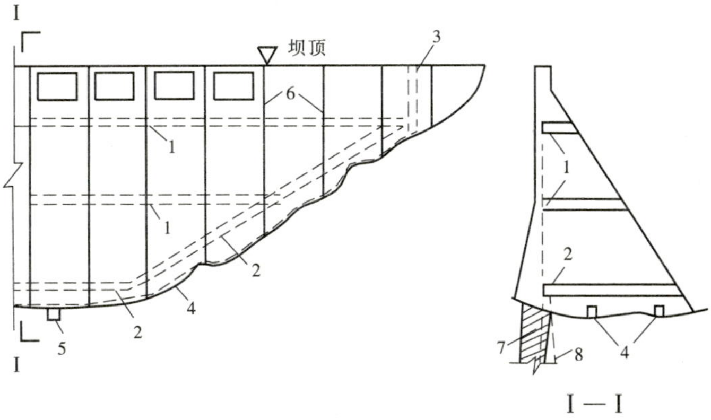

1—检查廊道;2—基础灌浆廊道;3—竖井;4—排水廊道;
5—集水井;6—横缝;7—灌浆帷幕;8—排水孔幕

图 2-38　廊道和竖井

离应不小于 0.05 ~ 0.07 倍水头,且不小于 3 m。寒冷地区应适当加厚。

任务九　重力坝的地基处理

知识要求

掌握坝基处理的目的及方法。

技能要求

会合理拟定重力坝岩基的处理方案。

重力坝承受较大的荷载,对地基的要求较高,它对地基的要求介于拱坝和土石坝之间。除少数较低的重力坝可建在土基上外,一般须建在岩基上。然而天然基岩经受长期地质构造运动及外界因素的作用,多少存在着风化、节理、裂隙、破碎等缺陷,在不同程度上破坏了基岩的整体性和均匀性,降低了基岩的强度和抗渗性。因此,必须对地基进行适当的处理,以满足重力坝对地基的要求。这些要求包括:①具有足够的强度,以承受坝体的压力;②具有足够的整体性、均匀性,以满足坝基抗滑稳定和减少不均匀沉陷;③具有足够的抗渗性,以满足渗透稳定,控制渗流量;④具有足够的耐久性,以防止岩体性质在水的长期作用下发生恶化。

重力坝的地基处理一般包括坝基开挖与清理,对基岩进行固结灌浆和防渗帷幕灌浆,设置基础排水系统,对特殊软弱带如断层、破碎带进行专门的处理等。

一、地基的开挖与清理

坝基开挖与清理的目的是使坝体坐落在稳定、坚固的地基上。开挖深度应根据坝基应力、岩石强度及完整性,结合上部结构对地基的要求和地基加固处理的效果、工期和费用等研究确定。我国《混凝土重力坝设计规范》(SL 319—2005)要求,凡100 m以上的高坝须建在新鲜、微风化层或弱风化层下部基岩上;100~50 m的坝可建在微风化层至弱风化层中部基岩上;坝高小于50 m时,可建在弱风化层中部或上部基岩上。同一工程中,两岸较高部位的坝段,其利用基岩的标准可比河床部位适当放宽。

坝基开挖的边坡必须保持稳定;在顺河方向,各坝段基础面上、下游高差不宜过大,为有利于坝体的抗滑稳定,可开挖成略向上游倾斜;两岸岸坡应开挖成台阶形,以利于坝块的侧向稳定;基坑开挖轮廓应尽量平顺,避免有高差悬殊的突变,以免应力集中造成坝体裂缝;当地基中存在局部工程地质缺陷时,也应予以挖除。

为保持基岩完整性,避免开挖爆破振裂,基岩应分层开挖。当开挖到距设计高程0.5~1.0 m的岩层时,宜用手风钻造孔,小药量爆破。如岩石较软弱,也可用人工借助风镐清除。基岩开挖后,在浇筑混凝土前,需进行彻底的清理和冲洗;对易风化、泥化的岩体,应采取保护措施,及时覆盖开挖面。

二、坝基的固结灌浆

在重力坝工程中采用浅孔低压灌注水泥浆的方法对地基进行加固处理,称为固结灌浆(见图2-39)。固结灌浆的目的是提高基岩的整体性和强度,降低地基的透水性。现场试验表明,在节理裂隙较发育的基岩内进行固结灌浆后,基岩的弹性模量可提高2倍甚至更多,在帷幕灌浆范围内先进行固结灌浆可提高帷幕灌浆的压力。

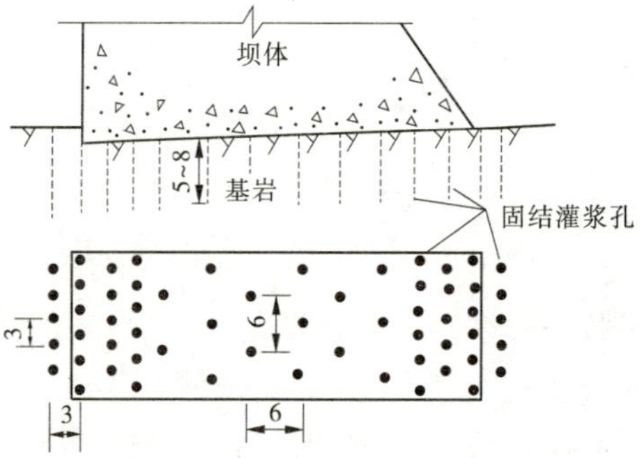

图2-39 固结灌浆孔的布置 (单位:m)

固结灌浆孔一般布置在应力较大的坝踵和坝趾附近,以及节理裂隙发育和破碎带范围内。灌浆孔呈梅花形布置,孔距、排距和孔深根据坝高、基岩的构造情况确定,一般孔距3~4 m,孔深5~8 m 。帷幕上游区的孔深一般为8~15 m,钻孔方向垂直于基岩面。当无混凝土盖重灌浆时,压力一般为0.2~0.4 MPa(2~4 kg/cm^2),有盖重时为0.4~0.7 MPa,以不掀动基础岩体为原则。

三、帷幕灌浆

帷幕灌浆的目的是降低坝底的渗透压力,防止坝基内产生机械或化学管涌,减少坝基和绕渗渗透流量。帷幕灌浆是在靠近上游坝基布设一排或几排深钻孔，利用高压灌浆充填基岩内的裂隙和孔隙等渗水通道，在基岩中形成一道相对密实的阻水帷幕（见图2-40）。帷幕灌浆材料目前最常用的是水泥浆，水泥浆具有结石体强度高、经济和施工方便等优点。在水泥浆灌注困难的地方，可考虑采用化学灌浆。化学灌浆具有很好的灌注性能，能够灌入细小的裂隙，抗渗性好，但价格昂贵，又易造成环境污染，使用时需慎重。

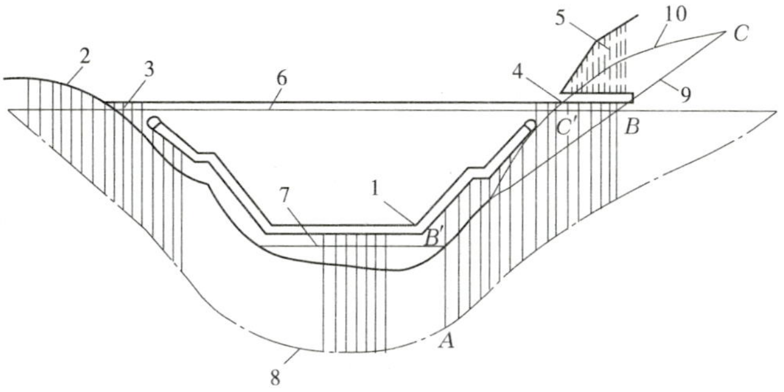

1—灌浆廊道；2—山坡钻进；3—坝顶钻进；4—灌浆平洞；5—排水孔；6—最高库水位；
7—原河水位；8—防渗帷幕底线；9—原地下水位线；10—蓄水后地下水位线

图2-40　防渗帷幕沿坝轴线的布置图

防渗帷幕的深度应根据基岩的透水性、坝体承受的水头和降低坝底渗透压力的要求确定。当坝基下存在可靠的相对隔水层时，帷幕应伸入相对隔水层内3～5 m。不同坝高所要求的相对隔水层的透水率q（1 m长钻孔在1 MPa压力作用下，1 min内的透水量）应采取下列不同标准：坝高在100 m以上，$q=1\sim3$ Lu；坝高为100～50 m时，$q=3\sim5$ Lu；坝高在50 m以下，$q=5$ Lu。如相对隔水层埋藏很深，帷幕深度可根据降低渗透压力和防止渗透变形的要求确定，一般可在0.3～0.7倍水头范围内选取。

防渗帷幕的排数、排距及孔距，应根据坝高、作用水头、工程地质、水文地质条件确定。在一般情况下，高坝可设两排，中坝设一排。当帷幕由两排灌浆孔组成时，可将其中的一排钻至设计深度，另一排可取其深度的1/2左右。帷幕灌浆孔距为1.5～3.0 m，排距宜比孔距略小。

帷幕灌浆需要从河床向两岸延伸一定的范围，形成一道从左到右的防渗帷幕。当相对不透水层距地面较近时，帷幕可伸入岸坡与相对不透水层相衔接。当两岸相对不透水层很深时，帷幕可以伸到原地下水位线与最高库水位相交点B附近，如图2-40所示。在最高库水位以上的岸坡可设置排水孔以降低地下水位，增加岸坡的稳定性。

帷幕灌浆必须在浇筑一定厚度的坝体混凝土作为盖重后进行，灌浆压力由试验确定，通常在帷幕孔顶段取1.0～1.5倍的坝前静水压强，在孔底段取2～3倍的坝前静水压强，但应以不破坏岩体为原则。

四、坝基排水设施

为了进一步降低坝底扬压力，需在防渗帷幕后设置排水系统，如图2-41所示。坝基排水系统一般由排水孔幕和基面排水组成。主排水孔一般设在基础灌浆廊道的下游侧,孔距 2 ~3 m,孔径 15 ~20 cm,孔深常采用帷幕深度的 0.4 ~0.6 倍,方向则略倾向下游。除主排水孔外,还可设辅助排水孔 1 ~3 排,孔距一般为 3 ~5 m,孔深为 6 ~12 m。

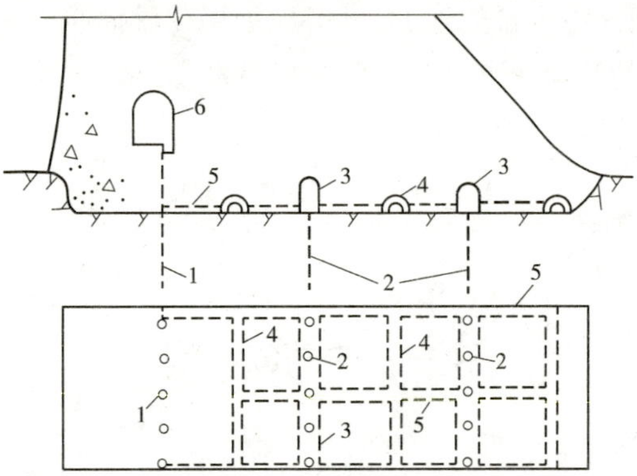

1—主排水孔;2—辅助排水孔;3—坝基纵向排水廊道;4—半圆形排水管;
5—横向排水沟;6—灌浆廊道

图 2-41　坝基排水设施布置图

如基岩裂隙发育,还可在基岩表面设置排水廊道或排水沟、管作为辅助排水。排水沟、管纵横相连形成排水网,增加排水效果和可靠性,并在坝基上布置集水井,渗水汇入集水井后,用水泵排向下游。

五、坝基软弱破碎带的处理

当坝基中存在断层破碎带或软弱结构面时，则需要进行专门的处理。处理方式应根据软弱带在坝基中的位置、走向、倾角的陡缓以及对强度和防渗的影响程度而定。

对于走向与水流方向大致垂直、倾角较大的断层破碎带,常采用混凝土梁(塞)或混凝土拱进行加固,如图 2-42 所示。混凝土塞是将破碎带挖除至一定深度后回填混凝土,以提高地基局部的承载能力。

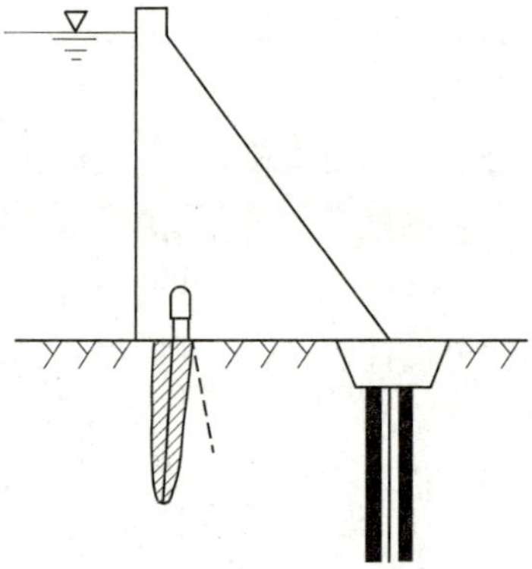

图 2-42　陡倾角断层处理

当破碎带的宽度小于 2 ~3 m 时,混凝土塞的深度可采用破碎带宽度的 1 ~2 倍,且不得小于 1 m。若破碎带的走向与水流方向大致相同,与上游水库连通,则须同时做好坝基加固和防渗处理,常用的方法有钻孔灌浆、混凝土防渗墙、防渗塞(见图 2-43)等。

对于某些倾角较缓的断层破碎带,除应在顶部做混凝土塞外,还应沿破碎带开挖若干个斜井和平洞,用混凝土回填密实,形成斜塞和水平塞组成的刚性骨架(见图 2-44),封闭破碎物,以增加抗滑稳定性和提高承载能力。

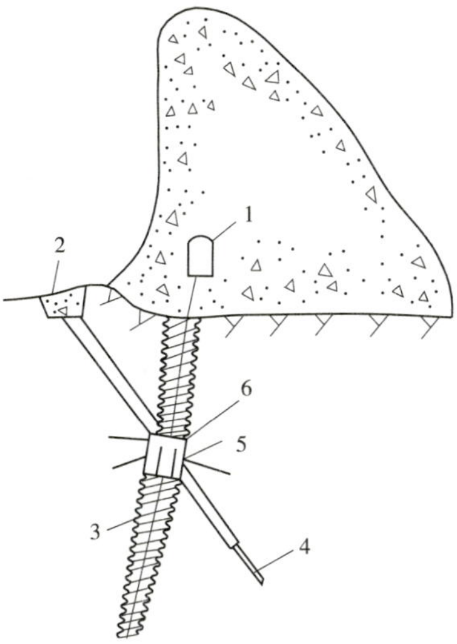

1—灌浆廊道;2—回填混凝土;3—灌浆帷幕;
4—破碎带;5—混凝土防渗塞;6—井壁固结灌浆孔

图 2-43 混凝土防渗塞

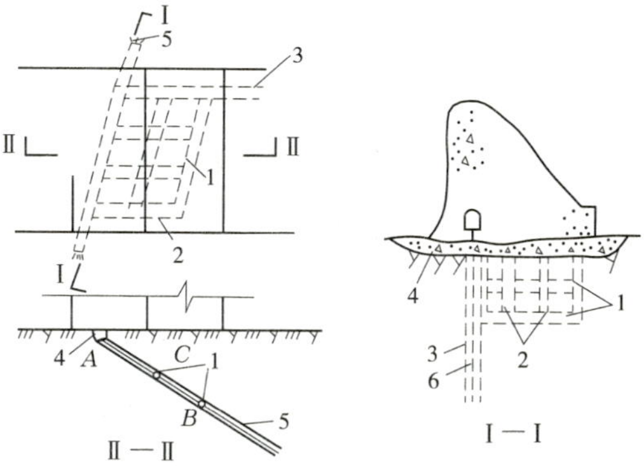

1—平洞回填;2—斜井回填;3—阻水斜塞;
4—表面混凝土梁(塞);5—破碎带;6—帷幕灌浆

图 2-44 缓倾角断层破碎带处理

任务十 其他类型重力坝认知

知识要求

掌握其他类型重力坝工作特点及适用条件。

技能要求

能理解各种重力坝的区别及应用。

一、碾压混凝土重力坝

碾压混凝土重力坝是利用自卸汽车、皮带输送干贫混凝土入仓,推土机平仓薄层大仓面浇筑,用高效振动碾分层碾压而筑成的坝。采用了常态实体重力坝的形式,土坝施工的方法,与常态混凝土坝相比其优点是:构造简单、施工方便、建筑速度快,经济, 效益高;缺点是:防渗、防冻、抗裂性能差。

碾压混凝土坝设计时应考虑如下几个方面:

(1)为了满足稳定、散热要求,水泥用量减少,重度降低,采用振动碾碾压,底部及两岸连接部位不平整,需垫常规混凝土;廊道、管道周围应满足应力要求,需设在常态混凝土内,发电引水钢管用坝后背管,坝内部分设在常态混凝土内;可以设横缝,也可不设。设缝时稳定分析同前,不设时按整体计算。横缝在碾压后凝固前用振动切缝机切成,缝内可充填聚氯乙烯板。

(2)满足强度要求有三种配比材料:①贫胶凝材料,含量 60 ~ 80 kg/m^3,粉煤灰占 30%;②中胶凝材料,低粉煤灰碾压混凝土,胶凝材料 120 kg/m^3,粉煤灰占 20% ~30%;

③富胶凝材料，高粉煤灰碾压混凝土，胶凝材料 150 kg/m^3，粉煤灰占 50%；以低粉煤灰用得最多。施工质量用稠度（拌和物从开始振动至表面泛浆所需的时间，以秒计。VC = 10 ~ 25 s，坝工中采用的 $VC \approx 15$ s）控制，即用 VC 值控制。VC 值用维勃稠度测定仪测定。

（3）满足防渗要求，加入粉煤灰后的层面防渗性能不如常态混凝土，水平向渗透系数远大于垂直向的，常采取以下三种方式设防渗层：

①"金包银"式，坝体的上下游面、底部用常规混凝土，内部用碾压混凝土。"金"的厚度由抗渗、抗冻、抗冲耐磨、强度、构造和施工要求决定，上游面不小于 2.5 m。廊道、管道周围用钢筋混凝土，其他部位用碾压混凝土。粉煤灰含量 30%，碾压层厚 75 ~ 100 cm。此种形式水泥用量相对较多，施工干扰较大，造价相对高一些。

②用常规混凝土作模板兼坝面防护层，内部用高粉煤灰掺量的碾压混凝土，粉煤灰占胶凝材料总量的 70%，填筑时采用薄层连续碾压，层面不进行处理，多数不设横缝。这种形式基本上是从现代碾压土石坝演变而来。

③剖面大部分为碾压混凝土，防渗采用下列四种措施之一：

第一，设沥青防渗层，用预制钢筋混凝土板作护面，如我国的坑口坝。

第二，敷设合成橡胶防渗薄板，如复合土工膜。

第三，喷涂低黏度聚合物防渗层。

第四，在上游面安装预制空格模板，随坝体上升在其中浇常规混凝土，或预填骨料，然后灌浆，形成防渗板。

上述四种措施，显示出不同的指导思想，其结果也有差别，工程界较为一致的认识为：坝体内应少设廊道和孔洞；设廊道时要有可靠的止水措施，使廊道与坝体柔性连接。为保证质量，可在碾压后"挖出"廊道，回填无胶凝材料的骨料，继续填筑，工程完工后再挖掉回填骨料形成廊道和孔洞；基岩两岸部位，填常规混凝土以形成仓面；不设纵缝；不设冷却水管。

（4）发展过程中争论的问题：①横向收缩缝的必要性问题；②上游面的处理问题；③碾压层厚度和层间水平施工缝的处理问题；④合适的骨料组成与混凝土配合比问题；⑤坝身排水设施及廊道设置问题；⑥关于裂缝的发生和分析问题。

二、支墩坝

支墩坝由一系列独立的支墩和挡水面板组成，支墩顺坝轴线排列，上游面设挡水面板，遮断河谷，形成挡水面。库水压力的传递为面板→支墩→地基。其工作原理是利用水重和自重在坝基面产生的摩擦力来抵抗水平水压力以维持稳定。根据挡水面板的形状可将支墩坝分为平板坝、连拱坝和大头坝等三种形式，见图 2-45。

（一）平板坝

这是支墩坝的最早形式，常用的是简支式平板坝。它的面板是一个平面，平板与支墩在结构上互不相连。

它具有以下优点：①平板的迎水面上不产生拉应力；②对温度变化的敏感性差；③地基变形对坝身应力分布影响不大，对地基要求不十分严格。适用场合：地基不均匀变化较大、坝高 40 m 以下的坝。

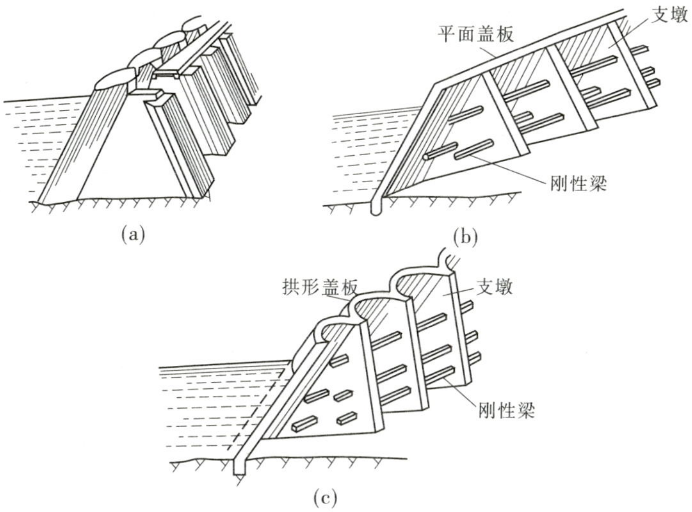

图 2-45　支墩坝的类型

(二) 连拱坝

由于平板坝的面板受力条件不好，需将面板的形式加以改进，混凝土的抗压性能好，所以可以把平面的面板改为圆弧面板(拱)，即连拱坝。在河谷较宽时，若采用拱坝，拱作用得不到充分发挥，且混凝土方量多(中心角越大，弧长越长)。若将面板做成拱形，其受力条件较好，能较好地利用材料强度。如我国的梅山连拱坝 1956 年建成，坝高 88.24 m，是当时世界上最高的，它比美国 1938 年建造的巴特勒(Bartlett)坝(87.19 m)高 1.05 m；佛子岭连拱坝高 74.4 m。现在世界上最高的是20 世纪60 年代初期开始建造的加拿大旦尼尔约翰逊(Daniel Johnson)连拱坝，高 214 m，它的混凝土体积仅为同等高度重力坝的一半。

适用场合：连拱坝是空间超静定结构，对地基变形、温度变化较敏感，故对地基要求相对要高。

(三) 大头坝

大头坝介于宽缝重力坝和轻型支墩坝(平板坝和连拱坝)之间，属于大体积混凝土结构。它具有宽缝重力坝和轻型支墩坝两者的优点，表现在：①钢筋用量少($2 \sim 3\ kg/m^3$)，而平板坝和连拱坝钢筋用量为 $30 \sim 40\ kg/m^3$。②混凝土体积小，混凝土体积随坝高变化，坝高越高，节省的混凝土体积越多。$H = 40$ m 时，节省 30%；$H = 100$ m 时，节省 40%。③坝顶可以溢流，单宽流量 q 可达 100 $m^3/(s \cdot m)$，如湖南柘溪单宽流量为 103 $m^3/(s \cdot m)$。

大头坝的头部形式见图 2-46。

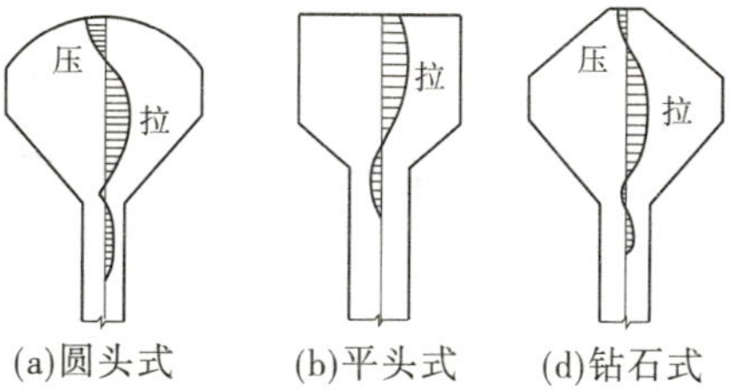

图 2-46　大头坝的头部形式

平头式施工方便，但应力条件不好，挡水面常有抗应力，近代较少采用；圆头式水压力环向辐射，应力情况好，但模板复杂；折线式（或叫钻石式）兼有以上两者优点，应力情况接近圆头式，施工也较方便，我国已建的大头坝都采用这种形式。

支墩形式见图2-47。①开敞式单支墩结构简单，施工方便，便于观察检修，但侧向刚度较低，寒冷地区保温条件差。②封闭式单支墩是将支墩下游面扩大后互相紧贴而成，较为多用。优点：侧向刚度较高，墩间空腔封闭保温条件好，适用于地震地区和寒冷地区，溢流布置方便，采用最广泛。③开敞式双支墩侧向刚度高，可改变头部应力状态，但施工复杂。④封闭式双支墩侧向刚度最高，施工最复杂，目前采用不多。

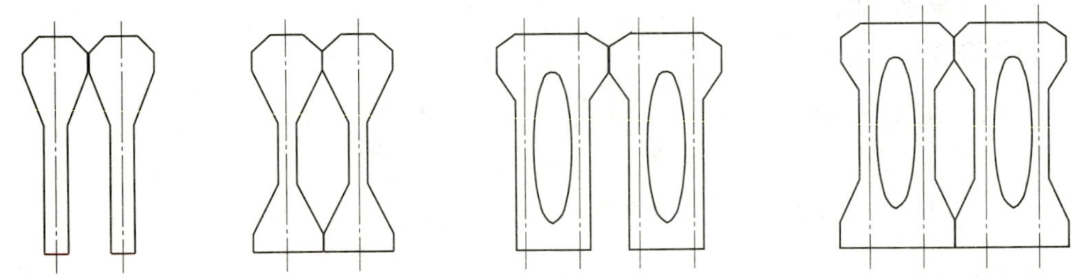

(a)开敞式单支墩　(b)封闭式单支墩　(c)开敞式双支墩　(d)封闭式双支墩

图2-47　大头坝不同类型支墩的水平剖面图

任务十一　案例分析

某水库枢纽工程是以灌溉为主兼顾发电和供水的综合利用工程，经坝型比较，拦河坝拟采用混凝土重力坝，水库总库容为3.5亿m^3，灌溉农田18万亩。电站采用坝后式厂房，装机容量为$4\times0.32=1.28$万(kW)，拦河坝高42 m。根据《水利水电工程等级划分及洪水标准》(SL 252—2000)的有关规定，本工程等别为Ⅱ，主要建筑物按2级设计。大坝设计洪水标准为100年一遇（$P=1\%$），设计洪水位183.00 m，设计洪峰流量为2 243 m^3/s，下泄设计洪水时相应下游水位为151.30 m；校核洪水标准为1 000年一遇（$P=0.1\%$），校核洪水位为184.73 m，校核洪峰流量为3 124 m^3/s，相应下游水位为153.10 m。水库正常蓄水位为182.0 m，相应下游水位为144.80 m；水库死水位为172.00 m。

本流域属亚热带季风区，多年平均最大风力8级，风速19 m/s，风向多北风，吹程为3 000 m。

坝址位于燕山期花岗岩侵入体边缘，可大致分为新鲜岩石、微风化、半风化、全风化及残积层。河床部位为半风化花岗岩，具有足够的抗压强度。两岸风化较深呈带状，残积层较少，仅见于左岸181.0 m高程以上，厚度约2 m。全风化层厚5～8 m，半风化右岸深7～13 m，左岸9 m。最大坝高处河床基底高程143.0 m，坝基岩石允许承载力为4 000 kPa，坝体混凝土与坝基的接触面间的抗剪断摩擦系数为0.8，坝体混凝土与坝基接触面间的抗剪断凝聚力为500 kPa。

据《中国地震动参数区划图》(GB 18306—2001)知，该工程区的地震动峰值加速度小于0.05g，故不考虑地震设防。

设计要求：

(1)非溢流坝剖面尺寸拟定及重力坝细部构造设计(坝顶细部结构、坝体材料分区、坝体及坝基防渗排水、坝基处理)。

(2)坝体稳定分析、坝基应力计算。

(3)溢流重力坝剖面设计。

一、非溢流坝剖面设计

(一)坝顶高程的确定

1. 设计洪水情况

波浪高度

$$h = 0.0076v_0^{-1/12}\left(\frac{gD}{v_0^2}\right)^{1/3}\frac{v_0^2}{g}$$

$$= 0.0076 \times 28.5^{-1/12} \times \left(\frac{9.81 \times 3000}{(1.5 \times 19)^2}\right)^{1/3} \times \frac{(1.5 \times 19)^2}{9.81} = 1.57(\text{m})$$

波浪长度

$$L_m = 0.331v_0^{-1/2.15}\left(\frac{gD}{v_0^2}\right)^{1/3.75}\frac{v_0^2}{g}$$

$$= 0.331 \times 28.5^{-1/2.15} \times \left(\frac{9.81 \times 3000}{(1.5 \times 19)^2}\right)^{1/3.75} \times \frac{(1.5 \times 19)^2}{9.81} = 15.03(\text{m})$$

因为 $gD/v_0^2 = 36.23$，即在 20 ~ 250 之间，为累积频率 5% 的波高，转化为 1% 的波高得

$$h_{1\%} = 1.57 \times 1.24 = 1.95(\text{m})$$

波浪中心线到静水面的高度为

$$h_z = \frac{\pi h_{1\%}^2}{L_m}\text{cth}\frac{2\pi H_1}{L_m} = \frac{3.14 \times 1.95^2}{15.03} = 0.79(\text{m})$$，因 $H > L_m$，故 $\text{cth}\frac{2\pi H_1}{L_m} \approx 1$

查得安全超高(2 级建筑物)

$$h_c = 0.5\ \text{m}$$

坝顶高出水库静水位的高度

$$\Delta h_{设} = h_{1\%} + h_z + h_c = 1.95 + 0.79 + 0.5 = 3.24(\text{m})$$

设计洪水情况时坝顶或防浪墙顶高程为：183 + 3.24 = 186.24(m)。

2. 校核洪水情况

波浪高度

$$h = 0.0076v_0^{-1/12}\left(\frac{gD}{v_0^2}\right)^{1/3}\frac{v_0^2}{g} = 0.0076 \times 19^{-1/12} \times \left(\frac{9.81 \times 3000}{19^2}\right)^{1/3} \times \frac{19^2}{9.81} = 0.95(\text{m})$$

波浪长度

$$L_m = 0.331v_0^{-1/2.15}\left(\frac{gD}{v_0^2}\right)^{1/3.75}\frac{v_0^2}{g} = 0.331 \times 19^{-1/2.15} \times \left(\frac{9.81 \times 3000}{19^2}\right)^{1/3.75} \times \frac{19^2}{9.81} = 10.01(\text{m})$$

因 $gD/v_0^2 = 81.5$，即在 20 ~ 250 之间，为累积频率 5% 的波高，转化为 1% 的波高得

$$h_{\%} = 0.95 \times 1.24 = 1.18(\text{m})$$

波浪中心线到静水面的高度

$$h_z = \frac{\pi h_{1\%}^2}{L_m}\text{cth}\frac{2\pi H_1}{L_m} = \frac{3.14 \times (10.95 \times 1.24)^2}{10.01} = 0.44(\text{m})$$

查得安全超高(2 级建筑物)

$$h_c = 0.4 \text{ m}$$

坝顶高出水库静水位的高度

$$\Delta h_{设} = 1.18 + 0.44 + 0.4 = 2.02(\text{m})$$

校核洪水情况时坝顶或防浪墙顶高程为:184.73 +2.02 =186.75(m)。

选取上述两种情况下的较大值,并取防浪墙高度为 1.25 m,则坝顶高程为 186.75 - 1.25 =185.50(m)。

最大坝高为　　　　185.50 - 143.00 =42.50(m)

(二)非溢流坝剖面尺寸的拟定

坝剖面尺寸的拟定应考虑管理和运用的需要,应满足地形、地质、水力条件和结构上的要求,再通过稳定和强度校核,分析是否满足安全和经济要求。

坝顶宽度:因枢纽位置在山区峡谷,无交通要求,按构造要求取坝顶宽度 5 m,若坝需维修,按临时通车也能满足要求。

坝坡的确定:考虑坝利用部分水重增加稳定,根据工程经验,上游坡采用 1:0.15,下游坡按坝底宽度为坝高的 0.7 ~0.9 倍,挡水坝段采用 1:0.65。

上、下游折坡点位置的确定:由于坝身要布置电站引水管,上游折坡点高程定在孔口底板高程以下,由死水位 172.00 m,考虑淹没深度要求,可推出折坡点高程为 167.00 m。

下游折坡点按地形和节省开挖的要求,定在 178.00 m 高程。初拟非溢流坝剖面如图 2-48 所示。

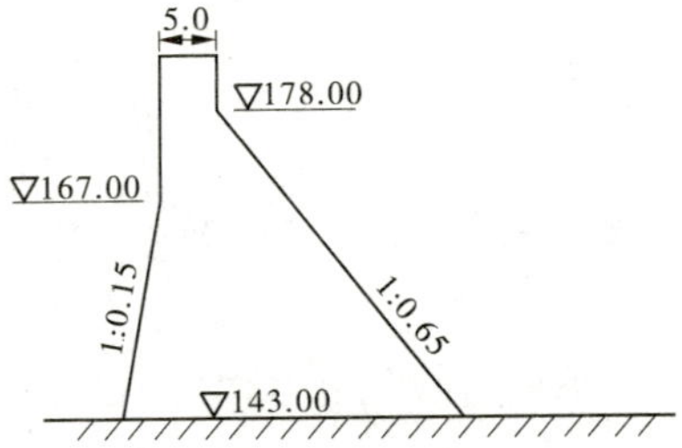

图 2-48　初拟非溢流坝剖面　(单位:m)

(三)坝顶构造

坝顶构造:防浪墙设在坝顶上游面,墙顶高程 186.75 m,厚 30 cm 的钢筋混凝土结构,在坝体横缝处设伸缩缝。坝顶下游侧设栏杆,照明设施的灯柱同栏杆一块考虑。坝顶呈龟背形,以 5% 坡度向两侧倾斜。

分缝和止水:两岸挡水坝段结合地形按 20 m 左右设置横缝。横缝止水上游设置两道止水片和一道防渗沥青井,缝中填塞沥青玛琋脂。止水片用止铜片或不锈钢片,伸入两边坝体长度 20 cm,伸入基岩 30 ~50 cm,并用混凝土固定。

廊道:基础灌浆廊道采用尺寸为 2.5 m×3.0 m(宽×高)上圆下方的标准廊道,廊道底高程为 143.0 +1.5 ×2.5 =146.75(m),取 147.00 m,距上游边缘的距离为 4 m,坝轴线方向沿地形向两岸逐渐抬高,倾斜度不大于 40°,两岸下游洪水位以上均设有进、出口。

坝体排水:沿坝轴线方向布置一排预制多孔混凝土竖向排水管,间距 3.5 m,距上游面 2.5 m,直径 15 cm,并与廊道连通。横向排水管坡降 $i = 1/200$,管入口与廊道的集水沟相连,出口通向下游,管径 25 cm,间距在与坝的分段相适应的前提下按 30 ~50 m 进行布置。

(四)坝基处理

坝基开挖:坝基面在主河槽挖至143.00 m高程,原设计挖到半风化岩石,已是微风化层。

坝基帷幕灌浆:在坝址地质剖面图上找出相对隔水层,帷幕深度到130.00 m高程。设一排帷幕孔,钻孔斜向上游,倾角控制在5°以内,孔距3 m。

坝基排水:坝基主排水孔设在防渗帷幕下游2 m处,间距0.8倍帷幕孔距,即2.4 m,孔径15 cm,深达133.0 m高程(满足中坝不小于10 m的要求)。次排水孔在厂房坝段设两排,孔距4 m,孔深至137.0 m高程。主排水孔所排之水直接进入排水廊道,次排水管的渗水由横向排水沟(管)排向下游。

二、非溢流坝稳定和应力计算

以正常蓄水位情况为例,进行荷载计算、稳定计算和应力计算。

荷载计算见表2-12,表中荷载符号及方向如图2-49所示。

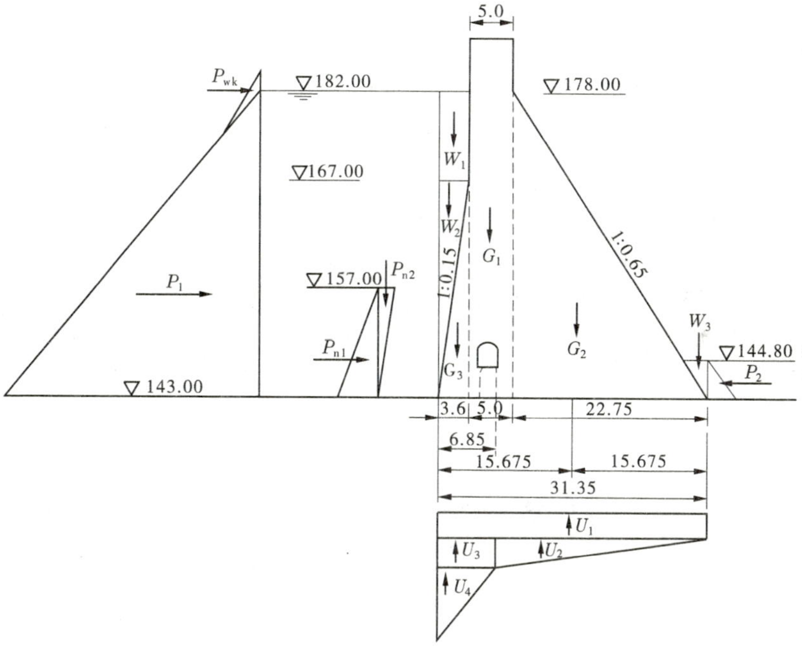

图2-49 荷载计算简图 (单位:m)

基本参数取值:渗透压力折减系数河床坝段取0.2,岸坡坝段取0.3。混凝土重度取24 kN/m^3,水重度取10 kN/m^3。泥沙淤积高程按50年淤积考虑,预计高程为157.0 m,泥沙内摩擦角18°,浮重度为9.5 kN/m^3。

抗滑稳定验算:$\sum W = 13\ 809.36$ kN,$\sum P = 7\ 790.00$ kN。

$$K = \frac{f' \cdot \sum W + C'A}{\sum P} = \frac{0.8 \times 13\ 809.36 + 500 \times 31.35}{7\ 790.00} = 3.43 > 3.0 \quad \text{满足要求。}$$

坝基面强度验算:$\sum W = 13\ 809.36$ kN,$\sum P = 7\ 790.00$ kN,$\sum M = -50\ 238.4$ kN·m。

上游边缘正应力 $\sigma_y^{u}=\dfrac{\sum W}{T}+\dfrac{6\times\sum M}{T^2}=\dfrac{13\ 809.36}{31.35}-\dfrac{6\times 50\ 238.4}{31.35^2}=133.8(\text{kPa})>0$。

下游边缘正应力 $\sigma_y^{d}=\dfrac{\sum W}{T}-\dfrac{6\times\sum M}{T^2}=\dfrac{13\ 809.36}{31.35}+\dfrac{6\times 50\ 238.4}{31.35^2}=747.2(\text{kPa})$。

上游边缘正应力 $\sigma_y^{u}>0$，下游边缘正应力小于坝基容许压应力，满足强度要求。

表 2-12　荷载分析计算

荷载		计算式	垂直力(kN)		水平力(kN)		对坝底中点力臂(m)	力矩(kN·m)	
			↓	↑	→	←		↙(+)	(−)↘
自重	G_1	$5.0\times42.5\times24$	5 100				$15.675-3.6-5/2=9.575$	48 832.5	
	G_2	$\frac{1}{2}\times22.75\times35\times24$	9 555				$15.675-\frac{2}{3}\times22.75=0.508$		4 853.9
	G_3	$\frac{1}{2}\times3.6\times24\times24$	1 036.8				$15.675-\frac{2}{3}\times3.6=13.275$	13 763.5	
水压力	P_1	$\frac{1}{2}\times10\times39^2$			7 605		$\frac{1}{3}\times39=13$		98 865.0
	P_2	$\frac{1}{2}\times10\times1.8^2$				16.2	$\frac{1}{3}\times1.8=0.6$	9.7	
水重	W_1	$15\times3.6\times10$	540				$15.675-\frac{3.6}{2}=13.875$	7 492.5	
	W_2	$\frac{1}{2}\times3.6\times24\times10$	432				$15.675-\frac{3.6}{3}=14.475$	6 253.2	
	W_3	$\frac{1}{2}\times1.17\times1.8\times10$	10.53				$15.675-\frac{1.17}{3}=15.285$		161.0
浪压力	P_{wk}	$\frac{1}{2}\times\left(\frac{15.03}{2}+1.95+0.79\right)\times\frac{15.03}{2}\times10$			385.3		$39+1.95+0.79-\frac{2}{3}\times\left(\frac{15.03}{2}+1.95+0.79\right)=34.903$		13 448.1
		$\frac{1}{2}\times10\times\left(\frac{15.03}{2}\right)^2$				282.4	$39-\frac{2}{3}\times\frac{15.03}{2}=33.99$	9 598.8	
泥沙压力	P_{n1}	$\frac{1}{2}\times9.5\times14^2\times\tan^2 18°$			98.3		$\frac{1}{3}\times14=4.67$		459.1
	P_{n2}	$\frac{1}{2}\times9.5\times0.15\times14^2$	139.65				$15.675-\frac{0.15\times14}{3}=14.975$	2 091.3	
扬压力	U_1	$10\times1.8\times31.35$		564.3			0	0	
	U_2	$\frac{1}{2}\times0.2\times37.2\times10\times24.5$		911.4			$\frac{2}{3}\times(31.35-6.85)-15.675=0.66$		601.5
	U_3	$10\times0.2\times37.2\times6.85$		509.64			$15.675-\frac{6.85}{2}=12.25$		6 243.1
	U_4	$\frac{1}{2}\times6.85\times0.8\times37.2\times10$		1 019.28			$15.675-\frac{6.85}{3}=13.39$		13 648.2
小计			16 813.98	3 004.62	8 088.6	298.6		880 41.5	138 279.9
合计			$\sum W=13\ 809.36$		$\sum P=7\ 790.00$			$\sum M=-50\ 238.4$	

三、溢流坝剖面设计

(一)剖面拟定

1. 孔口尺寸

在水文计算中采用孔口净宽为 60 m，堰顶高程为 176.00 m 进行调洪计算，得此时下泄流量，设计洪水时 $Q=2\ 243\ \text{m}^3/\text{s}$，校核洪水时 $Q=3\ 124\ \text{m}^3/\text{s}$。校核洪水时的最大单宽流量 $q_{校}=3\ 124/60=52.07\ \text{m}^3/(\text{s}\cdot\text{m})$。由于本工程坝基为花岗岩，属较好地基，适用于 $q=50\sim80\ \text{m}^3/(\text{s}\cdot\text{m})$ 的范围。该值是下限值，由于水库上游 25 km 处有某县城，属重点保护对象，限制了洪水期的回水淹没，所以不再修改。根据目前大中型坝的闸门宽度常用

8～16 m，为了保证泄洪时闸门对称开启，设5孔闸门，每孔宽12 m。

2. 坝面曲线设计

定型设计水头 H_d 的选取：校核洪水位为184.73 m，堰顶高程为176.00 m，所以堰上最大水头 $H_{max}=184.73-176.00=8.73(m)$，取定型设计水头 $H_d=H_{max}\times95\%=8.3(m)$。

堰顶上游侧采用椭圆曲线，其方程为

$$\frac{x^2}{(aH_d)^2}+\frac{(bH_d-y)^2}{(bH_d)^2}=1$$

根据闸门布置的要求，取 $a=0.3$，即

$$a/b=0.87+3a=0.87+3\times0.3=1.77，故\ b=0.17$$

$$aH_d=0.3\times8.3=2.49，bH_d=0.17\times8.3=1.41$$

所以，椭圆曲线方程为

$$\frac{x^2}{2.49^2}+\frac{(1.41-y)^2}{1.41^2}=1$$

上游坝面176.00 m以上垂直，以下坡度与非溢流坝相同，为1∶0.15。

堰顶溢流曲线采用幂曲线，方程为

$$x^{1.85}=2H_d^{0.85}y=2\times8.3^{0.85}y=12.085y$$

坐标原点设在曲线顶点。

取直线斜率 $m=0.72$，直线与堰顶曲线相切，切点坐标（x_C、y_C）可从微分概念入手，推导出如下公式

$$x_C=AH_d(\tan\theta_1)^a，y_C=BH_d(\tan\theta_1)^b$$

其中：$A=1.096，B=0.592，a=\frac{1}{0.85}，b=2.176，\tan\theta_1=\frac{1}{m}=\frac{1}{0.72}$，故 $\theta_1=54°14'46''$。

$$x_C=1.096\times8.3\times\left(\frac{1}{0.72}\right)^{1/0.85}=13.39(m)$$

$$y_C=0.592\times8.3\times\left(\frac{1}{0.72}\right)^{2.176}=10.04(m)$$

直线和反弧切点 $D(x_D,y_D)$ 和反弧圆心坐标 $O(x_O,y_O)$ 的确定：根据鼻坎高于下游水位1 m左右的要求，确定鼻坎高程 $\nabla_{坎}=154.00$ m。

根据工程经验和试验成果，取挑射角 $\theta=26°$。

根据工程等级确定消能防冲设计洪水频率为 $P=2\%$，相应上游水位为182.55 m，下游水位为150.90 m，下泄流量为2 030 m^3/s。

下游河床高程为144.00 m。

闸墩厚取 $d=2$ m，孔数 $n=5$，单孔宽 $b=12$ m，则鼻坎处单宽流量

$$q_{坎}=\frac{Q}{nb+(n-1)d}=\frac{2\,030}{68}=29.85(m^3/(s\cdot m))$$

初拟反弧半径 $R=8.5$ m，此时反弧最低点高程为

$$\nabla=\nabla_{坎}+R\cos\theta_2-R=154.00+8.5\cos26°-8.5=153.14(m)$$

$$K_E=q_{坎}/(\sqrt{g}E^{1.5})=29.85/\{\sqrt{9.81}\times(182.55-153.14)^{1.5}\}=0.059\,8$$

$$\varphi = \sqrt[3]{1-0.055/K_E^{0.5}} = \sqrt[3]{1-0.055/0.059\ 8^{0.5}} = 0.919$$

$$S = 上游水位 - 反弧最低点高程 = 182.55 - 153.14 = 29.41(\text{m})$$

反弧最低点处流速

$$v = 1.1\varphi\sqrt{2gS} = 1.1\times0.919\times\sqrt{2\times9.81\times29.41} = 24.28(\text{m/s})$$

反弧最低点处水深

$$h_c = q/v = 29.85/24.28 = 1.23(\text{m})$$

为了保证有较好的挑流条件，反弧半径 R 至少应大于反弧最低点处水深 h_c 的 5 ~ 6 倍，故取反弧半径 $R=8.5$ m 是符合要求的。

反弧圆心点高程

$$\nabla_O = \nabla_坎 + R\cos\theta = 154.00 + 8.5\cos26° = 161.64(\text{m})$$

圆心 O 的 y 坐标

$$y_O = 176.00 - 161.64 = 14.36(\text{m})$$

直线和反弧切点 D 为

$$y_D = R\cos\theta_1 + y_0 = 8.5\times\cos54°14'46'' + 14.36 = 19.33(\text{m})$$

$$x_D = x_C + \frac{y_D - y_C}{\tan\theta_1} = 13.39 + (19.33 - 10.04)\div\left(\frac{1}{0.72}\right) = 20.08(\text{m})$$

圆心 O 的 x 坐标为

$$x_O = x_D + R\sin\theta_1 = 20.08 + 8.5\times\sin54°14'46'' = 26.98(\text{m})$$

溢流坝剖面如图 2-50 所示。

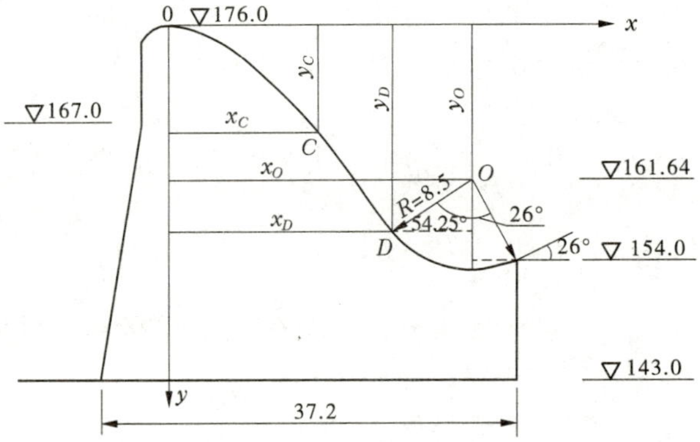

图 2-50 溢流坝剖面图 （单位：m）

3. 溢流坝坝底宽度

鼻坎到堰顶的水平距离为

$$x_顶 - x_坎 = x_0 + 8.5\sin\theta = 26.98 + 8.5\sin26° = 30.71(\text{m})$$

附加上鼻坎处削角厚度 0.4 m，堰顶上游侧椭圆段水平距离 2.49 m，上游坡度水平投影距离 3.6 m，则整个坝基宽为

$$B = 3.6 + 2.49 + 30.71 + 0.4 = 37.2(\text{m})$$

(二) 水力计算

溢流坝面过水能力验算公式为

$$Q = \sigma_s \varepsilon m L \sqrt{2g} H_0^{3/2}$$

1. 设计洪水

通过设计洪水($P = 1\%$)时，淹没系数 $\sigma_s = 1$，堰顶水头 $H_0 = 183 - 176 = 7$(m)。

流量系数 m 的确定：根据重力坝设计规范，幂曲线 $m_d = 0.49$。

由 $H_o/H_d = 7/8.3 = 0.84$，查《混凝土重力坝设计规范》(SL 319—2005)得 $m/m_d = 0.98$，故 $m = 0.49 \times 0.98 = 0.48$。

侧收缩系数 ε 由水力学教材查得计算公式为

$$\varepsilon = 1 - 0.2[\xi_k + (n-1)\xi_0] \times H_0/(nb)$$

用半圆形墩头时，$\xi_k = 0.7$，$\xi_0 = 0.39$。

所以 $\varepsilon = 1 - 0.2 \times [0.7 + (5-1) \times 0.39] \times 7/(5 \times 12) = 0.947$

$$Q = 0.48 \times 0.947 \times 60 \times \sqrt{2 \times 9.81} \times 7^{3/2} = 2\ 237.4(\mathrm{m^3/s})$$

误差为 $\frac{2\ 243 - 2\ 237.4}{2\ 243} \times 100\% = 0.25\% < 5\%$，满足泄洪能力要求。

2. 校核洪水

通过校核洪水时，$H_0 = 184.73 - 176 = 8.73$(m)。

$H_o/H_d = 8.73/8.3 = 1.05$，查《混凝土重力坝设计规范》(SL 319—2005)得 $m/m_d = 1.006$，故 $m = 0.49 \times 1.006 = 0.493$。

边闸墩形状系数 $\xi_k = 0.7$，$\xi_0 = 0.398$，则

$$\varepsilon = 1 - 0.2 \times [0.7 + (5-1) \times 0.398] \times 8.73/(5 \times 12) = 0.933$$

$$Q = 0.493 \times 0.933 \times 60 \times \sqrt{2 \times 9.81} \times 8.73^{3/2} = 3\ 153(\mathrm{m^3/s})$$

误差为 $\frac{3\ 153 - 3\ 124}{3\ 124} \times 100\% = 0.9\% < 5\%$，满足泄洪能力要求。

3. 2%洪水

通过2%洪水时，$H_0 = 182.55 - 176.00 = 6.55$(m)。

计算得 $m = 0.477$，$\varepsilon = 0.95$，$Q = 2\ 019\ \mathrm{m^3/s}$。

误差为 $\frac{2\ 030 - 2\ 019}{2\ 030} \times 100\% = 0.5\% < 5\%$，满足泄洪能力要求。

(三)稳定和应力计算

计算方法同非溢流坝，请同学们自己计算。

习 题

一、填空题

1. 重力坝主要依靠________产生的________来满足坝体稳定要求。
2. 重力坝按其结构形式分类，可分为______、______和______。
3. 扬压力是由上、下游水位差产生的______和下游水深产生的两部分组成。
4. 地震基本烈度是指该地区今后______期限内，可能遭遇超越概率为______的地震

烈度。

5. 抗滑稳定分析的目的是核算坝体沿________或沿________抗滑稳定的安全性能。

6. 因为作用于重力坝上游面的水压力呈________分布，所以重力坝的基本剖面是______形。

7. 溢流坝的消能形式有__________消能、__________消能、____________消能及______________消能。

8. 重力坝地基处理主要包含两个方面的工作：一是____________________，二是____________________________________。

9. 碾压混凝土重力坝是用__________________含量比较低的超干硬性混凝土经____________而成的混凝土坝。

二、名词解释

1. 重力坝　2. 扬压力　3. 基本烈度　4. 宽缝重力坝

三、简答题

1. 重力坝的工作原理是什么？重力坝的工作特点有哪些？
2. 重力坝是如何分类的？
3. 作用于重力坝上的荷载有哪些？为什么要进行荷载组合？如何进行组合？
4. 何谓扬压力？试述减小坝基、坝体扬压力的措施有哪些？
5. 波浪要素有哪些？如何计算？
6. 试述浪压力的计算方法有哪些？适用情况如何？
7. 重力坝抗滑稳定分析方法有哪些？各有什么特点？
8. 提高坝体抗滑稳定的工程措施有哪些？
9. 重力坝的应力分析方法有几种？用材料力学法计算坝体应力的基本假设是什么？
10. 试述重力坝的应力计算内容和控制标准有哪些？
11. 重力坝对地基的要求是什么？地基处理措施有哪些？

项目三　拱　坝

项目任务书

<table>
<tr><td colspan="2">项目名称</td><td>项目三　拱　坝</td><td>参考学时</td><td>12 学时</td></tr>
<tr><td colspan="2" rowspan="7">教学任务</td><td colspan="2">任务一　拱坝的认知</td><td>2 学时</td></tr>
<tr><td colspan="2">任务二　拱坝的荷载及组合</td><td>2 学时</td></tr>
<tr><td colspan="2">任务三　拱坝的布置</td><td>2 学时</td></tr>
<tr><td colspan="2">任务四　拱坝的应力分析</td><td>2 学时</td></tr>
<tr><td colspan="2">任务五　拱坝坝肩的稳定分析</td><td>2 学时</td></tr>
<tr><td colspan="2">任务六　拱坝的泄流和消能</td><td>1 学时</td></tr>
<tr><td colspan="2">任务七　拱坝的构造与地基处理</td><td>1 学时</td></tr>
<tr><td colspan="2">学习任务</td><td colspan="3">使学生掌握拱坝拱冠梁设计、拱坝的平面布置方法、拱坝坝肩抗滑稳定核算方法(平面分层稳定分析方法)</td></tr>
<tr><td colspan="2">教学内容</td><td colspan="3">1. 拱坝的结构特点、组成、分类。
2. 拱坝的荷载及组合。
3. 拱坝的布置。
4. 拱坝的泄流和消能。
5. 拱坝的构造</td></tr>
<tr><td rowspan="3">教学目标</td><td>知识</td><td colspan="3">1. 掌握拱坝结构特点、分类。
2. 掌握拱坝的平面布置形式及参数选择。
3. 掌握拱冠梁定义及拱冠梁剖面设计。
4. 掌握拱坝平面布置步骤。
5. 掌握拱坝荷载计算及组合方法。
6. 掌握拱坝的泄流和消能布置。
7. 了解拱坝的地基处理方法</td></tr>
<tr><td>技能</td><td colspan="3">1. 能进行拱坝平面布置的参数选择。
2. 能设计拱冠梁剖面。
3. 能正确计算荷载,利用公式计算坝体应力,验算拱肩抗滑稳定性。
4. 能够绘制和阅读拱坝拱冠梁剖面构造图和拱坝平面布置图。
5. 能正确使用拱坝设计规范和水工设计手册</td></tr>
<tr><td>态度</td><td colspan="3">1. 能按时上课,遵守课堂纪律,积极回答课堂问题,按时上交作业。
2. 课下能配合小组积极完成老师布置的各项任务。
3. 同学间能对疑难问题相互讨论。
4. 能勇于表达个人的观点和见解</td></tr>
</table>

任务一　拱坝的认知

知识要求

掌握拱坝的概念及特点，掌握拱坝的地形和地质条件要求、拱坝的分类及其适用条件。

技能要求

能根据给定的坝址选择理想的地形和地质条件。

一、拱坝的概念

拱坝是一种空间壳体结构，其坝体结构可近似看作由一系列凸向上游的水平拱圈和一系列竖向悬臂梁组成，见图 3-1。

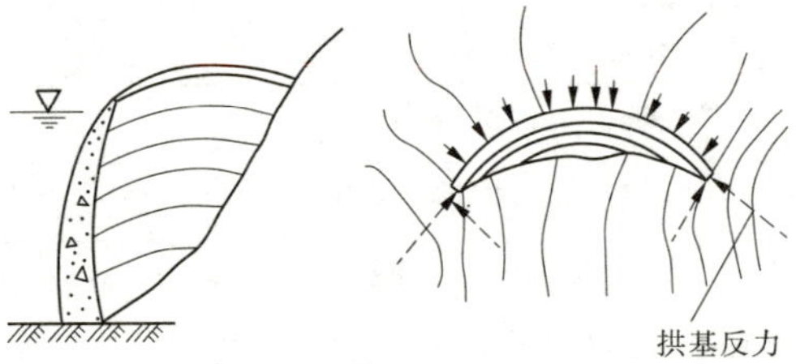

图 3-1　拱坝示意图

坝体结构既有拱作用又有梁作用，因此具有双向传递荷载的特点。借助拱的作用将水平荷载的一部分传至两岸岩体，另外一部分通过竖直梁的作用传到坝底基岩。

拱坝在外荷载作用下的稳定主要是依靠两岸拱端的反力作用，并不完全依靠坝体自重来维持。

二、拱坝的特点

(1)超载能力强。拱坝四周嵌固于基岩，拱坝属于高次超静定结构，当外荷载增大或坝的某一部位发生局部开裂时，坝体拱和梁的作用因受变位的相互制约而自行调整，坝体应力出现重分配，原来应力较低的部位将承受增大的应力。国内外拱坝结构模型试验成果表明，拱坝的超载能力可达到设计荷载的 5 ~ 11 倍。

(2)抗震性能好。当基础及坝肩岩体稳定时，其抗震能力较强。例如，美国的柏柯依玛拱坝，1971 年遭受强烈的地震，震害严重，但“大震未倒”。目前，世界上地震地区的拱坝日愈增多。据不完全统计，坝高大于 200 m，地震烈度 8 ~ 10 度者 3 座；坝高超过 150 m，地震烈度在 8 ~ 11 度者 9 座；坝高大于 100 m，地震烈度 8 ~ 11 度者 14 座；坝高大于 100 m，地震烈度在 7 度及 7 度以上者 40 余座。

(3)能够充分利用材料强度。拱是一种主要承受轴向压力的推力结构。在外荷载作用下，拱内弯矩较小，应力分布比较均匀，这一特点能适应坝体材料(混凝土或浆砌石)抗压强度高的特性，使材料的强度得到充分的发挥。对于同一坝址，坝高相同时，拱坝的体积比重力坝可节省 1/3 ~ 2/3。

坝体结构既有拱作用又有梁作用。它所承受的水平荷载一部分由拱的作用传至两岸岩体,另一部分通过竖直梁的作用传到坝底基岩,见图 3-2。

拱坝两岸的岩体部分称作拱座或坝肩,位于水平拱圈拱顶处的悬臂梁称作拱冠梁,一般位于河谷的最深处。

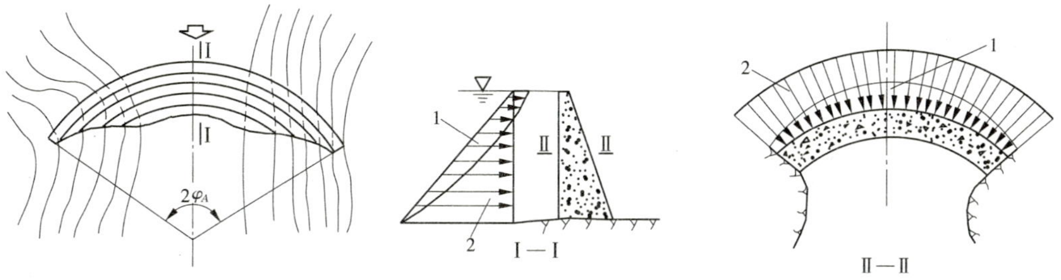

(a)平面图 (b)铅直(悬臂梁)剖面图 (c)水平(拱)剖面图

1—拱荷载;2—梁荷载

图 3-2 拱坝平面及剖面图

(4)拱结构是一种推力结构,在外荷载作用下内力主要为轴向压力,有利于发挥筑坝材料(混凝土或浆砌块石)的抗压强度,从而坝体厚度就越薄。

(5)拱坝坝身不设永久伸缩缝,其周边通常是固接于基岩上,因而温度变化和基岩变化对坝体应力的影响较显著,必须考虑基岩变形,并将温度荷载作为一项主要荷载。

(6)在泄洪方面,拱坝不仅可以在坝顶安全溢流,而且可以在坝身开设大孔口泄水。目前,坝顶溢流或坝身孔口泄水的单宽流量已超过 200 $m^3/(s\cdot m)$。

(7)拱坝坝身单薄,体形复杂,设计和施工的难度较大,因而对筑坝材料强度、施工质量、施工技术以及施工进度等方面要求较高。

三、拱坝对地形和地质条件的要求

(一)对地形的要求

地形条件是决定拱坝结构形式、工程布置及经济性的主要因素。理想的地形应是坝址上游较为宽阔,左右两岸对称,岸坡平顺无突变,在平面上向下游收缩的峡谷段。坝端下游侧要有足够的岩体支承,以保证坝体的稳定。如图 3-3 所示,*B—B* 坝址虽然河谷狭窄,但位于向下游扩散的喇叭口处,两岸拱座单薄,对稳定不利;而 *A—A* 处坝址两岸拱座厚实,拱轴线与等高线接近垂直,因此应将 *A—A* 处选为坝址。

拱坝的厚薄程度,常以坝底最大厚度 T 和最大坝高 H 的比值,即"厚高比"T/H 来区分。当 $T/H<0.2$ 时,为薄拱坝;当 $T/H=0.2\sim0.35$ 时,为中厚拱坝;当 $T/H>0.35$ 时,为厚拱坝或重力拱坝。

坝址处河谷形状特征用河谷"宽高比"L/H 及河谷的断面形状两个指标来表示。

(1)L/H 值小,说明河谷窄深,拱的刚度大,梁的刚度小,坝体所承受的荷载大部分是通过拱的作用传给两岸,因而坝体可较薄。反之,当 L/H 值很大时,河谷宽浅,拱的作用

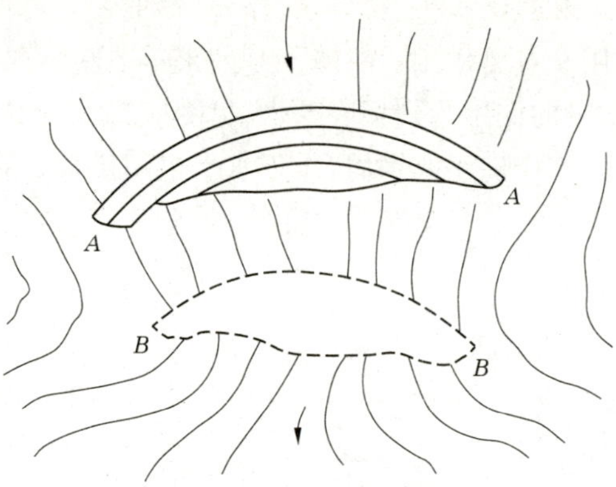

图3-3 拱坝选址示意图

较小,荷载大部分通过梁的作用传给地基,坝断面较厚。在 $L/H<2$ 的窄深河谷中可修建薄拱坝;在 $L/H=2\sim3$ 的中等宽度河谷中可修建中厚拱坝;在 $L/H=3\sim4.5$ 的宽河谷中多修建重力拱坝;在 $L/H>4.5$ 的宽浅河谷中,一般只宜修建重力坝或拱形重力坝。

(2)河床断面形状是影响拱坝体形及其经济性的更为重要的因素。不同的河谷即使具有相同的宽高比,断面形状也可能相差很大。图3-4为两种不同类型的河谷形状,在水压荷载作用下拱梁系统的荷载分配及对坝体剖面的影响。左右对称的V形河谷最适宜发挥拱的作用,靠近底部水压强度最大,但拱跨短,因而底拱厚度仍可较薄;U形河谷靠近底部拱的作用显著降低,大部分荷载由梁的作用来承担,故厚度较大;梯形河谷的情况则介于这两者之间。

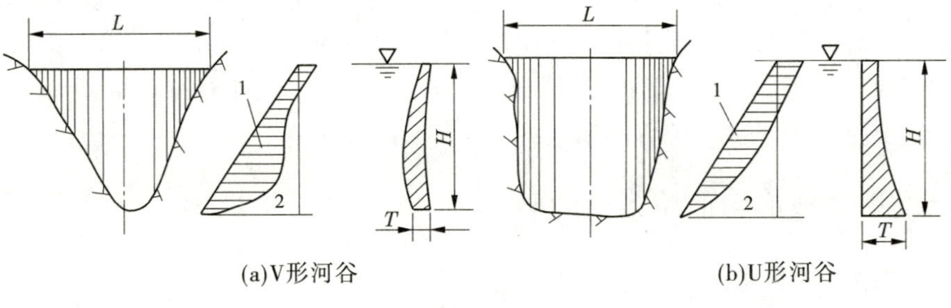

(a)V形河谷　　(b)U形河谷

1—拱;2—梁

图3-4 河谷形状对荷载分配和坝体剖面的影响

随着近代拱坝建设技术的发展,已有一些成功的实例突破了这些界限,例如:奥地利的希勒格尔斯双曲拱坝,坝高130 m,$L/H=5.5$,$T/H=0.25$;美国的奥本三圆心拱坝,坝高210 m,$L/H=6.0$,$T/H=0.29$。

(二)对地质条件的要求

地质条件也是拱坝建设中的一个重要问题。两岸坝肩的基岩必须能承受由拱端传来的推力,要在任何情况下都能保持稳定,不致危害坝体的安全。设计时拱坝地基应尽量避开有严重地质缺陷的坝址。

理想的地质条件是,基岩比较均匀、坚固完整、有足够的强度、透水性小、能抵抗水的侵蚀、耐风化、岸坡稳定、没有大断裂等。

随着经验积累和地基处理技术水平的不断提高,在地质条件较差的地基上也建成了不少高拱坝,例如:意大利的圣杰斯汀那拱坝,坝高 153 m,基岩变形模量只有坝体混凝土的 1/5 ~1/10;葡萄牙的阿尔托·拉巴哥拱坝,坝高 94 m,两岸岩体变形模量之比达 1:20;我国的龙羊峡拱坝,坝高 178 m,基岩被众多的断层和裂隙所切割,岩体破碎,且位于 9 度强震区。但当地质条件复杂到难于处理,或处理工作量太大、费用过高时,则应另选其他坝型。

四、拱坝的分类

(一)按坝高分

坝高小于 30 m 为低坝;坝高 30 ~70 m 为中坝;坝高大于 70 m 为高坝。拱圈中心角为 105° ~125°属一般弯曲;60° ~90°属扁平(扁薄)。

(二)按拱坝的曲率分

按拱坝的曲率分为单曲拱坝和双曲拱坝。单曲拱坝在水平断面上有曲率,而悬臂梁断面上不弯曲或曲率很小(见图 3-5(a))。单曲拱坝适用于近似矩形的河谷或岸坡较陡的 U 形河谷。双曲拱坝在水平断面和悬臂梁断面都有曲率,拱冠梁断面向下游弯曲(见图 3-5(b))。双曲拱坝适用于 V 形河谷。

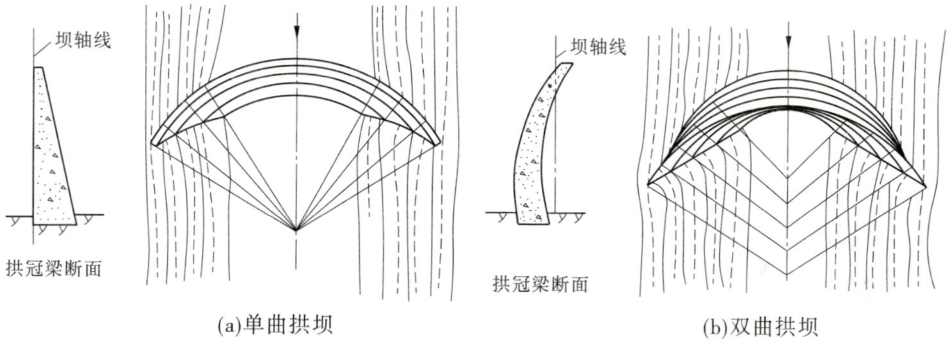

图 3-5 单双曲拱坝示意图

(三)按水平拱圈形式分

拱坝按水平拱圈形式不同分为圆弧拱坝、多心拱坝(二心拱坝、三心拱坝)、变曲率拱坝(抛物线拱坝、椭圆拱坝和对数螺旋线拱坝等),见图 3-6。圆弧拱坝拱端推力方向与岸坡边坡线的夹角往往较小,不利于坝肩岩体的抗滑稳定。多心拱坝由几段圆弧组成,且两侧圆弧段半径较大,可改善坝肩岩体的抗滑稳定条件(见图 3-6(b)、(c))。变曲率拱坝的拱圈中间段曲率较大,向两侧曲率逐渐减小,如图 3-6(d)、(e)、(f)所示。

(四)按坝身结构形式分

拱坝按坝身结构形式不同分为一般拱坝(单曲、双曲拱坝)、混合型拱坝(隔河岩拱坝、乌江渡拱坝)、上拱下部支墩式拱坝(蒙弗特拱坝)、空腹拱坝(风滩混凝土空腹重力拱坝)、多层拱坝(法国玛雷琪、中国火甲拱坝)、拱上拱坝(窄巷口混凝土拱坝、红色娘子军砌石拱坝)、周边缝拱坝(锦屏石拱坝)、平底缝拱坝(门坎哨混凝土薄拱坝)、铰拱坝(摩荆瑞保双铰拱坝)、预应力拱坝。

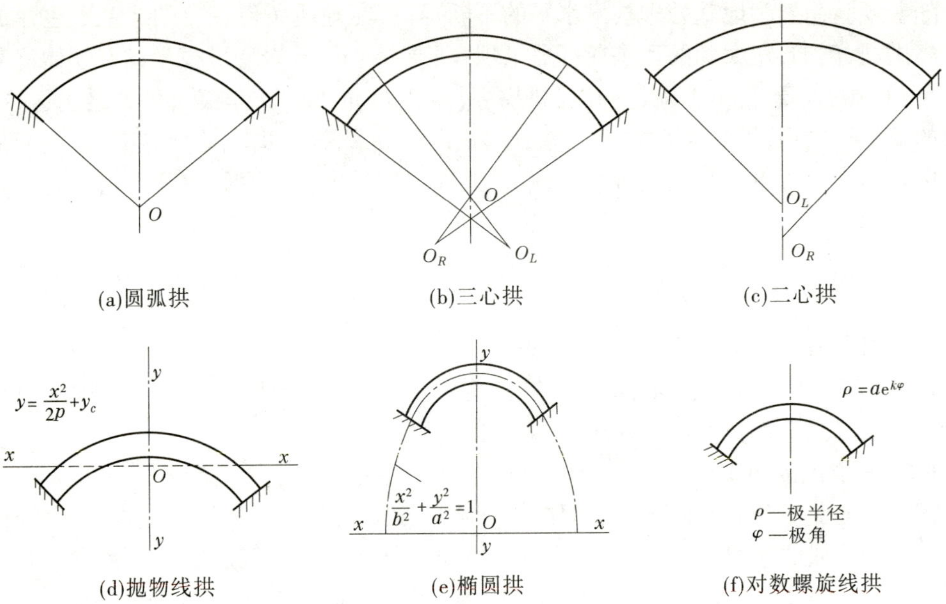

图 3-6　拱坝的各种水平拱圈形式

五、拱坝的发展概况

目前，拱坝发展速度较快，且高拱坝、双曲拱坝和薄拱坝修建的较多。高度超过 200 m 的拱坝有 17 座，占所有高度为 200 m 以上大坝总数的 57%。这 17 座拱坝中有 13 座是双曲拱坝，双曲拱坝是高拱坝发展的趋向，被誉为“近代拱坝”。

我国已建成了世界最高拱坝雅砻江锦屏一级（305 m）双曲拱坝，另外澜沧江小湾拱坝高达 292 m，二滩最大坝高 240 m，均超过原世界最高的英古里拱坝，这在我国拱坝建设史上是空前的。最高的重力拱坝是青海省的龙羊峡拱坝，高 178 m；最薄的拱坝是广东省的泉水双曲拱坝，高 80 m，$T/H = 0.112$。

为适应不同的地质条件和布置要求，还修建了一些特殊的拱坝，如湖南省凤滩拱坝，采用了空腹形式；贵州省的窄巷口水电站，采用拱上拱的工程措施，以跨过河床的深厚砂砾层。

任务二　拱坝的荷载及组合

知识要求

掌握拱坝自重计算和温度荷载对坝体的影响，掌握荷载组合。

技能要求

能根据给定条件进行荷载分析和计算。

一、拱坝的设计荷载

作用于拱坝的荷载有静水压力、动水压力、温度荷载、自重、扬压力、泥沙压力、浪压力、冰压力和地震荷载。拱坝的结构特点使上述荷载对坝体应力的影响与重力坝不尽相同。

(一)水平径向荷载

水平径向荷载有静水压力、泥沙压力、浪压力及冰压力。静水压力是坝体上的最主要荷载,由拱、梁系统共同承担,可通过拱梁分载法来确定拱系和梁系上的荷载分配。水平径向静水压力强度的计算如下:

$$p = \gamma h \tag{3-1}$$

式中 p——作用于坝面的静水压力强度;

γ——水的重度;

h——计算点处的水深。

将 p 转化为拱轴线上的压力强度 p',则

$$p' = \frac{pR_u}{R} \tag{3-2}$$

式中 R_u、R——拱圈外弧半径、平均半径。

(二)自重

全部自重应由悬臂梁承担。混凝土拱坝在施工时常采用分段浇筑,最后进行灌浆封拱形成整体。灌浆前的自重作用应由梁系单独承担,灌浆后浇筑的混凝土自重参加拱梁分载法中的变位调整。

由于拱坝各坝块的水平截面都呈扇形,如图 3-7 所示,截面 A_1 与 A_2 间的坝块自重 G 可按辛普森公式计算,即

$$G = \frac{1}{6}\gamma_c \Delta Z(A_1 + 4A_m + A_2) \quad (\text{kN}) \tag{3-3}$$

式中 γ_c——混凝土重度,kN/m^3;

ΔZ——计算坝块的高度,m;

A_1、A_2、A_m——上端、下端和中间截面的面积,m^2。

也可简单地按式(3-4)计算:

$$G = \frac{1}{2}\gamma_c \Delta Z(A_1 + A_2) \tag{3-4}$$

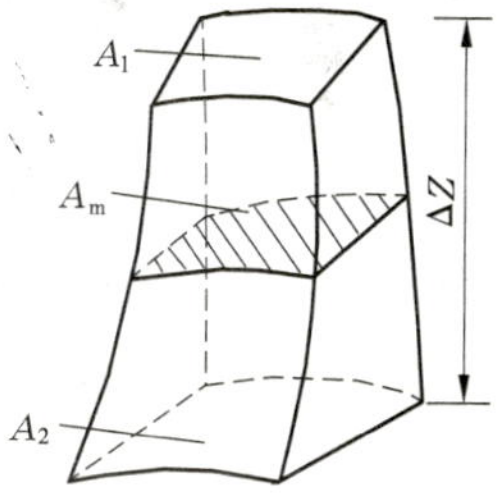

图 3-7 坝块自重计算图

(三)扬压力

拱坝坝体一般较薄,坝体内部扬压力对应力影响不大,对薄拱坝通常可忽略不计。

(四)温度荷载

拱坝为一超静定结构,在上下游水温、气温周期性变化的影响下,坝体温度将随之变化,并引起坝体的伸缩变形,在坝体内将产生较大的温度应力。温度荷载是拱坝设计的主要荷载。拱坝系分块浇筑,经充分冷却,当坝体温度逐渐降至相对稳定值时,进行封拱灌

浆，形成整体。拱坝封拱一般选在气温为年平均气温或略低于年平均气温时进行。封拱时温度愈低，建成后愈有利于降低坝体拉应力。在封拱时的坝体温度称作封拱温度。温度荷载是指拱坝形成整体后，坝体温度相对于封拱温度的变化值。

坝体温度受外界温度及其变幅、周期、封拱温度、坝体厚度及材料的热学特性等因素制约，同一高程沿坝厚呈曲线分布。可将其与封拱温度的差值，即温差视为三部分的叠加，见图3-8。

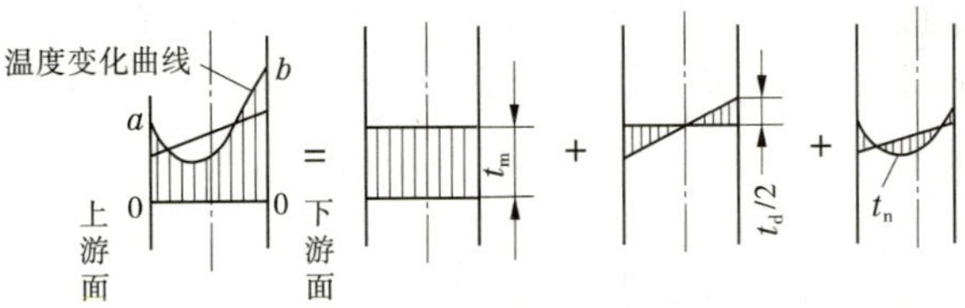

图3-8　拱坝温差分解示意图

(1)均匀温度变化 t_m，即温差的均值。是温度荷载的主要部分。它对拱圈轴向力和力矩、悬臂梁力矩等都有很大影响。

(2)等效线性温差 t_d。等效线性化后，上、下游坝面的温度差值，用以表示水库蓄水后，由于水温变幅小于下游气温变幅沿坝厚的温度梯度 t_d/T。它对拱圈力矩的影响较大，而对拱圈轴向力和悬臂梁力矩的影响很小。

(3)非线性温差变化 t_n。是从坝体温度变化曲线 $t(y)$ 扣去以上两部分后剩余的部分，是局部性的，只产生局部应力，不影响整体变形，在拱坝设计中一般可略去不计。

温度变化对拱坝的影响：封拱温度作为坝体温升和温降的计算基准，当坝体温度低于封拱温度时，称为温降，拱圈将缩短并向下游变位，见图3-9(a)，由此产生的弯矩、剪力及位移的方向都与库水压力作用下所产生的弯矩、剪力及位移的方向相同，但轴力方向相反；当坝体温度高于封拱温度时，称为温升，拱圈将伸长并向上游变位，见图3-9(b)，由此产生的弯矩、剪力和位移的方向与库水压力所产生的方向相反，但轴力方向则相同。因此，在一般情况下，温降对坝体应力不利。温升将使拱端推力加大，对坝肩稳定不利。

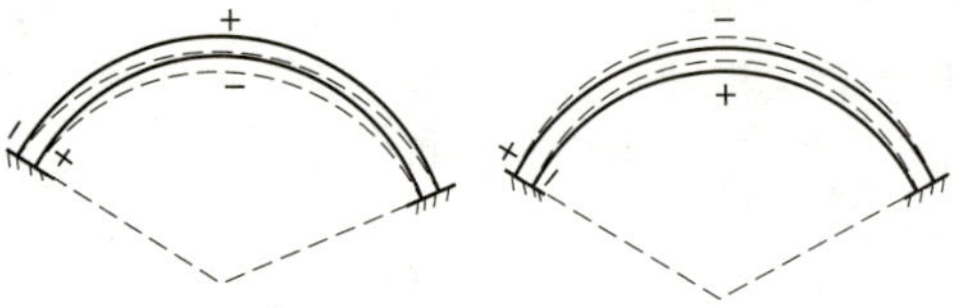

(a)温降　　(b)温升

"+"—压应力；"−"—拉应力

图3-9　坝体由温度变化产生的变形示意图

二、拱坝的荷载组合

重力坝的基本荷载和特殊荷载划分也适用于拱坝，只是在基本荷载中还应列入温度荷载，见表3-1。拱坝的荷载组合应根据荷载同时作用的可能性，选择最不利情况，作为分析坝体应力和拱座抗滑稳定的依据。

表 3-1　荷载组合

荷载组合	主要考虑情况		自重	静水压力	温度荷载 设计正常温降	温度荷载 设计正常温升	扬压力	泥沙压力	浪压力	冰压力	动水压力	地震荷载
基本组合	1. 正常蓄水位情况		√	√	√		√	√	√	√		
基本组合	2. 正常蓄水位情况		√	√		√	√	√	√			
基本组合	3. 设计洪水位情况		√	√		√	√	√	√			
基本组合	4. 死水位(或运行最低水位)情况		√	√		√	√	√	√			
基本组合	5. 其他常遇的不利荷载组合											
特殊组合	1. 校核洪水位情况		√	√		√	√	√	√		√	
特殊组合	2. 地震情况	(1)基本组合 1 + 地震荷载	√	√	√		√	√	√	√		√
特殊组合	2. 地震情况	(2)基本组合 2 + 地震荷载	√	√		√	√	√	√			√
特殊组合	2. 地震情况	(3)常遇低水位情况 + 地震荷载	√	√		√	√	√	√			√
特殊组合	3. 施工期情况	(1)未灌浆	√									
特殊组合	3. 施工期情况	(2)未灌浆遭遇施工洪水	√	√								
特殊组合	3. 施工期情况	(3)灌浆	√		√							
特殊组合	3. 施工期情况	(4)灌浆遭遇施工洪水	√	√		√						
特殊组合	4. 其他稀遇的不利荷载组合											

注:1. 上述荷载组合中,可根据工程的实际情况选择控制性的荷载组合进行计划。

2. 地震较频繁地区,当施工期较长时,应采取措施及时封拱,必要时对施工期的荷载组合尚应增加一项“上述情况加地震荷载”,其地震烈度可按设计烈度降低 1 度考虑。

3. 表中“特殊组合 3. 施工期情况(3)灌浆”状况下的荷载组合,也可为自重和设计正常温升的温度荷载组合。

任务三　拱坝的布置

知识要求

掌握双曲拱坝拱冠梁的布置和设计,掌握拱坝平面布置形式。

技能要求

能根据条件进行拱冠梁设计。

一、水平拱圈参数的选择

(一)拱中心角 $2\varphi_A$

为了初步说明拱圈几何尺寸对坝体应力及工程量的影响,以单位高度的等厚圆拱为例(见图 3-10),在外弧均布压力 p 作用下,由静力平衡条件可得“圆筒公式”,即

$$\begin{cases} T = \dfrac{pR_u}{\sigma} \\ R_u = R + \dfrac{T}{2} = \dfrac{l}{\sin\varphi_A} + \dfrac{T}{2} \end{cases} \tag{3-5}$$

或

$$T = \frac{2lp}{(2\sigma - p)\sin\varphi_A}$$

式中　T——拱圈厚度；

σ——拱圈截面的平均应力；

l——拱圈平均半径处半弦长；

R_u、R——外弧半径、平均半径。

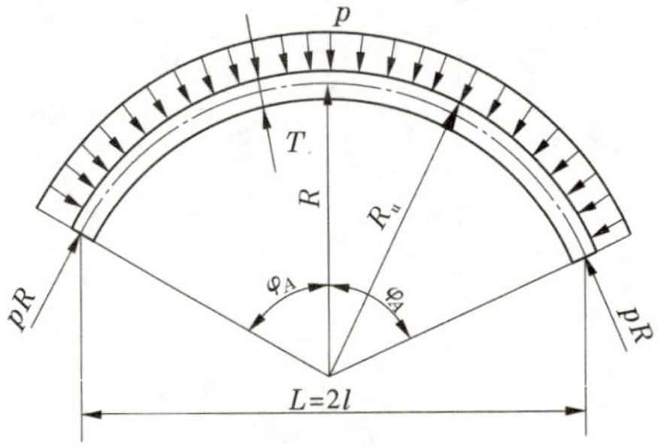

图 3-10　圆弧拱圈

(1)当应力条件相同时，拱中心角 $2\varphi_A$ 愈大（即 R 愈小），拱圈厚度 T 愈小，就愈经济。但中心角增大也会引起拱圈弧长增加，抵消了一部分由减小拱厚所节省的工程量。经过计算，可以得出拱圈体积最小时的中心角 $2\varphi_A = 133°34'$。

(2)当拱厚 T 一定时，拱中心角愈大，拱端应力条件愈好。采用较大中心角比较有利，但选用很大的中心角将很难满足坝肩稳定的要求。

(3)从有利于拱座稳定考虑，要求拱端内弧面切线与可利用岩面等高线的夹角不得小于 30°。过大的中心角将使拱端内弧面切线与岩面等高线的夹角减小，对拱座稳定不利。因此，拱圈中心角在任何情况下都不得大于 120°。

(4)一般情况下可使顶拱中心角采用实际可行的最大值，往下拱圈的中心角逐渐减小。坝体顶拱最大中心角应根据不同的水平拱圈形式，采用 90° ~ 110°。底拱中心角在 50° ~ 80°选取。

(二)水平拱圈的形态

合理的水平拱圈应当是压力线接近拱轴线，使拱截面内的压应力分布趋于均匀。

由三段圆弧构成的三心圆拱，通常两侧弧段的半径比中间的大，从而可以减小中间弧段的弯矩，使压应力分布均匀，改善拱端与两岸岩体的连接条件，更有利于坝肩的岩体稳定。美国、葡萄牙等国采用三心圆拱坝较多，我国的白山拱坝、紧水滩拱坝和李家峡拱坝都是采用的三心圆拱坝。

椭圆拱、抛物线拱等变曲率拱，拱圈中段的曲率较大，向两侧逐渐减小，使拱圈中的压力线接近中心线，拱端推力方向与岸坡等高线的夹角增大，有利于坝肩岩体的抗滑稳定。我国的二滩、东风水电站就是采用的抛物线拱坝。

二、拱坝平面布置形式

拱坝平面布置形式一般有等半径拱坝，等中心角拱坝，变半径、变中心角拱坝，双曲拱坝。

(一)等半径拱坝

水平拱圈从上到下采用相同的外半径 R_u,拱坝上游坝面为铅直圆筒面,拱圈厚度随水深逐渐加厚,下游面为倾斜面,各层拱圈内外弧的圆心均位于同一条铅直线上,即为等半径拱坝(见图 3-11),又称定圆心等外半径拱坝。它适用于 U 形或较宽的梯形河谷,各层拱圈均能采用较大的中心角,有利于拱作用的发挥和减小坝体厚度,同时还具有结构简单,设计、施工方便,直立的上游面便于进水口或泄水孔控制设备的布置等优点,中、小型拱坝采用较多。

当需要坝顶溢流时,为使泄水跌落点离坝趾较远,也可采用定圆心等内半径变外半径的布置形式,使坝的下游面为铅直圆筒,上游面为倾斜面。

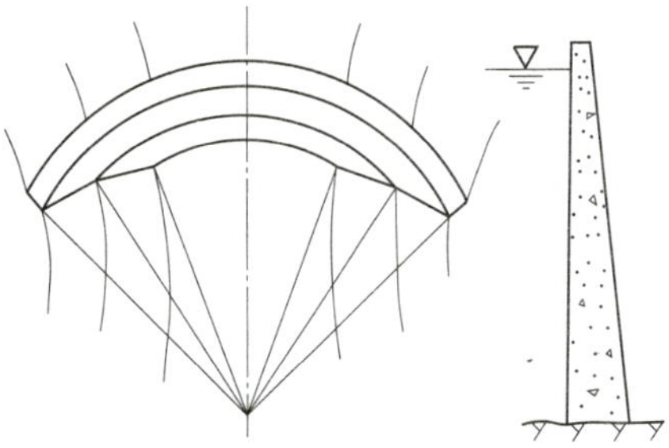

图 3-11　定圆心等外半径拱坝

(二)等中心角拱坝

对于 V 形河谷仍采用定圆心等半径拱坝,下部拱的中心角必减小很多,厚度势必加大,经济性差。为了使在 V 形河谷中各层拱圈的中心角接近最优中心角,并布置成相等,此时拱圈半径从上到下将逐渐减小,就成为等中心角拱坝,见图 3-12。

这种坝型为了维持圆心角为常数,拱坝的上、下游均形成扭曲面,并且出现倒悬,在靠近两岸部分均倒向上游。

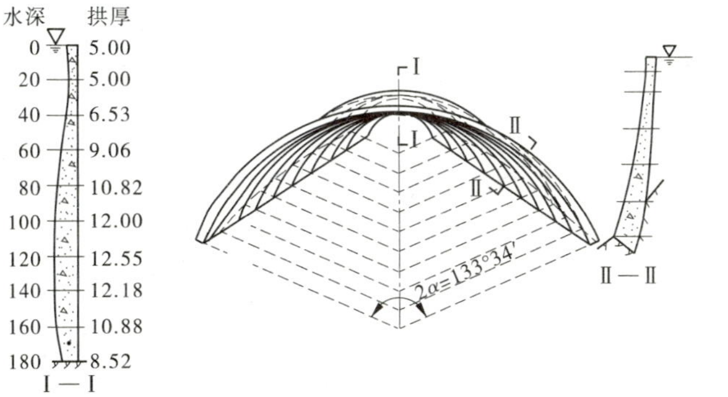

图 3-12　等中心角拱坝　(单位:m)

(三)变半径、变中心角拱坝

在拱坝的工程实践中,为了适应河谷条件并力求下部的中心角不致太小,采用比较广泛的是变半径、变中心角拱坝,见图 3-13。这种坝型在布置上更灵活,并在不同程度上消除了等半径、等中心角拱坝的缺点,改善了应力状态,是一种较好的坝型。

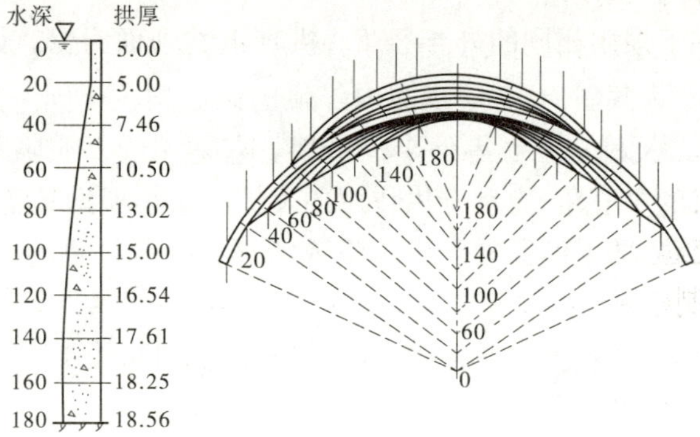

图 3-13　变半径、变中心角拱坝　（单位:m）

（四）双曲拱坝

近代拱坝设计的趋势是尽可能建造双曲拱坝，见图 3-14。前述的变半径、变中心角拱坝在整体形状上已具有双向曲率的结构，双曲拱坝的主要优点是：梁系呈弯曲的形状，兼有垂直拱的作用，垂直拱在水平拱的支撑下，将更多的水荷载传至坝肩；垂直拱在水荷载作用下上游面受压，下游面受拉，而在自重作用下则与此相反，因而应力状态可得到改善，材料强度得到更充分的发挥。双曲拱坝易使各层拱圈中心角趋于理想，更适用于 V 形或梯形河谷。双曲拱坝在国内也有所发展，如二滩拱坝。

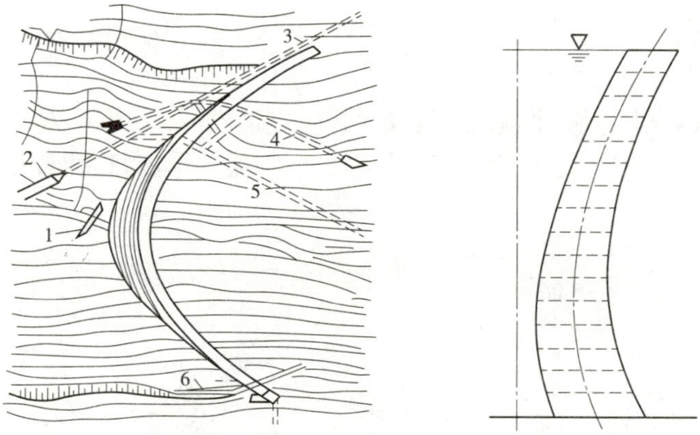

1—围堰；2—施工导流隧洞进口；3—发电隧洞；
4—泄水隧洞；5—施工泄洪隧洞；6—溢洪道

图 3-14　双曲拱坝

根据坝址河谷形状选择拱坝体形时，应符合下列规定：V 形河谷，可选用双曲拱坝；U 形河谷，可选用单曲拱坝；介于 V 形和 U 形之间的梯形河谷，可选用单曲拱坝或双曲拱坝；当坝址河谷的对称性较差时，坝体的水平拱可设计成不对称的拱，或者采用其他措施；当坝址河谷形状不规则或河床有局部深槽时，宜设计成有垫座的拱坝。

当地形、地质条件不利时，选择拱坝体形应符合下列规定：可采用两端拱圈呈扁平状，且拱端推力偏向山体深部的变曲率拱坝；可采用拱端逐渐加厚的变厚拱或设垫座的拱坝；当坝址两岸上部基岩较差或地形较开阔时，可设置重力墩或推力墩与拱坝连接。

(五)拱冠梁的形式和尺寸

在 U 形河谷中,可采用上游面铅直的单曲拱坝;在 V 形和接近 V 形的河谷中,多采用具有竖向曲率的双曲拱坝。

坝顶厚度 T_C(见图 3-15)基本上代表了顶拱的刚度,加大坝顶厚度不仅能改善坝体上部下游面的应力状态,还能改善拱冠梁附近的梁底应力,有利于降低坝踵拉应力。一般按工程规模、运行和交通要求确定,如无交通要求,一般采用 3 ~5 m。坝底厚度 T_B 是表征拱坝厚薄的一项控制数据,其影响因素有坝高、坝型、河谷形状及地质、荷载、筑坝材料和施工条件等。

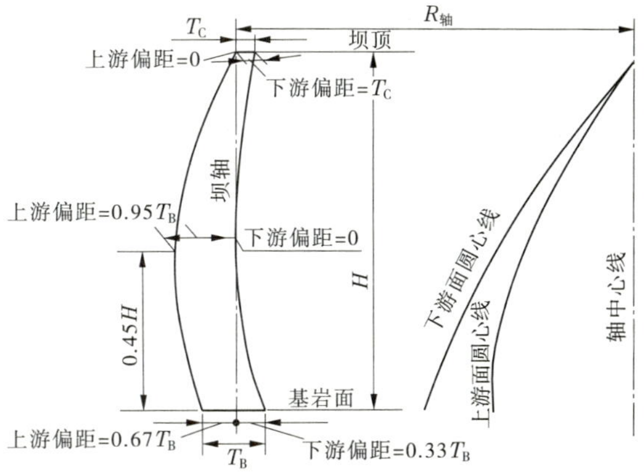

图 3-15　拱冠梁尺寸示意图

初拟拱冠梁厚度可采用《水工设计手册》建议的公式:

$$T_C = 2\varphi_C R_{轴}(3R_f/2E)^{\frac{1}{2}}/\pi \tag{3-6}$$

$$T_B = 0.7\overline{L}H/[\sigma] \tag{3-7}$$

$$T_{0.45H} = 0.385HL_{0.45H}/[\sigma] \tag{3-8}$$

式中　T_C、T_B、$T_{0.45H}$——拱冠顶厚、底厚和 0.45H 高度处的厚度,m;

φ_C——顶拱的中心角,rad;

$R_{轴}$——顶拱中心线的半径,m;

R_f——混凝土的极限抗压强度,kPa;

E——混凝土的弹性模量,kPa;

$\overline{L}$——两岸可利用基岩面间河谷宽度沿坝高的均值,m;

H——拱冠梁的高度,m;

$[\sigma]$——坝体混凝土的容许压应力,kPa;

$L_{0.45H}$——拱冠梁 0.45H 高度处两岸可利用基岩面间的河谷宽度,m。

三、拱坝布置要求和步骤

(一)拱坝布置的原则

根据坝址地形、地质、水文等自然条件及枢纽综合利用要求统筹布置,在满足稳定和建筑物运用的要求下，通过调整拱坝的外形尺寸，使坝体材料的强度得到充分发挥，控制拉应力在允许范围之内，而坝的工程量最省。

（二）拱坝布置要求

拱坝任何部位（包括坝与地基的连接部位）的形状和尺寸的突变都会引起应力集中，拱坝布置应遵循“连续”的原则，要求如下：

（1）基岩轮廓线连续光滑，应无突出的齿坎，基岩的岩性应均匀或连续变化，河谷的地形基本对称和变化连续。如天然河谷不满足，可采用工程措施适当处理。

（2）坝体轮廓线连续光滑。坝体轮廓应力求简单、光滑平顺，避免有任何突变；圆心轨迹线、中心角和内外半径沿高程的变化也应是光滑连续或基本连续的，悬臂梁的倒悬不宜过大，如图 3-16 所示。

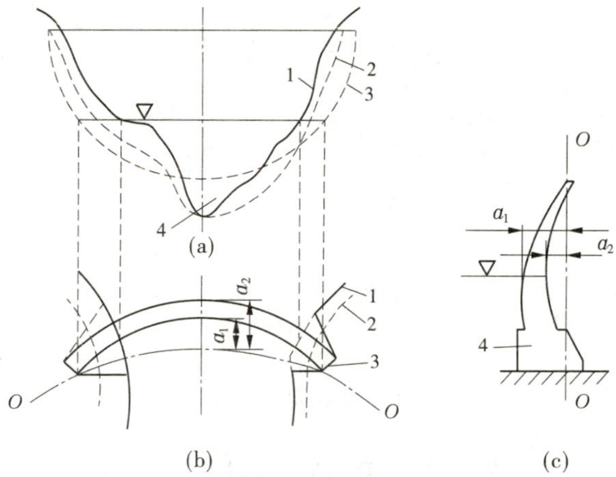

1—原地面线；2—新鲜基岩边界线；3—拱坝支座的周界；4—混凝土垫座

图 3-16 拱坝布置示意图

（3）倒悬的处理方式。拱坝坝面倒悬系指上层坝面突出于下层坝面的现象。在双曲拱坝中，很容易出现坝面倒悬的现象。过度倒悬将使施工困难，且在封拱前在自重作用下很可能在与其倒悬相对的另一侧坝面产生拉应力甚至开裂。对于倒悬的处理，一般有以下几种方式：①使靠近岸边的坝体上游面维持直立，河床中部坝体将俯向下游，如图 3-17（a）所示。②使河床中间的坝体上游面维持直立，而岸边坝体向上游倒悬，如图 3-17（b）所示。③协调前两种方案，使河床段坝体稍俯向下游，岸边坝体稍向上游倒悬，如图 3-17（c）所示。设计时，宜采用第三种方式，以减小坝面的倒悬度。对向上游倒悬的岸边坝段，为不使其下游面产生过大的拉应力，可在上游坝脚处加设支墩，如图 3-17（d）所示。

（三）拱坝布置的步骤

（1）定出开挖深度，画出可利用基岩面等高线地形图。

（2）在可利用基岩面等高线地形图上，将顶拱轴线绘在透明纸上，以便在地形图上移动，尽量使拱轴线与基岩等高线在拱端处的夹角不小于 30°，并使两端夹角大致相同。

（3）初拟拱冠梁剖面尺寸，自坝顶往下，一般选取 5 ~ 10 道拱圈，绘制各层拱圈平面图。各层拱圈的圆心连线在平面上最好能对称于河谷可利用岩面的等高线，在竖直面上圆心连线应为连续光滑的曲线。

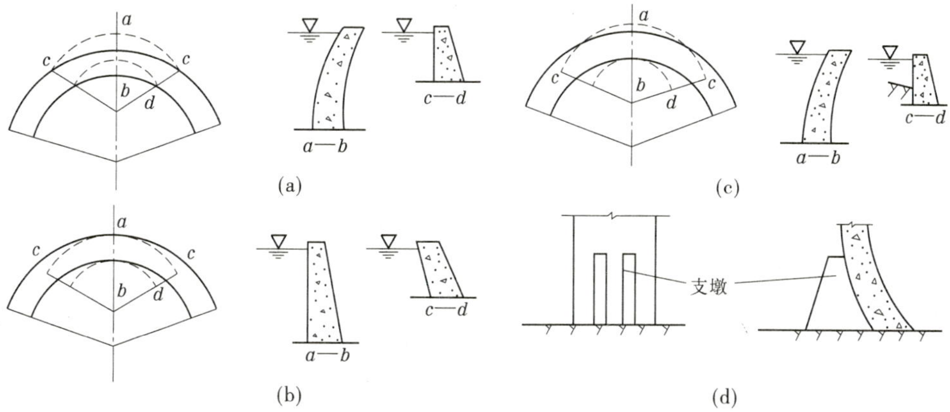

图 3-17 拱坝倒悬的处理

(4)切取若干铅直剖面,检查其轮廓线是否光滑连续,确定倒悬程度,并把各层拱圈的半径、圆心位置以及中心角分别按高程点绘,连成上、下游面圆心线和中心角线。必要时,可修改不连续或变化急剧的部位,以求沿高程各点连线达到平顺光滑为止。

(5)进行应力计算和坝肩岩体抗滑稳定校核,如不符合要求,应修改坝体布置和尺寸,重复以上的工作程序,直至满足要求。

(6)将坝体沿拱轴线展开,绘成拱坝上游展视图或下游展视图,显示基岩面的起伏变化,对于突变处应采取削平或填塞措施。

(7)计算坝体工程量,作为不同方案比较的依据。

任务四 拱坝的应力分析

知识要求

了解拱坝应力分析方法。

技能要求

能理解拱坝应力分析方法及其应用。

一、拱坝应力分析的常用方法

纯拱法假定坝体由若干层独立的水平拱圈叠合而成,每层拱圈可作为弹性固端拱进行计算。除弹性拱的一般假定外,拱圈的轴向力、剪力及拱端基岩变形都不能忽略。

由于纯拱法没有反映拱圈之间的相互作用,假定荷载全部由水平拱承担,不符合拱坝的实际受力状况,因而求出的应力一般偏大,尤其对重力拱坝,误差更大。但对于狭窄河谷中的薄拱坝,仍不失为一个简单实用的计算方法;另外,按拱梁分载法计算时,纯拱法也是其中的一个重要组成部分。

拱梁分载法是将拱坝视为由若干水平拱圈和竖直悬臂梁组成的空间结构,坝体承受的荷载一部分由拱系承担,一部分由梁系承担,拱和梁的荷载分配由拱系和梁系在各交点处变位一致的条件来确定。荷载分配以后,梁是静定结构,拱的应力可按纯拱法计算。荷载分配可采用试载法。先将总的荷载试分配由拱系和梁系承担,然后分别计算拱、梁变位。第一次试分配的荷载不会恰好使拱和梁共轭点的变位一致,必须再调整荷载分配,继续试算,直到变位接近一致为止。近代由于电子计算机的出现,可以通过求解结点变位一致的代数方程组来求得拱系和梁系的荷载分配,避免了烦琐的计算。拱梁分载法是目前国内外广泛采用的一种拱坝应力分析方法,它把复杂的弹性壳体问题简化为结构力学的杆件计算,概念清晰,易于掌握。

拱冠梁法是一种简化了的拱梁分载法。它是以拱冠处的一根悬臂梁为代表与若干水平拱圈作为计算单元进行荷载分配,然后计算拱冠梁及各个拱圈的应力,计算时只取拱冠处的一根悬臂梁为代表与若干层水平拱圈组成计算简图,并仅按径向位移(它是拱坝最主要的位移)一致条件,对拱冠梁进行荷载分配。计算工作量比拱梁分载法节省很多。

拱冠梁法的主要步骤是:①选定若干拱圈,分别计算各拱圈拱顶以及拱冠梁与各拱圈交点在单位径向荷载作用下的变位,这些变位称为“单位变位”。②根据各共轭点拱、梁径向变位协调的关系,以及各点荷载之和应等于总荷载强度的要求建立变位协调方程组。③将上述方程组联立求解,得出各点的荷载分配。④根据求解的荷载分配值,分别计算拱冠梁和各拱圈的内力和应力。

有限单元法将拱坝视为空间壳体或三维连续体,根据坝体体形,选用不同的单元模型。有限单元法适用性强,可用于解算体形复杂、坝内有较大的中孔或底孔、设有垫座或重力墩以及坝基内有断层、裂隙、软弱夹层的拱坝在各种荷载作用下的应力和变形,是拱坝应力分析的一种有效方法。

利用薄壳理论计算拱坝应力的近似方法,由于拱坝体形和边界条件十分复杂,使得这种计算方法在工程中应用受到了很大的限制。近年来由于电子计算机的发展,壳体理论计算方法也取得了新的进展,网格法就是应用有限差分解算壳体方程的一种计算方法,适用于薄拱坝。

结构模型试验也是研究解决拱坝应力问题的有效方法,它不仅能研究坝体、坝基在正常运行情况下的应力和变形,而且还可以进行破坏试验。当前在模型试验中需要研究解决的问题有:寻求新的模型材料,施加自重、渗透压力及温度荷载的实验技术等。

二、地基变形计算

拱坝是超静定结构,地基变形对坝体的变形和应力影响很大,设计时必须加以考虑。

拱坝的建基面(坝体与地基的接触面)既是梁的基础,又是拱的基础。地基在梁底力系、拱端力系和库水压力的作用下将产生位移,由于拱坝系超静定结构,地基位移对坝体的变形和应力的影响很大,设计时应予以充分考虑。

目前,国内外广泛采用的是1925年由挪威的F·伏格特提出的近似计算方法。伏氏用弹性理论首先推导了地基变形计算的基本公式,然后通过一些假定条件将这些基本公式应用于拱坝坝基(参见有关专著)。但是这些假定与实际情况均有出入,所得结果只是近似的,且计算很复杂。

三、拱坝的应力控制指标

根据《混凝土拱坝设计规范》(SL 282—2003)的要求,用拱梁分载法计算时,坝体的主压应力和主拉应力应符合下列应力控制规定:

容许压应力:混凝土拱坝采用了与混凝土重力坝相同的抗压强度安全系数。据统计,国内混凝土拱坝的容许压应力一般采用4~7 MPa。

容许拉应力:混凝土拱坝的抗拉安全系数一般小于2.0,比混凝土重力坝取值要小。据统计,国内混凝土拱坝的容许拉应力一般采用1.0~1.5 MPa。当考虑地震荷载作用时,混凝土的容许压应力可比静荷载情况适当提高,但不超过30%。

任务五　拱坝坝肩的稳定分析

知识要求

掌握拱坝滑裂面形式及其产生原因,掌握拱坝稳定分析。

技能要求

能根据给定条件进行稳定分析。

一、概述

坝肩岩体失稳的最常见形式是坝肩岩体受荷载后发生滑动破坏。这种情况一般发生在岩体中存在着明显的滑裂面,如断层、节理、裂隙、软弱夹层等,如图3-18所示。另一种情况是当坝的下游岩体中存在着较大的软弱带或断层时,即使坝肩岩体抗滑稳定性能够满足要求,但过大的变形仍会在坝体内产生不利的应力,同样也会给工程带来危害。

二、可能滑裂面的形式

可能产生滑裂面的原因,一是岩体内存在着软弱结构面;二是荷载作用。不利结构面对坝肩稳定的影响如图3-19所示。

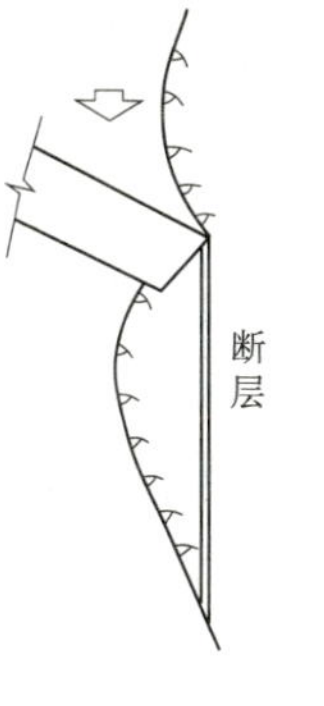

图3-18　坝肩岩体失稳情况

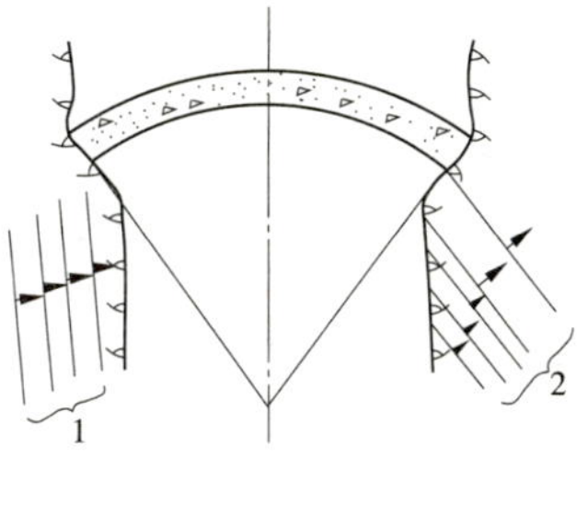

1—不利的结构面;2—不影响滑动的结构面

图3-19　不利结构面对坝肩稳定的影响

三、渗透水压力对拱座稳定的影响

在拱坝拱座稳定计算中,应当考虑下列荷载:坝体传来的作用力、岩体的自重、渗透水压力和地震荷载,其中渗透水压力是控制拱座稳定的重要因素之一。如 1959 年法国马尔巴塞拱坝,在初次蓄水不久即全坝溃决,许多专家在分析原因时,认为渗透水压力起着重要作用,如图 3-20 所示。

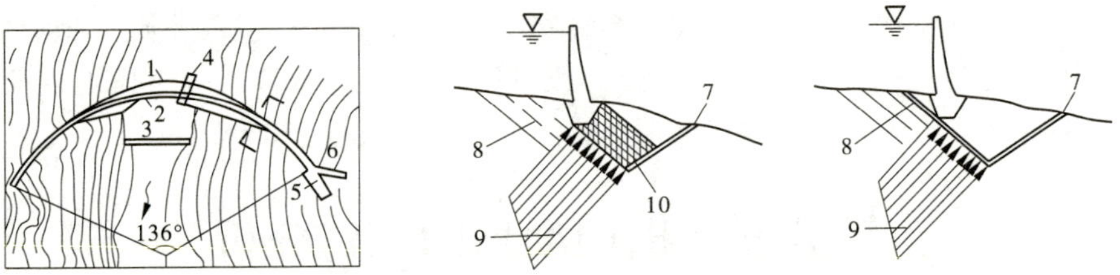

(a)平面布置　(b)Bellier和Londe分析剖面图　(c)Wittke分析剖面图

1—坝;2—溢流段;3—护坦;4—泄水底孔;5—推力墩;6—翼墙;
7—断层;8—层面;9—渗透水压力;10—带状片麻岩

图 3-20　马尔巴塞拱坝平面布置及事故分析示意图

四、稳定分析方法

拱坝坝肩稳定分析目前常用刚体极限平衡法,其基本假定是:①将滑移体视为刚体,不考虑其中各部分间的相对位移。②只考虑滑移体上力的平衡,不考虑力矩的平衡,认为后者可由力的分布自行调整满足,因此在拱端作用的力系中不考虑弯矩的影响。③忽略拱坝的内力重分布作用,认为作用在岩体上的力系为定值。④达到极限平衡状态时,滑裂面上的剪力方向将与滑移的方向平行,指向相反,数值达到极限值。

刚体极限平衡法是半经验性的计算方法,具有长期的工程实践经验,采用的抗剪强度指标和安全系数是配套的,方法简便易行,概念清楚,国内外广泛采用。

五、拱座稳定的控制指标

《混凝土拱坝设计规范》(SL 282—2003)规定:拱座抗滑稳定计算,以刚体极限平衡法为主。1、2 级拱坝及高拱坝采用抗剪断公式计算;其他则可采用抗剪断或抗剪强度公式计算。

抗剪断公式
$$K_1 = \frac{\sum (f_1 N + C_1 A)}{\sum Q} \tag{3-9}$$

抗剪公式
$$K_2 = \frac{\sum f_2 N}{\sum Q} \tag{3-10}$$

式中　K_1, K_2——抗滑稳定安全系数;

N——垂直于滑裂面的作用力;

C_1——抗剪断凝聚力;

$\sum Q$——沿滑裂面的切向力之和;

A——计算滑裂面的面积；

f_1,f_2——抗剪断摩擦系数,抗剪摩擦系数。

《混凝土拱坝设计规范》(SL 282—2003)规定,采用式(3-9)和式(3-10)计算时,相应安全系数应满足表3-2规定的要求。

表3-2 拱座抗滑稳定安全系数

荷载组合		建筑物级别		
		1	2	3
按式(3-9)计算	基本	3.50	3.25	3.00
	特殊(非地震)	3.00	2.75	2.50
按式(3-10)计算	基本	—	—	1.30
	特殊(非地震)	—	—	1.10

六、改善坝肩稳定性的工程措施

(1)通过挖除某些不利的软弱部位和加强固结灌浆等坝基处理措施来提高基岩的抗剪强度。

(2)深开挖。将拱端嵌入坝肩深处,可避开不利的结构面及增大下游抗滑体的重量。

(3)加强坝肩帷幕灌浆及排水措施,减小岩体内的渗透压力。

(4)调整水平拱圈形态,采用三心圆拱或抛物线等扁平的变曲率拱圈,使拱推力偏向坝肩岩体内部。

(5)如坝基承载力较差,可采取局部扩大拱端厚度、增设推力墩或人工扩大基础等措施。

任务六 拱坝的泄流和消能

知识要求

掌握拱坝泄流方式,掌握拱坝消能形式。

技能要求

能根据给定条件进行泄流设计。

一、拱坝坝身泄水方式

常用的拱坝泄水方式有坝顶泄流(自由跌流式、鼻坎挑流式)、滑雪道式、坝身泄水孔式、坝面泄流、坝后厂顶溢流(厂前挑流)等。

(一)自由跌流式

溢流坝段布置在中间的河床部分,水流从坝顶自由跌落。对于比较薄的双曲拱坝或小型拱坝,常采用坝顶自由跌流的方式,由于下落水舌距坝脚较近,坝下必须设有防护设施,堰顶设或不设闸门,视水库淹没损失和运用条件而定,见图 3-21。

泄流时,水流经坝顶自由跌入下游河床。适用于基岩良好,单宽泄洪量较小的小型拱坝。

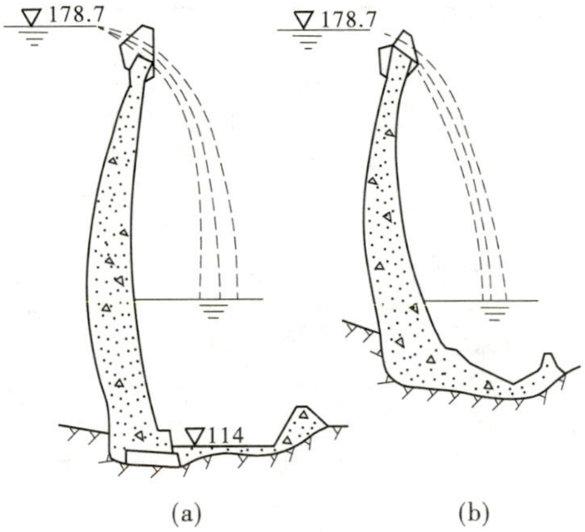

图 3-21　自由跌流式

(二)鼻坎挑流式

为了使泄水跌落点远离坝脚,常在溢流堰顶曲线末端以反弧段连接成为挑流鼻坎(见图3-22),堰顶至鼻坎之间的高差一般不大于 6 ~ 8 m,大致为设计水头的 1.5 倍,反弧半径约等于堰上设计水头,鼻坎挑射角一般为 15° ~ 25°。由于落水点距坝趾较远,可适用于泄流量较大的轻薄拱坝,一般 $q \leqslant 50\ m^3/(s \cdot m)$。苏联的英古里拱坝坝高 272 m,就是采用坝顶鼻坎挑流的泄洪方式。我国的东风、半江拱坝都采用了这种形式,运用情况良好。

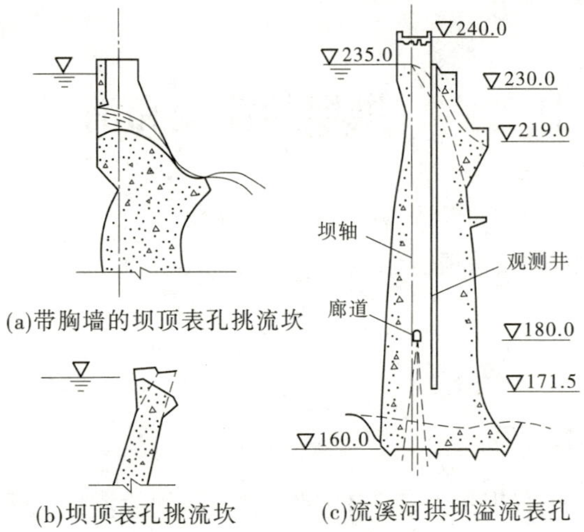

图 3-22　鼻坎挑流式

(三)滑雪道式

滑雪道式泄洪是拱坝特有的一种泄洪方式,见图3-23。其溢流面曲线由溢流坝顶和紧接其后的泄槽组成,泄槽与坝体彼此独立。水流流经泄槽,由槽末端的挑流鼻坎挑出,使水流在空中扩散,下落到距坝较远的地点。

挑流坎一般都比堰顶低很多,落差较大,因而挑距较远,是其优点。但滑雪道各部分的形状、尺寸必须适应水流条件,否则容易产生空蚀破坏。所以,滑雪道溢流面的曲线形状、反弧半径和鼻坎尺寸等都需经过试验研究来确定。滑雪道的底板可设置于水电站厂房的顶部或专门的支承结构上,前者的溢流段和水电站厂房等主要建筑物集中布置,对于溢洪量大而河谷狭窄的枢纽是比较有利的。滑雪道也可设在岸边,一般多采用两岸对称布置,也有只布置在一岸的。滑雪道式适用于泄洪量大、较薄的拱坝。

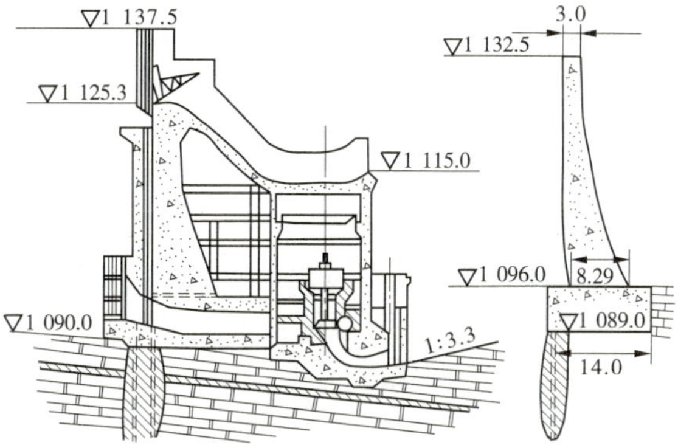

图3-23　滑雪道式　(单位:m)

(四)坝身泄水孔式

在水面以下一定深度处,拱坝坝身可开设孔口。位于拱坝1/2坝高处或坝体上半部的泄水孔称作中孔;位于坝体下半部的称作底孔。拱坝泄流孔口在平面上多居中或对称于河床中线布置,孔口泄流一般是压力流,比堰顶溢流流速大,挑射距离远。

泄水中孔一般设置在河床中部的坝段,以便于消能与防冲;也有的工程将泄水中孔分设在两岸坝段,在河床中部布置电站厂房。泄水中孔孔身一般可做成水平或近乎水平、上翘和下弯三种形式。对于设置在河床中部的泄水中孔,通常多布置成水平型的。

拱坝的坝身泄水还可将各种形式结合使用,如坝顶溢流可以同时设置坝身泄水孔。当泄洪流量大,坝身泄水不能满足要求时,还可布置泄洪隧洞或岸边溢洪道。

二、拱坝的消能和防冲

水流过坝后具有向心集中现象,从而造成集中冲刷。拱坝河谷一般比较狭窄,当泄流量集中在河床中部时,两侧形成强力回流,淘刷岸坡。

(一)水垫消能

水流从坝顶表孔直接跌落到下游河床,利用下游水垫消能。跌流消能最为简单,但由于水舌入水点距坝趾较近,需要采取相应的防冲措施,例如:法国的乌格朗拱坝,利用下游施工围堰做成二道坝，抬高下游水位，见图 3-24；美国的卡尔德伍德拱坝，在跌流的落水处建戽斗，并在其下游设置了二道坝，运用情况良好，见图 3-25。

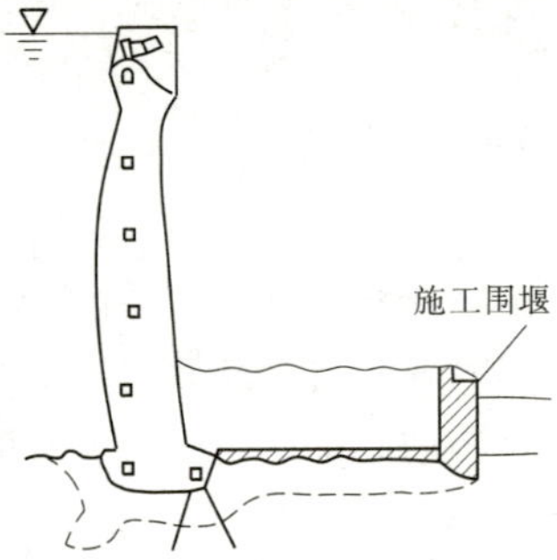

图 3-24　乌格朗拱坝消力池

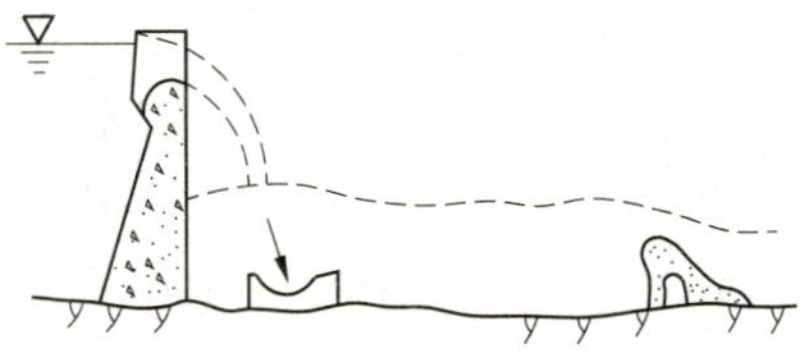

图 3-25　卡尔德伍德拱坝消力池

（二）挑流消能

鼻坎挑流式、滑雪道式和坝身泄水孔式大都采用各种不同形式的鼻坎，使水流扩散、冲撞或改变方向，在空中削减部分能量后再跌入水中，以减轻对下游河床的冲刷。

泄流过坝后向心集中是拱坝泄水的一个特点。对于中、高拱坝，可利用这个特点，在拱冠两侧各布置一组溢流表孔或泄水孔，使两侧挑射水流在空中对冲，并沿河槽纵向扩散，从而消耗大量的能量，减轻对下游河床的冲刷。但应注意必须使两侧闸门同步开启，否则射流将直冲对岸，危害更大。

（三）底流消能

对重力拱坝，有的也可采用底流消能，如前所述的萨扬舒申斯克重力拱坝，高 242 m，采用下弯型中孔，泄流沿下游坝面流入设有二道坝的收缩式消力池，池的上游端宽 123 m，下游端宽 97 m，长约 130 m，二道坝下游护坦长 235 m，末端设有齿墙，单宽流量为 139 $m^3/(s \cdot m)$，运用情况良好。

任务七　拱坝的构造与地基处理

知识要求

掌握拱坝构造内容，掌握地基处理类型。

技能要求

能根据条件进行构造设计并选定地基处理方法。

一、拱坝对材料的要求

（1）材料：主要是混凝土，中小型工程常就地取材，使用浆砌块石。

（2）强度等级：对于混凝土拱坝，坝体混凝土的极限抗压强度一般以 90 d 或 180 d 龄期强度为准，极限抗拉强度一般取极限抗压强度的 1/10 ~ 1/15。控制表层混凝土 7 d 龄期的强度等级不得低于 C10。高坝近地基部分混凝土的 90 d 龄期强度等级不得低于

C25,内部混凝土 90 d 龄期强度等级不得低于 C20。

浆砌石拱坝对砌体强度和整体性的要求也比浆砌石重力坝高。因而,胶结材料强度等级一般采用 M10 左右。

(3)其他性能要求:抗渗性、抗冻性和低热等方面的要求。

二、拱坝的构造

(一)坝体分缝、接缝处理

拱坝是整体结构,不设置永久性横缝,为便于施工期间混凝土散热和降低收缩应力,需要分段浇筑,各段之间设有收缩缝,在坝体混凝土冷却到年平均气温左右,混凝土充分收缩后再用水泥浆封堵,以保证坝的整体性。

收缩缝有横缝和纵缝两类,见图 3-26。

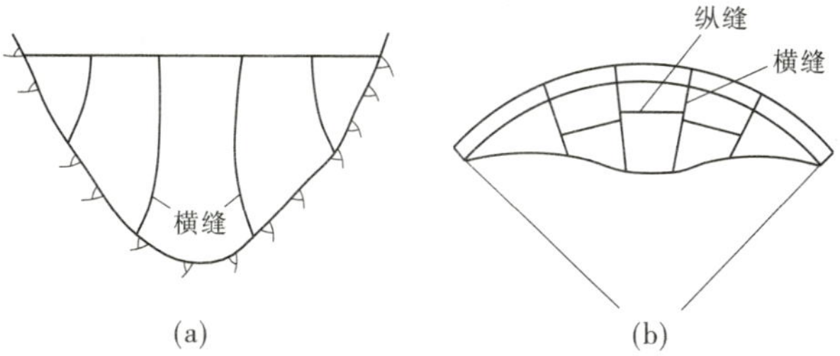

图 3-26　横缝、纵缝示意图

拱坝横缝是适应拱圈的切向收缩,防止径向裂缝。沿径向设置,其间距(指上游坝面的弧长)一般为 15 ~ 20 m。在变半径的拱坝中,为了使横缝与径向一致,必然会形成一个扭曲面。有时为了简化施工,对不太高的拱坝也可以以中间高程处的径向为准,仍用铅直平面来分缝。横缝底部缝面与地基面的夹角不得小于 60°并应尽可能接近正交。缝内设铅直向的梯形键槽,以提高坝体的抗剪强度。横缝上游侧应设置止水片。止水片可与上游止浆片结合。止水的材料和做法与重力坝相同。

拱坝厚度较薄,一般可不设纵缝,对厚度大于 40 m 的拱坝,经分析论证,可考虑设置纵缝。相邻坝块间的纵缝应错开,纵缝的间距为 20 ~ 40 m。为方便施工,一般采用铅直纵缝,到缝顶附近应缓转与下游坝面正交,避免浇筑块出现尖角。

收缩缝是两个相邻坝段收缩后自然形成的冷缝,缝的表面做成键槽,预埋灌浆管与出浆盒,在坝体冷却后进行压力灌浆。收缩缝的灌浆工艺和重力坝相同。

收缩缝按封拱时填灌方式不同可分为窄缝和宽缝两种。窄缝是两个相邻的坝段相互紧靠着浇筑,因混凝土收缩而自然形成的缝,缝中预埋灌浆系统,坝体冷却后进行接缝灌浆,混凝土拱坝一般都采用这种窄缝。

当坝址河谷断面很不规则时,可在基岩与坝体之间设置垫座,使坝体变为有规则的形状,同时使坝体与垫座的接触面成为一条永久缝,称为周边缝。周边缝(铰接拱)能够改善坝体边界弯曲应力,能使坝断面减薄。设置周边缝后,坝体即使有裂缝,延伸到缝边就会停止发展,若垫座有开裂,也不致影响到坝体。

宽缝又称回填缝,是在坝段之间留 0.7 ~ 1.2 m 的宽度,缝面设键槽,上游面设钢筋混凝土塞,然后用密实的混凝土填塞。宽缝散热条件好,坝体冷却快,但回填混凝土冷却后又会产生新的收缩缝。

(二)坝顶

坝顶宽度应根据交通要求确定。当无交通要求时,非溢流坝的顶宽一般不小于3 m。溢流坝坝顶布置应满足泄洪、闸门启闭、设备安装、交通、检修等的要求。

(三)坝体防渗和排水

拱坝上游面应采用抗渗混凝土,其厚度为(1/10~1/15)H,H为坝面该处在水面以下的深度。

坝身内一般应设置竖向排水管,排水管与上游坝面的距离为(1/10~1/15)H,一般不少于3 m。排水管应与纵向廊道分层连接。排水管间距一般为2.5~3.5 m,内径一般为15~20 cm,多用无砂混凝土管。

(四)廊道

为满足检查、观测、灌浆、排水和坝内交通等要求,需要在坝体内设置廊道与竖井。廊道的断面尺寸、布置和配筋基本上和重力坝相同。

(五)坝体管道及孔口

坝体管道及孔口用于引水发电、供水、灌溉、排沙及泄水。管道及孔口的尺寸、数目、位置、形状应根据其运用要求和坝体应力情况确定。

(六)垫座与周边缝

当遇到地形不规则的河谷或局部有深槽时,可在基岩与坝体之间设置垫座,在垫座与坝体间设置永久性的周边缝。

(七)重力墩

重力墩是拱坝坝端的人工支座。对形状复杂的河谷断面,通过设重力墩可改善支承坝体的河谷断面形状。

三、拱坝的地基处理

混凝土拱坝地基经过必要的处理后,应具有整体性和抗滑稳定性,应具有足够的强度和刚度,应具有抗渗性、渗透稳定性和有利的渗流场,应具有在水长期作用下的耐久性,并通过地基处理控制地基接触面形状对坝体应力分布的不利影响。

坝基处理设计(包括两岸拱座和河床段的地基)应根据坝址地质条件和基岩的物理力学性质,综合分析坝体和地基之间的相互关系、泄洪建筑物的布置、施工技术等因素,选择安全、经济和有效的处理方案。

(一)坝基开挖

坝基开挖深度应根据坝体传来的荷载、坝基内的应力分布情况、基岩的地质条件和物理力学性质、坝基处理的效果、工期和费用等综合研究确定。根据坝址具体地质情况,结合坝高,选择新鲜、微风化或弱风化中下部的基岩作为建基面。

定出建基面后,即可进行开挖。在开挖过程中应注意以下几点:拱端开挖应注意拱端布置原则,如图3-27所示;两岸拱座利用岩面宜开挖成径向面,当按全径向开挖时,如拱端厚度较大而使开挖量过多,也可采用非全径向开挖。

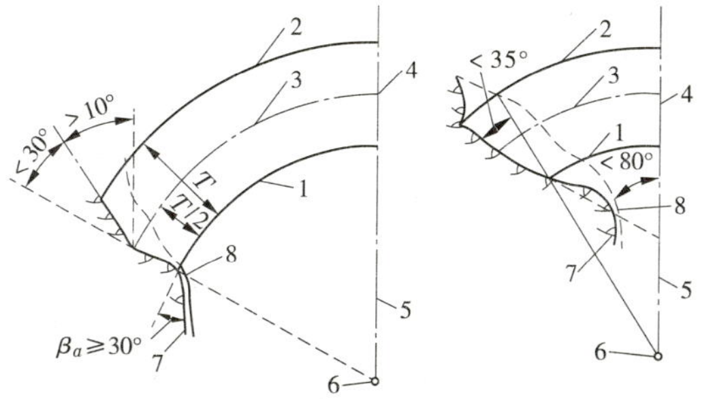

(a)1/2径向拱座　　(b)非径向拱座

1—内弧面；2—外弧面；3—坝轴线；4—拱冠；5—基准面；
6—坝轴线圆心；7—可利用基岩面线；8—原地面线

图 3-27　拱座形状准则

(二)固结灌浆和接触灌浆

一般要求对拱坝坝基进行全面的固结灌浆，对于比较坚硬完整的基岩，也可以只在坝基的上游侧和下游侧设置数排固结灌浆孔。对节理、裂隙发育的基岩，为了减小地基变形，增加岩体的抗滑稳定性，还需在坝基外的上、下游侧扩大固结灌浆的范围。断层破碎带及其两侧影响带，应加强固结灌浆。

对于坝体与陡于 50°～60°的岸坡间和上游侧的坝基接触面以及基岩中所有槽、井、洞等回填混凝土的顶部，均需进行接触灌浆，以提高接触面的强度，减少渗漏。

固结灌浆孔的孔距、排距，应根据开挖以后的地质条件，并参照灌浆试验确定，宜为 3～4 m。固结灌浆孔的孔深，应根据坝高和开挖以后的地质条件确定，宜采用 5～8 m。

(三)防渗帷幕

防渗帷幕应符合下列基本要求：①控制渗漏对坝基及两岸边坡稳定的不利影响。②控制坝基软弱夹层、断层破碎带、岩体裂隙充填物及抗水性能差的岩层不产生管涌。③控制坝基面渗透压力和渗流量。④具有可靠的连续性和足够的耐久性。

坝基和两岸的防渗帷幕宜采用水泥灌浆；在水泥灌浆达不到设计防渗要求时，可采用化学材料补充灌浆，但应防止污染环境。帷幕灌浆一般在廊道中进行，两岸山坡内的帷幕灌浆，可在岩体内开挖的平洞中进行，如图 3-28 所示。

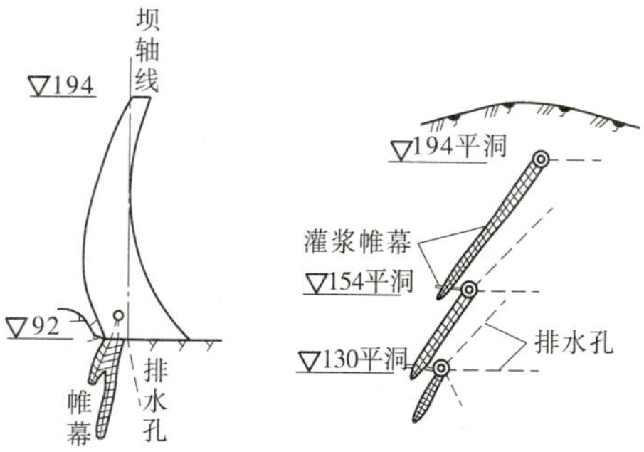

(a)坝体剖面　　(b)坝肩(岸基)剖视

图 3-28　拱坝基岩帷幕灌浆与排水孔设置

(四)坝基排水

正常情况下,防渗帷幕的下游应布置坝基排水,设1排主排水孔,必要时加设1~3排辅助排水孔。坝基下存在相对隔水层或缓倾角结构面时,宜根据其分布情况进行合理布置。对于地质条件较差的坝基,设置排水孔时应防止渗透变形。中、低高度的薄拱坝经论证可不设坝基排水。

高坝及两岸地形较陡、地质条件较复杂的中坝,宜在两岸布置多层排水平洞,在平洞内钻设排水孔。排水孔的孔壁有塌落危险或排水孔穿过软弱夹层、夹泥裂隙时,应采取孔内设滤层等保护措施。

(五)断层破碎带、软弱夹层的处理

对于坝基范围内的断层破碎带或软弱夹层,应根据其产状、宽度、充填物性质、所在部位和有关的试验资料,分析研究其对坝体和地基的应力、变形、稳定与渗漏的影响,并结合施工条件,采用适当的方法进行处理。一般情况下,位于坝肩部位的断层破碎带比位于河床部位的对拱坝的安全影响大;缓倾角比陡倾角断层的危害性严重;位于坝趾附近的比位于坝踵附近的断层破碎带对坝体应力和稳定更为不利;断层破碎带宽度愈大,对应力和稳定的影响也愈严重。

习 题

一、填空题

1. 拱坝是一种空间壳体结构,其坝体结构可近似看作由一系列凸向上游的______和一系列竖向__________组成,坝体结构既有__________作用,又有__________作用,因此具有双向传递荷载的作用。

2. 拱坝的理想地形应是左右两岸__________,岸坡__________无突变,在平面上向下游__________的峡谷段。

3. 坝址处河谷形状特征常用河谷的__________及__________两个指标表示。

4. 拱坝的薄厚程度常以坝底最大厚度T和最大坝高H的比值,即__________来区分。

5. 拱坝理想地质条件:基岩__________单一、完整稳定、强度__________、刚度大、透水性小和耐风化等。

6. 拱坝按拱坝的曲率分为__________和__________。

7. 拱坝按水平拱圈形式分为__________、__________、__________。

8. 温降时,拱圈将缩短并向下游变位,由此产生弯矩、剪力及位移的方向都与库水压力作用下所产生的弯矩、剪力及位移的方向________,但轴力方向__________。

9. 当坝体温度高于封拱温度时,称为温升,拱圈将伸长并向上游变位,由此产生的弯矩、剪力和位移的方向与库水压力所产生的方向________,但轴力方向__________。

10. 拱坝的泄水方式有__________、__________、________及__________。

二、名词解释

1. 温度荷载　　2. 封拱温度　　3. 温降　　4. 拱坝

三、简答题

1. 选择拱圈中心角应从哪几个方面去考虑？各对中心角有何要求？

2. 拱坝的基本尺寸有哪些？有哪些拱圈形式？拱坝平面布置的方法步骤是什么？

3. 为什么温度荷载是拱坝的主要荷载，而对于重力坝来说则是不必考虑的荷载？

4. 拱坝坝肩岩体稳定分析常用的是什么方法？提高拱坝稳定性的措施有哪些？

5. 拱坝有哪些泄洪方式？拱坝泄洪的水流特点是什么？拱坝消能防冲的措施有哪些？

6. 拱坝既是整体，为什么又要分缝？有哪几种类型缝？拱坝横缝的缝面与什么有关？有何特点？

7. 拱坝的纵向廊道和横向廊道各是沿什么方向布置？拱坝有哪些补强建筑物？

8. 拱坝自重的计算与拱坝的施工方法有关，采用拱冠梁法计算应力。施工方法有两种，一种是坝体分块浇筑直到设计高程后再封拱，另一种是坝体边浇筑边封拱直到设计高程。这两种方法自重是否参加变位调整计算？为什么？

项目四　土石坝

项目任务书

<table>
<tr><td colspan="2">项目名称</td><td>项目四　土石坝</td><td>参考学时</td><td>20 学时</td></tr>
<tr><td colspan="2" rowspan="9">教学任务</td><td colspan="2">任务一　土石坝的认知</td><td>2 学时</td></tr>
<tr><td colspan="2">任务二　土石坝的基本剖面</td><td>2 学时</td></tr>
<tr><td colspan="2">任务三　土石坝的渗流分析</td><td>2 学时</td></tr>
<tr><td colspan="2">任务四　土石坝的稳定分析</td><td>2 学时</td></tr>
<tr><td colspan="2">任务五　筑坝材料选择与填筑标准</td><td>2 学时</td></tr>
<tr><td colspan="2">任务六　土石坝的构造</td><td>4 学时</td></tr>
<tr><td colspan="2">任务七　土石坝的地基处理</td><td>2 学时</td></tr>
<tr><td colspan="2">任务八　土石坝与坝基、岸坡及其他建筑物的连接</td><td>2 学时</td></tr>
<tr><td colspan="2">任务九　案例分析</td><td>2 学时</td></tr>
<tr><td colspan="2">学习任务</td><td colspan="3">让学生理解掌握土石坝工作特点、剖面结构设计、渗流分析、稳定计算、基础处理方法</td></tr>
<tr><td colspan="2">教学内容</td><td colspan="3">1. 土石坝的工作特点及类型。
2. 土石坝断面尺寸的拟定方法。
3. 土石坝的构造。
4. 土石坝的渗流计算方法、渗流破坏形式判别及防止措施。
5. 土石坝的稳定计算方法。
6. 筑坝材料的选择和填筑标准的确定方法。
7. 土石坝地基处理方法。
8. 土石坝与坝基、岸坡及其他建筑物的连接</td></tr>
<tr><td rowspan="3">教学目标</td><td>知识</td><td colspan="3">1. 熟悉土石坝的类型、基本特点，熟悉资料分析的方法。
2. 明确坝型选择的思路。
3. 掌握剖面设计的方法。
4. 掌握渗流分析的方法。
5. 掌握稳定分析的方法。
6. 掌握细部构造与地基处理的方法。
7. 了解土石坝与坝基、岸坡及其他建筑物的连接</td></tr>
<tr><td>技能</td><td colspan="3">1. 能熟练划分水利工程等别及水工建筑物级别。
2. 能熟练布置水利枢纽。
3. 能熟练设计土石坝。
4. 能熟练绘制土石坝设计图</td></tr>
<tr><td>态度</td><td colspan="3">1. 能按时上课，遵守课堂纪律，积极回答课堂问题，按时上交作业。
2. 课下能配合小组积极完成老师布置的各项任务。
3. 同学间能对疑难问题相互讨论。
4. 能勇于表达个人的观点和见解</td></tr>
</table>

任务一　土石坝的认知

知识要求

掌握土石坝的分类及特点，了解土石坝的设计条件。

技能要求

熟悉土石坝设计的基本内容。

土石坝历史悠久，是世界坝工建设中应用最为广泛和发展最快的一种坝型。土石坝是指由当地土料、石料或混合料经过堆筑而成的挡水建筑物。由于材料主要来自坝区，所以也称为当地材料坝。当坝体材料以土和砂砾石为主时，称为土坝；以石渣、卵石、爆破石料为主时，称为堆石坝；当两类材料均占相当比例时，称为土石混合坝。

一、土石坝的特点

土石坝是人类最早建造的坝型。土石坝的历史悠久，发展迅速，在国内外被广泛采用并得到迅速发展，与其自身的优越性是密不可分的。与混凝土坝相比，土石坝主要具有以下特点：

(1)可以就地取材，节约大量水泥、木材和钢材，减少工地的外线运输量。由于土石坝设计和施工技术的发展，放宽了对筑坝材料的要求，几乎任何土石料均可筑坝。

(2)能适应各种不同的地形、地质条件，对地基的要求较其他坝型低。任何不良的坝址地基，经处理后均可筑坝。特别是在气候恶劣、工程地质条件复杂和高烈度地震区的情况下，土石坝是唯一可取的坝型。土料的填筑受气候的影响比较大。

(3)土石坝的结构简单，工作可靠，使用年限也较长。

(4)土石坝的施工方法比较简单，既可以人力施工，又可以采用高度机械化的设备进行施工，运用管理及维修加高均较方便。

(5)对于交通不便，而当地又有足够的土石料的山区，土石坝是一种比较经济的坝型。

(6)一般情况下，土石坝的坝顶不允许过水，因此必须另外修建溢洪道来宣泄洪水。

(7)土石坝的坝坡缓，体积大，工程量大。

二、土石坝的设计要求和工作条件

(一)土石坝的设计要求

土石坝的剖面尺寸是根据设计要求、坝高和坝等级、筑坝材料、坝型、坝基情况及施工、运行等条件，参照工程经验初步拟定坝顶高程、坝顶宽度和坝坡，然后通过渗流、稳定分析，最终确定合理的剖面形状。

为使土石坝能安全有效的工作，在设计方面一般有如下要求：

(1)坝身、坝顶不能泄洪。

(2)需有适宜的坝坡维持坝坡及坝基的稳定性。

(3)设置良好的防渗和排水措施,控制渗流及防止渗透变形。

(4)根据现场的土料条件,选择好土料的填筑标准,防止过大的沉陷。

(5)采取适当的构造措施,保护坝顶、坝坡免受自然现象的破坏,提高坝运行的可靠性、耐久性。

(6)提高土石坝的机械化施工的水平。

(二)土石坝的工作条件

土石坝是由散粒体(松散的固体颗粒集合体)结构的土石料经过填筑而成的挡水建筑物,因此土石坝与其他坝型相比,在稳定、渗流、抗冲刷、沉陷等方面具有不同的工作条件。

1.稳定方面

土石坝的基本剖面形状为梯形或复式梯形。由于填筑坝体的土石料为散粒体,抗剪强度低,上下游坝坡平缓,坝体体积和重量都较大,所以不会产生水平整体滑动。

土石坝失稳的形式,主要是坝坡的滑动或坝坡连同部分坝基一起滑动。坝坡滑动会影响土石坝的正常工作,严重的将导致工程失事。为了保证土石坝在各种工作条件下能保持稳定,应选取合理的坝坡和防渗排水设施,施工中还要认真做好地基处理并严格控制施工质量。

2.渗流方面

由于土石料是散粒体,所以土体内具有相互连通的孔隙。当有水位差作用时,水会从水位高的一侧流向水位低的一侧。在水位差作用下,水穿过土中相互连通的孔隙发生流动的现象称为渗流。土石坝挡水后,上下游存在水位差,在坝体内形成由上游向下游的渗流。渗流在坝内的自由水面称为浸润面,浸润面与垂直于坝轴线剖面的交线称为浸润线。

渗流不仅使水库损失水量,还易引起管涌、流土等渗透变形。浸润线以下的土料承受着渗透动水压力,并使土的内摩擦角和黏聚力减小,对坝坡稳定不利。坝体与坝基、两岸及其他非土质建筑物的结合面,易产生集中渗流,因此土石坝必须采取防渗措施以减少渗漏,保证坝体的渗透稳定性,并做好各种结合面的处理,避免产生集中渗流,以保证工程安全。

3.抗冲刷方面

土石坝为散粒体结构,故抗冲能力很低。坝体上下游水的波浪将在水位变化范围内冲刷坝坡;大风引起的波浪可能沿坝坡爬升很高甚至翻过坝顶,造成严重事故;降落在坝面的雨水沿坝坡下流,也将冲刷坝坡;靠近土石坝的泄水建筑物在泄水时激起水面波动,对土石坝坝坡也有淘刷作用;季节气温变化,也可能使坝坡受到冻结膨胀和干裂的影响。

为避免上述不良影响,应采取以下工程措施:①在土石坝上下游坝坡设置护坡,坝顶及下游坝面布置排水设施,以免风浪、雨水及气温变化带来有害影响。②坝顶在最高库水位以上要留一定的超高,以防止洪水漫过坝顶造成事故。③布置泄水建筑物时,注意进出口与坝坡要有一定距离,以免泄水时对坝坡产生淘刷。

4.沉陷方面

由于土石料存在较大的孔隙,且易产生相对的移动,在自重及水压力作用下,会有较大的沉陷。坝体沉降会使坝的高度不足,不均匀沉陷还将导致土石坝裂缝,坝体横缝对坝的防渗极为不利。为防止坝顶低于设计高程和产生裂缝,施工时应严格控制碾压标准并预留沉降量。对于重要工程,沉陷值应通过沉陷计算确定。对于一般的中小型土石坝,如坝基没有压缩性很大的土层,可按坝高的1% ~2%预留沉陷值。

5.其他方面

严寒地区水库水面冬季结冰膨胀对坝坡产生很大的推力,导致护坡的破坏。

动物筑窝会使坝体发展成集中的渗流通道。

地震地区地震惯性力也会增加滑坡和液化的可能性。

三、土石坝的类型

(一)按坝高分类

土石坝按坝高可分为低坝、中坝和高坝。我国《碾压式土石坝设计规范》(SL 274—2001)规定:高度在30 m以下为低坝,高度在30 ~70 m为中坝,高度在70 m以上为高坝。

土石坝的坝高应从坝体防渗体(不含混凝土防渗墙、灌浆帷幕、截水槽等坝基防渗设施)底部或坝轴线部位的建基面算至坝顶(不含防浪墙),取其大者。

(二)按施工方法分类

1.碾压式土石坝

碾压式土石坝是分层铺填土石料、分层压实填筑的,坝体质量良好,目前最为常用。世界上现有的高土石坝都是碾压式的。本项目主要讲述碾压式土石坝。

按照坝身内的配置和防渗体所用的材料种类,碾压式土石坝可分为以下几种类型:

(1)均质坝(见图4-1(a))。坝体断面不分防渗体和坝壳,坝体基本上是由均一的黏性土料(壤土、砂壤土)筑成的,整个坝体用以防渗并保持自身的稳定。由于黏性土抗剪强度较低,对坝坡稳定不利,坝坡较缓,体积庞大,使用的土料多,铺土厚度薄,填筑速度慢,易受降雨和冰冻的影响,故多用于坝址处除土料外,缺乏其他材料的情况。

(2)黏土心墙坝(见图4-1(b))。用透水性较好的砂或砂砾石做坝壳,以防渗性较好的黏性土作为防渗体设在坝的剖面中心位置。优点:坡陡,坝剖面较均质坝小,工程量少,心墙占总方量比重不大,因此施工受季节影响相对较小;缺点:要求心墙与坝壳大体同时填筑,干扰大,一旦建成,难修补。

(3)黏土斜墙坝(见图4-1(c))。黏土防渗体置于坝剖面的上游侧。优点:斜墙与坝壳之间的施工干扰相对较小,在调配劳动力和缩短工期方面比心墙坝有利;缺点:上游坡较缓,黏土量及总工程量较心墙坝大,抗震性及对不均匀沉降的适应性不如心墙坝。

(4)黏土斜心墙坝(见图4-1(i))。黏土防渗体位于坝中心而略微倾向上游的坝。

(5)多种土质坝(见图4-1(d)、(e))。坝址附近有多种土料用来填筑的坝。

(6)人工材料心墙坝(见图4-1(j))。坝主体由强度高的粗粒料组成,用沥青混凝土、混凝土等做成防渗心墙 。

(7)人工材料面板坝(见图4-1(k)、(l))。防渗体为钢筋混凝土、沥青混凝土、钢板、木板等人工制备的材料建成的上游坝面。

均质坝、心墙坝、斜墙坝和面板坝是土石坝的四种基本类型。

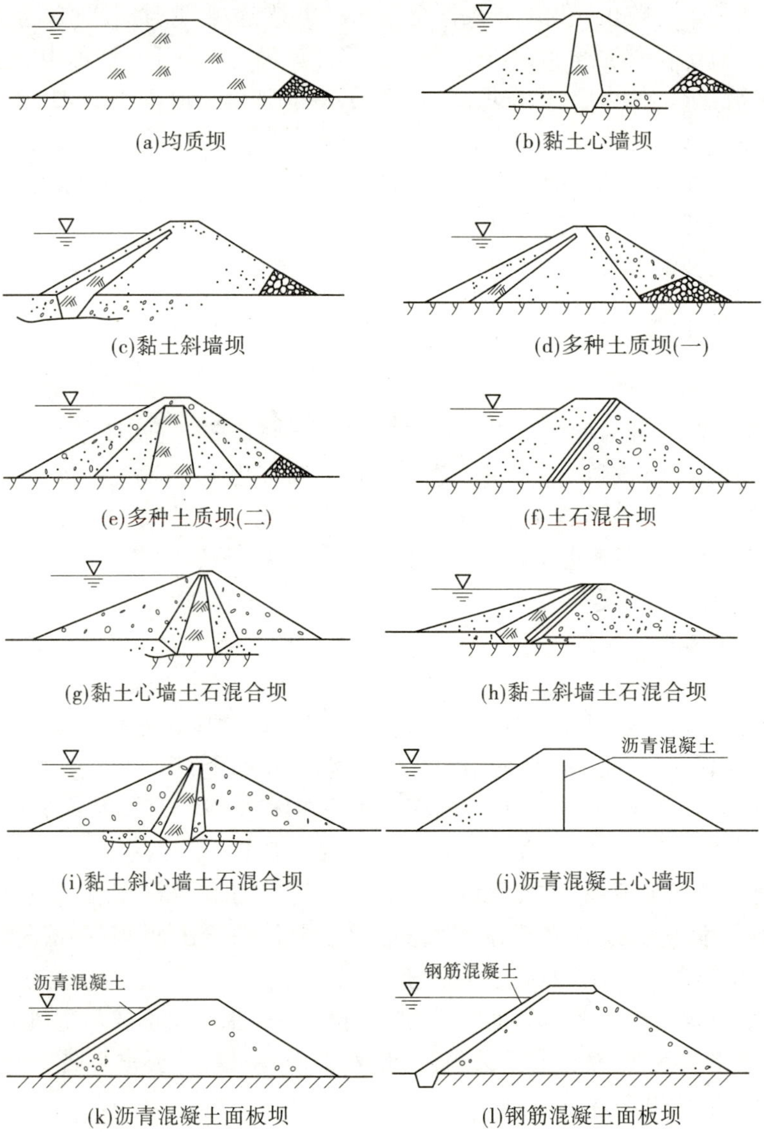

(a)均质坝 (b)黏土心墙坝
(c)黏土斜墙坝 (d)多种土质坝(一)
(e)多种土质坝(二) (f)土石混合坝
(g)黏土心墙土石混合坝 (h)黏土斜墙土石混合坝
(i)黏土斜心墙土石混合坝 (j)沥青混凝土心墙坝
(k)沥青混凝土面板坝 (l)钢筋混凝土面板坝

图4-1 土石坝类型

2. 水力冲填坝

水力冲填坝是以水力为动力完成土料的开采、运输和填筑全班工序而建成的坝。其施工方法是用机械抽水到高出坝顶的土场,以水冲击土料形成泥浆,然后通过泥浆泵将泥浆送到坝址,再经过沉淀和排水固结而筑成坝体。这种坝因筑坝质量难以保证,目前在国内外很少采用。

3. 水中填土坝

水中填土坝是用易于崩解的土料,一层一层倒入由许多小土堤分隔围成的静水中填筑而成的坝。这种施工方法无须机械压实,而是靠土的重量进行压实和排水固结。该法施工受雨季影响小，工效较高，且不用专门碾压设备，但由于坝体填土干重度低、抗剪强度小、要求坝坡缓、工程量大等原因，仅在我国华北黄土地区、广东含砾风化黏性土地区曾用此法建造过一些坝，并未得到广泛的应用。

4. 定向爆破堆石坝

定向爆破堆石坝是按预定要求埋设炸药，使爆出的大部分岩石抛到预定的地点而形成的坝。这种坝增筑防渗部分比较困难。

上述四种坝中应用最为广泛的是碾压式土石坝。

任务二 土石坝的基本剖面

知识要求

掌握土石坝基本剖面及技术要素的确定，掌握绘制土石坝剖面图的步骤。

技能要求

能根据剖面的基本参数绘制土石坝剖面图。

土石坝的基本剖面根据坝高和坝的等级、坝型和筑坝材料特性、坝基情况以及施工运行条件等参照现有工程的实践经验初步拟定，然后通过渗流和稳定分析检验，最终确定合理的剖面形状及其尺寸。土石坝的基本剖面是梯形，其剖面的基本尺寸主要包括坝顶高程、坝顶宽度和坝坡，还需考虑防渗结构及其排水方式等。

一、坝顶高程

坝顶高程等于水库静水位与坝顶超高之和，应按以下运用条件计算，取其大值：

(1)设计洪水位加正常运用条件的坝顶超高。

(2)正常蓄水位加正常运用条件的坝顶超高。

(3)校核洪水位加非常运用条件的坝顶超高。

(4)正常蓄水位加非常运用条件的坝顶超高，再加地震安全加高(地震区)。

坝顶超高值 y(见图 4-2)用下式计算：

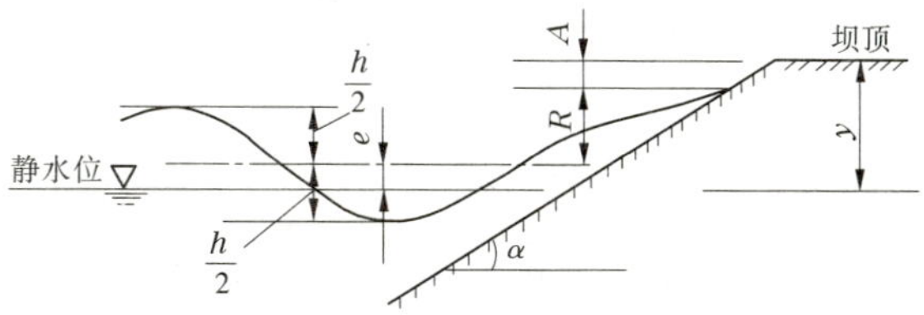

图 4-2 坝顶超高计算图

$$y = R + e + A \tag{4-1}$$

$$e = \frac{Kv_0^2 D}{2gH_m}\cos\beta \tag{4-2}$$

式中 y——坝顶超高,m;

R——波浪在坝坡上的最大爬高,m;

e——最大风壅水面高度,风壅水面超出原库水位高度的最大值,m;

H_m——坝前水域平均水深,m;

K——综合摩阻系数,其值为$(1.5\sim5.0)\times10^{-6}$,计算时一般取$K=3.6\times10^{-6}$;

β——风向与水域中线(或坝轴线的法线)的夹角,(°);

v_0、D——计算风速和风区长度;

A——安全加高,根据坝的等级和运用情况按表4-1确定,m。

表4-1 安全加高 A

运用情况		坝的级别			
		1	2	3	4、5
设计		1.50	1.00	0.70	0.50
校核	山区、丘陵区	0.70	0.50	0.40	0.30
	平原、滨海区	1.00	0.70	0.50	0.30

波浪爬高R,是指波浪沿建筑物坡面爬升的垂直高度(由风壅水面算起),如图4-2中的R。它与坝前的波浪要素(波高和波长)、坝坡坡度、坡面糙率、坝前水深、风速等因素有关。具体方法见《碾压式土石坝设计规范》(SL 274—2001),现简介如下:

当坝坡系数$m=1.5\sim5.0$时,波浪平均爬高R_m按下式计算:

$$R_m=\frac{K_\Delta K_w}{\sqrt{1+m^2}}\sqrt{h_m L_m} \tag{4-3}$$

式中 K_Δ——斜坡的糙率渗透性系数,根据护面的类型查表4-2;

m——单坡的坡度系数,若单坡坡角为α,则$m=\cot\alpha$,见图4-2;

K_w——经验系数,由计算风速v_0(m/s)、水域平均水深H_m(m)和重力加速度g组成的无量纲$\frac{v_0}{\sqrt{gH_m}}$按表4-3确定;

h_m、L_m——平均波高和波长,m。

表4-2 糙率渗透性系数 K_Δ

护面类型	K_Δ	护面类型	K_Δ
光滑不透水护面(沥青混凝土)	1.0	砌石护面	0.75~0.80
混凝土护面	0.9	抛填两层块石(不透水基础)	0.60~0.85
草皮护面	0.85~0.90	抛填两层块石(透水基础)	0.50~0.55

表 4-3　经验系数 K_w

$\frac{v_0}{\sqrt{gH_m}}$	≤1	1.5	2.0	2.5	3.0	3.5	4.0	≥5
K_w	1	1.02	1.08	1.16	1.22	1.25	1.28	1.30

不同累计频率的爬高 R_p 与 R_m 的比，可根据爬高统计分布表 4-4 确定。

表 4-4　爬高统计分布（R_p/R_m 值）

h_m/H_m	p(%)									
	0.1	1	2	4	5	10	14	20	30	50
<0.1	2.66	2.23	2.07	1.90	1.84	1.64	1.53	1.39	1.22	0.96
0.1~0.3	2.44	2.08	1.94	1.80	1.75	1.57	1.48	1.36	1.21	0.97
>0.3	2.13	1.86	1.78	1.65	1.61	1.48	1.39	1.31	1.19	0.99

设计爬高值按建筑物的级别而定，对 1~3 级土石坝取累计频率 $p=1\%$ 的爬高值 $R_{1\%}$；对 4、5 级土石坝取 $p=5\%$ 的 $R_{5\%}$。

例如：某工程为Ⅲ等工程，经计算平均波高 $h_m=0.481\ 6$ m，平均水深 $H_m=35.07$ m，波浪的平均爬高 $R_m=0.722\ 6$ m，因土石坝为 3 级建筑物，故 $p=1\%$，根据 $h_m/H_m=0.481\ 6/35.70=0.013\ 5$，查表 4-4 得 $R_p/R_m=2.23$，则计算设计爬高 $R=2.23\times0.722\ 1=1.61$（m）。

当风向与坝轴线的法线成一夹角时，波浪爬高应乘以折减系数 K_β，其值由表 4-5 确定。

表 4-5　斜向坡折减系数 K_β

β(°)	0	10	20	30	40	50	60
K_β	1	0.98	0.96	0.92	0.87	0.82	0.76

坝顶设防浪墙时，超高值 y 是指静水位与墙顶的高差。要求在正常运用条件下，坝顶应高出静水位 0.5 m；在非常运用情况下，坝顶不应低于静水位。

坝顶应预留竣工后沉降超高。沉降超高值按《碾压式土石坝设计规范》（SL 274—2001）规定确定。各坝段的预留沉降超高应根据相应坝段的坝高而变化。预留沉降超高不应计入坝的计算高度。

二、坝顶宽度

坝顶宽度应根据构造、施工、运行和抗震等因素确定。如无特殊要求，高坝可选用 10~15 m，中低坝可选用 5~10 m。

三、坝坡

坝坡应根据坝型、坝高、坝的等级、坝体和坝基材料的性质、坝所承受的荷载以及施工和运用条件等因素,经技术经济比较确定。

均质坝、土质防渗体分区坝、沥青混凝土面板坝或心墙坝及土工膜心墙或斜墙坝坝坡,可参照已建成坝的经验或近似方法初步拟定,最终应经稳定计算确定。

一般情况下,确定坝坡可参考如下规律:

(1)在满足稳定要求的前提下,应尽可能采用较陡的坝坡,以减少工程量。

(2)从坝体上部到下部,坝坡逐步放缓,以满足抗渗稳定和结构稳定性的要求。

(3)均质坝的上下游坡度比心墙坝的坝坡缓。

(4)心墙坝:两侧坝壳采用非黏性土料,土体颗粒的内摩擦角较大,透水性大,上下游坝坡可陡些,坝体剖面较小,但施工干扰大。

(5)黏土斜墙坝的上游坡比心墙的坝坡缓,而下游坝坡可比心墙坝陡些,施工干扰小,斜墙易断裂。

(6)土料相同时上游坡缓于下游坡,原因是上游坝坡经常浸在水中,土的抗剪强度低,库水位下降时易发生渗流破坏。

(7)黏性土料坝的坝坡与坝高有关,坝高越大则坝坡越缓;而砂或砂砾料坝体的坝坡与坝高关系甚微。通常用黏性土料筑的土坝做成几级,从上而下逐级变缓坝坡,相邻坡率差值为0.25~0.5。砂或砂砾料坝体可不变坡,但一般也常采用变坡形式。

(8)碾压式堆石坝的坝坡比土坝陡。

上下游坝坡马道的设置应根据坝面排水、检修、观测、道路、增加护坡和坝基稳定等不同需要确定。土质防渗体分区坝和均质坝上游坡宜少设马道。非土质防渗体材料面板坝上游不宜设马道。根据施工交通需要,下游坝坡可设置斜马道,其坡度、宽度、转弯半径、弯道加宽和超高等,应满足施工车辆行驶要求。斜马道之间的实际坝坡可局部变陡,但平均坡度应不陡于设计坝坡。马道宽度应根据用途确定,但最小宽度不宜小于1.50 m。

若坝基土或筑坝土石料沿坝轴线方向不相同,应分坝段进行稳定计算,确定相应的坝坡。当各坝段采用不同坡度的断面时,每一坝段的坝坡应根据坝段中最大断面来选择。坝坡不同的相邻坝段,中间应设渐变段。

任务三　土石坝的渗流分析

知识要求

掌握土石坝渗流分析方法,掌握渗透变形的原因、类型及预防工程措施。

技能要求

能根据给定参数进行渗流分析。

一、概述

(一)渗流分析内容

(1)确定坝体浸润线及其下游出逸点位置,绘制坝体及坝基内的等势线分布图或流网图。

(2)确定坝体与坝基的渗流量。

(3)确定坝坡出逸段与下游坝基表面的出逸坡降,以及不同土层之间的渗透坡降。

(4)确定库水位降落时上游坝坡内的浸润线位置或孔隙压力。

(5)确定坝肩的等势线、渗流量和渗透坡降。

(二)渗流分析方法

土石坝渗流分析通常是把一个实际比较复杂的空间问题近似转化为平面问题。土石坝的渗流分析方法主要有解析法、手绘流网法、实验法和数值法四种。

解析法分为流体力学法和水力学法。前者理论严谨,只能解决某些边界条件较为简单的情况;水力学法计算简单,精度可满足工程要求,并在工程实践中得到了广泛的验证。本节主要介绍水力学法。

手绘流网法是一种图解流网法,绘制方便,当坝体和坝基中的流场不十分复杂时,其精度能满足工程要求,但在渗流场内具有不同土质,且其渗透系数差别较大的情况下较难应用。

遇到复杂地基或多种土质坝,可用电模拟试验法,它能解决三维问题,但需一定的设备。近年来由于计算机和有限元等数值分析法的发展,数值分析法在土石坝渗流分析中得到了广泛的应用,对1、2级坝及高坝,提出用数值分析法求解。

(三)渗流分析的计算情况

(1)上游正常蓄水位与下游相应的最低水位。

(2)上游设计洪水位与下游相应的水位。

(3)上游校核洪水位与下游相应的水位。

(4)库水位降落时上游坝坡稳定最不利的情况。

(四)渗流分析的水力学法

1. 基本假定

(1)坝体土是均质的,坝内各点在各个方向的渗透系数相同。

(2)渗流是层流,符合达西定律,$v = KJ$。

(3)渗流是渐变流,过水断面上各点的坡降和流速是相等的。

2. 渗流基本公式

如图4-3所示,矩形土体内的渗流满足上述假定,建立坐标系xOy。

应用达西定律,并假定任一铅直过水断面内各点的渗透坡降相等,对不透水地基上的矩形土体,过水断面上的平均流速为

$$v = -K\frac{dy}{dx} = -KJ \qquad (4-4)$$

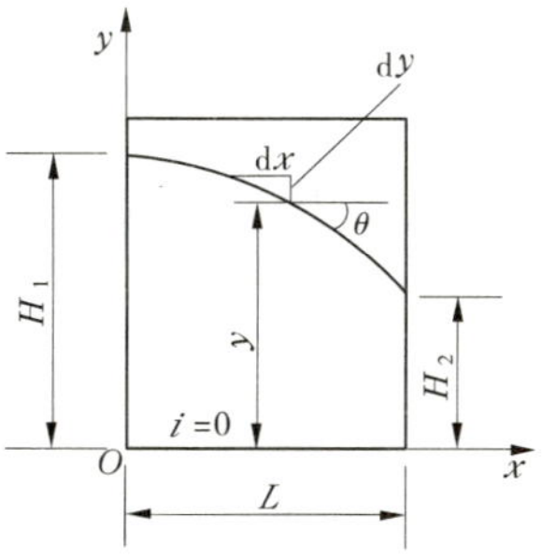

图4-3　不透水地基上矩形土体的渗流计算图

单宽流量

$$q = vy = -Ky\frac{dy}{dx} \qquad (4-5)$$

自上游向下游积分

$$q = \frac{K}{2L}(H_1^2 - H_2^2) \tag{4-6}$$

自上游向区域中某点(x,y)积分,得浸润线方程

$$y = \sqrt{H_1^2 - \frac{2q}{K}x} \tag{4-7}$$

(五)不透水地基上的渗流计算

1. 均质坝

1)下游有水而无排水设备或设有贴坡式排水的情况

下游有水而无排水设备的情况见图4-4,过B'点作铅垂线将坝体分为两部分,用虚拟等效矩形$AEOF$代替三角形AMF。

$$\Delta L = \frac{m_1 H_1}{2m_1 + 1} \tag{4-8}$$

(1)上游坝体段计算。

按式(4-6)计算通过上游段的渗流量为

$$q_1 = K\frac{H_1^2 - (H_2 + a_0)^2}{2L'} \tag{4-9}$$

式中 a_0——浸润线出逸点在下游水面以上的高度;

K——坝身土料渗透系数;

H_1——上游水深;

H_2——下游水深;

L'——浸润线的水平距离,见图4-4。

(2)下游坝体段计算,如图4-5所示。

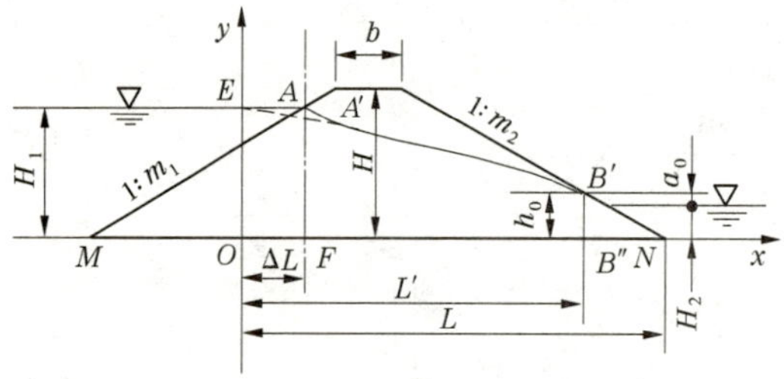

图4-4 不透水地基上均质土坝的渗流计算图

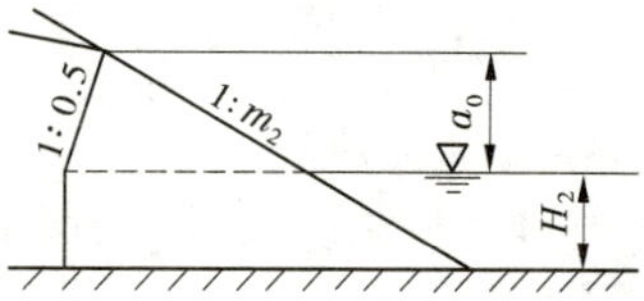

图4-5 下游楔形体渗流计算图

下游水位以上部分单宽渗流量

$$q'_2 = K\frac{a_0}{m_2 + 0.5} \tag{4-10}$$

下游水位以下部分单宽渗流量

$$q_2'' = K\frac{a_0}{(m_2 + 0.5)a_0 + \dfrac{m_2 H_2}{1 + 2m_2}} \tag{4-11}$$

通过下游坝体总单宽流量

$$q_2 = q'_2 + q''_2 = K\frac{a_0}{m_2 + 0.5}\left(1 + \frac{H_2}{a_0 + a_m H_2}\right) \tag{4-12}$$

$$a_m = \frac{m_2}{2(m_2 + 0.5)^2} \tag{4-13}$$

水流连续性条件 $q_1 = q_2 = q$

根据以上可求得 q 及 a_0;由式(4-7)可确定浸润线。上游坝面附近的浸润线需作适当的修正:自 A 点作与坝坡 AM 正交的平滑曲线,曲线下端与计算求得的浸润线相切于 A'点。

当下游无水时,以上各式中的 $H_2 = 0$。

下游有贴坡式排水时,因贴坡式排水基本上不影响坝体浸润线的位置,所以计算方法与下游不设排水时相同。

2)下游有褥垫排水(如图4-6所示)

浸润线为抛物线,其方程为

$$L' = \frac{y^2 - h_0^2}{2h_0} + x \tag{4-14}$$

$$h_0 = \sqrt{L'^2 + H_1^2} - L' \tag{4-15}$$

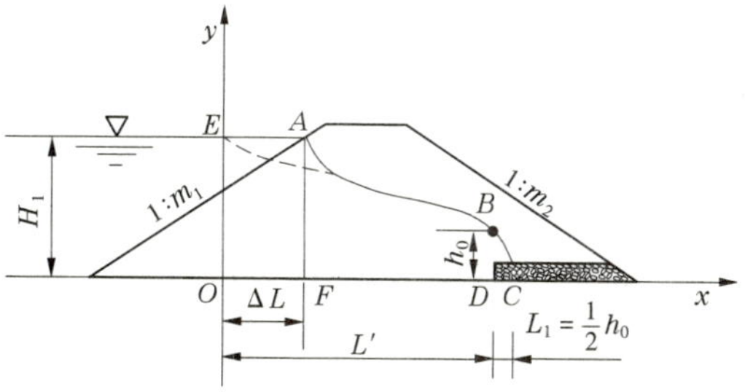

图4-6 有褥垫排水时的渗流计算图

通过坝身的单宽渗流量

$$q = \frac{K(H_1^2 - h_0^2)}{2L'} \tag{4-16}$$

3)下游有棱体排水(如图4-7所示)

(1)下游无水情况,按下游有褥垫排水情况计算。

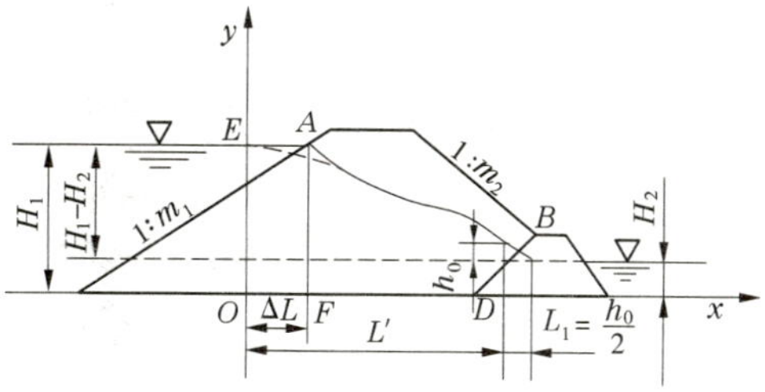

图4-7 有棱体排水时渗流计算图

(2)下游有水情况,如图4-7所示,将下游水面以上部分按照褥垫式下游无水情况处

理，即

$$h_0 = \sqrt{L'^2 + (H_1 - H_2)^2} - L' \tag{4-17}$$

单宽渗流量

$$q = \frac{K}{2L'}[H_1^{\ 2} - (H_2 + h_0)^2] \tag{4-18}$$

2. 心墙坝

一般心墙土料的渗透系数很小，比坝壳小 100 倍以上。因此，在进行计算时可不考虑上游坝壳降落水头的作用。下游坝壳的浸润线也比较平缓，水头损失主要在心墙部位，当下游有排水设备时，见图 4-8，可近似认为浸润线的逸出点为下游水位与堆石内坡的交点，将心墙壁简化成厚度为 δ 的等厚矩形，则

$$\delta = \frac{1}{2}(\delta_1 + \delta_2) \tag{4-19}$$

通过心墙的单宽流量为

$$q_1 = \frac{K_e(H_1^{\ 2} - h^2)}{2\delta} \tag{4-20}$$

通过下游坝壳的单宽流量为

$$q_2 = \frac{K(h^2 - H_2^{\ 2})}{2L} \tag{4-21}$$

由 $q = q_1 = q_2$ 得心墙后浸润线高度 h 和渗流量 q。下游坝壳浸润线仍采用式(4-7)计算，只需将公式中的 H_1 换成 h。

3. 斜墙坝

将斜墙壁简化成厚度为 δ 的等厚斜墙（见图 4-9），则

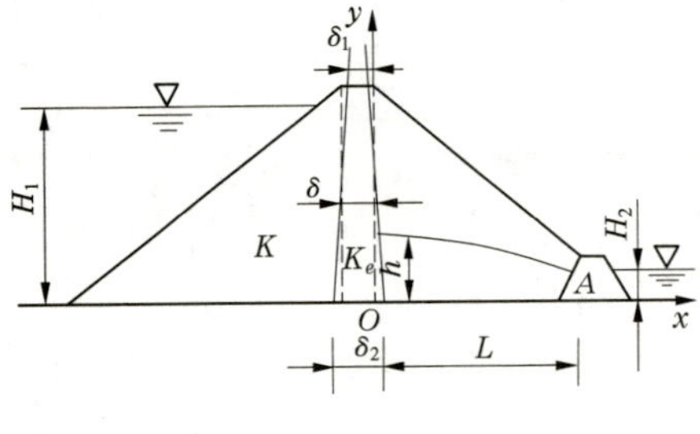

图 4-8　心墙坝渗流计算图

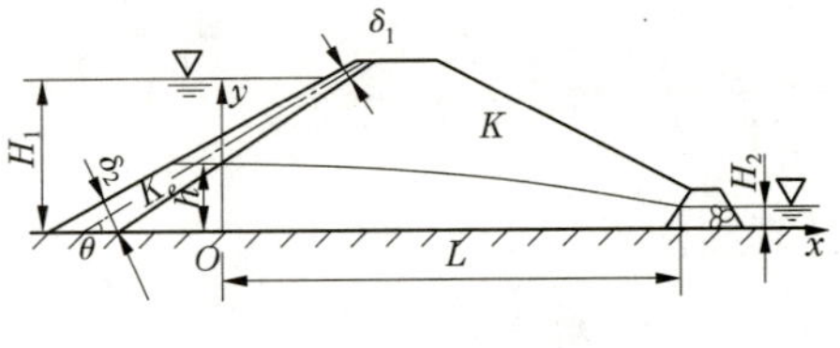

图 4-9　斜墙坝渗流计算图

$$\delta = \frac{1}{2}(\delta_1 + \delta_2) \tag{4-22}$$

通过斜墙的单宽流量为

$$q_1 = \frac{K_e(H_1^{\ 2} - h^2)}{2\delta\sin\theta} \tag{4-23}$$

斜墙后坝壳的单宽流量为

$$q_2 = \frac{K(h^2 - H_2^{\ 2})}{2L} \tag{4-24}$$

由 $q=q_1=q_2$ 得斜墙后浸润线高度 h 和渗流量 q。下游坝壳浸润线仍用式(4-7)计算，只需将公式中的 H_1 换成 h。

(六)有限深透水地基上的渗流计算

1. 均质坝

(1)坝体浸润线可不考虑坝基渗透的影响，仍用地基不透水情况算出的结果，见图4-10。

(2)坝体与坝基渗透系数相近，可采用以下步骤计算坝基渗流量。①假定坝基不透水，计算坝体渗流量；②假定坝体不透水，计算坝基渗流量；③前两者相加，可近似得到坝体坝基渗流量。

(3)当坝体渗透系数是坝基的1/100时，认为坝体不透水，反之相同。

考虑坝基透水的影响，上游面的等效矩形宽度应按下式计算

$$\Delta L=\frac{\beta_1\beta_2+\beta_3\dfrac{K_T}{K}}{\beta_1+\dfrac{K_T}{K}} \tag{4-25}$$

式中　$\beta_1=\dfrac{2m_1H_1}{T}+\dfrac{0.44}{m_1}+0.12$，$\beta_2=\dfrac{m_1H_1}{1+2m_1}$，$\beta_3=m_1H_1+0.44T$；

T——透水地基厚度；

K_T——透水地基的渗透系数。

下游无水时，通过坝体和坝基的单宽渗流量

$$q=q_1+q_2=K\frac{H_1^2}{2L'}+K_T\frac{TH_1}{L'+0.44T} \tag{4-26}$$

下游有水时，通过坝体和坝基的单宽渗流量

$$q=K\frac{H_1^2-H_2^2}{2L'}+K_T\frac{H_1-H_2}{L'+0.44T}T \tag{4-27}$$

2. 心墙坝

(1)一般 K_e 比 K 小很多，近似认为上游坝壳中无水头损失，透水地基黏土心墙坝渗流计算简图见图4-11。

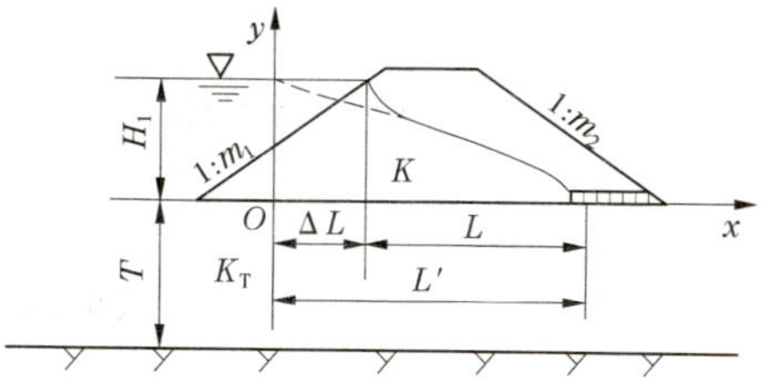

图4-10　透水地基的渗流计算图

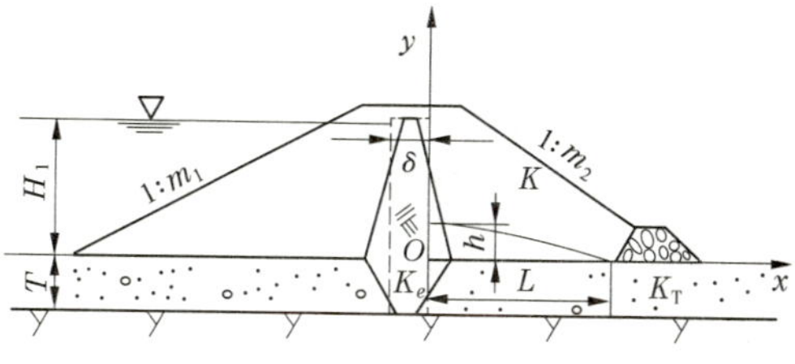

图4-11　透水地基黏土心墙坝的渗流计算图

(2)通过心墙、截水墙段的单宽渗流量

$$q_1=K_e\frac{(H_1+T)^2-(h+T)^2}{2\delta} \tag{4-28}$$

(3)通过下游坝壳和坝基段的单宽渗流量

$$q_2 = K\frac{h^2}{2L} + K_T T\frac{h}{L + 0.44T} \tag{4-29}$$

(4)由 $q_1 = q_2 = q$,得 h 和 q。

(5)浸润线近似计算方程

$$y = \sqrt{h^2 - \frac{h^2}{L}x} \tag{4-30}$$

3. 斜墙坝

有限深透水地基上的斜墙土坝,一般同时设有截水墙或铺盖。前者用于地基透水层较薄时截断透水地基渗流;后者用于透水地基较厚时延长渗径,减小渗透坡降,防止渗透变形。

1)有截水墙情况

有截水墙情况,如图4-12所示,与心墙情况类似。

(1)过斜墙、截水墙段的单宽渗流量

$$q_1 = \frac{K_0(H_1^{\ 2} - h^2)}{2\delta\sin\alpha} + \frac{K_0(H_1 - h)}{\delta_1}T \tag{4-31}$$

(2)过下游坝壳和坝基段的单宽渗流量

$$q_2 = K\frac{(h^2 - H_2^{\ 2})}{2(L - m_2H_2)} + K_T T\frac{(h - H_2)}{L + 0.44T} \tag{4-32}$$

(3)由 $q_1 = q_2 = q$,得 h 和 q。

(4)墙后坝体浸润线方程

$$y = \sqrt{\frac{L_1}{L_1 - m_1h}h^2 - \frac{h^2}{L_1 - m_1h}x} \tag{4-33}$$

2)有铺盖情况

有铺盖情况,如图4-13所示,近似认为铺盖与斜墙是不透水的,并以铺盖末端为分界线,将渗流区分为两段进行计算。

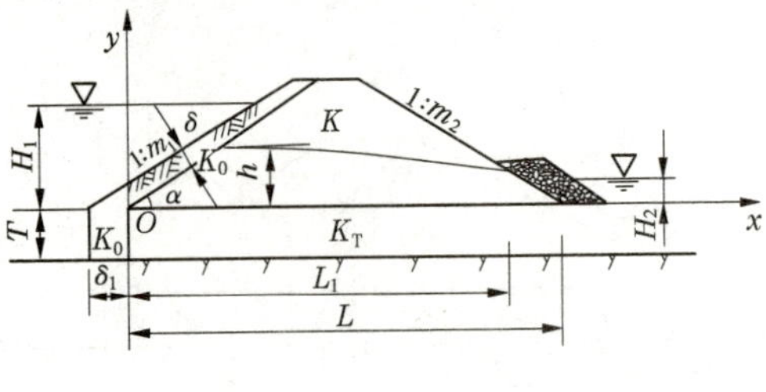

图4-12 斜墙+截水墙的渗流计算图

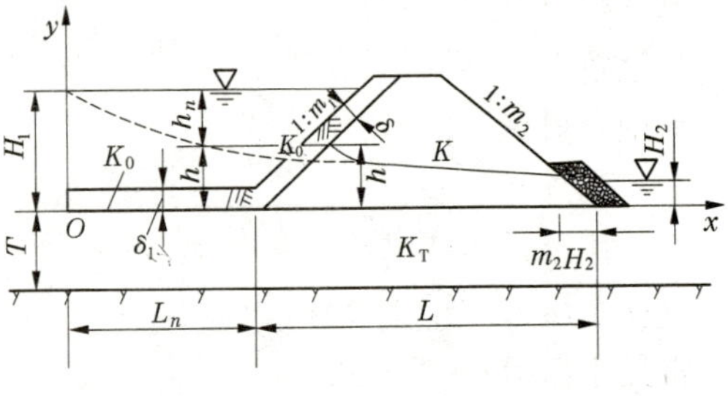

图4-13 斜墙+铺盖的渗流计算图

(1)过铺盖下坝基段的单宽渗流量

$$q_1 = K_T\frac{H_1 - h}{L_n + 0.44T}T \tag{4-34}$$

(2)过下游坝壳和坝基段的单宽渗流量仍采用式(4-32)计算。

(3)由 $q_1=q_2=q$,得 h 和 q。

(七)总渗流量计算

计算总渗流量时,应根据地形、地质、防渗排水的变化情况,将土石坝沿坝轴线分若干段,然后分别计算选取断面的单宽渗流量,见图 4-14,再按下式计算总渗流量:

$$Q=\frac{1}{2}[q_1l_1+(q_1+q_2)l_2+\cdots+(q_{n-2}+q_{n-1})l_{n-1}+q_{n-1}l_n] \tag{4-35}$$

式中 l_1、l_2、…、l_n ——各段坝长;

q_1、q_2、…、q_{n-1} ——断面 1、断面 2、…、断面 $n-1$ 处的单宽渗流量。

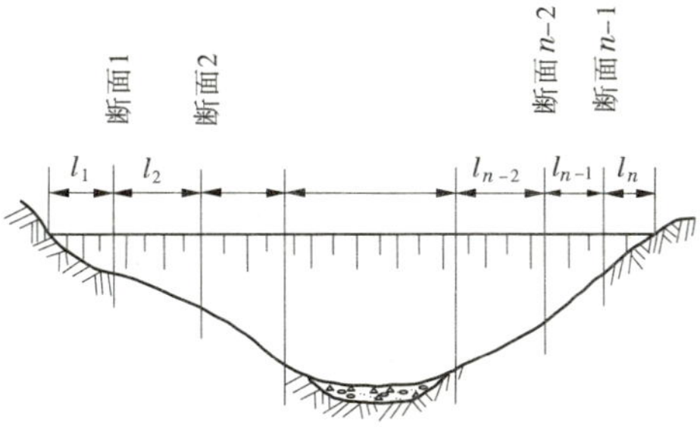

图 4-14 总渗流量计算图

二、土石坝的渗透变形及其防止措施

(一)渗透变形分类与特点

渗流对土体的作用:从宏观上看,影响坝的应力和变形;从微观上看,使土体颗粒失去原有的平衡而产生渗透变形。渗透变形是土体在渗透水流作用下的破坏变形,它与土料性质、土粒级配、水流条件及防渗排水设施有关,一般有以下几种形式。

1. 管涌

管涌是指坝体和坝基土体中部分细颗粒被渗流水带走的现象。细颗粒被带走后,孔隙扩大,管涌还将进一步发展。一般将管涌区分为内部管涌与外部管涌两种情况,前者颗粒移动只发生于坝体内部,后者颗粒可被带出坝体之外。管涌只发生于无黏性土中。其产生条件为:内因是非黏性土颗粒不均匀,间断级配;外因是渗透流速达到一定值。管涌类型有机械管涌、化学管涌等。

2. 流土

流土是指在渗流作用下,黏性土及均匀无黏性土体被浮动的现象。其产生条件是渗透动水压力大于土体保持稳定的力。流土发生在黏性土及均匀非黏性土中,其发生部位常见于渗流从坝下游逸出处。

3. 接触冲刷

在细颗粒土和粗颗粒土的交接面上(包括建筑物与地基的接触面),渗流方向与交接面平行,细颗粒土被渗流水带走而发生破坏。一般发生于非黏性土中。

4. 接触流失

接触流失是指渗流垂直于渗透系数相差较大的两相邻土层流动时,将渗透系数较小土层的细颗粒带入渗透系数较大土层的现象。一般发生于黏土心墙与坝壳之间、坝体与坝基或坝体与坝体排水之间。

(二)非黏性土管涌与流土的判别

试验研究表明,土壤中的细颗粒含量是影响土体渗透性能和渗透变形的主要因素。

南京水利科学研究院进行大量研究的结论是,粒径在 2 mm 以下的细颗粒含量 $P>35\%$ 时,孔隙填充饱满,易产生流土;当 $P<25\%$ 时,孔隙填充不足,易产生管涌;当 $25\%<P<35\%$ 时,可能产生管涌或流土,并且还提出了产生管涌或流土的细颗粒临界含量与孔隙关系为:

$$P_2 = \alpha \frac{\sqrt{n}}{1+\sqrt{n}} \tag{4-36}$$

式中 P_2——粒径等于或小于 2 mm 的细颗粒临界含量(%);
α——修正系数,取 0.95~1.0;
n——土壤孔隙率(%)。

对于大中型工程,应进行管涌试验,求出实际产生管涌的临界坡降。

容许渗透坡降计算式:

$$[J] = \frac{J_C}{K} \tag{4-37}$$

式中 K——安全系数,一般为 2~3。

(三)产生流土的临界坡降 J_B 和容许坡降

当渗流自下而上时,根据由极限平衡条件得到的太沙基公式计算:

$$J_B = (G-1)(1-n) \tag{4-38}$$

式中 G——土粒比重;
n——土的孔隙率。

J_B 一般在 0.8~1.2 之间变化。

南京水利科学研究院建议把式(4-38)乘以 1.17。容许渗透坡降 $[J_B]$ 也要采用一定的安全系数,对于黏性土,可用 1.5;对于非黏性土,可用 2.0~2.5。

(四)防止渗透变形的工程措施

为防止渗透变形,常采用的工程措施有:全面截阻渗流,延长渗径;设置排水设施;设置反滤层;设排渗减压井。

反滤层作用是滤土排水,它是提高抗渗破坏能力、防止各类渗透变形,特别是防止管涌的有效措施。在任何渗流流入排水设施处都要设置反滤层。

砂石反滤层结构如图 4-15 所示。

砂石反滤层设计原则:被保护土壤的颗粒不得穿过反滤层;相邻两层反滤层间,颗粒小的不得穿过较粗的孔隙;各层内土壤不得发生相对移动;反滤层不得被堵塞;应保持耐久、稳定。

砂石反滤层材料:质地坚硬,抗水性和抗风化能满足工程条件要求;具有要求的级配;具有要求的透水性;粒径小于 0.075 mm 的粒径含量应不超过 5%。

土工织物已广泛应用于坝体排水反滤以及作为坝体和渠道的防渗材料。在土石坝坝

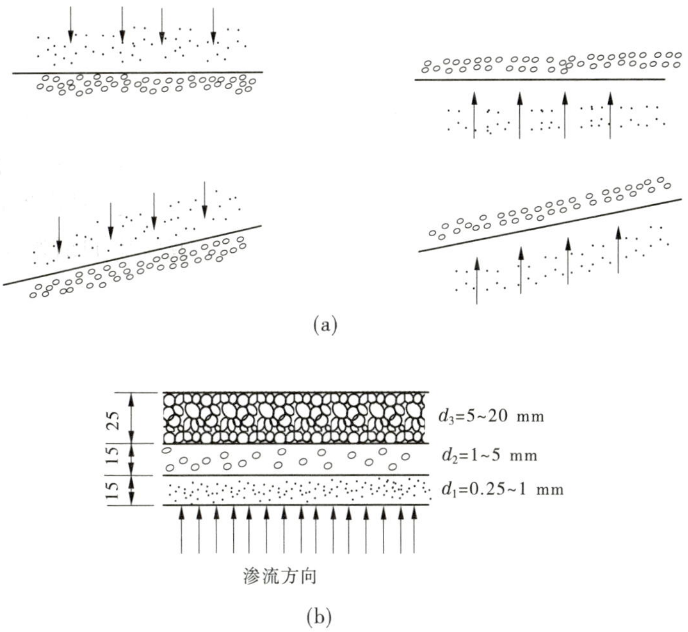

图 4-15　反滤层布置图　（单位:cm）

体底部或在靠下游边坡的坝体内部沿水平方向铺设土工织物,可提高土体抗剪强度,增加边坡稳定性,详见《土工合成材料应用技术规范》(GB/T 50290—2014)。

任务四　土石坝的稳定分析

知识要求

掌握土石坝滑裂面形式及其产生条件,掌握瑞典圆弧法。

技能要求

能根据给定条件进行稳定分析。

一、滑裂面的形式

稳定分析是确定坝体设计剖面经济安全的主要依据。由于土石坝体积大、坝体重,不可能产生水平滑动,其失稳形式主要是坝坡滑动或坝坡与坝基一起滑动。

土石坝稳定计算的目的是保证土石坝在自重、孔隙压力、外荷载的作用下,具有足够的稳定性,不致发生通过坝体或坝基的整体或局部剪切破坏。

坝坡稳定计算时,应先确定滑动面的形状,土石坝滑坡的形式与坝体结构、土料和地基的性质以及坝的工作条件等密切相关。图 4-16 表示了各种可能的滑裂面形式,具体形状如下:

(1)圆弧滑裂面。当滑裂面通过黏性土部位时,其形状常是近似上陡下缓的曲面,实际计算时用圆弧表示,如图 4-16(a)、(b)所示。

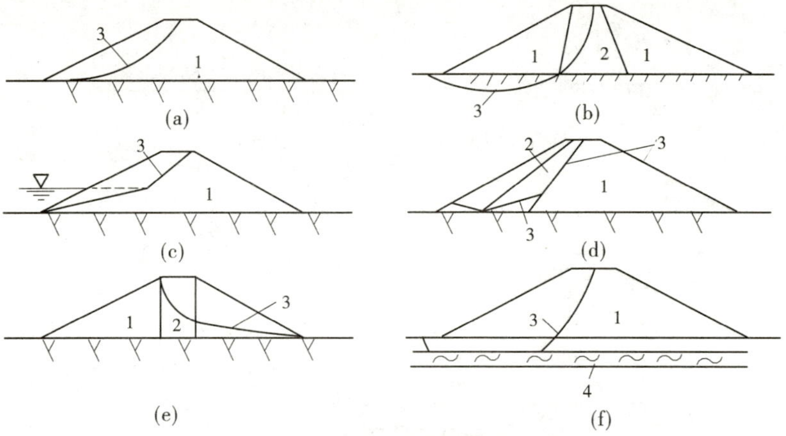

1—坝壳;2—防渗体;3—滑裂面;4—软弱层

图4-16　土石坝滑裂面形式

(2)直线或折线滑裂面。当滑裂面通过无黏性土部位时,滑裂面的形状可能是直线或折线形。当坝坡干燥或全部浸入水中时呈直线形;当坝坡部分浸入水中时呈折线形,见图4-16(c)。斜墙坝的上游坡失稳时,通常是沿着斜墙与坝体交界面滑动的,见图4-16(d)。

(3)复合滑裂面。当滑裂面通过性质不同的几种土料时,可能是由直线和曲线组成的复合形状的滑裂面,见图4-16(e)、(f)。

二、稳定计算情况和安全系数的采用

(一)稳定计算情况

1.正常运用情况

上游为正常蓄水位,下游为最低水位,或上游为设计洪水位,下游为相应最高水位,坝内形成稳定渗流时,上下游坝坡稳定验算。

水库水位在正常蓄水位和设计水位之间正常性降落,上游坝坡稳定验算。

2.非常运用情况Ⅰ

施工期,考虑孔隙压力时的上下游坝坡稳定验算。

水库水位非常降落,如自校核洪水降落至死水位以下,以及大流量快速泄空等情况下的上游坝坡稳定验算。

校核洪水位下有可能形成稳定渗流时的下游坝坡稳定验算。

3.非常运用情况Ⅱ

正常运用情况遇到地震时上下游坝坡稳定验算。

(二)安全系数的采用

采用计入条块间作用力计算方法时,坝坡的抗滑稳定安全系数应不小于表4-6所规定的数值。对于1级坝和2级坝,以及一些比较复杂的情况,可用不计及条块间作用力的简化法复核坝坡抗滑稳定安全系数,这时最小安全系数应比表4-6中的规定降低6.0%。

表 4-6　容许最小抗滑稳定安全系数

运用情况	工程等级			
	1	2	3	4
正常运用	1.50	1.30	1.25	1.20
非常运用	1.35	1.20	1.15	1.10
正常运用加地震	1.15	1.10	1.10	1.05

三、坝坡稳定分析方法

现行的边坡稳定分析方法很多,基本上都属于刚体极限平衡法。

(一)圆弧滑动面稳定计算

基本原理:假定滑动面为圆柱面,将滑动面内土体看作刚体脱离体,土体绕滑动面的圆心转动即为边坡失稳。分析时在坝轴线方向取单位坝长 1 m 按平面研究。工程实践中常采用分条法:将脱离体按一定的宽度分成若干铅直土条,分别计算各土条对圆心的抗滑力矩 M_r 和滑动力矩 M_s,再求和,最后得到该滑动面的安全系数 $K = \dfrac{\sum M_r}{\sum M_s}$。

目前,常用的有瑞典圆弧法和简化的毕肖普法。瑞典圆弧法计算简单,但理论上有缺陷,且孔隙压力较大和地基软弱时误差较大。简化的毕肖普法计算比瑞典圆弧法复杂,但在计算机的广泛应用下,应用较多。

1. 瑞典圆弧法

不计条块间作用力的瑞典圆弧法,如图 4-17 所示。

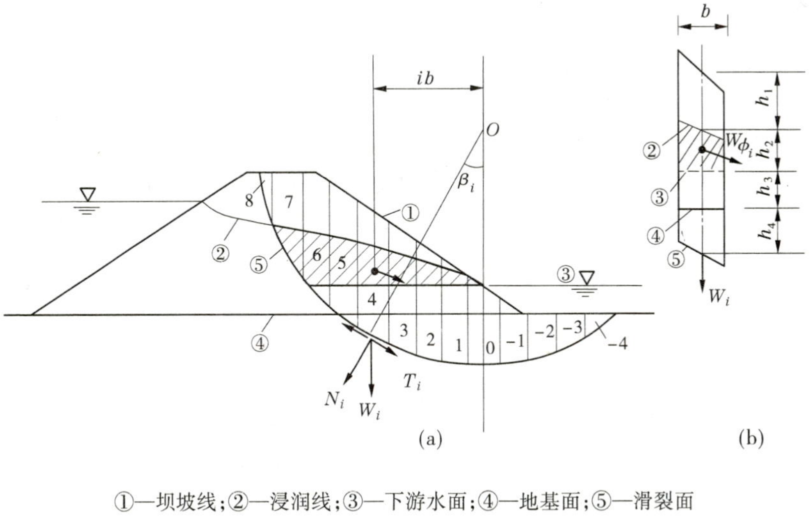

①—坝坡线;②—浸润线;③—下游水面;④—地基面;⑤—滑裂面

图 4-17　圆弧滑动计算简图

计算步骤如下：

(1)确定圆心、半径，绘制滑弧。

(2)将土体分条编号。为便于计算，土条宽取 $b=0.1R$(圆弧半径)，圆心以下的为0号土条：向上游为1、2、3、…；向下游为-1、-2、-3、…，如图4-17所示。

(3)计算土条重量。计算抗滑力时，浸润线以上部分用湿重度，浸润线以下部分用浮重度；计算滑动力时，下游水面以上部分用湿重度，下游水面以下部分用饱和重度。

(4)计算安全系数，公式为

$$K=\frac{\sum\{[(W_i\pm V)\cos\beta_i-ub\sec\beta_i-Q\sin\beta_i]\tan\varphi'_i+C'_ib\sec\beta_i\}}{\sum[(W_i\pm V)\sin\beta_i+M_O/R]} \tag{4-39}$$

式中 W_i——土条重量；

Q、V——水平和垂直地震惯性力(向上为负，向下为正)；

u——作用于土条底面的孔隙压力；

β_i——条块重力线与通过此条块底面中点的半径之间的夹角；

b——土条宽度；

C'_i、φ'_i——土条底面的有效应力抗剪强度指标；

M_O——水平地震惯性力对圆心的力矩；

R——圆弧半径。

用总应力法分析坝体稳定时，应略去公式中孔隙压力 u 的项，并将 C'_i、φ'_i换成总应力强度指标。

2. 简化的毕肖普法

简化的毕肖普圆弧法或其他计及条块间作用力的方法，由于"计及条块间作用力"，能反映土体滑动土条之间的客观状况，但计算比瑞典圆弧法复杂。由于计算机的广泛应用，使得计及条块间作用力方法的计算变得比较简单，容易实现。近十几年来已积累了很多经验。

计算简图如图4-18所示，图中 E_i 和 X_i 分别表示土条间的法向力和切向力；W_i 为土条自重，在浸润线上、下分别按湿重度和饱和重度计算；Q_i 为水平力，如地震力等；N_i 和 T_i 分别为土条底部的总法向力和总切向力，其余符号如图4-18所示。

为使问题可解，毕肖普假设 $X_i=X_{i+1}$，即略去土条间的切向力，使计算工作量大为减少，而成果与精确法计算的仍很接近，故称简化的毕肖普法。安全系数公式为

$$K=\frac{\sum\{[(W_i\pm V)\sec\beta_i-ub\sec\beta_i]\tan\varphi'_i+C'_ib\sec\beta_i\}[1/(1+\tan\beta_i\tan\varphi'_i/K)]}{\sum[(W_i\pm V)\sin\beta_i+M_O/R]} \tag{4-40}$$

(二)非圆弧滑动稳定计算

非黏性土坝坡，例如心墙的上下游坡和斜墙坝的下游坝坡，以及斜墙坝的上游保护层和保护层连同斜墙一起滑动时，常形成折线滑动面。

折线法常采用两种假定：滑楔间作用力为水平时，采用与圆弧法相同的安全系数；滑楔间作用力平行于滑动面，采用与毕肖普法相同的安全系数。

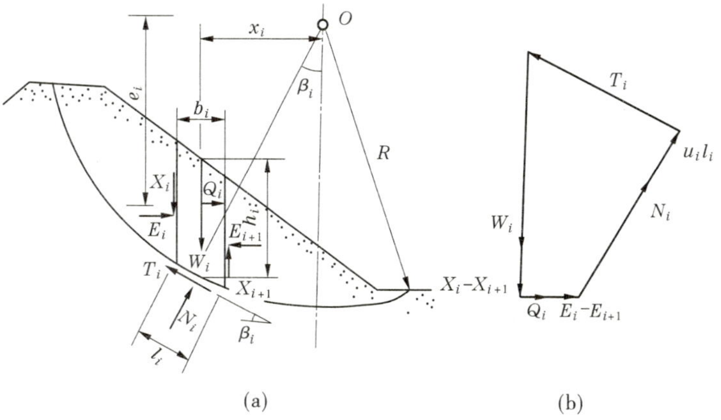

图 4-18 简化的毕肖普法

1. 非黏性土坝坡部分浸水的稳定计算

如图 4-19 所示,图中 ADC 为一滑裂面,折点 D 在上游水位处;用铅直线 DE 将滑动土体分为两块,重为 W_1、W_2;假设条块间的作用力为 P_1,方向平行于 DC;两块土体底面的抗剪强度指标分别为 $\tan\varphi_1$、$\tan\varphi_2$,则土块 $BCDE$ 的平衡式为

$$P_1 + W_1\sin\alpha_1 - \frac{1}{K}W_1\cos\alpha_1\tan\varphi_1 = 0 \tag{4-41}$$

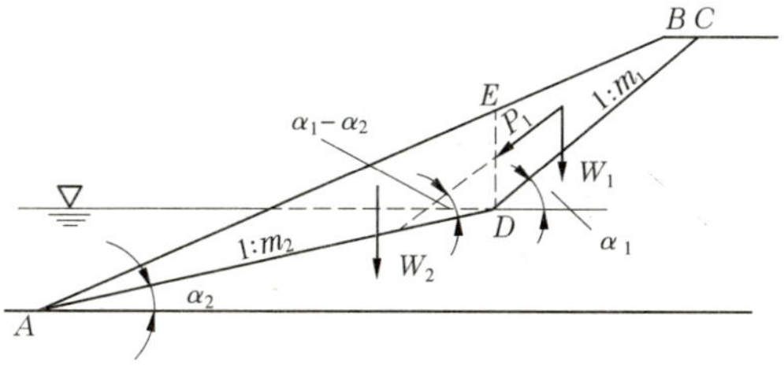

图 4-19 非黏性土坝坡稳定计算图

土条 ADE 的平衡式为

$$\frac{1}{K}W_2\cos\alpha_2\tan\varphi_2 + \frac{1}{K}P_1\sin(\alpha_1 - \alpha_2)\tan\varphi_2 - W_2\sin\alpha_2 - P_1\cos(\alpha_1 - \alpha_2) = 0 \tag{4-42}$$

将式(4-41)、式(4-42)联立求解得安全系数 K。

坝坡的最危险滑动面的安全系数:先假定 α_1、α_2 和上游水位不变的情况下,一般至少假设三个 α_2 才能求出在这种水位下的最小稳定安全系数。同理求最危险的水位和 α_1。最危险的水位和 α_1、α_2 对应的滑动面的安全系数即为最小稳定安全系数。

2. 斜墙坝坝坡的稳定计算

斜墙坝上游坝坡的稳定计算,包括保护层沿斜墙和保护层连同斜墙沿坝体滑动两种情况,因为斜墙同保护层和斜墙同坝体的接触面是由两种不同的土料填筑的,接触面处往往强度低,有可能斜墙和保护层共同沿斜墙底面折线滑动,如图 4-20 所示,对厚斜墙还应计算圆弧滑动稳定。

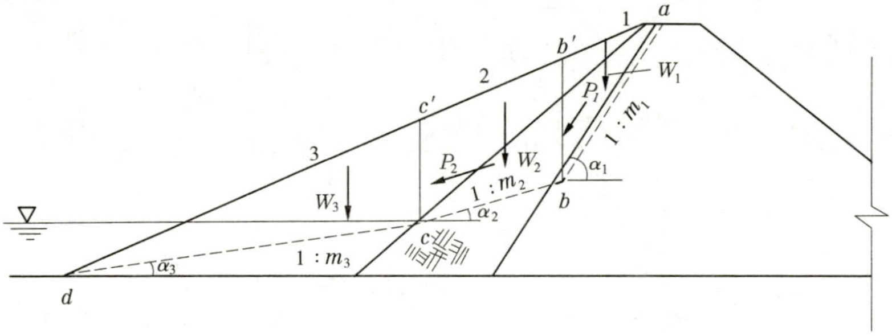

图 4-20　斜墙同保护层一起滑动的稳定计算图

设试算滑动面 $abcd$，将土体分成三块。土体重量分别为 W_1、W_2、W_3，滑面折线与水平面的夹角分别为 α_1、α_2、α_3，P_1、P_2 分别假定沿着 α_1、α_2 的方向。分别对三块土体沿滑动面方向建立力平衡方程。

求最危险滑动面方法原理同上。

3. 复合滑动面

当滑动面通过不同土料时，常有直线与圆弧组合的形式。如图 4-21 所示，一厚心墙坝的滑动面，通过砂性土部分为直线，通过黏性土部分为圆弧。当坝基下不深处存在软弱夹层时，滑动面也可能通过软弱夹层形成复合滑动面。

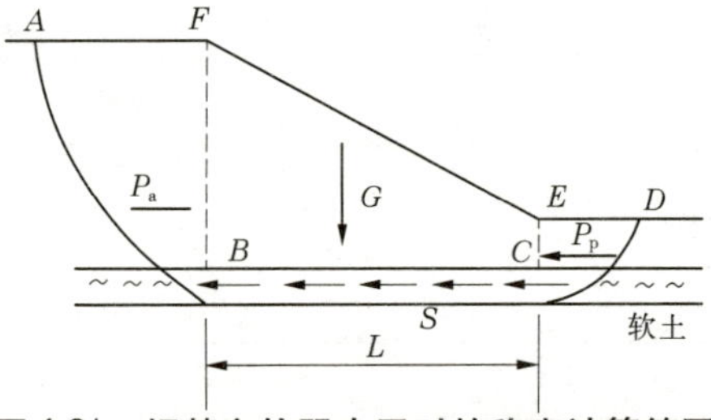

图 4-21　坝基有软弱夹层时的稳定计算简图

计算时可将滑动土体分为 3 个区，在左侧有主动土压力 P_a，右侧有被动土压力 P_p，并假定它们的方向均水平，中间土体的重量 G，同时在 BC 面上有抗滑力 $S = G\tan\varphi + CL$，则安全系数为

$$K = \frac{\text{抗滑力}}{\text{滑动力}} = \frac{S}{P_a - P_p} = \frac{G\tan\varphi + CL}{P_a - P_p} \tag{4-43}$$

多次试算，才能求出沿这种滑动面的最小稳定安全系数。

四、最危险圆弧位置的确定

上述滑动圆弧的圆心和半径都是任意选定的，求出的安全系数一般不是最小的，需经多次试算才能找到最小安全系数，如何能用最少的试算次数，寻到最小的安全系数，过去不少学者进行过研究，下面介绍适合均质坝的两种常用方法。

(1) B. B. 方捷耶夫法。他认为最小安全系数的滑弧圆心在扇形 $bcdf$ 范围内，见图 4-22。此扇形面积的两个边界为由坝坡中点 a 引出的两条线，一条为铅直线，另一条与坝坡线成 85°角。另外两个边界是以 a 为圆心所做的两个圆弧，内外圆弧的半径见表 4-7。

(2)费兰钮斯法。如图 4-22 所示，H 为坝高，定出距坝顶为 $2H$，距坝趾为 $4.5H$ 的 M_1 点；再从坝趾 B_1 和坝顶 A 引出 B_1M_2 和 AM_2，它们分别与下游坡及坝顶成 β_1、β_2（见表 4-8）并相交于 M_2 点，连接 M_1M_2 线，费兰钮斯认为最危险滑弧的圆心位于 M_1M_2 的延长线附近。

以上两种方法，适用于均质坝，其他坝型也可以参考。实际运用时，常将两者结合应用，即认为最危险的滑弧圆心在扇形面积中 eg 线附近，并按照以下步骤计算最小的安全系数：

首先在 eg 线上选 o_1、o_2、o_3、…为圆心，分别通过 B_1 点的滑弧并计算各自的安全系数 K，按比例将 K 值标在相应的圆心上，连成曲线找出相应最小 K 的圆心，如 o_4 点。

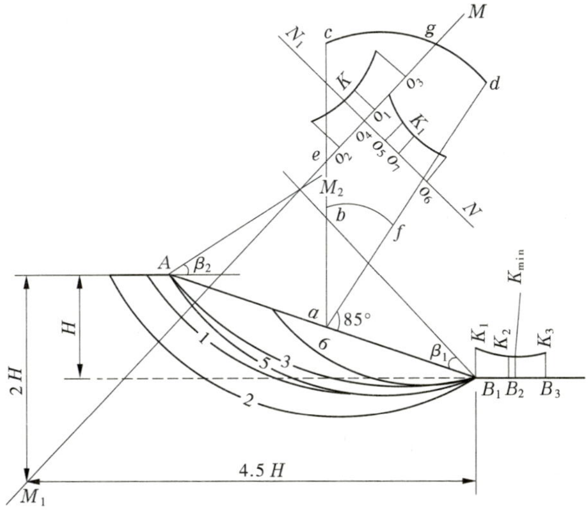

图 4-22 最危险圆弧位置示意图

表 4-7 $R_内$、$R_外$ 值表

坝坡		1:1	1:2	1:3	1:4	1:5	1:6
$\frac{R}{H}$	$R_内$	0.75	0.75	1.0	1.5	2.2	3.0
	$R_外$	1.50	1.75	2.30	3.75	4.80	5.50

表 4-8 β_1、β_2 值表

坝坡	1:1.5	1:2	1:3	1:4
β_1(°)	26	25	25	25
β_2(°)	35	35	35	36

再通过 eg 线上 K 最小的点 o_4，作 eg 的垂线 N_1—N，在 N_1—N 线上选 o_5、o_6 等为圆心，同样分别过 B_1 点做滑弧，找出最小的安全系数，例如 B_1 点对应 K_1 即是。一般认为 K_1 值即为通过 B_1 点的最小安全系数，按比例将 K_1 标在 B_1 点的上方。

然后根据坝基土质情况，在坝坡或坝趾外再选 B_2、B_3…，同上述方法求出最小安全系数 K_2、K_3、…，分别按比例标在 B_2、B_3…点的上方，连接标注 K_1、K_2、K_3 诸短线的端点，即可找出相应于计算情况的坝坡稳定安全系数 K_{min}。一般至少要计算 15 个滑弧才能求得 K_{min}，现在常用计算机来解决。

任务五　筑坝材料选择与填筑标准

知识要求

掌握土石坝不同部位对材料的要求，掌握土石坝各种材料填筑标准。

技能要求

能根据条件选择材料及其填筑措施。

就地取材是土石坝的一个主要特点。坝体附近土石料的种类及工程性质、料场的分布、储量、开采及运输条件等是进行土石坝设计的重要依据。近年来由于筑坝技术的发展，对筑坝材料的要求已逐渐放宽。原则上一般土石料都可选作碾压式土石坝的筑坝材料。对设计者的要求是选择合理的结构形式，将土石坝的各部位进行适当的配置，以使所选择的坝型和所设计的坝体剖面安全可靠、经济合理和便于施工。

一、坝体各组成部分对材料的要求

土石坝由坝体（或坝壳）、防渗体和排水设施三个主要部分组成。它们承担的任务和工作条件不同，对材料的要求有所不同。

（一）均质坝对材料的要求

均质坝没有设置专门的防渗设施，土料应具有一定的抗渗性能，其渗透系数不宜大于 10^{-4}cm/s；黏粒含量一般为 10% ~30%；有机质含量（按重量计）不大于 5%。最常用于均质坝的土料是砂质黏土和壤土。

（二）心墙坝和斜墙坝对坝壳材料的要求

对心墙坝和斜墙坝的坝壳，一般没有防渗要求，只要求有足够的稳定性和透水性，所以很少用黏性土或壤土、砂壤土等建造，而多用粒径级配较好的中砂、粗砂、砂石、卵石及其他透水性较高、抗剪强度参数较大的混合料。均匀的砂料，特别是颗粒较细的砂料，不均匀系数 $\eta=1.5\sim2.6$ 时，极易产生液化，高坝中应尽量不用，在地震区更应忌用。砾石土和风化料也可用作坝壳的材料，但要进行适当的布置和必要的处理。

（三）防渗设施对土料的要求

心墙坝和斜墙坝中防渗设施的土料，首先应具有足够的防渗性。一般要求渗透系数

不大于 10^{-5} cm/s,它与坝壳材料的渗透系数之比应最小,最好不大于 1/1 000,以便有效地降低坝体浸润线,提高防渗效果。防渗土料还应具有足够的塑性,能适应坝体及坝基的变形而不致产生裂缝。一般塑性指数为 7 ~20 适用作防渗材料。塑性指数过大,黏粒含量太多,不宜用来防渗。浸水后膨胀软化较大的黏土及开挖压实困难的干硬性黏土应尽量不用。含有石膏和含有交换钠离子数量大的离散土也不适宜用来防渗。防渗体对杂质含量的要求也比对坝体材料的要求高,一般要求有机质含量不超过 2%,水溶盐含量不超过 3%(均按重量计)。

用非均质土料作防渗材料时,必须按照设计规定的级配曲线的容许范围选用,并应在施工工艺上采取保证措施,以避免分离现象。

(四)排水设施和砌石护坡对石料的要求

排水设施和砌石护坡所用的石料,应具有较高的抗压强度,良好的抗水性、抗冻性和抗风化性。块石料的重度应大于 22 kN/m^3,岩石孔隙率不应大于 3%,吸水率(按孔隙体积比例计)不应大于 0.8;块石料的饱和抗压强度不应小于 30 MPa,软化系数不应小于 0.75 ~0.85,块石的形状要尽可能做成正方形,最大边长与最小边长之比不应大于 1.5 ~2.0,以避免挠曲折断,保证工程质量。所有的岩石还必须是新鲜的,不宜用风化和含黄铁矿的岩石。反滤料是排水设施的重要组成部分,材料要求与以上类似,但颗粒级配必须按要求分层设置。

二、土石料的填筑标准

土石料的填筑标准,对于黏性土其指标是设计干重度及相应的含水量;对于非黏性土其指标是相对密度(可换算出干重度);对于堆石料其指标是孔隙率。

坝体填土的压实是为了提高填土的密实度和均匀性,使填土具有足够的抗剪强度、抗渗性和抗压缩性。但压得越密实,压实功能需要增大,耗费的人力、财力和时间也越多,有时反而不够经济合理。因此,设计时,必须对选用的材料确定合理的填筑方法和恰当的填筑标准,以取得既安全又经济的设计效果。

(一)黏性土的压实标准

《碾压式土石坝设计规范》(SL 274—2001)对黏性土的填筑标准作了如下规定:对不含砾或含少量砾的黏性土,以压实度和最优含水量作为设计指标,按击实试验最大干密度乘以压实度确定。

对于 1 级、2 级坝和高坝压实度为 98% ~100%,对于 3 级中低坝及其以下的中坝压实度为 96% ~98%。

土料的压实度受击实功能控制,同时又随含水量而变化。在一定的压实功能条件下达到最佳压实效果的含水量称为最优含水量。最优含水量多在塑限附近。黏性土的填筑含水量一般控制在最优含水量附近。

由于击实功能、最大干重度与最优含水量的关系,因此填土含水量 ω 只有在施工过程中或至少在现场碾压试验中才能比较准确求出。因此,初步设计时,只根据室内试验或

经验选定，即

$$\omega = \omega_p + \beta I_p \tag{4-44}$$

式中 ω——土的最优含水量；

ω_p——土的塑限；

I_p——土的塑性指数；

β——系数，高坝可取 ±0.1，中低坝可取 ±(0.1 ~ 0.2)。

填土的干重度 γ_d 与最优含水量类似，施工以前也很难准确确定，一般可用下列经验公式初步拟定

$$\gamma_d = m\frac{\gamma_s(1 - V_a)}{1 + 0.01\omega\gamma_s} \tag{4-45}$$

式中 V_a——单位土体中空气的体积（黏性土取 0.05，壤土可取 0.04，砂壤土可取 0.03）；

γ_s——土粒重度；

m——施工条件系数，高坝取 0.97 ~ 0.99，中低坝取 0.95 ~ 0.97。

初步拟定时，也可用类似法，即参考已建成的相似土石坝的资料选定设计干重度和含水量，并通过击实试验、现场试验和施工实践逐步改进。

（二）非黏性土料的压实标准

非黏性土料是填筑坝体或坝壳的主要材料之一，对它的填筑密度也应有严格的要求，以便提高其抗剪强度和变形模量，增加坝体稳定和减小变形，防止砂土料的液化。它的压密程度一般与含水量关系不大，而与粒径级配和压实功能有密切关系。压密程度一般用相对密度 D_r 来表示

$$D_r = \frac{e_{max} - e}{e_{max} - e_{min}} \tag{4-46}$$

式中 e_{max}——最大孔隙比；

e_{min}——最小孔隙比；

e——设计孔隙比。

与 D_r 相应的干重度 γ_d 为

$$\gamma_d = \frac{\gamma_{dmax}\gamma_{dmin}}{(1 - D_r)\gamma_{dmax} + D_r\gamma_{dmin}} \tag{4-47}$$

式中 γ_{dmax}——砂砾料的最大干重度，可由试验得出；

γ_{dmin}——砂砾料的最小干重度，可由试验得出。

设计时，应适当选定所要求的密实度。对于砂砾土，相对密度要求不低于 0.75 ~ 0.80，地震区的土石坝，一般要求浸润线以上不低于 0.75，浸润线以下不低于 0.75 ~ 0.80。对于堆石料，平均孔隙率宜在 20% ~30% 选择，坝的级别和高度越高，应选小值；反之应选大值。非黏性土设计中的一个重要问题是防止产生液化，解决的途径除要求有较高的密实度外，还要注意颗粒不能太小，级配要适当，不能过于均匀。

任务六　土石坝的构造

知识要求

掌握土石坝坝顶布设要求,掌握护坡、防渗体以及防渗设施的形式及其应用。

技能要求

能根据给定条件进行护坡、防渗体和排水设施的设计。

土石坝的构造主要包括坝顶、护坡、防渗体和排水设施等部分。

一、坝顶

坝顶宽度应根据构造、施工、运行和抗震等因素确定。如无特殊要求,高坝可选用10～15 m,中、低坝可选用5～10 m。

坝顶盖面材料应根据当地材料情况及坝顶用途确定,宜采用密实的砂砾石、碎石、单层砌石或沥青混凝土等柔性材料。其不足之处在于洪水漫过防浪墙后,会冲蚀坝顶材料使防浪墙底部淘空而被推倒,造成洪水漫顶失事。如坝顶使用一些耐冲的材料,如混凝土、沥青、砌石等,对防汛有一定的好处;但厚层混凝土刚度较大,可能不与坝体变形同步,会使土与混凝土出现间隙,坝体裂缝也不易发现,这是不足之处。

坝顶面可向上、下游侧或下游侧放坡。坡度宜根据降雨强度,在2%～3%之间选择,并做好向下的排水系统。坝顶上游侧宜设防浪墙,墙顶应高于坝顶1.00～1.20 m。防浪墙必须与防渗体紧密结合。防浪墙应坚固不透水,其结构尺寸应根据稳定、强度计算确定,并应设置伸缩缝,做好止水,见图4-23、图4-24。

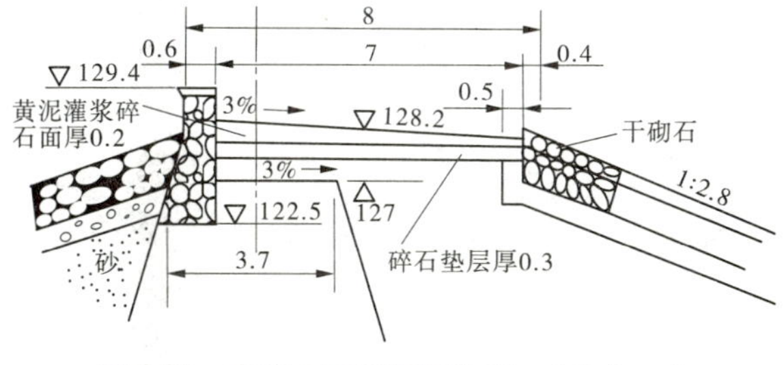

图 4-23　南湾土石坝坝顶构造　(单位:m)

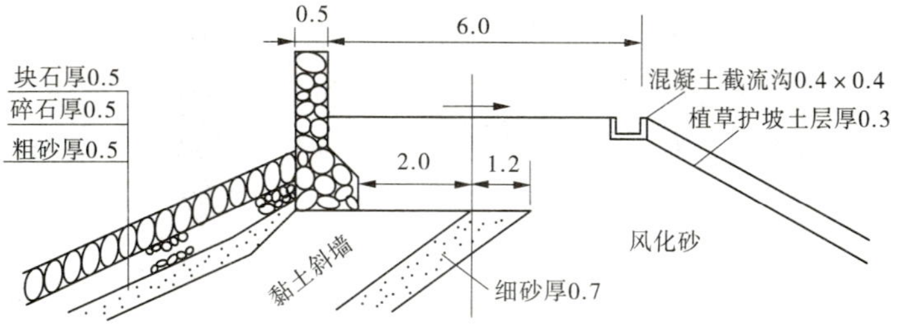

图 4-24　临城土石坝坝顶构造　(单位:m)

二、护坡

坝表面为土、砂、砂砾石等材料时应设专门护坡，堆石坝可采用堆石材料中的粗颗粒料或超径石做护坡。

护坡的形式、厚度及材料粒径应根据坝的等级、运用条件和当地材料情况，根据以下因素进行技术经济比较确定。上游护坡应考虑波浪淘刷、顺坝水流冲刷、漂浮物和冰层的撞击及冻冰的挤压。下游护坡应考虑冻胀、干裂及蚁、鼠等动物的破坏，以及雨水、大风、水下部位的风浪、冰层和水流的作用。

（一）上游护坡

上游护坡的形式有堆石（抛石）、干砌石、浆砌石、预制或现浇的混凝土或钢筋混凝土板（或块）、沥青混凝土、其他形式（如水泥土）。

护坡的范围为：上部自坝顶起，如设防浪墙应与防浪墙连接；下部至死水位以下不宜小于2.50 m，4级、5级坝可减至1.50 m，最低水位不确定时应护至坝脚。

1. 堆石（抛石）护坡

它是将适当级配的石块倾倒在坝面垫层上的一种护坡。其优点是施工进度快、节省人力，但工程量比砌石护坡大。堆石厚度一般认为至少要包括2～3层块石，这样便于在波浪作用下自动调整，不致因垫层暴露而遭到破坏。当坝壳为黏性小的细粒土料时，往往需要两层垫层，靠近坝壳的一层垫层最小厚度为15 cm。

2. 砌石护坡

砌石护坡是用人工将块石铺砌在碎石或砾石垫层上，有干砌石和浆砌石两种，要求石料比较坚硬并耐风化。

干砌块石应力求嵌紧，石块大小及护坡厚度应根据风浪大小经过计算决定，通常厚度为20～60 cm；有时根据需要用2～3层的垫层，它也起反滤作用。砌石护坡构造见图4-25。

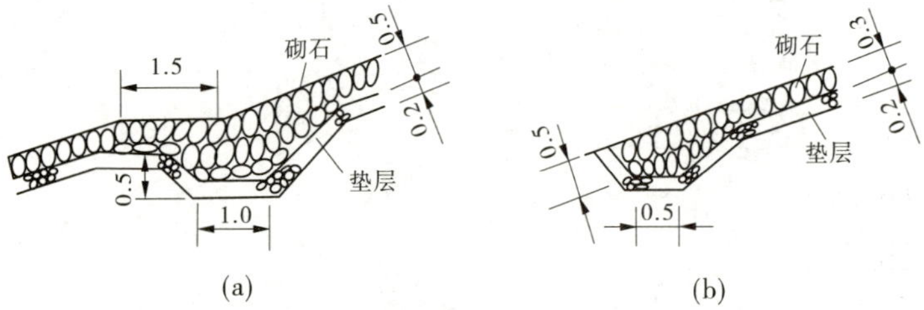

图4-25　干砌石护坡构造（单位：m）

浆砌块石护坡能承受较大的风浪，也有较好的抗冰层推力的性能。但水泥用量大，造价较高。若坝体为黏性土，则要有足够厚度的非黏性土防冻垫层，同时要留有一定缝隙以便排水通畅。

3. 混凝土和钢筋混凝土板护坡

当筑坝地区缺乏石料时可考虑采用此种形式。预制板的尺寸一般采用：方形板为1.5 m×2.5 m、2 m×2 m或3 m×3 m，厚为0.15～0.20 m。预制板底部设砂砾石或碎石垫层。现场浇筑的尺寸可大些,可采用5 m×5 m、10 m×10 m,甚至20 m×20 m。严寒地区冰推力对护坡危害很大,因此也有用混凝土板做护坡的,但其垫层厚度要超过冻深,见图4-26。

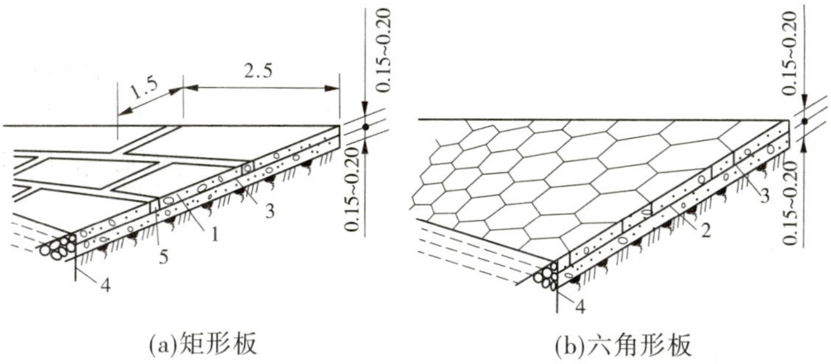

(a)矩形板 (b)六角形板

1—矩形混凝土板;2—六角形混凝土板;3—碎石或砾石;4—木挡柱;5—结合缝

图4-26 混凝土板护坡 (单位:m)

4. 渣油混凝土护坡

在坝面上先铺一层厚3 cm的渣油混凝土(夯实后的厚度),上铺10 cm的卵石做排水层(不夯),第三层铺8~10 cm的渣油混凝土,夯实后在第三层表面倾倒温度为130~140 ℃的渣油砂浆,并立即将0.5 m×1.0 m×0.15 m的混凝土板平铺其上,板缝间用渣油砂浆灌满。这种护坡在冰冻区试用成功,见图4-27。

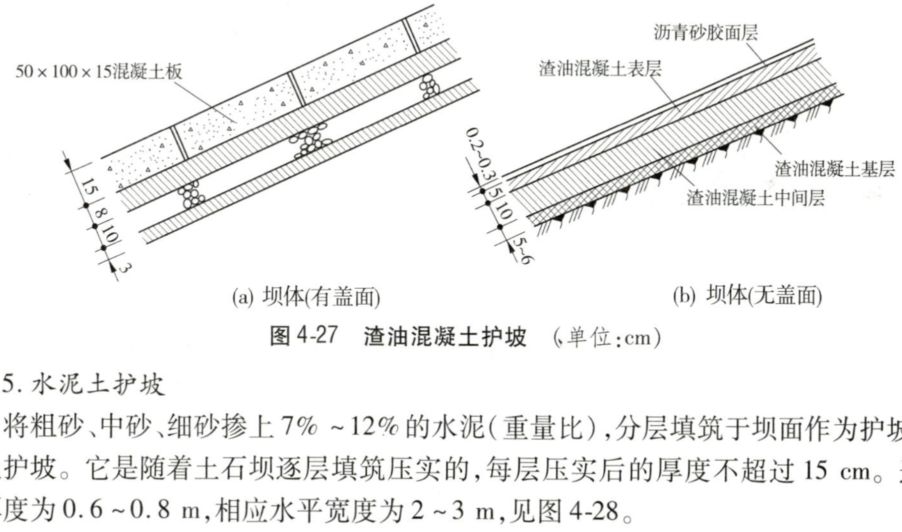

(a) 坝体(有盖面) (b) 坝体(无盖面)

图4-27 渣油混凝土护坡 (单位:cm)

5. 水泥土护坡

将粗砂、中砂、细砂掺上7%~12%的水泥(重量比),分层填筑于坝面作为护坡,叫水泥土护坡。它是随着土石坝逐层填筑压实的,每层压实后的厚度不超过15 cm。这种护坡厚度为0.6~0.8 m,相应水平宽度为2~3 m,见图4-28。

这种护坡经过几个坝的实际应用,在最大浪高1.8 m并经过数十年的冻融情况下,只有少量裂缝,护坡没有破坏。寒冷地区护坡在水库冰冻范围内,水泥含量应增加一些,常用8%~14%。

以上各种护坡的垫层按反滤层要求确定。垫层厚度,对砂土一般可用15~30 cm以上,卵砾石或碎石可用30~60 cm以上。

(二)下游护坡

下游护坡形式有干砌石、堆石、卵石或碎石、草皮、钢筋混凝土框格填石、其他形式

（如土工合成材料）。

护坡的范围应由坝顶护至排水棱体，无排水棱体时应护至坝脚。

草皮护坡是常用的形式，只要结合做好坡面排水，护坡效果良好，厚为 5 ~ 10 cm。碎石或卵砾石护坡，一般直接铺在坝坡上，厚 10 ~ 15 cm。在下游坡面上需设置沟、槽等坝面排水系统，以汇集坡面流水，见图 4-29。

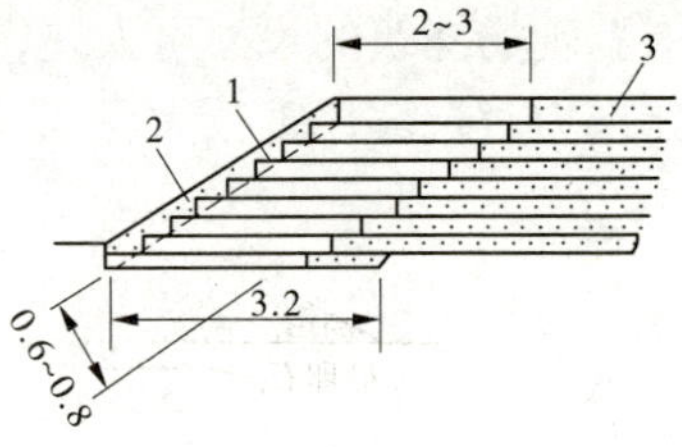

1—土壤水泥护坡；2—潮湿土壤保护层；3—压实的透水土料

图 4-28　水泥土护坡　（单位：m）

三、防渗体

设置防渗设施的目的：减少通过坝体和坝基的渗

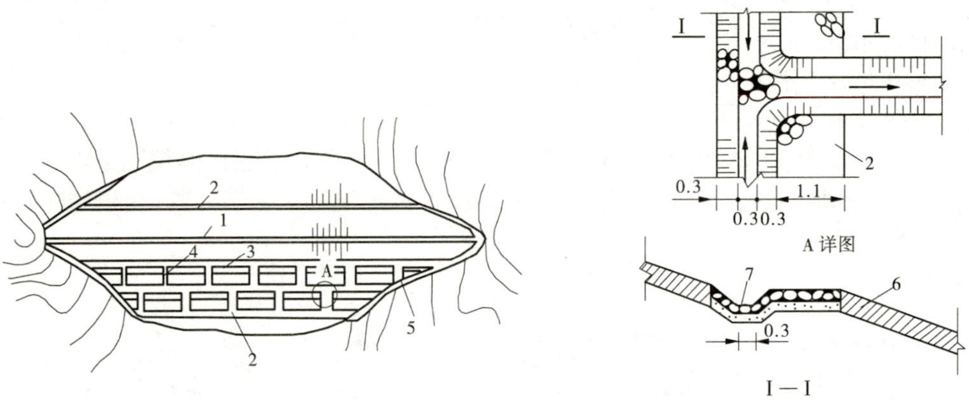

1—坝顶；2—马道；3—纵向排水沟；4—横向排水沟；5—岸坡排水沟；6—草皮护坡；7—浆砌石排水沟

图 4-29　排水沟布置与构造　（单位：m）

流量；降低浸润线，增加下游坝坡的稳定性；降低渗透坡降，防止渗透变形。土坝的防渗措施应包括坝体防渗、坝基防渗及坝身与坝基、岸坡及其他连接建筑物连接处的防渗。防渗体主要是心墙、斜墙、铺盖、截水墙等，它的结构尺寸应能满足防渗、构造、施工和管理方面的要求。

（一）分区坝的防渗体

1. 塑性心墙

塑性心墙位于坝体中央或稍微偏向上游，由黏土、重壤土等黏性土料筑成。顶部高程高于设计洪水位 0.3 ~ 0.6 m，且不低于校核洪水位。顶部的水平宽度应考虑机械化施工的需要，不应小于 3 m。底部厚度不宜小于水头的 1/4。如顶部设有防浪墙并与心墙紧密结合，心墙顶部高程不受上述要求限制，但也不得低于设计洪水位。

为防止冰冻和干裂，顶部应设砂砾料保护层，其厚度应大于冰冻深度或干燥深度且不小于 1.0 m。心墙与坝壳间必须设置反滤层，如图 4-30 所示。心墙与地基、岸坡和其他建筑物连接时，必须有可靠的结合，以防止漏水和产生集中渗流。

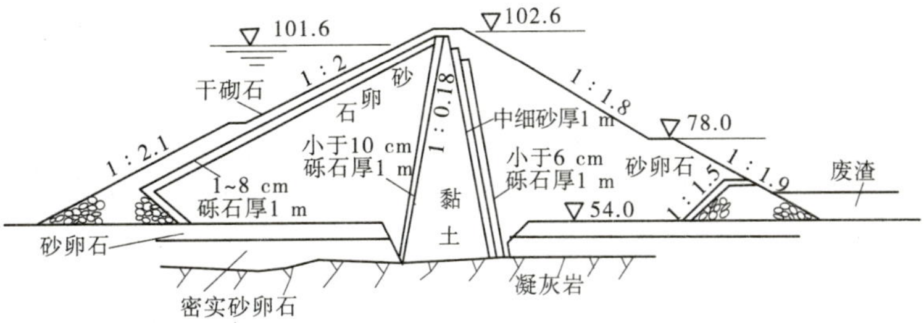

图 4-30　某水库黏土心墙土石坝

2. 塑性斜墙

塑性斜墙位于坝体上游面，对土料的要求与心墙相同。顶部水平宽度不小于 3 m。底部厚度不宜小于水头的 1/5。顶部高程高于设计洪水位 0.6 ~ 0.8 m 且不低于校核洪水位。当顶部设有稳定、坚固、不透水且与斜墙紧密结合的防浪墙时，顶部高程要求与设防浪墙的心墙相同。

斜墙上游必须设保护层以防冰冻和干裂，厚度包括护坡垫层在内应不小于该地区的冻结深度或干燥深度。斜墙下游与坝壳之间按反滤层原则设置垫层。斜墙与保护层的坡度取决于稳定计算成果，一般内坡不陡于 1∶2.0，外坡常在 1∶2.5 以上，以维持斜墙填筑前的坝体稳定，见图 4-31。

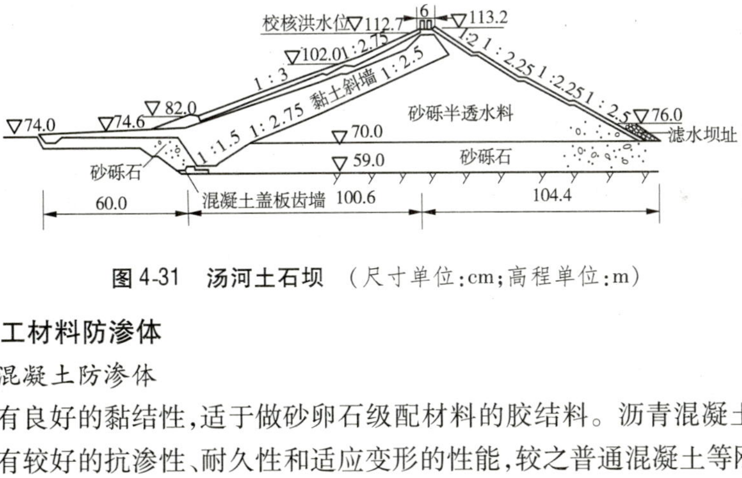

图 4-31　汤河土石坝　（尺寸单位：cm；高程单位：m）

(二) 人工材料防渗体

1. 沥青混凝土防渗体

沥青具有良好的黏结性，适于做砂卵石级配材料的胶结料。沥青混凝土作为土石坝的防渗体具有较好的抗渗性、耐久性和适应变形的性能，较之普通混凝土等刚性材料具有较大的优越性。沥青混凝土是由一定级配的碎石（或卵石）、砂、石粉和沥青按比例配合，然后加热拌和成均匀的混合物，经摊铺、碾压达到一定的密实度。

沥青混凝土防渗体有两种形式：沥青混凝土心墙和沥青混凝土面板。

1) 沥青混凝土心墙

由于沥青混凝土渗透系数很小（10^{-9} ~ 10^{-10} cm/s），所以断面很薄，一般采用底部厚、顶部窄的变厚心墙。对于中、低坝其底部厚度采用坝高的 1/60 ~ 1/40，但不小于 0.4 m；顶部厚度可以减小但不得小于 0.3 m。心墙的上下游面铺设过渡层，过渡层用砂砾石或碎石填筑，作成柔性的以调节坝体变形，厚度不要小于 0.5 m 以免心墙中的沥青在水压力作用下被挤出。由于心墙位于坝内不受气候影响，不易受机械损伤，故其施工较沥青混凝土面板简单，但检查维修的条件较斜墙差，见图 4-32。

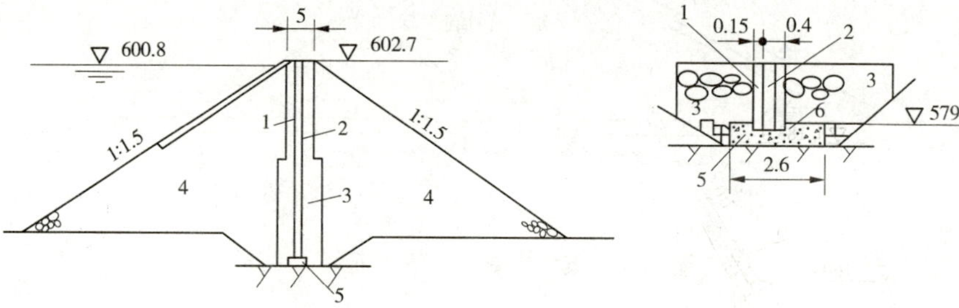

(a)坝断面

(b)心墙与基础的连接

1—渣油沥青混凝土心墙，顶厚 10 cm；2—渣油砂浆砌块石；3—干砌石；
4—堆石；5—水泥混凝土垫座；6—渣油砂浆

图 4-32　吉林白水堆石坝　（单位：m）

2）沥青混凝土面板

沥青混凝土面板常见的有两种形式，一为设有排水层的复式断面；一为无排水层的简式断面。前者由碎石垫层、整平胶结层、防渗底层、排水层、防渗面层和封闭涂层组成；后者由碎石（或干砌石）垫层、防渗层和封闭涂层组成。垫层一般为碎石或砾石，厚为 1 ~ 3 m。有排水层的面板是在防渗层之下或两层防渗层之间，设置由粗粒级配沥青混凝土铺成的排水层，其厚度约 20 cm，分层铺压，每一铺压层厚 3 ~ 6 cm。许多工程的运用实践表明，无排水层的面板几乎不渗水，因此近年来倾向不设排水层。

在防渗层的迎水面涂一层沥青胶砂保护层，以减轻沥青混凝土的老化，增强防渗效果，见图 4-33。

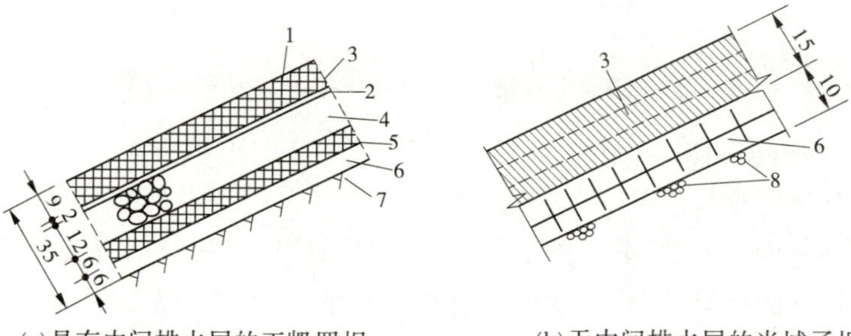

(a)具有中间排水层的正凯罗坝

(b)无中间排水层的半城子坝

1—沥青砂胶；2—沥青砂浆；3—沥青混凝土（分 3 层浇筑）；4—排水层；
5—沥青混凝土（分 2 层浇筑）；6—整平层；7—砂浆；8—碎石垫层

图 4-33　沥青混凝土面板构造　（单位：cm）

2. 混凝土和钢筋混凝土防渗体

图 4-34 为钢筋混凝土斜墙堆石坝剖面图，斜墙铺在碎石或砌石垫层上，垫层将斜墙承受的水压力均匀传到堆石体上，一定程度上减少了堆石沉陷对斜墙的影响。垫层顶部

厚度为1.5～3.0 m,向下逐渐加厚。石块要求填筑密实,孔隙率不超过25%～30%。

整体式:钢筋混凝土斜墙直接浇在砌石层面上,只设竖向伸缩缝不设水平向沉陷缝,双向钢筋通过施工缝。多在坝体完成后才修建,对沉降适应性差。

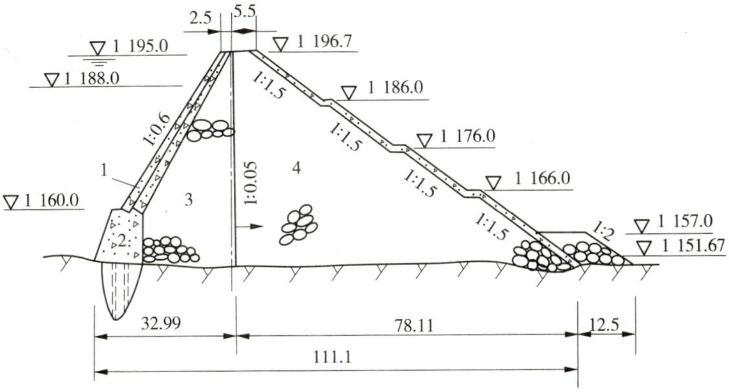

1—钢筋混凝土斜墙;2—块石混凝土垫座;3—中间干砌块石;4—下游堆石

图4-34 钢筋混凝土斜墙堆石坝剖面图 (单位:m)

分块式:将钢筋混凝土斜墙分成10～20 m的正方块或长方块,块间的钢筋不连通,缝间设止水。斜墙与岸边连接处设有双条周边缝,以防斜墙因变形而开裂。典型布置如图4-35所示。

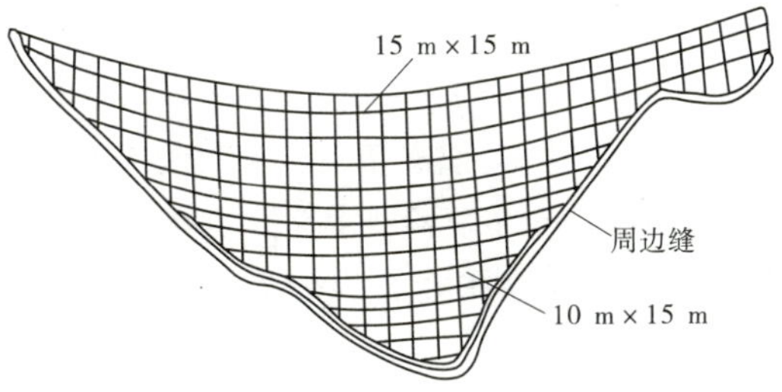

图4-35 钢筋混凝土斜墙分缝平面图

滑动式:在砌石面上浇筑一层厚几厘米的无筋混凝土垫层,在垫层上敷以沥青等涂料,然后建钢筋混凝土斜墙。这样可使坝壳的沉降对斜墙的影响较小,滑动式斜墙的钢筋穿过接缝。

多层式:由多层钢筋混凝土板组成。板间涂以沥青或夹沥青混凝土板或夹油浸沥青麻片以减小板间摩阻力并增加斜墙的不透水性。每层板均分成3～9 m的正方形。相邻层间的缝应错开以免形成渗流通道。

分层喷混凝土式:与多层式不同之处是分层间喷混凝土紧密结合成整体。每喷层厚7 cm,共5～10层。每层间均设有直径8 mm、间距15 cm的钢筋网。它较钢筋混凝土斜墙更接近均质弹性体材料,因而具有较高的抗弯强度。

混凝土斜墙厚度必须满足抗渗、抗裂要求,顶部厚度不小于0.30 m。混凝土强度等级不低于C25、S8、D150,配筋率按构造要求不低于0.4%。为防止面板开裂,一般需设置垂直坝轴线的沉降缝和与地基连接的周边缝,缝内设有可靠的柔性止水结构。考虑到坝面的不均匀沉降,在平行坝轴线方向也需设置水平沉降缝。

四、排水设施

由于土石坝中的渗流不可避免,所以土石坝应设置坝体排水,用以降低浸润线,改变渗流方向,防止渗流逸出处产生渗透变形,保护坝坡土不产生冻胀破坏。坝体排水必须满足以下要求:能自由地向坝外排出全部渗水,应按反滤要求设计,便于观测和检修。坝体排水设施形式与下列因素有关:坝型、坝体填土和坝基土性质,以及坝基的工程地质和水文地质条件;下游水位及泥沙淤积影响;施工情况及排水设施的材料;筑坝地区的气候条件等。

常用的坝体排水有贴坡排水、棱体排水、褥垫式排水、综合排水等。

(一)贴坡排水

贴坡排水紧贴下游坝坡的表面设置,由 1 ~2 层堆石或砌石筑成,在石块与坝坡之间设置反滤层,可以防止坝坡土发生渗透破坏,保护坝坡免受下游波浪淘刷,如图 4-36 所示。

贴坡排水顶部应高于坝体浸润线的逸出点,并保证坝体浸润线位于冻结深度以下,对1、2 级坝不小于2.0 m,3、4 级坝和5 级坝不小于1.5 m,当下游有水时还应满足波浪爬高的要求。底部应设排水沟和排水体,其深度要满足结冰后仍有足够的排水断面,材料应满足防浪护坡的要求。贴坡排水构造简单、节省材料、对坝体施工干扰较小、便于维修,但不能降低浸润线。多用于浸润线很低和下游无水的情况,土质防渗体分区坝常用这种排水体。

(二)棱体排水

在下游坝脚处用块石堆成排水棱体,顶部高程应超出下游最高水位,超出高度应大于波浪沿坡面的爬高。超过的高度,1 级、2 级坝应不小于1.0 m,3 级、4 级和5 级坝应不小于0.5 m,并应超过波浪沿坡面的爬高;顶部高程应使坝体浸润线距坝面的距离大于该地区的冻结深度;顶部宽度应根据施工条件及检查观测需要确定,但不宜小于1.0 m;应避免在棱体上游坡脚处出现锐角。排水棱体内坡一般为1∶1.25 ~1∶1.5,外坡为1∶1.5 ~1∶2.0或更缓。

棱体排水可以降低坝体浸润线,防止坝坡土的渗透破坏和冻胀,在下游有水条件下可保护下游坝脚不受波浪淘刷,且有支撑坝体的作用,可以增加坝坡的稳定性,是效果较好的一种排水形式,如图4-37 所示。但棱体排水石料用量较大、费用较高,与坝体施工有干扰,检修也较困难。多用于河床部分的下游坝脚处。

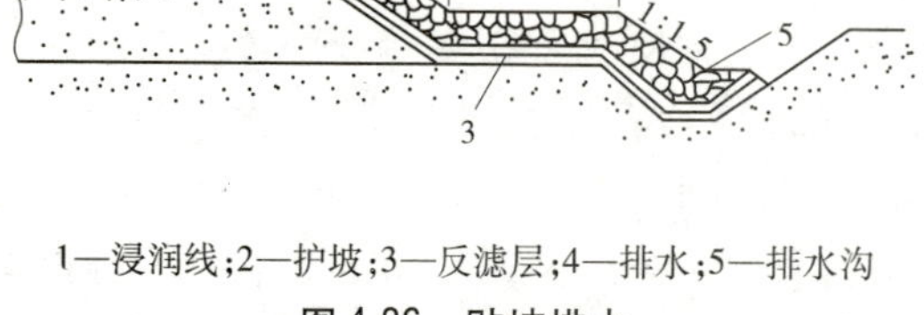

1—浸润线;2—护坡;3—反滤层;4—排水;5—排水沟

图 4-36 贴坡排水

1—坝坡;2—浸润线;3—堆石棱体排水;4—反滤层

图 4-37 棱体排水

（三）褥垫式排水

褥垫式排水是伸展到坝体内的一种排水设施，在坝基面上平铺一层厚为 0.4 ~ 0.5 m 的排水褥垫，并用反滤层包裹，见图 4-38。排水层的厚度应根据排水量计算确定，并应满足反滤层最小厚度的要求。当下游水位低于排水设施时，降低浸润线的效果显著，还有助于坝基排水固结。坝内水平排水伸进坝体的极限尺寸，对于黏性土均质坝为坝底宽的 1/2，砂性土均质坝为坝底宽的 1/3；对于土质防渗体分区坝，宜与防渗体下游的反滤层相连接。

褥垫式排水优点有：可以降低坝体浸润线，防止土体的渗透破坏和坝坡土的冻胀，增加坝基的渗透稳定，造价也较低，在下游无水时还是一种较好的排水设施；缺点有：当坝基产生不均匀沉陷时，褥垫排水层易遭断裂，而且检修困难，施工时有干扰，不易检修。

（四）综合排水

为发挥各种排水形式的优点，在实际工程中经常可以根据具体情况采用几种排水形式组合在一起的综合排水。例如，若下游高水位持续时间不长，为节省石料可考虑在下游正常水位以上采用贴坡式排水，以下采用棱体排水，见图 4-39；还可用褥垫式与棱体排水组合，贴坡、棱体与褥垫式排水组合的综合排水，见图 4-40。

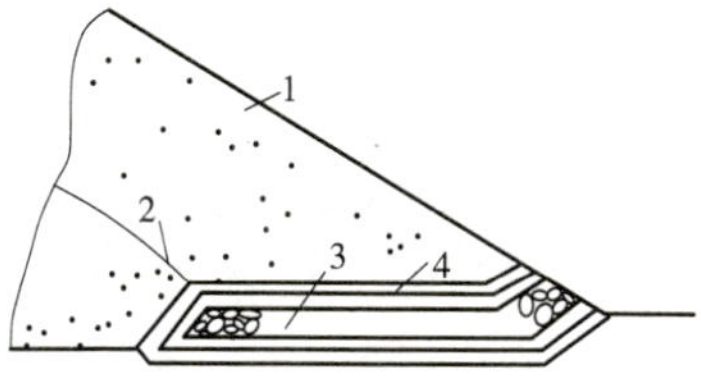

1—坝坡；2—浸润线；3—褥垫排水；4—反滤层

图 4-38　褥垫排水

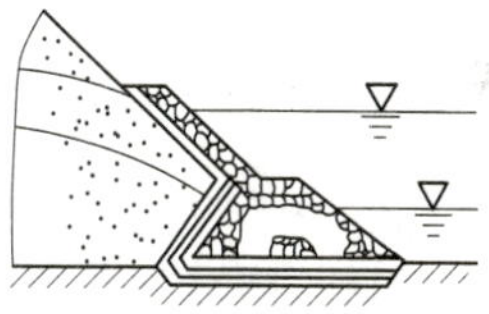

图 4-39　贴坡 + 棱体的综合排水

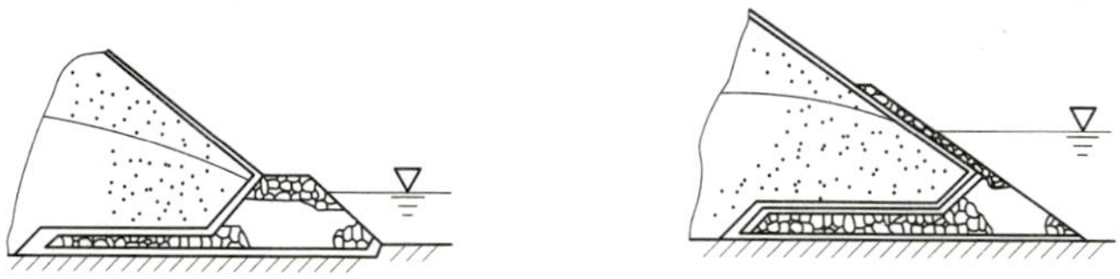

(a)褥垫+棱体　　(b)贴坡+褥垫+棱体

图 4-40　综合排水

任务七　土石坝的地基处理

知识要求

掌握土石坝地基处理的目的，掌握土石坝地基处理的方法。

技能要求

能根据给定条件进行地基处理设计。

土石坝对地基的适应能力比较强，要求比混凝土坝低，一般地质条件比较差的情况下采用土石坝这种坝型的比较多，可不必挖除地表透水土壤和砂砾石等，通常遇到的地基有砂卵石地基、细砂与淤泥地基、软黏土和黄土地基。地基性质对土石坝的构造和尺寸仍有很大的影响。据资料统计，土石坝约有40%的失事是由地基问题所引起的，可见地基处理的重要性。

土石坝地基处理的任务是：①控制渗流，使地基以及坝身不产生渗透变形，把渗流量控制在允许的范围内。②保证地基稳定，不发生滑动，不产生过大的有害变形。③控制沉降与不均匀沉降，以限制坝体裂缝的发生。

一、砂卵石地基处理

砂卵石地基处理的主要问题是地基的透水性很大，进行地基处理的目的是减少地基的渗流量并保证地基和坝体的抗渗稳定。通常处理的基本方法是"上防下排"，即上游采取防渗措施，下游采取排水措施。常用的设施有以下几种。

（一）设置垂直防渗设施

垂直防渗设施能比较可靠且能有效地截断坝基渗流，是一种比较彻底的方法，主要有黏土截水墙、混凝土防渗墙和帷幕灌浆等三种方案。

1. 黏土截水墙

在平行坝轴线方向开挖深槽直达不透水层或基岩，槽内回填黏土而成截水墙（也称截水槽）。心墙坝、斜墙坝常将防渗体向下延伸至不透水层而成截水墙，均质坝也可将坝体部分延伸至不透水层而成截水墙，如图4-41所示。这种措施适用于透水层深度在15 m以内，开挖工程量也比较小的情况。

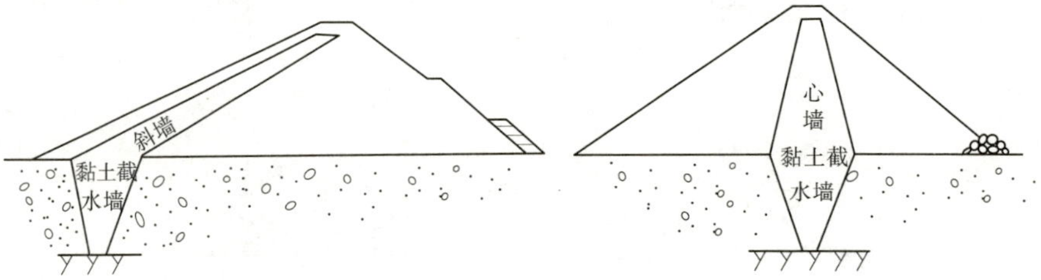

图4-41　透水地基截水墙

2. 混凝土防渗墙

在沿坝轴线方向分段建造槽形孔，孔中连续浇混凝土成墙，适用于透水层深度大于50 m的情况，如图4-42所示。

3. 帷幕灌浆

采用高压定向喷射灌浆技术，通过喷嘴的高压气流切割地层成缝槽，在缝槽中灌压力水泥砂浆，凝结后形成防渗板墙。

（二）设置上游水平防渗铺盖

铺盖是一种由黏土做成的防渗设施，是斜墙、心墙或均质坝坝体向上游的延伸部分，一般应与下游排水设施联合作用。铺盖不能阻截渗流，只能延长渗径，增加水头损失，结

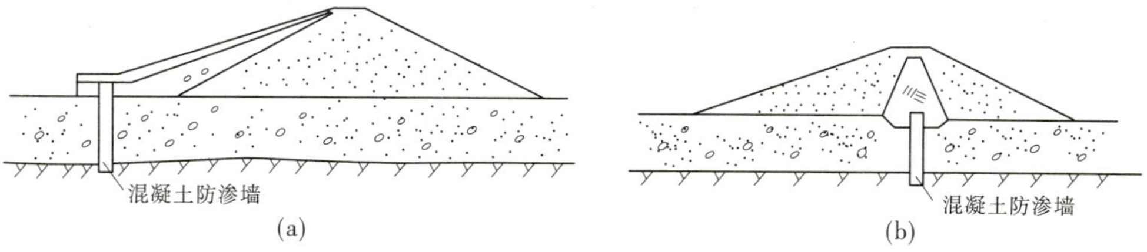

图 4-42　混凝土防渗墙

构简单，造价低，但防渗效果不如垂直防渗体好。

（三）下游排水措施

坝基中的渗透水流有可能引起坝下游地层的渗透变形或沼泽化，或使坝体浸润线过高时，宜设置坝基排水设施。常用的减压排水设施有排水沟、减压井、透水盖重等。常用的基本措施如下：

（1）透水性均匀的单层结构坝基以及上层渗透系数大于下层的双层结构坝基，可采用水平排水垫层，也可在坝脚处结合贴坡排水体做反滤排水沟。

（2）双层结构透水坝基，当表层为不太厚的弱透水层，且其下的透水层较浅，渗透性较均匀时，宜将坝底表层挖穿做反滤排水暗沟，并与坝底的水平排水垫层相连，将水导出。此外，也可在下游坝脚处做反滤排水沟。

（3）对于表层弱透水层太厚，或透水层成层性较显著时，宜采用减压井深入强透水层，如图 4-43 和图 4-44 所示。

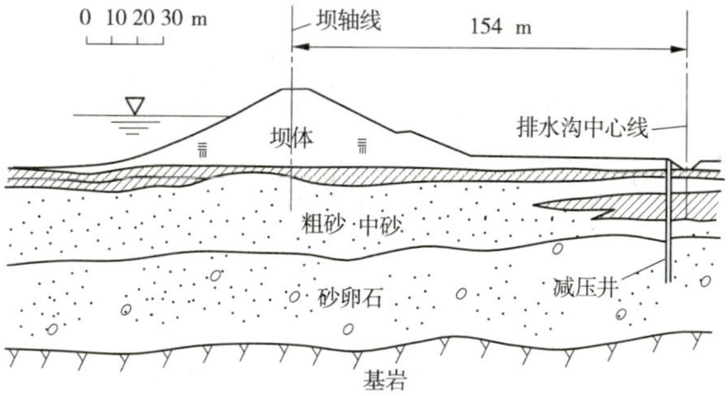

图 4-43　排水减压设置

二、细砂与淤泥地基处理

（一）细砂地基

细砂地基的主要问题是液化。液化是在震动荷载作用下，土石坝内孔隙水来不及排出，土体内孔隙压力上升，使土体颗粒间的连接强度降低，而处于流动状态。

常用的处理措施为：①打板桩封闭；②浅层土，可采用表面振动加密；③深层土，采用震冲、强夯的方式加固。

（二）淤泥地基

淤泥地基的主要问题是天然含水量高，抗剪强度低，承载能力低。

常用的处理措施为：①浅表地基挖除，小于 5 m 的淤泥地基，工程量比较小可以直接挖除；②设置砂井加速排水；③坝脚处以毛石压重，以保持地基的稳定性。

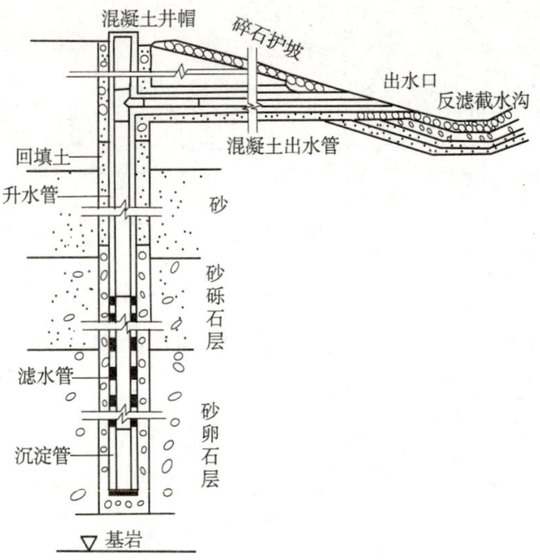

图 4-44　减压井布置

三、软黏土和黄土地基处理

软黏土抗剪强度低，压缩性高，在这种地基上筑坝，会遇到下列问题：

(1) 天然地基承载力很低，高度超过 3 ~ 6 m 的坝就足以使地基发生局部破坏。

(2) 土的透水性很小，排水固结速率缓慢，地基强度增长不快，沉降变形持续时间很长，在建筑物竣工后仍将发生较大的沉降，地基长期处于软弱状态。

(3) 由于灵敏度较高，在施工中不宜采用振动或挤压措施，否则易扰动土的结构，使土的强度迅速降低造成局部破坏和较大变形。

对软黏土，一般是尽可能将其挖除。当厚度较大或分布较广，难以挖除时，可以通过排水固结或其他化学、物理方法，以提高地基土的抗剪强度，改善土的变形特性。常用的方法是：利用砂井加速排水，使大部分沉降在施工期内完成，并调整施工进度，结合坝脚填压层，使地基土强度的增长与填土重量的增长相适应，以保持地基稳定。

任务八　土石坝与坝基、岸坡及其他建筑物的连接

知识要求

掌握土石坝连接建筑物的特点，掌握土石坝与其他建筑物连接的要求。

技能要求

能根据给定条件设计连接形式。

土石坝与坝基、岸坡及其他建筑物的接触面都是防渗的薄弱部位，必须妥善处理，使其结合紧密，避免产生集中渗流；保证坝体与河床及岸坡结合面的质量，不使其形成影响坝体稳定的软弱层面；不致因岸坡形式或坡度不当引起坝体的不均匀沉降而产生裂缝。

一、坝体与土质坝基及岸坡的连接

坝体与土质坝基及岸坡的连接必须做到：①坝断面范围内必须清除坝基与岸坡上的草皮、树根、含有植物的表土、蛮石、垃圾及其他废料，并将清理后的坝基表面土层压实。

②坝体断面范围内的低强度、高压缩性软土及地震时易液化的土层,应清除或处理。③土质防渗体应坐落在相对不透水的土基上,或经过防渗处理的坝基上。④坝基覆盖层与下游坝壳粗粒料(如堆石等)接触处,应符合反滤要求,如不符合应设置反滤层。

为使防渗体与岸坡紧密结合,防止发生不均匀沉降而导致裂缝,岸坡开挖时应大致平顺,不应成台阶状或突然变陡,岸坡上缓下陡时,凸出部位的变坡角应小于20°。土质岸坡的坡度一般不陡于1:1.5。土石坝与岸坡的连接见图4-45。

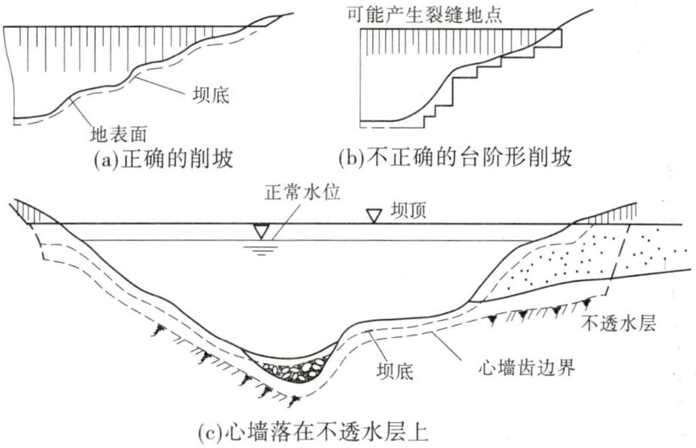

图4-45 土石坝与岸坡的连接

心墙和斜墙在与两端岸坡连接处应扩大其断面,以加强连接处防渗的可靠性,扩大断面与正常断面之间应以渐变的形式过渡。

二、坝体与岩石坝基和岸坡的连接

坝体与岩石坝基及岸坡的连接必须做到:①坝断面范围内的岩石坝基与岸坡,应清除其表面松动石块、凹处积土和突出的岩石。②土质防渗体和反滤层宜与坚硬、不冲蚀和可灌浆的岩石连接。若风化层较深,高坝宜开挖到弱风化层上部;中、低坝可开挖到强风化层下部,在开挖的基础上对基岩再进行灌浆等处理。在开挖完毕后,宜用风水枪冲洗干净,对断层、张开节理裂隙应逐条开挖清理,并用混凝土或砂浆封堵,坝基岩面上宜设混凝土盖板、喷混凝土或喷水泥砂浆。③对失水很快风化的软岩(如页岩、泥岩等),开挖时宜预留保护层,待开始回填时随挖除,随回填,或开挖后用喷水泥砂浆或喷混凝土保护。④土质防渗体与岩石接触处,在邻近接触面0.5~1.0 m范围内,防渗体应为黏土,如防渗料为砾石土,应改为黏土,黏土应控制在略高于最优含水量情况下填筑,在填土前应用黏土浆抹面。

岩石岸坡一般不陡于1:0.5,陡于此坡度应有专门论证,并采取必要措施,如做好结合面处的湿黏土回填、加强结合面下游的反滤层等。岩石岸坡的其他要求与土质岸坡相同。

在高坝防渗体底部混凝土盖板以下的基岩中,宜进行浅层铺盖式灌浆,以改善接触条件,在与防渗体接触的覆盖层中,也宜进行浅层铺盖式灌浆。

三、坝体与混凝土建筑物的连接

坝体与混凝土坝、溢洪道、船闸、涵管等建筑物的连接，必须防止接触面的集中渗流，因不均匀沉降而产生的裂缝，以及水流对上、下游坝坡和坡脚的冲刷等因素的有害影响。图4-46为土石坝与溢洪道的连接。

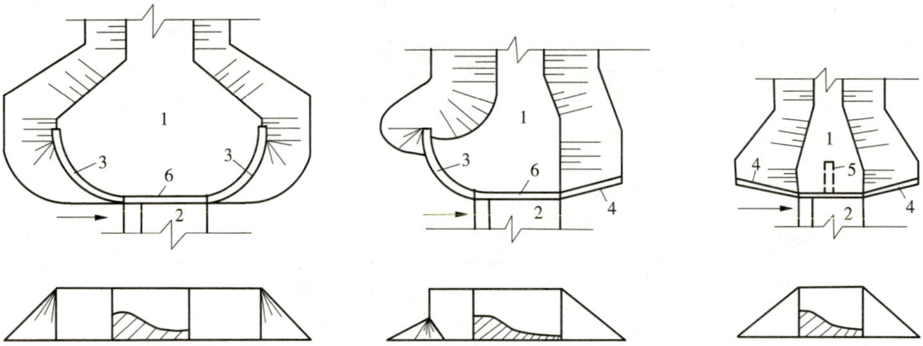

(a)上、下游圆弧式翼墙　(b)上游圆弧式，下游斜墙式反翼墙　(c)上、下游斜墙式反翼墙

1—土石坝;2—溢流重力坝;3—圆弧形翼墙;4—斜降式翼墙;5—刺墙;6—边墩

图4-46　土石坝与溢洪道的连接

坝体与混凝土坝的连接，可采用侧墙式（重力墩式或翼墙式等）、插入式（见图4-47）或经过论证的其他形式。土石坝与船闸、溢洪道等建筑物的连接应采用侧墙式。土质防渗体与混凝土建筑物的连接面应有足够的渗径长度。

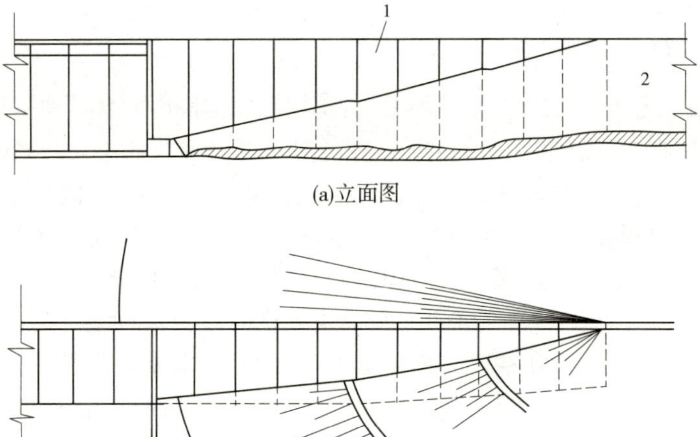

(a)立面图

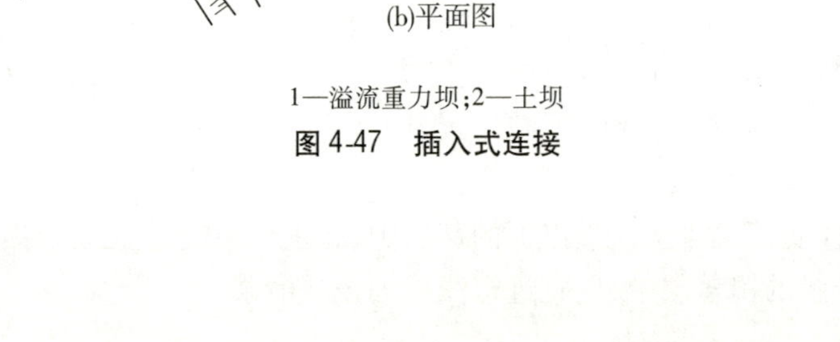

(b)平面图

1—溢流重力坝;2—土坝

图4-47　插入式连接

任务九　案例分析

【例 4-1】　某水库主要任务以灌溉为主，结合灌溉进行发电。灌溉下游左岸 2 900 hm^2 耕地，灌溉最大引水流量 4 m^3/s。引水高程 347.49 m，发电装机容量 75 kW。

1. 基本资料

1）地形地质

水库位于低山丘陵区，南部多山，高程为 400 ~ 500 m，发育南北向冲沟。北西东多为第四纪黄土覆盖的丘陵阶地，高程为 300 ~ 400 m，颍河由西向东流经坝区。

坝址两岸河谷狭窄。坝址及库区岩层均为第三纪砂页岩，无大的不利地质构造。坝址岩层为黄色石英砂岩与紫色砂质页岩互层，坝址两岸为黄色石英砂岩，岩石坚硬，但裂隙较为发育，上覆 6 ~ 10 m 黄土，左岸有部分黏土。地震基本烈度为 6 度。

2）建筑材料

（1）土料。在坝址附近 400 ~ 1 500 m 的河道右岸有丰富的土料，大部分为中粉质壤土，储量在 150 万 m^3 以上，坝址下游有 30 万 m^3 左右的重粉质壤土，可作为防渗材料。

（2）砂卵石料。颍河河槽及两岸滩地也有大量砂、砾石及卵石，上下游河滩地表层 0 ~ 2 m 黄土覆盖，下为 3 ~ 7 m 厚砂卵石，在枯水季节河水位降低，上游在坝脚 100 m 以外 2 000 m 以内卵石平均取深 1.5 m，约 86 万 m^3，下游在坝脚 100 m 以外 2 000 m 以内平均取深 1.3 m，约 86 万 m^3。其物理力学性质指标见表 4-9。

表 4-9　土石料物理力学性质指标

指标		单位	坝基砂卵石	坝体					
				中粉质壤土	重粉质壤土	砂卵石		堆石	
						水上	水下	水上	水下
饱和快剪	φ	(°)	28	16.9	13.86	33	30	40	38
	C	kPa	0	35	98	0	0	0	0
饱和固结快剪	φ	(°)	28	20.1	17.8	33	30	40	38
	C	kPa	0	76	111	0	0	0	0
颗粒重度		kN/m^3	27.1	27.1	27.1	27.1		27.1	
干重度		kN/m^3	19.0	16.5	16.5	20		19.0	
含水量		%		19.2	18.3	7		3	
湿重度		kN/m^3		19.5	20.1	21.4		19.4	
饱和重度		kN/m^3	20.0	20.5	20.7	22.5		22.0	
渗透系数		cm/s	6.1×10^{-3}	1.2×10^{-5}	1.18×10^{-7}	6.1×10^{-3}			
塑限含水量		%		17	18.5				

3)水文水利计算资料

设计洪水位 363.62 m(频率 2%),相应的下游水位 337.0 m,相应最大泄流量(540 + 90)m^3/s。校核洪水位 364.81m(频率 0.2%),相应下游水位 338.10 m,相应最大泄流量(800 + 110) m^3/s。死水位 340 m。最高兴利水位 360.52 m,

4)气象资料

多年平均最大风速为 12.1 m/s,水库最大吹程为 3.2 km。

2. 计算数据

(1)经过坝型比较,确定选用均质土坝。结合本坝坝基情况,地基处理如下:地基可开挖截水槽,挖至弱风化层 0.5 m 深处,内填中粉质壤土。截水槽横断面拟定:边坡采用 1∶1.5 ~ 1∶2.0;底宽:渗径不小于(1/3 ~ 1/5)H,其中 H 为最大作用水头。

(2)坝体剖面设计:上游坝坡为 1∶3.0、1∶3.25、1∶3.5;下游坝坡为 1∶2.5、1∶2.75、1∶3.0;第一级马道高程为 343 m,第二级马道高程为 353 m。本坝顶无交通要求,对中低坝最小宽度 $B = 6$ m。

(3)坝体排水设施拟定:选用棱体排水,顶宽 2 m,内坡 1∶1.5,外坡 1∶2.0;顶部高出下游最高水位 1.0 ~ 2.0 m,故顶部高程为 340.10 m。在排水设施与坝体和土基接合处,设反滤层。

3. 计算要求

(1)确定枢纽等别和该土石坝的级别。

(2)确定大坝的坝顶高程。

(3)根据已知条件及计算结果绘制该土石坝的坝体剖面图,并进行相应的标注(绘图比例自己定)。

(4)在上述设计条件的基础上,进行该均质土坝的渗流计算(包括渗流量和坝体浸润线)。

(5)第(4)步中确定出的坝体浸润线在土石坝的坝坡稳定分析中有什么作用。

(6)土石坝坝坡稳定分析方法——圆弧滑动法的基本原理是什么,瑞典圆弧法和简化毕肖普法有何不同?

(7)提高土石坝稳定性的工程措施有哪些?

4. 分析

(1)确定枢纽等别和该土石坝的级别。根据《水利水电工程等级划分及洪水标准》(SL 252—2000)及该工程的一些指标确定建筑物等级为:工程等别为Ⅲ等,大坝为 3 级建筑物。

(2)确定大坝的坝顶高程。坝顶高程等于水库静水位与超高之和,并分别按以下运用情况计算,取其最大值:①设计洪水位加正常运用情况的坝顶超高;②校核洪水位加非常运用情况的的坝顶超高。计算结果见表 4-10。

表 4-10　坝顶高程计算

运用情况	静水位(m)	R(m)	e(m)	A(m)	Δh(m)	防浪墙顶高程(m)		坝顶高程(m)
设计情况	363.62	1.853	0.013	0.70	2.57	366.19		365.18 (取 365.20)
校核情况	364.81	1.16	0.01	0.40	1.57		366.38	

(3)根据已知条件及计算结果绘制该土石坝的坝体剖面图,并进行相应的标注(绘图比例自己定),见图 4-48。

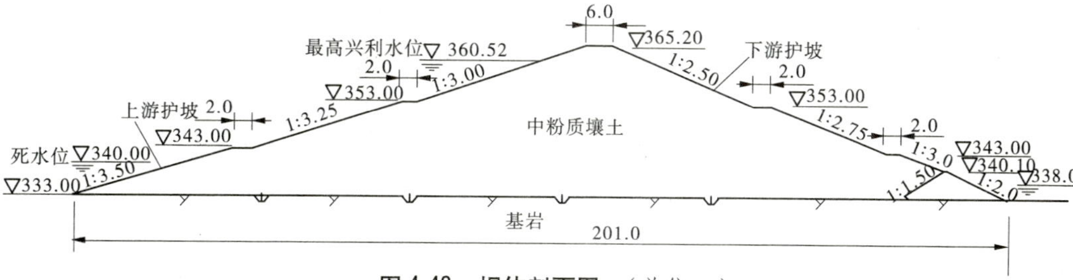

图 4-48　坝体剖面图　(单位:m)

(4)在上述设计条件的基础上,进行该均质土坝的渗流计算(包括渗流量和坝体浸润线)。

渗流计算考虑下列水位组合情况:①上游正常蓄水位与下游相应的最低水位。②上游设计洪水位与下游相应的水位。③上游水位为 1/3 坝高处。

单宽流量计算结果列于表 4-11。

表 4-11　渗流单宽流量计算结果

计算情况	h_0(m)	q[$m^3/(s \cdot m)$]
正常蓄水位	3.96	4.75×10^{-5}
设计洪水位	7.97	6.2×10^{-5}
1/3 坝高水位	0.403	0.483×10^{-5}

正常蓄水位情况下,浸润线方程为 $y = \sqrt{757.35 - 7.92x}$, $x \in (0, 95.63)$,计算结果列于表 4-12。

表 4-12　正常蓄水位情况下浸润线

x(m)	0	10	20	30	40	50	60	70	80	90	93.65	95.63
y(m)	27.52	26.04	24.47	22.80	20.99	19.01	16.80	14.25	11.12	6.67	3.96	0

设计洪水位情况下,浸润线方程为 $y = \sqrt{10.33x + 63.52}$, $x \in (0, 84.58)$,计算结果列于表 4-13。

表 4-13　设计洪水位情况下浸润线

x(m)	0	10	20	30	40	50	60	70	80	84.58
y(m)	7.97	12.92	16.44	19.32	21.83	24.08	26.14	28.05	29.83	30.62

上游水位为 1/3 坝高处的情况下，浸润线方程为 $y = \sqrt{115.13 - 0.81x}$，$x \in (0,142.97)$，计算结果列于表 4-14。

表 4-14　上游水位为 1/3 坝高处的情况下浸润线

x(m)	0	10	20	30	40	50	60	70	80	90	100	110	120	130	140	142.97
y(m)	10.73	10.35	9.95	9.53	9.10	8.64	8.16	7.64	7.09	6.50	5.84	5.10	4.23	3.14	1.32	0

(5)第(4)步中确定出的坝体浸润线在土石坝的坝坡稳定分析中有什么作用?

浸润线确定后，为其上下土体的重度计算提供依据。

(6)土石坝坝坡稳定分析方法——圆弧滑动法的基本原理是什么? 瑞典圆弧法和简化毕肖普法有何不同?

基本原理：任意选择一个圆弧，对圆弧上土条进行受力分析，摩擦力和内黏聚力产生抗滑力矩，荷载产生滑动力矩，求出每一个假定圆弧面的抗滑安全系数 K_c。

不同：简化毕肖普法只考虑土条间水平作用力忽略竖向力作用。

(7)提高土石坝稳定性的工程措施有哪些?

提高土石坝稳定性的工程措施有提高填土的填筑标准、坝脚加压重、加强防渗排水设施、加固地基等。

【例 4-2】　某均质土坝如图 4-49 所示，3 级建筑物，坝高 31.85 m，坝顶宽 7 m，上下游坝坡分别为 1∶3、1∶3.25、1∶3.5 及 1∶2.75、1∶3、1∶3.25，筑坝土料为中粉质壤土，土料设计指标为：$\varphi = 20.1°$，$C = 15$ kPa，湿重度 $\gamma_m = 19.5\ \text{kN/m}^3$，浮重度 $\gamma' = 10.5\ \text{kN/m}^3$，饱和重度 $\gamma_{sat} = 20.5\ \text{kN/m}^3$，试求上游为正常高水位(水深 $H_1 = 27.52$ m)，下游无水(假设下游水位与地基平)时，下游坝坡的稳定安全系数。

解：按替代法，取坝长为 1 m，列表计算。

(1)按一定比例绘出坝体横剖面图，将计算的浸润线绘于图上。

(2)确定危险滑弧圆心，见图 4-49。

(3)在 eg 线上任选一点 o_1 为圆心，以半径 $R = 80$ m 作圆弧。取土条宽度 $b = 8$ m，以通过圆心 o_1 的铅垂线作为 0 号土条的中线，向左右两侧量取土条，以左的编号为 1，2，…，8，以右的编号为 −1，−2，−3，各土条的 $\sin\beta_i$ 和 $\cos\beta_i$ 值填入计算表 4-15 中第②、③栏内。

(4)量出各土条中心线的各种土体高度 h_{1i}、h_{2i}，并填入计算表中的第④、⑤栏内。第 8 号土条量出宽度 $b' = 3$ m，高度 $h' = 2.5$ m，不足一条土条 $b = 8$ m 的宽度，要将其换算成宽度 $b = 8$ m，高度 $h = b'h'/b = 3 \times 2.5/8 = 0.94$(m)的土条；−3 号土条量出的宽度 $b' = 5$ m，高为 $h' = 2.5$ m，同理换算成宽度 $b = 8$ m，高度 $h = b'h'/b = 5 \times 2.5/8 = 1.6$(m)的土条。

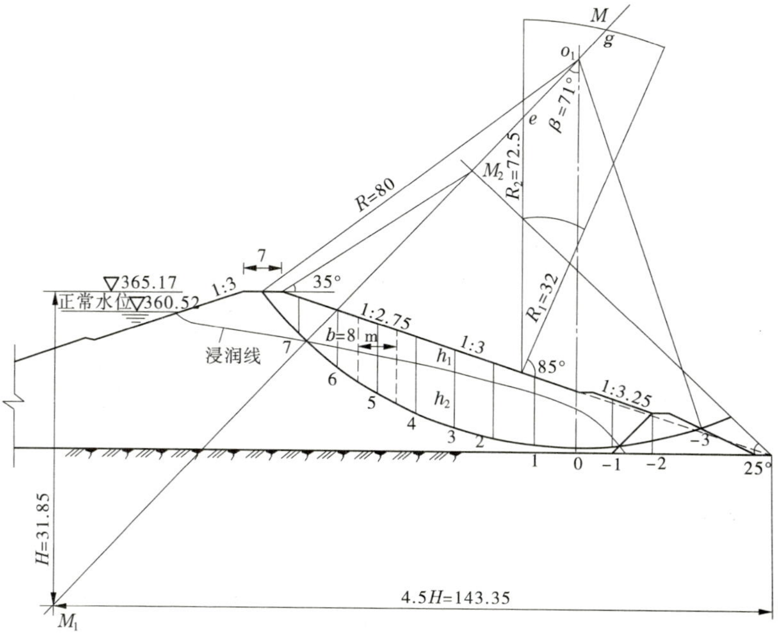

图 4-49 某均质坝稳定计算图

下游排水设施对于低坝可近似地采用与坝体相同的重度(偏安全)。

(5)计算表 4-15 中各土条的重量。

(6)计算：$\tan\varphi = \tan 20.1° = 0.365\ 9$。

弧长 $$\sum l_i = \frac{\pi R}{180}\theta = \frac{3.14 \times 80}{180} \times 71 = 99.084\ 4$$

(7)将有关数值代入下式,求坝坡稳定安全系数为

$$K = \frac{\sum b_i(\gamma_m h_{1i} + \gamma' h_{2i})\cos\beta_i \tan\varphi_i + \sum C_i l_i}{\sum b_i(\gamma_m h_{1i} + \gamma_{sat} h_{2i})\sin\beta_i}$$

$$= \frac{\sum(\gamma_m h_{1i} + \gamma' h_{2i})\cos\beta_i \tan\varphi_i + \frac{1}{b}\sum C_i l_i}{\sum(\gamma_m h_{1i} + \gamma_{sat} h_{2i})\sin\beta_i}$$

$$= \frac{644.89 + \frac{1}{8} \times 15 \times 99.084\ 4}{647.4} = 1.28$$

(8)再取其他的圆心 o_1、o_2、o_3、…重复上述的计算,即可求得最小稳定安全系数。其坝坡最小的稳定安全系数不得小于表 4-6 中规定的数值。

表 4-15 计算表

土条编号	$\sin\beta_i$	$\cos\beta_i$	h_{1i}	h_{2i}	$\gamma_m h_{1i}$	$\gamma' h_{2i}$	$\gamma_{sat} h_{2i}$	(⑥+⑦)× $\cos\beta_i \tan\varphi_i$	(⑥+⑧)× $\sin\beta_i$
①	②	③	④	⑤	⑥	⑦	⑧	⑨	⑩
0	0	1	4.05	8.75	78.99	91.88	179.38	65.59	0
1	0.1	0.99	4	10.5	78.00	110.25	215.25	71.17	29.33
2	0.2	0.98	4.5	11.5	87.75	120.75	235.75	78.03	64.70
3	0.3	0.95	4.5	11.5	87.75	120.75	235.75	75.65	97.05
4	0.4	0.92	5.5	10	107.25	105.00	205.00	74.57	124.90
5	0.5	0.87	7	7	136.50	73.50	143.50	69.77	140.00
6	0.6	0.80	7.5	3.5	146.25	36.75	71.75	55.91	130.80
7	0.7	0.71	7		136.50			37.01	95.55
8	0.8	0.60	0.94		18.33			4.20	14.66
-1	-0.1	0.99	7	2.5	136.50	26.25	51.25	61.53	-18.78
-2	-0.2	0.98	5.5		107.25			40.14	-21.45
-3	-0.3	0.95	1.6		31.20			11.32	-9.36
合计								644.89	647.40

习　题

一、填空题

1. 土石坝按坝高分为________、________和________。

2. 土石坝的超高 y =________。

3. 土石坝上下游坝坡所处环境不同，为了保持坝坡稳定，上游坝坡常比下游坝坡________。

4. 渗透变形的形式及其发生发展过程，与土料性质、________、________及防渗排水措施因素有关。通常分为________、________、________和________。

5. 土石坝的排水方式有________、________、________和________。

二、名词解释

1. 土石坝　2. 渗透变形　3. 上防下排　4. 防渗体　5. 心墙坝　6. 均质坝
7. 防渗铺盖

三、简答题

1. 碾压式土石坝可分为哪几类？对土石坝有何要求？土石坝有何特点？

2. 土石坝的坝坡与什么因素有关？一般有何规律？

3. 土石坝的坝顶高程如何确定？刚竣工时土石坝坝顶高程应如何确定？土石坝的坝顶为什么要做成一定的横向坡度？

4. 坝体排水有何作用？对排水体有何要求？有哪些排水类型？护坡的作用和范围如何？

5. 土石坝渗流计算的目的是什么？土石坝渗流计算的水力学法的基本假定是什么？

6. 土石坝中可能会发生哪几种渗透变形？设置防止渗透变形的措施应从哪两个方面入手？具体有什么措施？反滤层的概念、作用和构造如何？

7. 土石坝稳定分析的目的是什么？圆弧法基本原理和步骤如何？滑裂面形式有哪些？

8. 何谓土料填筑标准？一般情况下，土料压得越密实，干重度、抗剪强度、抗压缩性、坝坡的陡缓等各如何？所需压实功能如何？何谓最优含水量？

9. 土石坝地基处理的目的是什么？砂砾石地基、细砂地基、软土地基、湿陷性黄土地基的特点和处理措施各是什么？

项目五　河岸溢洪道

项目任务书

<table>
<tr><td colspan="2">项目名称</td><td>项目五　河岸溢洪道</td><td>参考学时</td><td>6 学时</td></tr>
<tr><td colspan="2" rowspan="4">教学任务</td><td colspan="2">任务一　溢洪道的认知</td><td>2 学时</td></tr>
<tr><td colspan="2">任务二　正槽溢洪道</td><td>2 学时</td></tr>
<tr><td colspan="2">任务三　侧槽溢洪道</td><td>1 学时</td></tr>
<tr><td colspan="2">任务四　非常溢洪道</td><td>1 学时</td></tr>
<tr><td colspan="2">学习任务</td><td colspan="3">让学生理解和掌握河岸溢洪道结构特点、工程布置、水力计算、非常溢洪道的类型和作用</td></tr>
<tr><td colspan="2">教学内容</td><td colspan="3">1. 河岸溢洪道的类型划分。
2. 河岸溢洪道位置选择。
3. 正槽溢洪道构造要求。
4. 正槽溢洪道结构尺寸设计。
5. 正槽溢洪道水力计算。
6. 侧槽溢洪道的结构组成及构造要求。
7. 非常溢洪道类型</td></tr>
<tr><td rowspan="3">教学目标</td><td>知识</td><td colspan="3">1. 熟悉河岸溢洪道的类型划分。
2. 熟悉河岸溢洪道位置选择。
3. 掌握正槽溢洪道构造要求。
4. 掌握正槽溢洪道结构尺寸设计。
5. 掌握正槽溢洪道水力计算。
6. 了解侧槽溢洪道的结构组成及构造要求。
7. 了解非常溢洪道类型</td></tr>
<tr><td>技能</td><td colspan="3">1. 能选择溢洪道位置及结构布置。
2. 能进行溢洪道过流能力计算。
3. 能绘制正槽溢洪道平面布置图、纵剖面图</td></tr>
<tr><td>态度</td><td colspan="3">1. 能按时上课，遵守课堂纪律，积极回答课堂问题，按时上交作业。
2. 课下能配合小组积极完成老师布置的各项任务。
3. 同学间能对疑难问题相互讨论。
4. 能勇于表达个人的观点和见解</td></tr>
</table>

任务一 溢洪道的认知

知识要求

掌握河岸溢洪道的作用、类型、运用条件，掌握正槽溢洪道和侧槽溢洪道的组成、优缺点及相应适用条件。

技能要求

正槽溢洪道与侧槽溢洪道的应用区别，能识读不同类型溢洪道图纸。

蓄水枢纽中，用来泄放超过水库调蓄能力的洪水，以保证工程安全，或为必要时降低库水位乃至放空水库而设置的水工建筑物，称为泄水建筑物。根据布置位置的不同，有坝式（或称河床式）泄水建筑物和河岸式（或称岸边式）泄水建筑物两大类。

坝式泄水建筑物是将水库枢纽中的泄水建筑物与坝体结合在一起布置，如各种溢流坝和坝身泄水孔、坝下涵管等均属此类。在混凝土和浆砌石坝枢纽中，常利用建在原河床内的溢流坝段泄洪，而不再在河岸另设泄水建筑物，这样枢纽布置紧凑，便于施工，并可降低工程造价，这是其一大优点。坝身泄水孔是通过设在坝体的孔口、管道泄水的，与坝顶溢流相比，属深式泄水孔。根据泄洪孔道所处的高程可分为表孔、中孔和底孔。泄水孔道除向下游宣泄部分洪水外，还可从水库放出各用水部门所需的水量，又可兼作施工导流、放空水库及在洪水到来之前预留部分库容作调洪之用。这类建筑物因泄洪能力较小，一般仅作为辅助的泄洪建筑物。

当坝型不宜从坝体溢流或溢流段的溢流长度不能满足大量泄洪要求时，需在坝体外的河谷两岸适当位置单独设置泄水建筑物，称为河岸式泄水建筑物。根据结构形式的不同，又可分为河岸溢洪道和泄水隧洞两类。河岸溢洪道的进水口通常是敞露的，其后的泄水道可以是陡坡式明渠，也可以是封闭式的竖井或斜井，前者称为开敞式河岸溢洪道，后者称为封闭式河岸溢洪道。与泄水隧洞相比，开敞式河岸溢洪道一般造价较低，除具有正常泄水能力外，当发生非常洪水时，又具有较大的超泄能力，常是土石坝枢纽承担主要泄洪任务的泄水建筑物。

在枢纽布置时，上述各种泄水建筑物可以采用单一的集中布置方式，也可以采用多种泄水建筑物组合的方式分散布置，选用哪种方式为宜，取决于坝型、枢纽布置、地形、地质、水文、施工等因素。一般来说，混凝土和浆砌石坝枢纽多采用溢流坝和泄水底孔，土石坝枢纽多采用河岸溢洪道和泄水隧洞。设计时，一般先选定泄洪方式，并拟定若干个泄水布置方案，然后进行调洪演算及泄流计算，估计淹没损失和枢纽造价等，再通过技术经济比较，选定最优方案。

一、河岸溢洪道的类型与特点

河岸溢洪道分为正常溢洪道和非常溢洪道两大类，正常溢洪道常用的形式主要有正槽溢洪道、侧槽溢洪道、井式溢洪道和虹吸式溢洪道四种，非常溢洪道常用的形式主要有漫流式、自溃式和爆破引溃式三种。

(一)正槽溢洪道

正槽溢洪道的泄槽与溢流堰轴线正交,其水流特征是过堰水流与泄槽轴线方向一致,如图5-1所示。正槽溢洪道水流条件好,运用管理方便,在实际工程中应用最广。

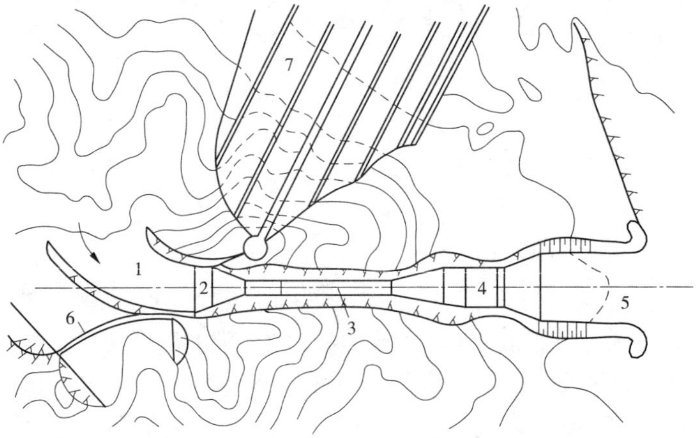

1—进水段;2—控制区;3—泄槽;4—消能段;5—尾水渠;6—非常溢洪道;7—土坝

图5-1 正槽河岸溢洪道

(二)侧槽溢洪道

侧槽溢洪道的溢流堰与泄槽的轴线接近平行,水流过堰后在侧槽段的较短距离内转弯约90°(见图5-2),再经泄槽下泄。这种溢洪道适宜在山体较高、岸坡较陡的岸边布置。

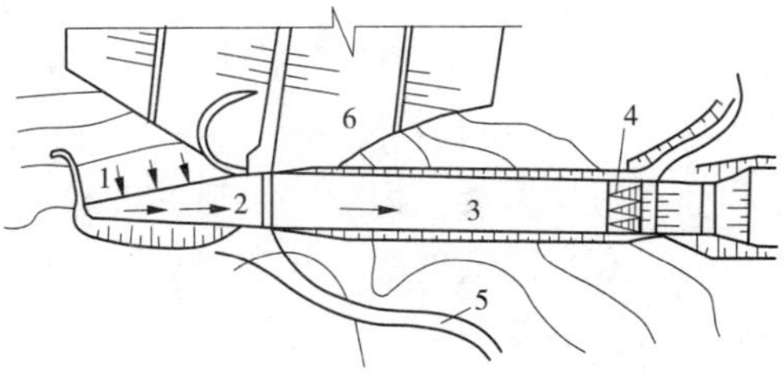

1—溢流堰;2—侧槽;3—泄水槽;4—出口消能段;5—上坝公路;6—土石坝

图5-2 侧槽溢洪道典型布置

(三)井式溢洪道

井式溢洪道由溢流喇叭口段、竖井段和泄洪隧洞段组成,见图5-3。水流从环形溢流堰流入喇叭口段,再通过竖井和泄洪隧洞段下泄。这种泄洪设施的主要建筑物是泄洪隧洞,其缺点是水流条件复杂,超泄能力小,容易产生空蚀和振动。在工程实践中,这种泄洪设施往往与导流隧洞相结合,较少专门布置井式溢洪道泄洪。

(四)虹吸式溢洪道

虹吸式溢洪道(见图5-4)是一种封闭式溢洪道,其工作原理是利用虹吸的作用泄水。当库水位达到一定的高程时,淹没了通气孔,曲管内的空气被水流带走,使曲管内产生真空,产生虹吸作用。这种溢洪道的优点是能自动调节上游水位,不需设置闸门。其缺点是

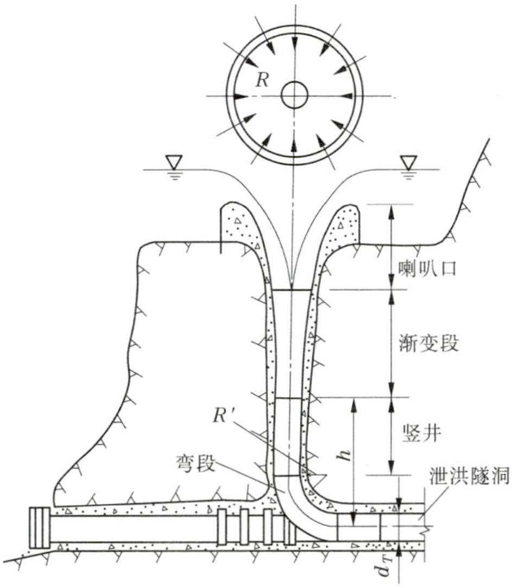

图 5-3　竖井式溢洪道示意图

超泄能力较小、施工复杂，工作可靠性较差，一般只适用于中小型工程。

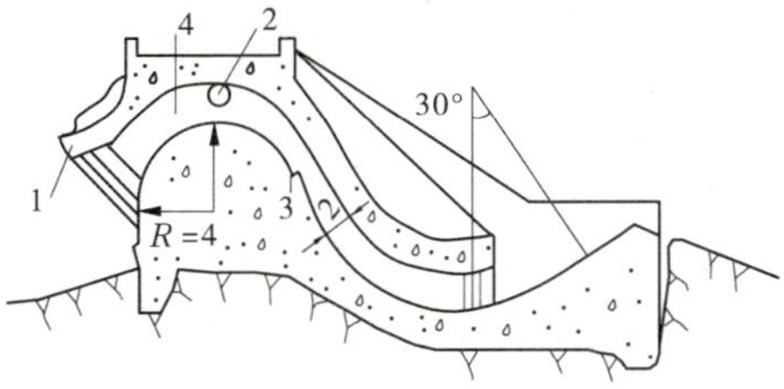

1—遮檐；2—通气孔；3—挑流坝；4—曲管

图 5-4　虹吸式溢洪道示意图　（单位：m）

二、河岸溢洪道的布置和形式选择

河岸溢洪道的位置、布置和形式选择是相互联系的，而且与坝址附近的地形、地质条件、水文条件、坝型、枢纽总体布置、施工及运用条件等密切相关，必须综合分析，通过技术经济比较后确定。

（一）正常溢洪道与非常溢洪道的布置

在进行溢洪道布置时，首先应根据各种条件从总体上对是否采用非常溢洪道及在布置和运用上分为主、副溢洪道进行论证。当具备有利的地形、地质条件，且技术上可行、经济上合理时，可采用非常溢洪道。此外，还可将正常溢洪道分为主、副溢洪道。正常溢洪道与非常溢洪道宜分开布置，如采用集中布置，需充分论证。

（二）地形条件

溢洪道的地形条件往往是决定溢洪道形式与布置的主要因素。选择溢洪道的位置时，应充分利用有利地形。如果离大坝不远的库岸有通向下游的马鞍形山垭口，其高程在正常蓄水位附近，垭口后面有长度不大的冲谷或溪沟直通原河道，出口离下游坝脚较远，这对工程的经济、安全及管理运用均有利，且易于解决下泄水流的归河问题，选择这种地形布置溢洪道是比较理想的，适用于各种坝型。我国修建的许多蓄水枢纽工程均利用库岸垭口修建溢洪道。

如果坝肩具有有利的地形条件，且高程适宜，可将溢洪道布置在坝肩上。这种布置形式，工程量省，对于土石坝枢纽还具有利用其开挖作为筑坝材料的优点，是一般常见的布置形式。这种布置形式不仅土石坝枢纽工程中采用较多，而且在狭窄河谷的混凝土坝枢纽中也采用这种布置。在土石坝枢纽中选择这种布置时应注意，坝肩附近的山坡应比较平缓，有足够宽度的地段经开挖后布置控制段；坝肩溢洪道与大坝相连的挡墙（包括导墙、接头、泄槽、边墙等）应保证安全可靠。

必须指出的是，在我国早期的土石坝建设中，由于坝的规模较小，坝址地点条件优越，天然砂砾石料、土料及天然石料资源丰富，天然筑坝材料较易解决，故上述对地形条件的一些考虑原则是适用于当时的具体情况。但近 20 年来，随着工程向西部转移，环境和生态保护的要求及自然资源的限制严格，天然砂石料和天然土料愈来愈难以就地取材。在这样的情况下，随着科学技术的进步、筑坝材料的应用范围越来越广，以及重型土石坝施工设备的发展，在高土石坝枢纽中已突破了上述的一些传统考虑，广泛采用大开挖溢洪道方式，将开挖的 80% 以上的有效方量用于大坝填筑，即在枢纽布置中采用土石方总体平衡的原则。这不仅有利于降低工程造价，缩短工期，也有利于减小环境污染。采用这种方式，溢洪道也应尽可能靠近坝体，最好布置在坝肩两岸。

以上情况说明，即使由地形条件选择溢洪道位置，也必须从枢纽总体布置考虑，做到枢纽总造价最小，工期短，经济指标优越。

当两岸山坡陡峻时，可将溢流堰沿岸坡等高线方向布置，在单宽开挖量增加不多的情况下，采用较大溢流前沿长度，以较小溢流水头宣泄较大流量，即采用侧槽溢洪道布置。

当由于地形条件限制，布置开敞式溢洪道确有困难时，也可采用开敞式进口、后接隧洞的布置形式。

（三）地质条件

地质条件往往是溢洪道工程成败的关键因素之一。溢洪道常见的工程地质问题是边坡稳定及溢洪道的地基稳定。

溢洪道边坡不稳定，可能导致堵塞或摧毁溢洪道，危及大坝安全，产生严重后果。在位置选择时，应尽量避免深挖形成高边坡。选择山垭口做溢洪道时，应特别注意鞍部两侧山坡的稳定性，决不允许泄洪时山坡崩塌。对于拱坝枢纽的坝肩溢洪道，其布置及泄流不得影响坝头及岸坡稳定。

溢洪道应布置在稳定的地基上，否则应采取工程处理措施。如果选择山垭口做溢洪道，山垭口的鞍部及其后坡是布置溢洪道的主要部位，故要求地基岩层坚固、完整、稳定，以减小砌护工程量，并有利于工程的安全。鞍部前坡也应稳定、完整，并具有较好的防渗性，以防止鞍部漏水对泄水槽底板产生过大的渗透压力，甚至造成难以处理的渗漏问题。溢洪道地基的稳定性还应结合岩层的产状及建库后水文地质条件的变化一并考虑，以保证工程安全和减少工程量。

(四)水力条件

溢洪道布置时,其轴线选择除考虑地形、地质条件外,还应考虑水力条件。为使水流顺畅,流态稳定,轴线一般宜取直线。如因地形、地质条件的要求而需转弯,应尽量在进水渠或出水渠段内设置弯道。

(五)枢纽布置

泄水建筑物的布置是枢纽布置的组成部分,故应从枢纽总体设计上考虑泄水建筑物布置。要注意协调泄水建筑物与发电、通航、灌溉、过木、过鱼等建筑物在布置上的矛盾,避免互相干扰,保证在各种工作条件下各建筑物均能正常工作。应特别注意避免泄流对河床和岸坡造成冲刷以及河道的淤积,或危及其他建筑物的安全,同时不应影响水电站及通航建筑物的运行。对于河谷狭窄的枢纽,应特别重视消能设施的布置及体形选择。此外,河岸溢洪道应尽量避免与渠道、道路及枢纽其他建筑物交叉,并有利于整个工程的协调及统一管理。

任务二 正槽溢洪道

知识要求

掌握正槽溢洪道结构组成(进水渠、控制段、泄槽、消能段及出水渠)、结构布置和尺寸拟定,掌握正槽溢洪道水力计算内容。

技能要求

能合理布置正槽溢洪道结构,初步拟定溢洪道结构尺寸,能熟练绘制溢洪道设计图。

正槽溢洪道一般由进水渠段、控制段、泄槽段、消能防冲设施和出水渠五个部分组成,其中控制段、泄槽段、消能防冲设施是溢洪道的主体,是不可缺少的部分,如图 5-5 所示。

一、进水渠设计

进水渠是控制堰前的一段引水渠道,具有进水及调整水流的作用。当控制段面临水库时,进水渠可用一喇叭形进水口代替。进水渠的设计原则是进流平顺、水头损失小,使控制堰有较大的泄流能力。

进水渠在平面上最好按直线布置,受地形、地质条件等因素影响需设置弯道时,弯道轴线的转弯半径不宜小于 4 倍渠底宽度。弯道与控制段之间应有 2 倍堰上水头的直线段过渡,以便水流均匀平顺地进入控制堰。

进水渠横断面一般按梯形断面布置,在控制段前缘过渡成矩形断面。进水渠应有足够的断面尺寸。一般可先拟定流速,由流速控制断面尺寸。进水渠内流速应大于渠道的不淤流速,而小于不冲流速,设计流速宜采用 3 ~ 5 m/s。在山势陡峭、开挖量较大的情况下,也可以采用 5 ~ 7 m/s。

岩基上的进水渠可不衬砌,当为了减小水头损失或防止严重风化时,也可用混凝土衬砌。

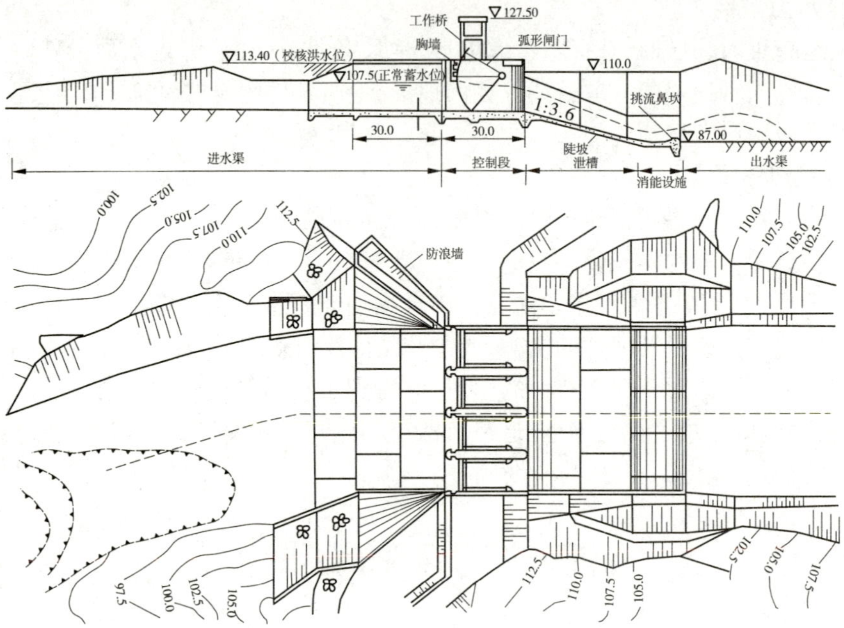

图 5-5　正槽溢洪道总体布置图　（单位：m）

进水渠的纵断面应布置成平坡或倾向水库的反坡。堰前渠底高程通常低于堰顶，当控制段采用实用堰时，一般比控制段堰顶高程低 0.5 H_s（H_s为堰面设计水头），以保持良好的入流条件和增大堰的流量系数。当控制段采用宽顶堰时，渠底高程可与堰顶齐平或略为降低。

二、控制段

控制段又称溢流堰段，其形式、尺寸和布置方式决定溢洪道的泄洪能力。

（一）堰型选择

溢流堰通常选用开敞或带胸墙的宽顶堰、实用堰及驼峰堰，开敞式溢流堰超泄能力强，宜优先选用。

1. 宽顶堰

宽顶堰的特点是结构简单，施工方便，水流条件稳定，但流量系数较小。适用于泄洪量不大的中、小型工程，堰型布置如图 5-6(a)所示。

2. 实用堰

实用堰流量系数大，泄水能力强，但施工相对复杂。在大、中型工程中，特别是在泄洪流量较大的情况下，多采用这种堰型，如图 5-6(b)所示。

我国采用最多的是 WES 标准剖面堰和克—奥剖面堰，堰面的水力学参数可从《水力学》或有关设计手册中查询。对于重要工程，其水力学参数应由水工模型试验进行验证或修正。

3. 驼峰堰

驼峰堰是一种复合圆弧低堰，如图 5-7 所示。其堰体较低，流量系数一般为 0.40 ~

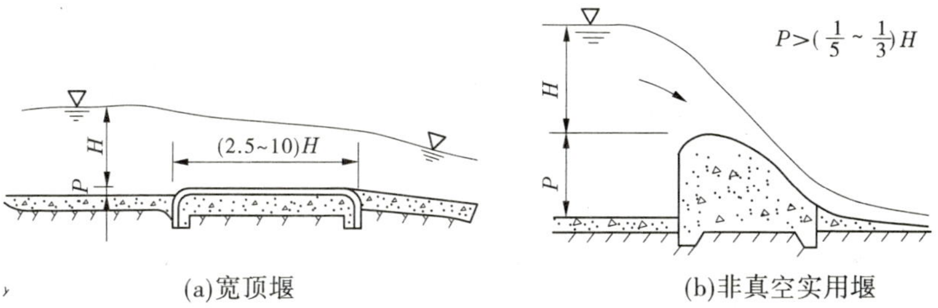

图 5-6　控制段堰型

0.46。设计与施工难度介于 WES 堰与宽顶堰之间，对地基要求相对较低，适用于软弱岩性地基。

（二）控制段尺寸

控制段尺寸主要是堰顶高程和泄水前缘长度。其设计方法与溢流重力坝基本相同。溢流堰顶部是否设置闸门，以及闸墩、底板、工作桥等的设计均与溢流坝或水闸相似，可参考有关章节内容。

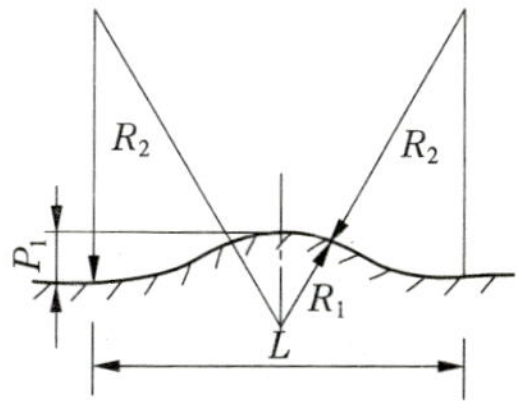

图 5-7　驼峰堰常见的剖面图

三、泄槽

正槽溢洪道在控制堰后采用泄槽与消能段相连。泄槽的水流处于急流状态，特点是高速、紊乱、掺气、惯性大，对边界变化非常敏感，易产生掺气、空蚀等问题，应注重泄槽的合理布置。

（一）泄槽的平面布置

泄槽在平面上应尽量按直线、等宽和对称布置，使水流顺畅。当泄槽较长，为减少开挖，可在泄槽的前端设收缩段、末端设扩散段，但必须严格控制。为了适应地形地质条件，减少工程量，泄槽轴线也可设置弯道。

（1）收缩角与扩散角。当泄槽的边墙向内收缩时，应严格控制其边墙的收缩角和扩散角，收缩角一般不宜大于 8°，扩散角一般不宜大于 6°。设计时，边墙的收缩角和扩散角可按式（5-1）计算，对重要工程应进行水工模型试验。

$$\tan\theta \leqslant \frac{1}{KFr} = \frac{\sqrt{gh}}{Kv} \tag{5-1}$$

式中　θ——边墙与泄槽中心线夹角，（°）；

K——经验系数，一般取 3.0；

Fr——扩散段或收缩段的起、止断面的平均弗劳德数；

h——扩散段或收缩段的起、止断面的平均水深，m；

v——扩散段或收缩段的起、止断面的平均流速，m/s。

（2）弯道设计。泄槽在平面上必须设弯道时，弯道应设置在流速较小、水流平稳、底坡较缓且无变化的地段。转弯时，应采用较大的转弯半径及适宜的转角。矩形断面弯道半径宜采用槽宽的 6 ~ 10 倍。

(二)泄槽的纵剖面布置

泄槽纵剖面设计主要是选择适宜的纵坡,其布置应尽量以工程量少、结构安全、水流流态良好为原则。

为了保证不在泄槽上产生水跃,纵坡不宜太缓,必须大于水流临界坡,但太陡的纵坡对其底板和边墙的自身稳定不利。常用的纵坡为1% ~5% 。

泄槽纵坡以一次坡的水力条件最佳,因此对于长度较短的泄槽,宜采用单一的纵坡。当泄槽较长时,为了适应地形地质条件,减少开挖量,泄槽沿程可以随地形地质变化而变坡,但变坡次数不宜过多,且以由缓变陡为好。

纵坡变坡处需用曲线相连接。纵坡由缓变陡时,为避免缓坡段末端射出的水流脱离陡坡段始端槽底而产生负压和空蚀的现象,在变坡处采用与水流轨迹相似的抛物线连接,如图 5-8 所示。抛物线方程按式(5-2)确定:

$$y = x\tan\theta + \frac{x^2}{K(4H_0\cos^2\theta)} \tag{5-2}$$

$$H_0 = h + \frac{\alpha v^2}{2g}$$

式中 x、y——以缓坡泄槽末端为原点的抛物线横、纵坐标,m;

H_0——抛物线起始断面的比能,m;

α——流速分布不均匀系数,通常取 $\alpha = 1.0$;

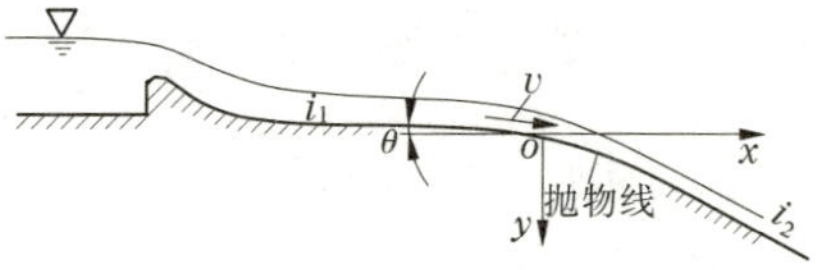

图 5-8 泄槽在变坡处采用抛物线连接

h——抛物线起始断面的水深,m;

v——抛物线起始断面的平均流速,m/s;

θ——变坡处前段坡角,(°);

K——系数,对于重要工程且落差较大者取 1.5,其余取 1.1 ~1.3。

纵坡由陡变缓时,应在变坡处用半径 R 不小于 3 ~6 倍水深的反弧段过渡。

(三)泄槽的横断面布置

岩基上泄槽的横断面一般按矩形布置,这种断面流态较好,特别是消能设施采用底流消能时,能保证较好的消能效果。当岩基较软弱破碎时,土基上的泄槽可按梯形断面布置,并加固边坡护面或用挡土墙护砌。边坡系数不应大于 1.5(以 1.1 ~1.5 为宜),以免水流外溢。

泄槽的边墙或衬护高度应按水流波动及掺气后的水深加安全超高确定,水流波动及掺气后的水深可按式(5-3)估算:

$$h_b = \left(1 + \frac{\zeta v}{100}\right)h \tag{5-3}$$

式中 h_b、h——计入和不计入波动及掺气的计算断面水深,m;

v——不计入波动及掺气时计算断面上的平均流速,m/s;

ζ——修正系数,一般取 1.0 ~1.4 s/m,当 $v > 20$ m/s 时宜取大值。

泄槽的安全超高可根据工程的规模和重要性决定,一般取 0.5 ~1.5 m。

泄槽弯道处由于离心力和冲击波共同作用形成横向水面高差，弯道外侧水面与中心线水面高差 Δz（见图 5-9）按式（5-4）计算：

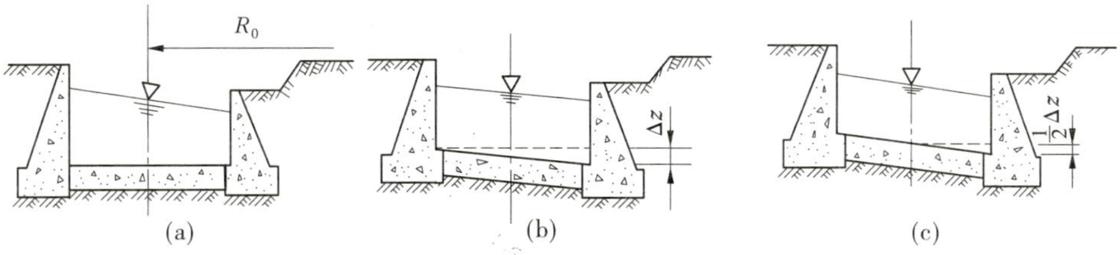

图 5-9 弯道横向水面超高

$$\Delta z = K\frac{v^2 b}{g r_0} \tag{5-4}$$

式中 Δz——横向水面高差，m；

K——超高系数；

v——计算断面平均流速，m/s；

b——计算断面水面宽度在水平方向的投影，m；

r_0——弯曲中心轴线对应的半径，m。

为消除弯道冲击的干扰，保持泄槽轴线底部高程和边坡高度，常将内侧渠底高程降低 Δz，外侧抬高 Δz 。

（四）泄槽的构造

1. 泄槽的衬砌

为了保护泄槽地基不受高速水流的冲刷和风化，泄槽一般都要进行衬砌。衬砌要求表面平整光滑，避免槽面产生负压和空蚀；分缝合理，接缝处止水可靠，防止高速水流钻入缝内将衬砌掀动；排水畅通，有效降低衬砌底面的扬压力而增加衬砌的稳定性。

泄槽一般采用混凝土衬砌；流速不大的中、小型工程也可以采用水泥浆砌条石或块石衬砌，但应适当控制砌体表面的平整度。

衬砌的厚度主要是根据工程规模、流速大小和地质条件决定的。混凝土衬砌厚度一般为 0.4 ~0.5 m，不应小于 0.3 m。当单宽流量或流速较大时，衬砌厚度应适当加厚，甚至可达 0.8 m。

为了防止温度变化应力引起温度裂缝，重要的工程常在衬砌表层纵横布置钢筋网，含筋率为 0.1% ~0.2%。岩基上的衬砌，在必要的情况下可布置锚筋插入新鲜岩层，以增加衬砌的稳定。锚筋的直径在 25 mm 以上，间距为 1.5 ~3.0 m，插入岩基 1.0 ~0.5 m。土基上的衬砌，由于土基与衬砌之间基本无黏着力，又不能采用锚筋，为增加衬砌的稳定，可适当增加衬砌厚度或增设上下游齿墙。

2. 衬砌的分缝与止水

为了控制温度裂缝的发生，除配置温度钢筋外，泄槽衬砌还需要在纵、横方向分缝，并与堰体及边墙贯通。岩基上的混凝土衬砌，由于岩基对衬砌的约束力大，分缝的间距不宜太大，一般采用 10 ~15 m。衬砌较薄时对温度影响较敏感，应取小值。

衬砌的接缝有平接、搭接和键槽接等多种形式，衬砌的纵缝一般采用平接的形式。横缝比纵缝要求高，宜采用搭接式；岩基较坚硬且衬砌较厚时也可采用键槽接。对可能发生不均匀沉降或不设锚筋的泄槽底板，应在底板的上游端或上下游端设置齿墙，见图5-10。

为防止高速水流通过缝口钻入衬砌底面，将衬砌掀动，所有的伸缩缝都应布置止水，其布置要求与水闸底板基本相同。

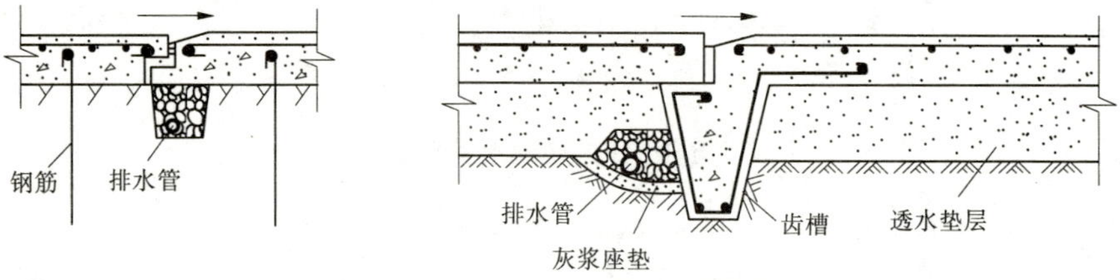

图5-10　接缝与排水的构造

3. 衬砌的排水

纵缝与横缝下面应布置排水设施，并且纵、横贯通，将渗水汇集到纵向排水内排往下游。横向排水通常是在岩基上开挖沟槽，并回填不易风化的碎石形成，沟槽尺寸一般采用0.3 m×0.3 m。纵向排水一般在沟内放置透水的混凝土管，直径10～20 cm，管径视渗水多少而定，为确保排水畅通，纵向排水管至少布置两排。管与横向排水沟的接口不封闭，以便收集横向渗水，管周填满不易风化的碎石，顶面盖上木板或沥青油毛毡，防止浇筑衬砌时砂浆进入造成堵塞。小型工程也可以按横向排水方法布置。

4. 泄槽边墙的构造

边墙本身无须设置纵缝，但多在与边墙接近的底板设置纵缝（见水闸分离式底板布置）；边墙的横缝间距与底板一致，缝内设止水和排水，排水应与底板下面横向排水连通。

四、消能防冲设施

溢洪道泄洪，一般情况下单宽流量大、流速高、能量集中，因此溢洪道应根据地形、地质、下游河道水流等条件妥善布置消能防冲设施。

河岸溢洪道的消能防冲设施一般采用挑流消能或底流消能。

挑流消能一般适用于岩石地基的中、高水头枢纽。当地形、地质条件允许时，优先考虑挑流消能，以节省消能防冲设施的工程投资。

溢洪道挑流鼻坎的常用形式有等宽挑坎和差动式挑坎等。挑流鼻坎由连续面板与齿墙组成。挑流鼻坎齿墙的结构形式一般有两种，即重力式和衬砌式，如图5-11所示，前者适用于较软弱岩基或土基，后者适用于坚实完整岩基。

采用挑流消能时，应考虑挑射水流的雾化对枢纽其他建筑物运行的影响，有关计算内容和方法与重力坝相关内容类似。

挑流鼻坎上还常设置通气孔和排水孔，如图5-12所示。通气孔的作用是从边墙顶部孔口向水舌补充空气，以免形成真空影响挑距或造成结构空蚀。坎上排水孔用来排除反弧段积水；坎底排水孔则用来排放地基渗水，降低扬压力。

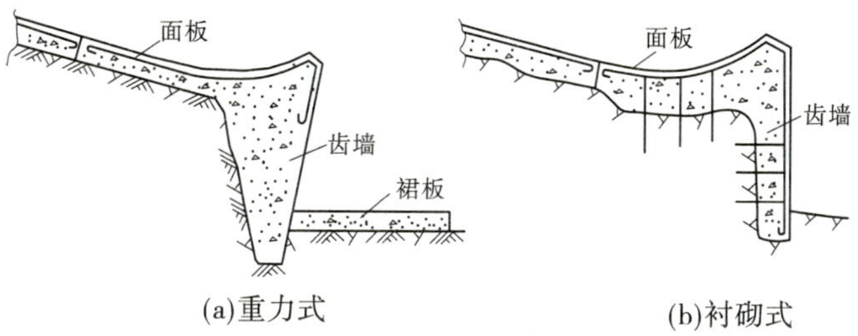

图 5-11　挑流鼻坎的构造

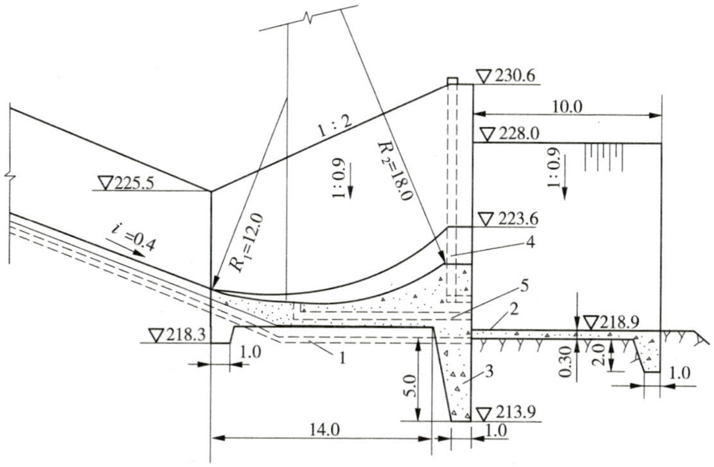

1—纵向排水;2—护坦;3—混凝土齿墙;4—通气孔;5—排水管

图 5-12　溢洪道挑流鼻坎布置图　(单位:m)

底流消能适用于土基或软弱岩基,其消能原理和布置与水闸相应内容基本相同。

五、出水渠

出水渠的作用是将消能后的泄水平顺地引入下游河床。出水渠的布置优先考虑利用天然的冲沟或河沟,并采取必要的工程措施加以修整。当消能防冲设施直接与河床连接时,可不另设出水渠。采用挑流消能时,通常不需设置出水渠。

六、正槽溢洪道水力计算

溢洪道各部分的形状与尺寸拟定后,应验算其泄流能力并进行水面线与消能计算。

(一)进水渠的水力计算

进水渠水力计算的任务是计算渠内水面线,确定进水渠边墙高程。当进水渠流速 $v>3.0$ m/s 时,进水渠沿程断面糙率变化比较大,需用明渠非均匀流公式进行计算。进水渠起始断面可选择在堰前(3 ~4)H(堰上水头)处(见图 5-13),首先计算起始断面的水深 h_1、流速 v_1(用式(5-5)试算)。第二步假定分段末端水深为 h_2,并求出 v_2,采用式(5-6)计算分段长度直至各段长度合计等于渠道全长,以此推算进水渠水面线。

$$h = H_0 + P_1 - \frac{v^2}{2g}$$

$$v = \frac{Q}{A} = \frac{Q}{bh + mh^2} \tag{5-5}$$

$$\Delta L_{1-2} = \frac{\left(h_1 + \frac{\alpha_1 v_1^2}{2g}\right) - \left(h_2 + \frac{\alpha_2 v_2{}^2}{2g}\right)}{i - \overline{J}} \tag{5-6}$$

其中
$$\overline{J} = \frac{\overline{v}^2}{\overline{C}^2 \overline{R}}$$

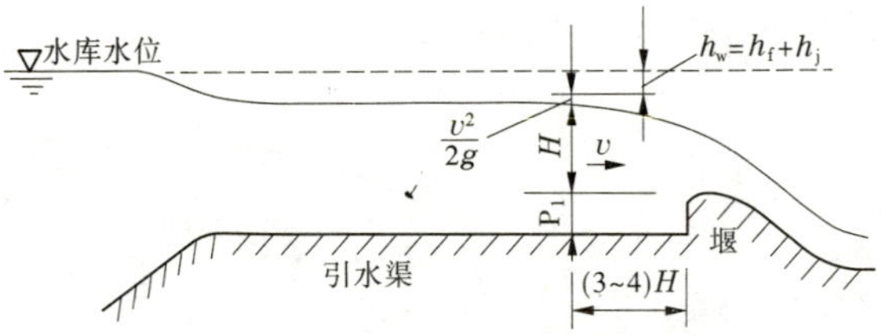

图 5-13　进水渠水力计算图

(二)控制段的水力计算

控制段水力计算的任务是校核溢流堰过流能力。溢流堰选用实用堰($0.67H<\delta<2.5H$)或宽顶堰($2.5H<\delta<10H$),泄流能力校核均采用堰流公式。

当堰顶长度 $\delta>10H$ 时,水流流态已不属于宽顶堰流,应按明渠非均匀流计算。如图 5-14所示,控制段为一平坡或缓坡接陡坡,水流有缓流变为急流,在两坡交接处,水深近似为 h_k,取断面 1—1、2—2 列能量方程:

$$h + \frac{v^2}{2g} = h_k + \frac{v_k{}^2}{2g} + h_f \tag{5-7}$$

式中　h_f——两断面间的沿程水头损失。

计算时先假定 h,按式(5-8)求流量 Q:

$$Q = \varphi Bh\sqrt{2g(H-h)} \tag{5-8}$$

式中　φ——流速系数,一般取 0.96;

B——进口 2—2 断面渠底宽;

H——库水位与渠底高差。

用式(5-8)求得 Q 后,即可求得 v、h_k、v_k 及 h_f,代入式(5-7),如左右相等,h、Q 即为所求值;如不相等,再假设 h 重新试算。其中,h_k、h_f的计算公式如下:

$$\left.\begin{aligned} h_k &= \sqrt[3]{\frac{Q_k{}^2}{B_k{}^2 g}} \\ h_f &= \frac{\overline{v}^2 n^2 L}{\overline{R}^{\frac{4}{3}}} \end{aligned}\right\} \tag{5-9}$$

(三)泄槽的水力计算

泄槽的水力计算是在确定了泄槽的纵向及断面尺寸以后,根据流量推算水面线,以确

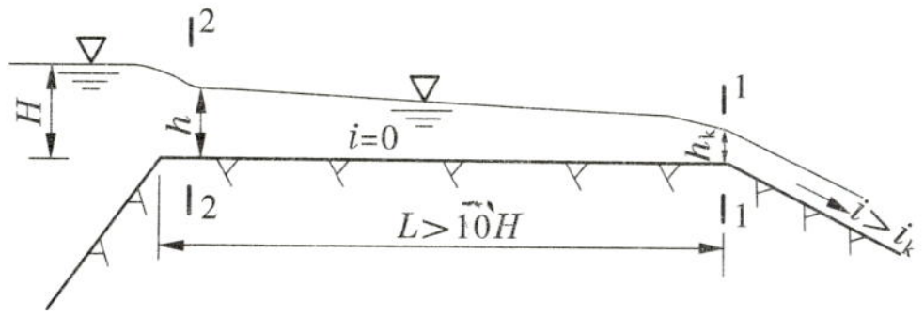

图 5-14　水力计算示意图

定边墙高度。泄槽水面线计算采用分段求和法，其主要问题是确定起始断面，起始断面一般都在泄槽的起点，水面线的计算从该点向下游逐段进行。当泄槽上游接宽顶堰、缓坡明渠或过渡段时，见图 5-15，起始断面水深为临界水深 h_k；当泄槽上游接实用堰或陡坡明渠时，见图 5-16，起始断面水深定在堰下收缩断面或泄槽首端以下 $3h_k$ 处，其值 h_1 小于 h_k，可按下式计算：

$$h_1 = \frac{q}{\varphi\sqrt{2g(H_0 - h_1\cos\theta)}} \tag{5-10}$$

式中　q——起始计算断面单宽流量，$m^3/(s \cdot m)$；

H_0——起始计算断面渠底以上总水头，m；

θ——泄槽堤坡坡度；

φ——起始计算断面流速系数，取 0.95。

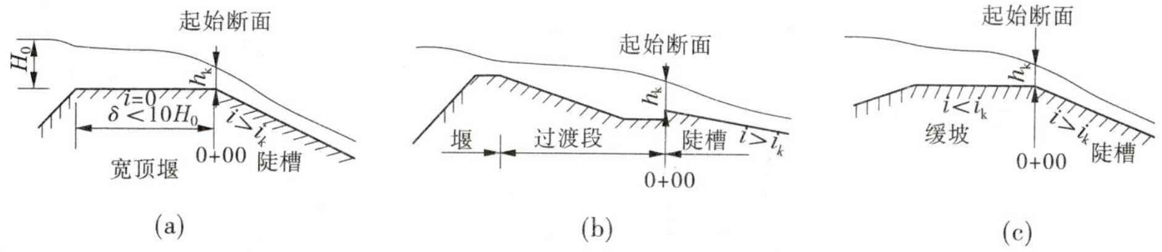

图 5-15　泄槽起始断面水深 h_1 示意图(一)

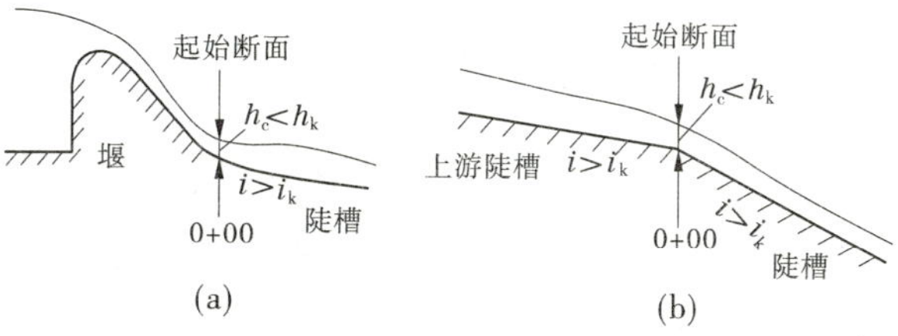

图 5-16　泄槽起始断面水深示意图(二)

(四)消能设计的水力计算

泄槽消能设计的水力计算参考重力坝挑流消能设计与水闸底流消能设计的内容。

任务三　侧槽溢洪道

知识要求

掌握侧槽溢洪道结构设计要求、结构布置特点和尺寸拟定，了解侧槽溢洪道水力计算内容。

技能要求

能根据规范要求合理进行侧槽溢洪道结构布置。

一、侧槽溢洪道的布置特点

侧槽溢洪道一般由控制段、侧槽、泄槽、消能防冲设施和出水渠组成,见图5-17,一般适用于坝肩山头较高,岸坡较陡,不利于布置正槽溢洪道且泄流量相对较小的情况。

侧槽溢洪道与正槽溢洪道相比,主要区别在于侧槽部分,其他部分基本相同。侧槽溢洪道的溢流堰可采用实用堰、宽顶堰和梯形堰,但采用实用堰较多。

侧槽溢洪道的溢流堰可大致沿地形等高线布置,并沿河岸向上游延伸,从而可以减少开挖量,但其水流是进槽水流从侧向进流,纵向泄流,进堰水流首先冲向对面的槽壁,再向上翻腾,产生漩涡,逐渐转向再泄经下游,形成一种不规则的复杂流态,与下游水面衔接难以控制,给侧槽的布置造成困难。

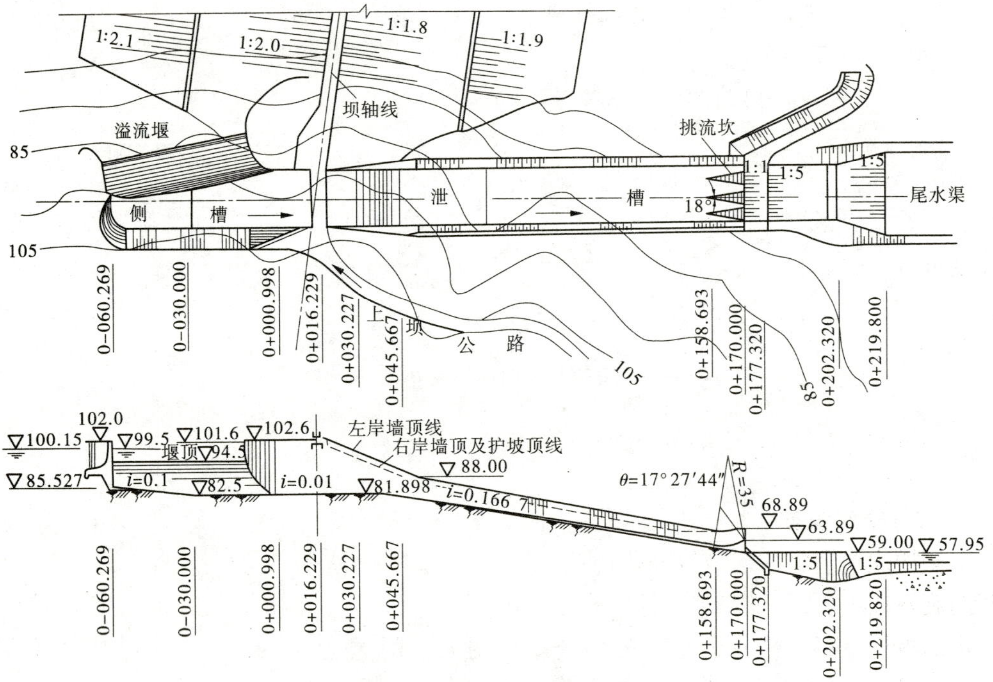

图5-17 侧槽溢洪道总体布置图 (单位:m)

二、侧槽尺寸设计

侧槽中流量沿程增加,到末端断面达到设计流量。设计时应根据侧向进水、纵向泄流的水力特点,选定沿程各断面的形式、尺寸和槽底纵坡。侧槽设计的原则:侧槽中水流应处于缓流状态,侧槽中的水面高程应保证溢流堰为自由出流,以确保侧槽的出流能力和稳定流态。有关尺寸参数如图5-18所示。

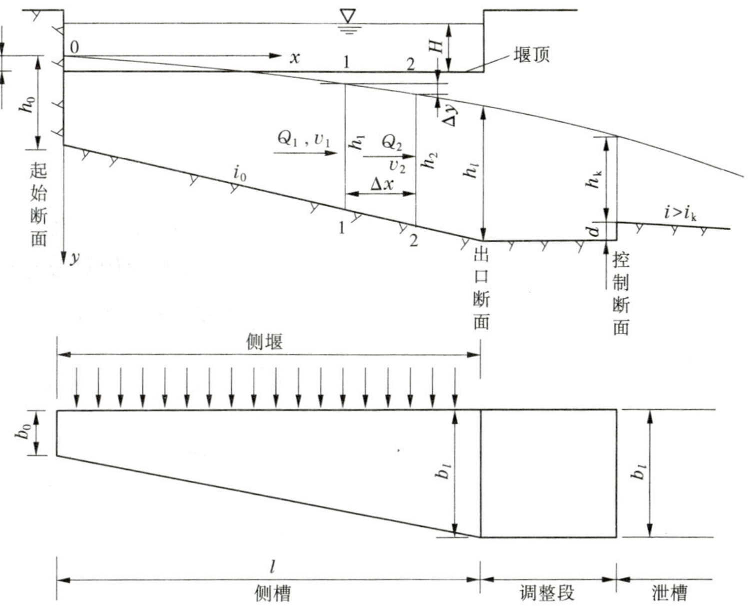

图 5-18 侧槽水力计算简图

(一) 堰长

侧槽堰长 l（即溢流前缘长度）与堰型、堰顶高程、堰顶水头和溢洪道的最大设计流量有关。堰型应根据工程规模、流量大小选择，对于大、中型工程一般选择实用堰。溢流堰长度可按下式计算：

$$l = \frac{Q}{m\sqrt{2g}H_0^{\frac{3}{2}}} \tag{5-11}$$

式中 Q——溢洪道的最大泄流量，m^3/s；

H_0——计入行近流速堰顶水头，m；

m——流量系数，与堰型有关。

(二) 槽底纵坡

侧槽应有适宜的纵坡以满足泄洪要求。由于过堰水流的大部分能量消耗于槽内水体间的旋转撞击，水流的顺槽流速完全取决于水体的自重和水力坡降。因此，槽底纵坡应有一定的坡度。当纵坡 i 较陡时，槽内水流为急流，水流不能充分掺混消能，因此槽底纵坡应小于槽末断面水流的临界坡，槽内水流为缓流。初步拟定时，一般采用槽底纵坡为 0.01 ~ 0.05，最大以不超过 0.1 为宜。

(三) 侧槽横断面

由于岸坡较陡，侧槽的横断面宜按窄深式布置。这样有利于增加槽内水深，稳定流态。在陡峭的山坡上，窄深断面要比宽浅断面节省开挖量。以图 5-19 为例，如窄深断面过水面积为 $A_1 + A_4$，宽浅断面过水面积为 $A_2 + A_4$，当 $A_1 = A_2$时，窄深断面可节省开挖面积 A_3。

为了适应流量沿程不断增加的特点，侧槽横断面底宽应沿侧槽轴向自上而下逐渐加大。首先，根据地形地质条件通过工程类比法初选若干起始断面底宽 b_0，并经过经济比较确定。侧槽末端断面底宽 b_l 可按 b_0/b_l 确定。一般来说，b_0/b_l 值愈小，侧槽开挖量愈省。但是，b_0/b_l 过小时，由于槽底需要开挖较深，调整段的工程量也相应增加。因此，合理的 b_0/b_l 值应根据槽址的地形地质条件通过经济比较确定。通常的 b_0/b_l 值宜采用0.5～1.0。采用机械施工时，b_0 的最小值应满足施工最小宽度要求。

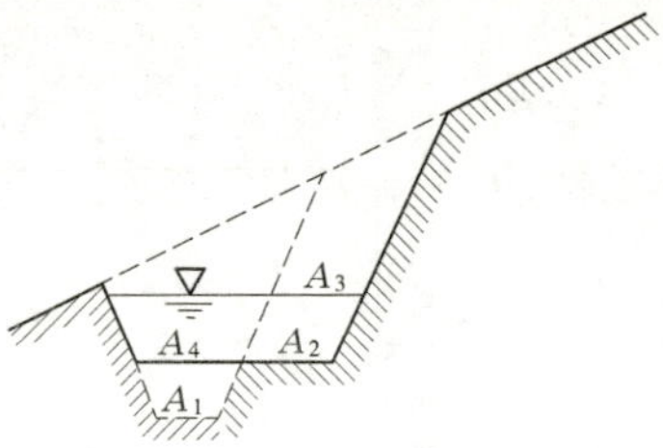

图 5-19　不同侧槽断面挖方量比较图

侧槽靠岸一侧的边坡以较陡为宜，一般采用 $m_1=0.3\sim0.5$；靠溢流堰一侧，一般可采用 $m_2=0.5$ 左右。

（四）槽底高程

侧槽的槽底高程，以满足溢流堰为非淹没出流和减少开挖量作为控制条件。由于侧槽沿程水面为一降落曲线，因此确定槽底高程的关键所在是首先确定侧槽起始断面水面高程，并由该水面高程减去断面水深 h_0（见图 5-18）求得该处的槽底高程。

试验研究结果表明：为节省开挖量，适当提高槽底高程，常取侧槽起始断面水位高出堰顶 h_s（见图 5-18），而 $h_s=0.5H$，据此确定槽底高程。

三、侧槽水力计算要点

侧槽水力计算的任务是水面曲线计算，从而选择适宜的侧槽底板纵坡 i 和断面尺寸。

根据水库调洪演算确定的溢洪道设计流量 Q、堰顶高程和水头 H，选定允许淹没水深 h_s、侧槽变坡系数 m、底宽变率 b_0/b_l、槽底纵坡 i_0 和末端水深 h_l 按下述步骤进行侧槽的水力计算。

（1）选择堰型，根据最大设计流量 Q_{max} 和相应的设计水头 H_{max} 计算溢流前缘净长度 l。

（2）根据设计流量和控制断面宽度 b_k（$b_k=b_l$），计算控制断面的临界水深 h_k，进而计算侧槽末端水深 h_l。

（3）根据侧槽末端水深 h_l、控制断面临界水深 h_k 和底宽 b_0、b_l，计算相应断面流速 v_l、v_k，并由式（5-12）确定控制断面坎高 d：

$$d=(h_l-h_k)-(1+\zeta)\left(\frac{v_k^{\ 2}-v_l^{\ 2}}{2g}\right) \tag{5-12}$$

式中　h_l、v_l——侧槽末端水深和流速；

h_k、v_k——侧槽控制断面临界水深和流速；

ζ——局部水头损失系数，可取0.2。

（4）将侧槽沿程划分为若干计算段，定出若干断面（断面编号从始端开始依次编为1、2、3、4、…），近似按式（5-13）计算各断面流量 Q_i：

$$Q_i=qX_i \tag{5-13}$$

式中　q——单宽流量，近似取 $q=Q/l$，$m^3/(s\cdot m)$；

Q——设计流量，m^3/s；

l——溢流堰净长，m；

X_i——计算断面至侧槽始端水平距离，m；

Q_i——计算断面流量,m^3/s。

(5)侧槽水面曲线推算。侧槽水面曲线推算是从侧槽末端水深 h_l 向上游推算,如图 5-20所示,相邻两计算断面的水深关系可按式(5-14)求得:

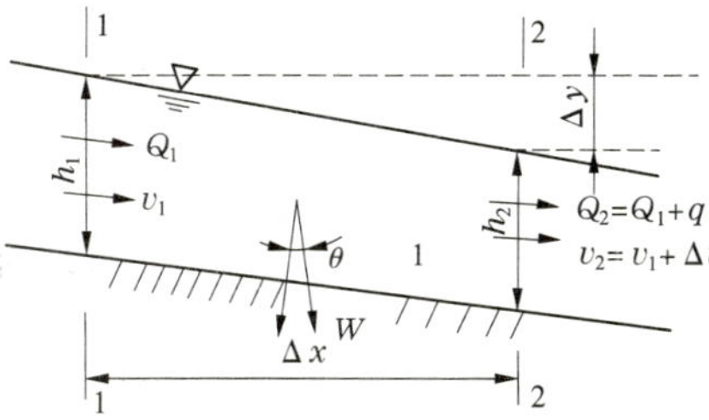

图 5-20　水力计算示意图

$$h_i = h_{i+1} + \Delta y - \Delta x_i \tan\theta_i \tag{5-14}$$

式中　h_i、h_{i+1}——相邻两计算断面水深;

Δx_i——相邻两计算断面水平距离;

θ_i——侧槽底面与水平面的夹角;

Δy——相邻两计算断面水面差。

当侧槽纵坡很小时,$i_0 = \theta_i \approx \tan\theta_i$,此时式(5-14)可简化为如下形式:

$$h_i = h_{i+1} + \Delta y - i_0 \Delta x_i \tag{5-15}$$

在槽中不发生水跃的情况下,相邻两计算断面落差可由动量原理推出的差分公式计算:

$$\Delta y = \frac{(v_1 + v_2)}{2g}\left[(v_2 - v_1) + \frac{Q_2 - Q_1}{Q_1 + Q_2}(v_1 + v_2)\right] + \bar{J}\Delta x \tag{5-16}$$

$$\bar{J} = \frac{n^2 \bar{v}^2}{\bar{R}^{4/3}}$$

式中　v_1、v_2——相邻两计算断面的流速;

Q_1、Q_2——相邻两计算断面的流量;

$\bar{J}$——两计算断面的平均摩阻比降;

$\bar{R}$——相邻两计算断面的平均水力半径,$\bar{R} = \dfrac{R_1 + R_2}{2}$;

n——侧槽底板糙率,混凝土为0.011~0.017,岩石为0.025~0.045;

$\bar{v}$——相邻两计算断面的平均流速,$\bar{v} = \dfrac{v_1 + v_2}{2}$。

(6)槽底高程确定。首先要确定泄槽起始断面高程;然后按选定的侧槽纵坡确定其他断面底部高程。起始断面槽底高程可根据侧槽首端溢流堰允许的淹没水深 h_s,定出侧槽起始断面水位,由该水位减去相应水深求得该截面底部高程。其他断面槽底高程可按槽底纵坡确定。

任务四 非常溢洪道

知识要求

掌握漫流式、自溃式、爆破引溃式非常溢洪道的应用区别，了解漫流式、自溃式、爆破引溃式非常溢洪道的特点。

技能要求

能识读非常溢洪道工程结构图。

当地形、地质条件合适时，溢洪道可布置为正常溢洪道与非常溢洪道。非常溢洪道用于宣泄超设计标准的洪水，两者宜分开布置。由于超标准洪水出现的概率极小，宣泄时间也不长，所以非常溢洪道结构比较简单，除控制段和泄洪能力不能降低标准外，其余部分都可以简化布置。如泄槽可不衬砌，消能防冲设施可不布置，以获得全面综合的经济效益。

非常溢洪道一般分为漫流式非常溢洪道、自溃式非常溢洪道和爆破引溃式非常溢洪道。

非常溢洪道的位置应与大坝保持一定的距离，以泄洪时不影响其他建筑物为控制条件。为了防止泄洪造成下游的严重破坏，当非常泄洪道启用时，水库最大总下泄流量不应超过坝址相同频率的天然洪水量。

一、漫流式非常溢洪道

漫流式非常溢洪道的布置与正槽溢洪道类似，堰顶高程应选用与非常溢洪道启用标准相应的水位高程，控制段可不设闸门控制，任凭水流自由漫流。控制段设计标准应与正槽溢洪道控制段相同，控制段下游的泄槽和消能防冲设施可根据具体情况简化。溢流堰过水断面通常做成宽浅式，多设于垭口或地势平坦处，以减少土石方开挖量。

二、自溃式非常溢洪道

自溃式非常溢洪道是在溢流堰上设自溃坝，自溃坝平时可起挡水作用，但当库水位达到一定的高程时应能迅速自溃行洪，故坝体材料宜选择无黏性细砂土，压实标准不高，易自溃。自溃式非常溢洪道结构简单，施工方便，造价低廉，但其灵活性较差，溃坝具有偶然性，可能造成自溃时间的提前或滞后。自溃式非常溢洪道有漫顶溢流自溃式和引冲自溃式两种形式。

漫顶溢流自溃式非常溢洪道由自溃坝、溢流堰和泄槽组成。坝体自溃后露出溢流堰，由溢流堰控制泄流量，如图5-21所示。

引冲自溃式非常溢洪道也是由自溃坝、溢流堰和泄槽组成，在坝顶中部或分段中部设引冲槽，如图5-22所示。当库水位超过引冲槽底部高程后，水流经引冲槽向下游泄放，并把引冲槽冲刷扩大，使坝体自溃泄洪。

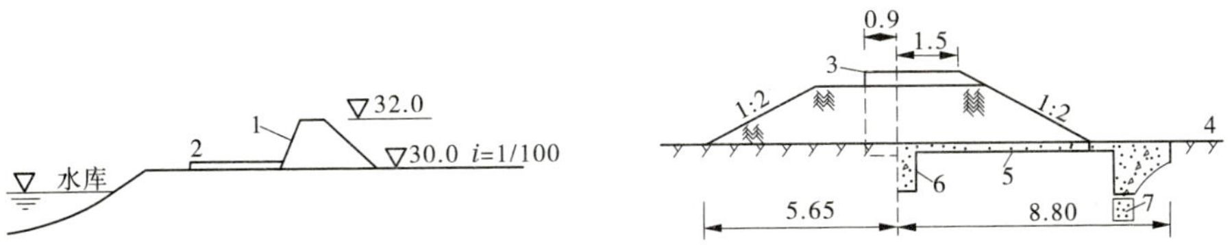

(a)国内某水库非常溢洪道示意图　(b)国外某水库漫顶自溃堤断面图

1—土堤;2—公路;3—自溃堤各段间隔墙;4—草皮护面;5—0.3 m厚的混凝土护面;
6—0.6 m厚、1.5 m深的混凝土截水墙;7—0.6 m厚、3.0 m深的混凝土截水面

图5-21　漫顶自溃式非常溢洪道进水口断面图　(单位:m)

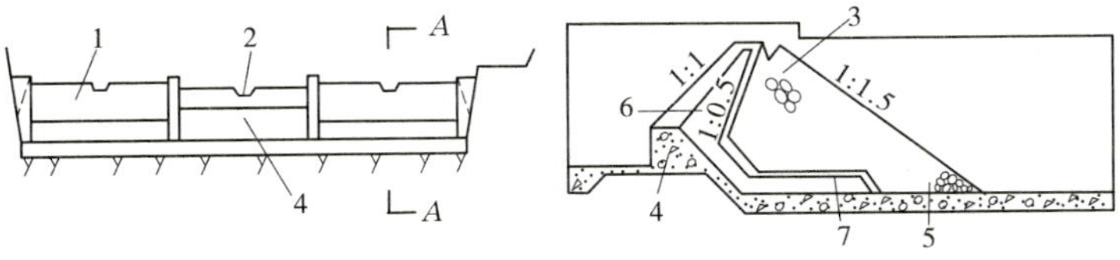

(a)上游立视图　(b) A—A剖面图

1—自溃堤;2—引冲槽;3—引冲槽底;4——混凝土堰;
5—卵石;6—黏土斜墙;7—反滤层

图5-22　某水库引冲自溃式非常溢洪道

自溃式非常溢洪道溢流前缘较长时,可设隔墙将自溃坝分隔为若干段,各段坝顶高程应有差异,形成分级分段启用的布置方式,以满足库区出现不同频率稀遇洪水的泄洪要求。

三、爆破引溃式非常溢洪道

与自溃式非常溢洪道类似,爆破引溃式非常溢洪道是由溢洪道进口的副坝、溢流堰和泄槽组成的。当需要宣泄洪水时,引爆预先埋设在副坝药室或廊道内的炸药,利用爆破的能量把布置在溢洪道进口的副坝强行炸开决口,形成引冲槽,并炸松决口以外坝体,通过快速水流的冲刷,使副坝迅速溃决而泄洪。由于这种引溃方式是由人工操作的,因而使坝体溃决有可靠的保证。

习　题

一、填空题

1. 河岸溢洪道的主要类型有______、______、井式和虹吸式四种。
2. 正槽溢洪道通常由______、______、______、消能防冲设施、出水渠等部分组成。
3. 侧槽溢洪道通常由______、______、______、消能防冲设施、出水渠等部分组成。
4. 非常溢洪道一般分为______、______、爆破引溃式三种。
5. 溢流堰的主要形式有______、______、驼峰堰和折线形堰。

二、单项选择题

1. 关于实用溢流堰上游堰高 P 和定型设计水头 H_d 的比值 P/H_d 与流量系数 m 的关系正确的是(　　)。

A. 高堰的流量系数 m 随 P/H_d 减小而降低

B. 高堰的流量系数 m 接近一个常数

C. 低堰的流量系数 m 随 P/H_d 减小而升高

D. 低堰的流量系数 m 接近一个常数

2. 对于正槽溢洪道的弯道泄槽,为了保持泄槽轴线的原底部高程及边墙高不变,以利施工,则应采用下列措施(　　)。

A. 外侧渠底抬高 Δh,内侧渠底降低 Δh

B. 外侧渠底降低 Δh,内侧渠底抬高 Δh

C. 外侧渠底抬高 Δh,内侧渠底抬高 Δh

D. 外侧渠底降低 Δh,内侧渠底降低 Δh

(Δh 为外墙水面与中心线水面高差)

3. 陡坡泄槽 $i > i_k$,当水深 $h_0 < h < h_k$(h_0 为正常水深,h_k 为临界水深),泄槽水面曲线为(　　)。

A. a 型壅水曲线　　B. b 型降水曲线

C. c 型壅水曲线　　D. 均可发生

4. 为了减少侧槽的开挖量,下列措施不对的有(　　)。

A. 侧槽宜采用窄深工式,靠岸一侧边坡宜陡些

B. 允许始端侧槽内水面高出堰顶 $0.5H$ (H 为堰上水头)

C. 侧槽宜采用宽浅式

D. b_0/b_1 应小些,一般为 0.5 ~ 1.0(b_0 和 b_l 为侧槽始端与末端底宽)

三、简答题

1. 河岸溢洪道如何进行位置的选择?
2. 溢流堰有几种形式? 各有什么特点?
3. 泄槽的水力特征是什么?
4. 泄槽衬砌应满足什么要求?
5. 如何选择河岸溢洪道的消能方式?
6. 正槽溢洪道的水力计算包括哪些内容?
7. 为什么要设置非常溢洪道? 非常溢洪道有哪几种形式?

项目六 水 闸

项目任务书

<table>
<tr><td colspan="2">项目名称</td><td>项目六 水 闸</td><td>参考学时</td><td>22 学时</td></tr>
<tr><td colspan="2" rowspan="9">教学任务</td><td colspan="2">任务一 水闸的认知</td><td>2 学时</td></tr>
<tr><td colspan="2">任务二 闸址选择和闸孔布置</td><td>2 学时</td></tr>
<tr><td colspan="2">任务三 水闸的消能防冲设计</td><td>4 学时</td></tr>
<tr><td colspan="2">任务四 水闸的防渗排水设计</td><td>4 学时</td></tr>
<tr><td colspan="2">任务五 闸室的布置和构造</td><td>2 学时</td></tr>
<tr><td colspan="2">任务六 闸门与启闭机</td><td>1 学时</td></tr>
<tr><td colspan="2">任务七 水闸的稳定分析与地基处理</td><td>4 学时</td></tr>
<tr><td colspan="2">任务八 闸室的结构设计</td><td>2 学时</td></tr>
<tr><td colspan="2">任务九 水闸的两岸连接建筑物</td><td>1 学时</td></tr>
<tr><td colspan="2">学习任务</td><td colspan="3">让学生理解并掌握水闸的工作特点、闸孔设计、消能防冲设计、渗流计算、稳定计算分析、闸室结构计算、常见闸基处理方法;熟悉常见闸门类型及启闭机类型</td></tr>
<tr><td colspan="2">教学内容</td><td colspan="3">1. 水闸的定义、工作特点和类型。
2. 水闸孔口尺寸的确定方法及验算泄流能力的方法。
3. 水闸下游消能防冲设计方法。
4. 地下轮廓线的概念及渗流计算方法。
5. 水闸的布置和构造。
6. 水闸的稳定计算方法及提高闸室抗滑稳定性的方法。
7. 闸基应力计算方法。
8. 闸底板的结构计算方法(倒置梁法、弹性地基梁法)。
9. 闸墩的结构计算。
10. 软土地基处理的常用方法。
11. 掌握两岸连接建筑物的平面布置形式。
12. 闸门与启闭机类型</td></tr>
<tr><td rowspan="3">教学目标</td><td>知识</td><td colspan="3">1. 掌握水闸的定义、工作特点和类型。
2. 掌握水闸孔口尺寸的确定方法及验算泄流能力的方法。
3. 掌握水闸下游消能防冲设计方法。
4. 掌握水闸渗流计算方法。
5. 掌握水闸的布置和构造。
6. 掌握水闸的稳定计算方法及提高闸室抗滑稳定性的方法。
7. 掌握闸基应力计算方法。
8. 掌握闸底板的结构计算方法(倒置梁法、弹性地基梁法)。
9. 了解闸墩的结构计算。
10. 掌握软土地基处理的常用方法。
11. 掌握两岸连接建筑物的平面布置形式,结构形式。
12. 了解闸门与启闭机</td></tr>
<tr><td>技能</td><td colspan="3">1. 水闸的孔口尺寸拟定及泄流验算能力。
2. 水闸下游消能防冲建筑物的设计能力。
3. 水闸地下轮廓线布置及渗流计算能力。
4. 水闸的布置及构造尺寸拟定能力。
5. 水闸的稳定计算能力。
6. 闸基应力的计算能力。
7. 两岸连接建筑物的平面布置能力及断面尺寸拟定能力。
8. 闸底板的结构计算能力</td></tr>
<tr><td>态度</td><td colspan="3">1. 能按时上课,遵守课堂纪律,积极回答课堂问题,按时上交作业。
2. 课下能配合小组积极完成老师布置的各项任务。
3. 同学间能对疑难问题相互讨论。
4. 能勇于表达个人的观点和见解</td></tr>
</table>

任务一　水闸的认知

知识要求

掌握水闸的定义、工作特点和类型及水闸的组成。

技能要求

会分析实际工程中的水闸所属类型。

水闸是一种利用闸门的启闭来调节水位、控制流量的低水头水工建筑物，具有挡水和泄水的双重功能。它是农田水利中的龙头工程，常与堤坝、船闸、鱼道、电站、抽水站等建筑物组成水利枢纽，以满足防洪、排洪、航运、灌溉及发电的要求。

新中国成立以来，为防洪、排涝、灌溉、挡潮及供水、发电等各种目的，修建了上千座大中型水闸和难以计数的小型涵闸，促进了工农业生产的不断发展，给国民经济带来了很大的效益，并积累了丰富的工程经验。1988 年建成的长江葛洲坝水利枢纽，其中的二江泄洪闸，共 27 孔，闸高 33 m，最大泄量达 83 900 m^3/s，位居全国之首，运行情况良好。目前世界上最高和规模最大的荷兰东斯海尔德挡潮闸，共 63 孔，闸高 53 m，闸身净长 3 000 m，连同两端的海堤，全长 4 425 m，被誉为“海上长城”。我国大多数水闸建成于 20 世纪 50 ~ 70 年代，由于建设、运行、管理及环境等方面的原因，目前水闸存在着各种安全隐患，据不完全统计，我国水闸的病险比例高达 2/3。

一、水闸的类型

水闸的种类很多，通常按其所承担的任务和闸室的结构形式来进行分类。

（一）按水闸所承担的任务分类

（1）节制闸（或拦河闸）。拦河或在渠道上建造。枯水期用以拦截河道，抬高水位，以利上游取水或航运；洪水期则开闸泄洪，控制下泄流量。位于河道上的节制闸也称为拦河闸，如图 6-1 所示。

（2）进水闸。建在河道、水库或湖泊的岸边，用来控制引水流量，以满足灌溉、发电或供水的需要。进水闸又称取水闸或渠首闸，通常与拦河闸配套实现引水功能，如图 6-1 所示。

（3）分洪闸。常建于河道的一侧，用来将超过下游河道安全泄量的洪水泄入预定的湖泊或洼地，及时削减洪峰，保证下游河道的安全，如图 6-1 所示。

（4）排水闸。常建于江河沿岸，外河水位上涨时关闸以防外水倒灌，外河水位下降时开闸排水，排除两岸低洼地区的涝渍。该闸具有双向挡水且有时双向过流的特点。排水闸属于穿堤建筑物，与堤坝下的涵管配套实现排水功能，这种涵管与水闸组成的建筑物叫作涵闸，如图 6-1 所示。

（5）挡潮闸。建在入海河口附近，涨潮时关闸使海水不沿河上溯，退潮时开闸泄水。挡潮闸具有双向挡水的特点，如图 6-1 所示。

（6）分水闸。分水闸是干渠以下各级渠道渠首控制并分配流量的水闸，只起到分流

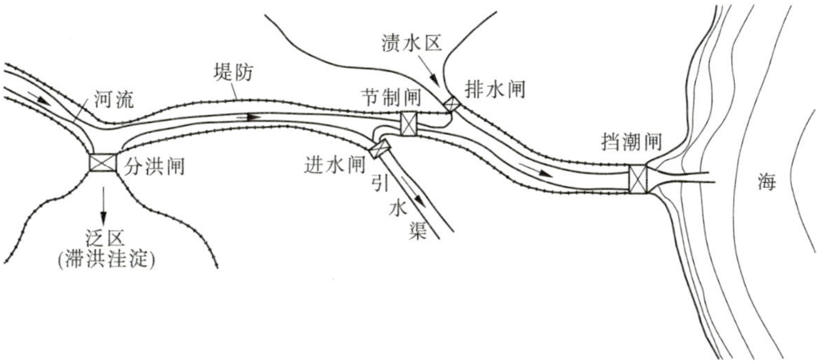

图 6-1 水闸的类型及位置示意图

作用,如图 6-2 所示。

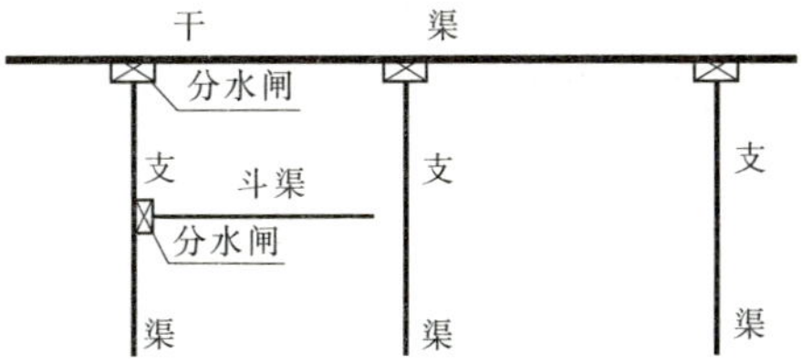

图 6-2 分水闸位置示意图

此外,还有为排除泥沙、冰块、漂浮物等而设置的排沙闸、排冰闸、排污闸等。

(二)按闸室结构形式分类

(1)开敞式水闸。闸室上面不填土封闭的水闸。一般有泄洪、排水、过木等要求时,多采用不带胸墙的开敞式水闸(见图 6-3(a)),多用于拦河闸、排冰闸等;当上游水位变幅大,而下泄流量又有限制时,为避免闸门过高,常采用带胸墙的开敞式水闸,如进水闸、排水闸、挡潮闸多用这种形式(见图 6-3(b))。

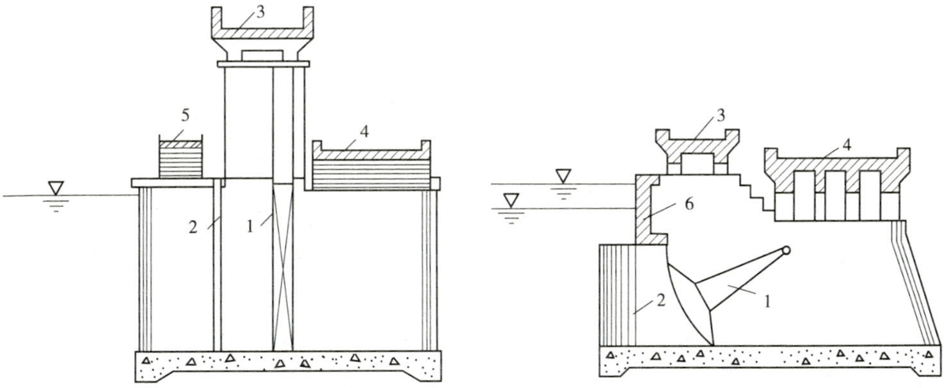

(a)不带胸墙的开敞式水闸 (b)胸墙式水闸

1—工作闸门;2—检修闸门;3—工作桥;4—交通桥;5—检修桥;6—胸墙

图 6-3 开敞式水闸

(2)涵洞式水闸(简称涵闸)。闸(洞)身上面填土封闭的水闸,又称封闭式水闸,如图6-4所示。

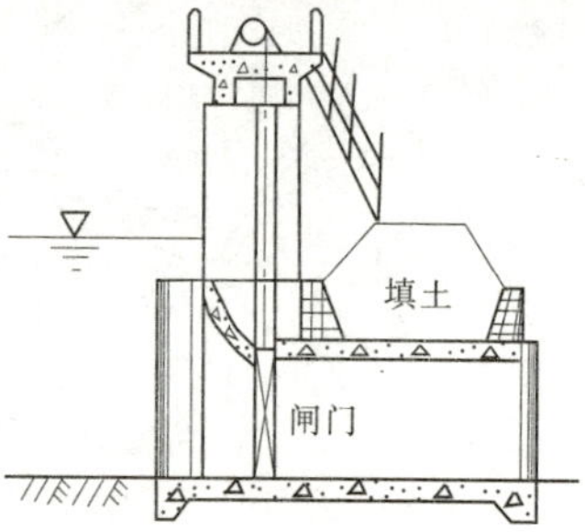

图6-4 涵洞式水闸

二、水闸的工作特点

水闸既能挡水,又能泄水,且多修建在软土地基上,因而它在稳定、防渗、消能防冲及沉降等方面都有其自身的特点。

(1)稳定方面。关门挡水时,水闸上、下游较大的水头差造成较大的水平推力,使水闸有可能沿建基面产生向下游的滑动,因此水闸必须具有足够的重力,以维持自身的稳定。

(2)防渗方面。因上、下游水位差的作用,水将通过地基和两岸向下游渗流。渗流会引起水量损失,同时地基土在渗流作用下容易产生渗透变形。严重时闸基和两岸的土壤会被淘空,危及水闸安全。渗流对闸室和两岸连接建筑物的稳定不利,因此应妥善进行防渗设计。

(3)消能防冲方面。水闸开闸泄水时,在上、下游水位差的作用下,过闸水流往往具有较大的动能,流态也较复杂,而土质河床的抗冲能力较低,可能引起冲刷。此外,水闸下游常出现波状水跃和折冲水流,会进一步加剧对河床和两岸的淘刷。因此,设计水闸时除应保证闸室具有足够的过水能力外,还必须采取有效的消能防冲措施,以防止河道产生有害的冲刷。

(4)沉降方面。土基上建闸,由于土的压缩性大,抗剪强度低,在闸室的重力和外部荷载作用下,可能产生较大的沉降,影响正常使用,尤其是不均匀沉降会导致水闸倾斜,甚至断裂。在水闸设计时,必须合理地选择闸型、构造,安排好施工程序,采取必要的地基处理等措施,以减少过大的地基沉降和不均匀沉降。

三、水闸的组成

水闸通常由上游连接段、闸室段和下游连接段三部分组成,如图6-5所示。

(一)上游连接段

上游连接段的主要作用是引导水流平稳地进入闸室,同时起防冲、防渗、挡土等作用。一般包括上游翼墙、铺盖、护底、两岸护坡及上游防冲槽等。上游翼墙是引导水流平顺地进入闸孔并起侧向防渗作用;铺盖主要起防渗作用,其表面应满足抗冲要求;护坡、护底和上游防冲槽(齿墙)保护两岸土质、河床及铺盖头部不受冲刷。

(二)闸室段

闸室段是水闸的主体部分,通常包括底板、闸墩、闸门、胸墙、工作桥和交通桥等。底板是闸室的基础,承受闸室全部荷载,并将荷载较均匀地传给地基,此外还有防冲、防渗等作用;闸墩的作用是分隔闸孔并支撑闸门、工作桥等上部结构;闸门的作用是挡水和控制下泄水流;工作桥供安置启闭机和工作人员操作之用;交通桥的作用是连接两岸交通。闸室组成如图6-6所示。

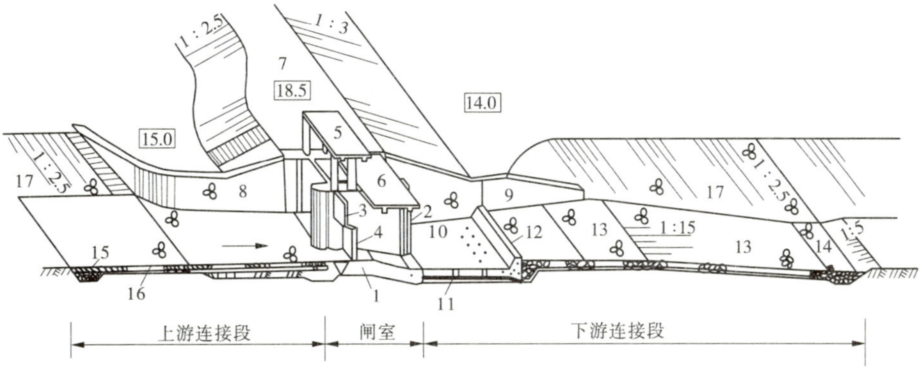

1—闸室底板;2—闸墩;3—胸墙;4—闸门;5—工作桥;6—交通桥;7—堤顶; 8—上游翼墙;9—下游翼墙;10—护坦;
11—排水孔;12—消力坎;13—海漫; 14—下游防冲槽;
15—上游防冲槽;16—上游护底;17—上下游护坡

图 6-5 水闸的组成

(三)下游连接段

下游连接段具有消能和扩散水流的作用，一般包括护坦、海漫、下游防冲槽、下游翼墙及护坡等。护坦具有消能防冲作用;海漫的作用是进一步消除护坦出流的剩余动能，扩散水流，调整流速分布，防止河床受冲;下游防冲槽是海漫末端的防护设施，避免冲刷向上游扩展;下游翼墙引导水流均匀扩散兼有防冲及侧向防渗等作用。

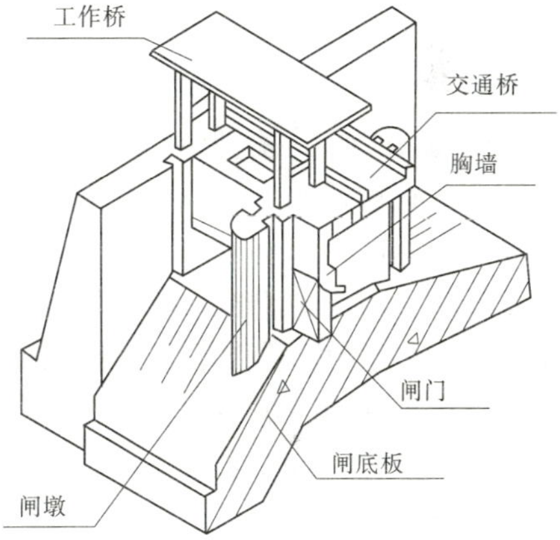

图 6-6 闸室组成示意图

四、水闸设计

水闸设计应从实际出发，广泛吸取工程实践经验，进行必要的科学试验，积极采用新结构、新技术、新材料、新设备，做到技术先进、安全可靠、经济合理、持久耐用、管理方便。水闸设计应符合中华人民共和国行业标准《水闸设计规范》(SL 265—2001)和现行有关标准的规定。

水闸设计应认真收集和整理各项基本资料。选用的基本资料应准确可靠，满足设计要求。水闸设计所需要的各项基本资料主要包括闸址处的气象、水文、地形、地质、试验资料以及工程施工条件、运用要求，所在地区的生态环境、社会经济状况等。

水闸设计的内容有:闸址选择，确定孔口形式和尺寸，防渗、排水设计，消能防冲设计，稳定计算，沉降校核和地基处理，选择两岸连接建筑物的形式和尺寸，结构设计等。

对病险水闸进行除险加固时，需先进行安全鉴定，由安全鉴定结论确定水闸除险加固初步设计(加固方案)，最后进行施工图设计。

任务二　闸址选择和闸孔布置

知识要求

掌握水闸等级划分，水闸孔口尺寸的确定方法及验算泄流能力的方法。

技能要求

会进行闸孔布置。

一、闸址选择

闸址选择关系到工程建设的成败和经济效益的发挥，是水闸设计中的一项重要内容。应根据水闸的功能、特点和运用要求以及区域经济条件，综合考虑地形、地质、水流、潮汐、泥沙、冰情、施工、管理、周围环境等因素，经技术经济比较后确定。

节制闸或泄洪闸闸址宜选择在河道顺直、河势相对稳定的河段，经技术经济比较后也可选择在弯曲河段裁弯取直的新开河道上。进水闸、分水闸或分洪闸闸址宜选择在河岸基本稳定的顺直河段或弯道凹岸顶点稍偏下游处，但分洪闸不宜选择在险工堤段和被保护重要城镇的下游堤段。排水闸（排涝闸）或泄水闸（退水闸）闸址宜选择在地势低洼、出水通畅处，排水闸（排涝闸）闸址宜选择在靠近主要涝区和容泄区的老堤堤线上。挡潮闸闸址宜选择在岸线和岸坡稳定的潮汐河口附近，且闸址泓滩冲淤变化较小、上游河道有足够的蓄水容积的地点。

选择闸址应考虑材料来源、对外交通、施工导流、场地布置、基坑排水、施工水电供应等条件，同时应考虑水闸建成后工程管理维修和防汛抢险等条件。

选择闸址还应考虑下列要求：占用土地及拆迁房屋少，尽量利用周围已有公路、航运、动力、通信等公用设施，有利于绿化、净化、美化环境和生态环境保护，有利于开展综合经营。

二、水闸等级划分及洪水标准

（一）工程等别及建筑物级别

平原区水闸枢纽工程应根据水闸最大过闸流量及其防护对象的重要性划分等别，其等别应按表6-1确定。规模巨大或在国民经济中占有特殊重要地位的水闸枢纽工程，其等别应经论证后报主管部门批准确定。

表6-1　平原区水闸枢纽工程分等指标

工程等别	Ⅰ	Ⅱ	Ⅲ	Ⅳ	Ⅴ
规模	大(1)型	大(2)型	中型	小(1)型	小(2)型
最大过闸流量(m^3/s)	≥5 000	5 000～1 000	1 000～100	100～20	<20
防护对象的重要性	特别重要	重要	中等	一般	—

注：当按表列最大过闸流量及防护对象的重要性分别确定的等别不同时，工程等别应经综合分析确定。

水闸枢纽中的水工建筑物应根据其所属枢纽工程等别、作用和重要性划分级别,其级别应按表6-2确定。

表6-2 水闸枢纽建筑物级别划分

工程等别	永久性建筑物级别		临时性建筑物级别
	主要建筑物	次要建筑物	
Ⅰ	1	3	4
Ⅱ	2	3	4
Ⅲ	3	4	5
Ⅳ	4	5	5
Ⅴ	5	5	—

山区、丘陵区水利水电枢纽中的水闸,其级别可根据所属枢纽工程的等别及水闸自身重要性按表6-2确定。山区、丘陵区水利水电枢纽工程等别应按国家现行的《水利水电工程等级划分及洪水标准》(SL 252—2000)的规定确定。灌排渠系上的水闸,其级别可按现行的《灌溉与排水工程设计规范》(GB 50288—1999)的规定确定。

对失事后造成巨大损失或严重影响,或采用实践经验较少的新型结构的2~5级主要建筑物,经论证并报主管部门批准后可提高一级设计;对失事后造成损失不大或影响较小的1~4级主要建筑物,经论证并报主管部门批准后可降低一级设计。

(二)洪水标准

平原区水闸的洪水标准应根据所在河流流域防洪规划规定的防洪任务,以近期防洪目标为主,并考虑远景发展要求,按表6-3所列标准综合分析确定。

表6-3 平原区水闸洪水标准

水闸级别		1	2	3	4	5
洪水重现期(年)	设计	100~50	50~30	30~20	20~10	10
	校核	300~200	200~100	100~50	50~30	30~20

山区、丘陵区水利水电枢纽中的水闸,其洪水标准应与所属枢纽中永久性建筑物的洪水标准一致。山区、丘陵区水利水电枢纽中永久性建筑物的洪水标准应按国家现行的《水利水电工程等级划分及洪水标准》(SL 252—2000)的规定确定。

灌排渠系上的水闸,其洪水标准应按表6-4确定。

表6-4 灌排渠系上的水闸设计洪水标准

灌排渠系上的水闸级别	1	2	3	4	5
设计洪水重现期(年)	100~50	50~30	30~20	20~10	10

注:灌排渠系上的水闸校核洪水标准,可视具体情况和需要研究确定。

平原区水闸闸下消能防冲的洪水标准应与该水闸洪水标准一致,并应考虑泄放小于消能防冲设计洪水标准的流量时可能出现的不利情况。

三、闸孔形式的选择

闸孔形式一般有宽顶堰型、低实用堰型和胸墙孔口型三种，如图 6-7 所示。

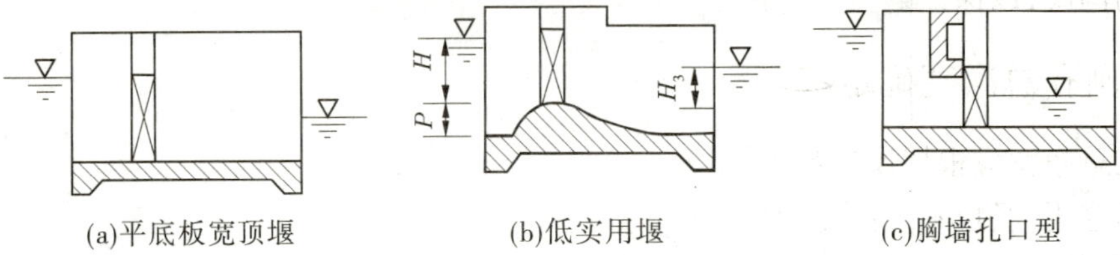

图 6-7　闸孔形式

(一)宽顶堰型

当闸底板顺水流方向上长度 δ 满足 $2.5H < \delta < 10H$ 时，为宽顶堰。宽顶堰是水闸中最常用的闸孔形式。其主要优点是结构简单、施工方便，泄流能力比较稳定，有利于泄洪、冲沙、排淤、通航等；其缺点是自由泄流时流量系数较小，容易产生波状水跃。

(二)低实用堰型

低实用堰有梯形的、曲线形的和驼峰形的。实用堰自由泄流时流量系数较大，水流条件较好，选用适宜的堰面曲线可以消除波状水跃；但下游水位对泄流能力有明显影响(淹没度增加时，泄流能力急剧降低)，当 h_s(下游水深) $>0.6H$(堰上水头)时，泄流能力将急剧降低，不如宽顶堰泄流时稳。上游水深较大，采用这种孔口形式，可以减小闸门高度。

(三)胸墙孔口型

当上游水位变幅较大，过闸流量较小时，常采用胸墙孔口型。可以减小闸门高度和启门力，从而降低工作桥高和工程造价。

四、闸底板高程的确定

底板高程与水闸承担的任务、泄流或引水流量、上下游水位及河床地质条件等因素有关。

闸底板应置于较为坚硬的土层上，并应尽量利用天然地基。在地基强度能够满足要求的条件下，底板高程定得高些，闸室宽度大，两岸连接建筑相对较低。对于小型水闸，由于两岸连接建筑在整个工程中所占比重较大，因而总的工程造价可能是经济的。在大中型水闸中，由于闸室工程量所占比重较大，因而适当降低底板高程，常常是有利的。当然，底板高程也不能定得太低，否则由于单宽流量加大，将会增加下游消能防冲的工程量，闸门增高，启闭设备的容量也随之增大，另外，基坑开挖也较困难。

选择底板高程前，先要确定合适的最大过闸单宽流量。它取决于闸下游河渠的允许最大单宽流量。允许最大过闸单宽流量可按下游河渠的允许最大单宽流量的 1.2 ~ 1.5 倍确定。根据工程实践经验，一般在细粉质及淤泥质河床上，单宽流量 q 取 5 ~ 10 $m^3/(s \cdot m)$；在砂壤土地基上，q 取 10 ~ 15 $m^3/(s \cdot m)$；在壤土地基上，q 取 15 ~ 20 $m^3/(s \cdot m)$；在黏土地基上，q 取 20 ~ 25 $m^3/(s \cdot m)$。下游水深较深，上、下游水位差较小且出闸后水流扩散条件较好时，宜选用较大的单宽流量。

一般情况下，拦河闸和冲沙闸底板高程可与河床齐平，以利泄洪、排沙；进水闸及分洪闸在满足引水或泄洪设计流量的条件下，可比河床略高些，以防大量推移质沙进入渠道或分洪区；排水闸及有排涝任务的挡潮闸，底板高程应尽量放低些，一般略低于或齐平闸前排水沟的沟底，以保证将渍水迅速降至计划高程，但要避免排水出口被泥沙淤塞。

五、闸孔总净宽确定

闸孔总净宽应根据泄流特点及下游河床地质条件和安全泄流的要求，结合闸孔孔径和孔数的选用，经技术经济比较后确定。计算时分别对不同的水流情况，根据给定的设计流量、上下游水位和初拟的底板高程及堰型来确定。

（一）堰流

对于平底闸，当水流为堰流时，计算示意图如图 6-8 所示，计算公式为式（6-1）~式（6-6）。

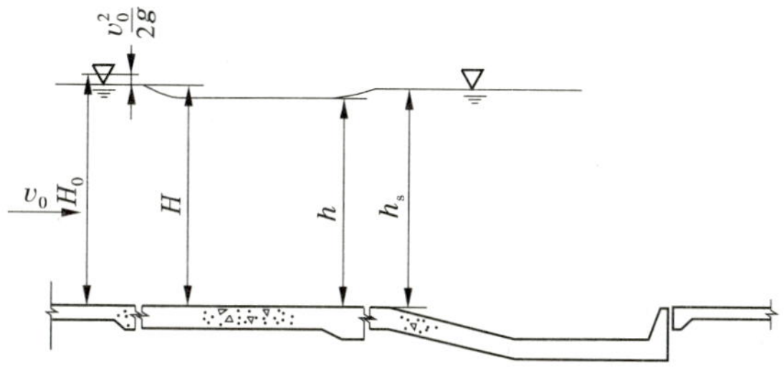

图 6-8　平底闸堰流计算示意图

$$B_0 = \frac{Q}{\sigma\varepsilon m\sqrt{2g}H_0^{3/2}} \tag{6-1}$$

单孔闸：

$$\varepsilon = 1 - 0.171\left(1 - \frac{b_0}{b_s}\right)\sqrt[4]{\frac{b_0}{b_s}} \tag{6-2}$$

对于多孔闸，闸墩墩头为圆弧形时：

$$\varepsilon = \frac{\varepsilon_z(n-1) + \varepsilon_b}{n} \tag{6-3}$$

$$\varepsilon_z = 1 - 0.171\left(1 - \frac{b_0}{b_0 + d_z}\right)\sqrt[4]{\frac{b_0}{b_0 + d_z}} \tag{6-4}$$

$$\varepsilon_b = 1 - 0.171\left(1 - \frac{b_0}{b_0 + \frac{d_z}{2} + b_b}\right)\sqrt[4]{\frac{b_0}{b_0 + \frac{d_z}{2} + b_b}} \tag{6-5}$$

$$\sigma = 2.31\frac{h_s}{H_0}\left(1 - \frac{h_s}{H_0}\right)^{0.4} \tag{6-6}$$

式中 B_0——闸孔总净宽,m;

Q——过闸流量,m^3/s;

H_0——计入行近流速水头的堰上水深,m;

g——重力加速度,m/s^2,可采用 9.81 m/s^2;

m——堰流流量系数,可采用 0.385;

ε——堰流侧收缩系数,对于单孔闸,可按式(6-2)计算求得或由表 6-5 查得;对于多孔闸,可按式(6-3)计算求得;

b_0——闸孔净宽,m;

b_s——上游河道一半水深处的宽度,m;

n——闸孔数;

ε_z——中闸孔侧收缩系数,可按式(6-4)计算求得或由表 6-5 查得,但表中 b_s 为 $b_0 + d_z$;

d_z——中闸墩厚度,m;

ε_b——边闸孔侧收缩系数,可按式(6-5)计算求得或由表 6-5 查得,但表中 b_s 为 $b_0 + d_z/2 + b_b$;

b_b——边闸墩顺水流向边缘线至上游河道水边线之间的距离,m;

σ——堰流淹没系数,可按式(6-6)计算求得或按表 6-6 查得;

h_s——由堰顶算起的下游水深,m。

表 6-5 ε 值

b_0/b_s	≤0.2	0.3	0.4	0.5	0.6	0.7	0.8	0.9	1.0
ε	0.909	0.911	0.918	0.928	0.940	0.953	0.968	0.983	1.000

表 6-6 宽顶堰 σ 值

h_s/H_0	≤0.72	0.75	0.78	0.80	0.82	0.84	0.86	0.88	0.90	0.91
σ	1.00	0.99	0.98	0.97	0.95	0.93	0.90	0.87	0.83	0.80
h_s/H_0	0.92	0.93	0.94	0.95	0.96	0.97	0.98	0.99	0.995	0.998
σ	0.77	0.74	0.70	0.66	0.61	0.55	0.47	0.36	0.28	0.19

(二)孔流

不同堰型水闸,当闸门开度 h_e 和堰上水头 H 的比值在一定范围内时,即为孔口出流,计算示意图如图 6-9 所示。

孔口出流计算公式为式(6-7)~式(6-10)。

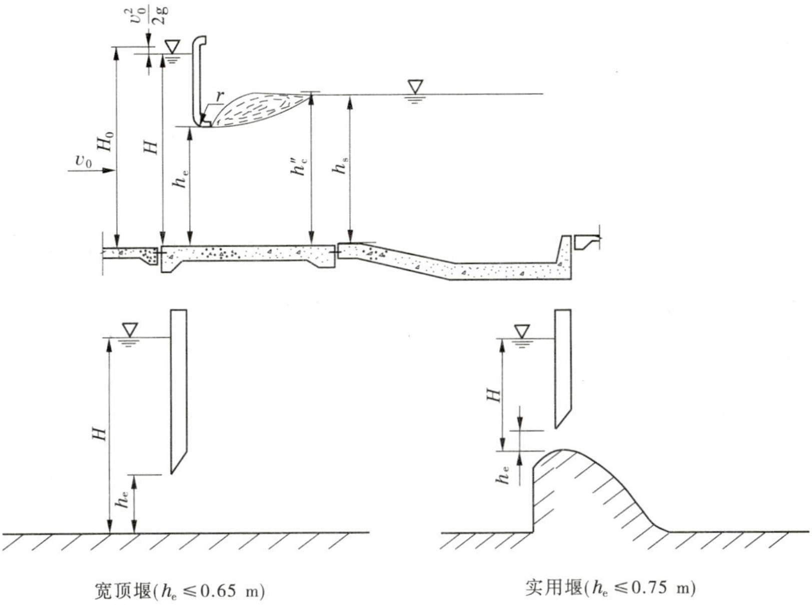

图 6-9 孔口出流计算示意图

$$B_0 = \frac{Q}{\sigma'\mu h_e \sqrt{2gH_0}} \tag{6-7}$$

$$\mu = \varphi\varepsilon'\sqrt{1 - \frac{\varepsilon' h_e}{H}} \tag{6-8}$$

$$\varepsilon' = \frac{1}{1 + \sqrt{\lambda\left[1 - \left(\frac{h_e}{H}\right)^2\right]}} \tag{6-9}$$

$$\lambda = \frac{0.4}{2.718^{16\frac{r}{h_e}}} \tag{6-10}$$

式中 h_e——孔口高度,m;

H——堰上水头,m;

μ——孔流流量系数,可按式(6-8)计算求得或由表 6-7 查得;

φ——孔流流速系数,可采用 0.95 ~ 1.0;

ε'——孔流垂直收缩系数,可由式(6-9)计算求得;

λ——计算系数,可由式(6-10)计算求得,该公式适用于 $0 < r/h_e < 0.25$ 范围;

r——胸墙底圆弧半径,m;

σ'——孔流淹没系数,可由表 6-8 查得,表中 h_c'' 为跃后水深,m。

水闸的过闸水位差应根据上游淹没影响、允许的过闸单宽流量和水闸工程造价等因素综合比较确定。一般情况下,平原地区水闸的过闸水位差可采用 0.1 ~ 0.3 m。

表 6-7 μ 值

r/h_e	h_e/H													
	0	0.05	0.10	0.15	0.20	0.25	0.30	0.35	0.40	0.45	0.50	0.55	0.60	0.65
0	0.582	0.573	0.565	0.557	0.549	0.542	0.534	0.527	0.520	0.512	0.505	0.497	0.489	0.481
0.05	0.667	0.656	0.644	0.633	0.622	0.611	0.600	0.589	0.577	0.566	0.553	0.541	0.527	0.512
0.10	0.740	0.725	0.711	0.697	0.682	0.668	0.653	0.638	0.623	0.607	0.590	0.572	0.553	0.533
0.15	0.798	0.781	0.764	0.747	0.730	0.712	0.694	0.676	0.657	0.637	0.616	0.594	0.571	0.546
0.20	0.842	0.824	0.805	0.785	0.766	0.745	0.725	0.703	0.681	0.658	0.634	0.609	0.582	0.553
0.25	0.875	0.855	0.834	0.813	0.791	0.769	0.747	0.723	0.699	0.673	0.647	0.619	0.589	0.557

表 6-8 σ'值

$\frac{h_s - h_c''}{H - h_c''}$	≤0	0.1	0.2	0.3	0.4	0.5	0.6	0.7	0.8	0.9	0.92	0.94	0.96	0.98	0.99	0.995
σ'	1.00	0.86	0.78	0.71	0.66	0.59	0.52	0.45	0.36	0.23	0.19	0.16	0.12	0.07	0.04	0.02

水闸的过水能力与上下游水位、底板高程和闸孔总净宽等是相互关联的，设计时，需通过对不同方案进行技术经济比较后最终确定。

六、确定闸室单孔宽度和闸室总宽度

闸孔孔径应根据闸的地基条件、运用要求、闸门结构形式、启闭机容量，以及闸门的制作、运输、安装等因素，进行综合分析确定。我国大中型水闸的单孔净宽度 b_0 一般采用 8～12 m，常用 10 m，小型水闸的单孔净宽度 b_0 一般采用 2～3 m。

选用的闸孔孔径应符合国家现行《水利水电工程钢闸门设计规范》（SL 74—2013）所规定的闸门孔口尺寸系列标准。

闸孔孔数 $n = B_0/b_0$，n 值应取略大于计算要求值的整数。当闸孔孔数少于 8 孔时，宜采用单数孔，以利于对称开启闸门，改善下游水流条件。

闸室总宽度 $L = B_0 + (n-1)d = nb_0 + (n-1)d$，其中 d 为闸墩厚度，一般为 1.0～1.5 m。

闸室总宽度应与上、下游河道或渠道宽度相适应，一般不小于河（渠）道宽度的 0.6 倍。

孔宽、孔数、闸墩厚度和闸室总宽度拟定后，再考虑闸墩等的影响，进一步验算水闸的过水能力。计算的过水能力与设计流量的差值一般不得超过 ±5%。

【例 6-1】 某平原型河流，闸址处两岸地势平坦，地面高程约 41.00 m，河型较顺直，河床纵坡为 1/10 000，河床高程 30.00 m，横断面为复式梯形断面。闸址处的河道横断面如图 6-10 所示。拟建拦河闸以拦河截水壅高水位灌溉农田，洪水时开闸泄洪。本枢纽工程等级为Ⅲ，其中永久性主要建筑物为 3 级。拦河闸底板高程为 30.00 m，正常挡水位为 38.50 m。洪水标准及特征水位如表 6-9 所示。试进行闸孔布置。

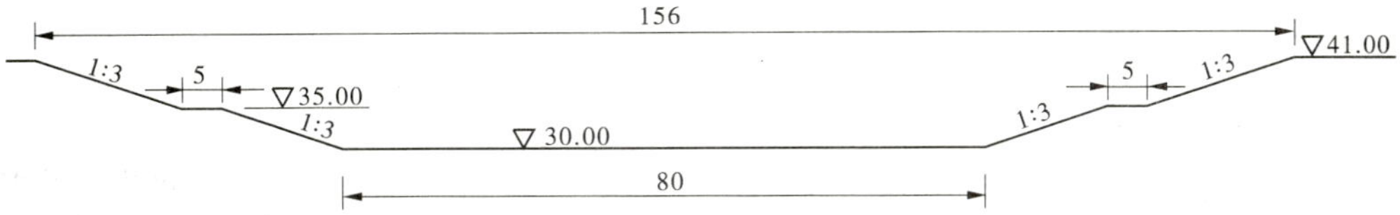

图 6-10　闸址处河道横断面图　（单位:m）

表 6-9　洪水标准及特征水位

项目	重现期(年)	洪水流量(m^3/s)	闸前水位(m)	下游水位(m)
设计洪水	20	937	39.15	39
校核洪水	50	1 320	40.32	40.2

解:(1)由于已知上、下游水位,可推算上游水头及下游水深,如表 6-10 所示。

表 6-10　上游水头计算表

计算情况	流量 Q (m^3/s)	下游水深 h_s (m)	上游水深 H (m)	过水断面面积 (m^2)	行近流速 (m/s)	$\frac{v_0^2}{2g}$ (m)	上游水头 H_0 (m)
设计流量	937	9.0	9.15	1 024	0.915	0.043	9.19
校核流量	1 320	10.20	10.32	1 180	1.119	0.064	10.38

(2)闸门全开泄洪时,为平底板宽顶堰堰流,判别是否为淹没出流,如表 6-11 所示。

表 6-11　淹没出流判别表

计算情况	下游水深 h_s (m)	上游水头 H_0 (m)	$0.8H_0$ (m)	$h_s \geq 0.8H_0$	流态
设计水位	9.0	9.19	7.35	9.0 > 7.35	淹没出流
校核水位	10.20	10.38	8.30	10.20 > 8.30	淹没出流

(3)按照闸孔总净宽计算公式(6-1),根据设计洪水和校核洪水两种情况分别计算,如表 6-12 所示。m 为堰流流量系数,取 0.385。

表 6-12　闸孔总净宽计算表

计算情况	流量 Q (m^3/s)	下游水深 h_s (m)	上游水头 H_0(m)	$\frac{h_s}{H_0}$	淹没系数 σ	侧收缩系数 ε	B_0(m)
设计流量	937	9.0	9.19	0.979	0.478	0.967	42.7
校核流量	1 320	10.20	10.38	0.983	0.437	0.967	54.8

根据《水利水电工程钢闸门设计规范》(SL 74—2013)中闸孔尺寸和水头系列标准，选定单孔净宽 $b_0 = 8$ m，同时为了保证闸门对称开启，防止不良水流形态，选用 7 孔。由于闸基为软基河床，选用整体式底板，缝设在闸墩上，中墩和边墩厚均为 1.2 m，缝墩厚 1.6 m。闸孔总宽度为

$$L = nb_0 + (n-1)d = 7 \times 8 + (2 \times 1.6 + 4 \times 1.2) = 64(\text{m})$$

(4)校核泄洪能力。根据孔口与闸墩的尺寸可计算侧收缩系数，查《水闸设计规范》(SL 265—2001)，结果如下：

对于中墩孔 $\dfrac{b_0}{b_0 + d_z} = \dfrac{8}{8 + 1.2} = 0.870$，得 $\varepsilon_{中1} = 0.978$

对于靠缝墩孔 $\dfrac{b_0}{b_0 + d_z} = \dfrac{8}{8 + 1.6} = 0.833$，得 $\varepsilon_{中2} = 0.973$

对于边墩孔 $\dfrac{b_0}{b_0 + b_b + \dfrac{d_z}{2}} = \dfrac{8}{8 + 21.8 + 0.6} = 0.263$，得 $\varepsilon_{中3} = 0.910$

所以 $\varepsilon = \dfrac{n_1\varepsilon_{中1} + n_2\varepsilon_{中2} + n_3\varepsilon_{中3}}{n_1 + n_2 + n_3} = \dfrac{4 \times 0.978 + 2 \times 0.973 + 1 \times 0.910}{4 + 2 + 1} = 0.967$

与假定的 0.967 一致，根据选定的孔口尺寸(7 孔，每孔 8 m)与上、下游水位，进一步计算流量如表 6-13 所示。

表 6-13 过流能力校核计算表

计算情况	流量 Q (m^3/s)	堰上水头 H_0(m)	m	σ	ε	Q (m^3/s)	校核过流能力
设计流量	937	9.19	0.385	0.478	0.967	1 229	31%
校核流量	1 320	10.38	0.385	0.437	0.967	1 349	2.2%

设计情况超过了规定 5% 的要求，说明孔口尺寸有些偏大，但根据校核情况满足要求，所以不再进行孔口尺寸的调整。

闸孔尺寸布置如图 6-11 所示。

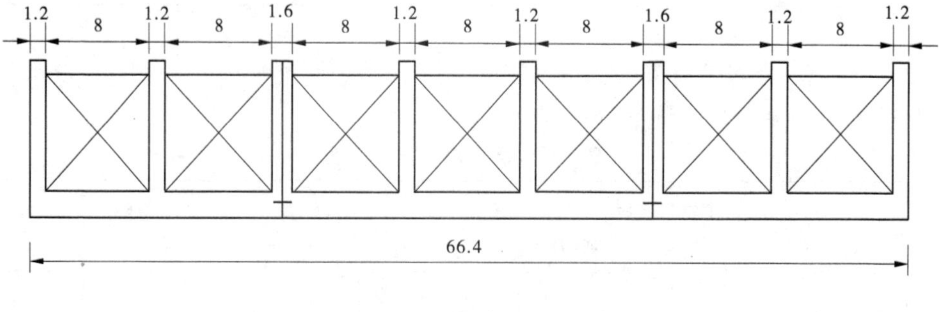

图 6-11 闸孔尺寸布置图 (单位：m)

任务三 水闸的消能防冲设计

知识要求

掌握水闸过闸水流的特点、底流消能消力池设计、海漫及防冲槽布置与构造。

技能要求

会应用 Excel 表格并查阅有关规范进行消力池池深计算。

水闸泄水时,部分势能转为动能,流速增大,具有较强的冲刷能力,而土质河床一般抗冲能力较低。因此,为了保证水闸的安全运行,必须采取适当的消能防冲措施。要设计好水闸的消能防冲设施,应先了解过闸水流的特点,进而采取妥善的防范措施。

一、过闸水流的特点

(一)水流形式复杂

初始泄流时,闸下水深较浅,随着闸门开度的增大而逐渐加深,闸下出流由孔流到堰流,由自由出流到淹没出流都会发生,水流形态比较复杂。因此,消能设施应在任意工作情况下,均能满足消能的要求,并与下游水流很好地衔接。

(二)闸下易形成波状水跃

由于水闸上、下游水位差较小,出闸水流的弗劳德数较低($Fr=1\sim1.7$),容易发生波状水跃,在平底板的情况下更是如此。此时无强烈的水跃旋滚,水面波动,消能效果差,具有较大的冲刷能力。另外,水流处于急流状态,不易向两侧扩散,致使两侧产生回流,缩小河槽过水有效宽度,局部单宽流量增大,严重地冲刷下游河道,见图 6-12。

(三)闸下容易出现折冲水流

一般水闸的宽度较上下游河道窄,水流过闸时先收缩而后扩散。如工程布置或操作运行不当,出闸水流不能均匀扩散,使主流集中,蜿蜒蛇行,左冲右撞,形成折冲水流,冲毁消能防冲设施和下游河道,见图 6-13。

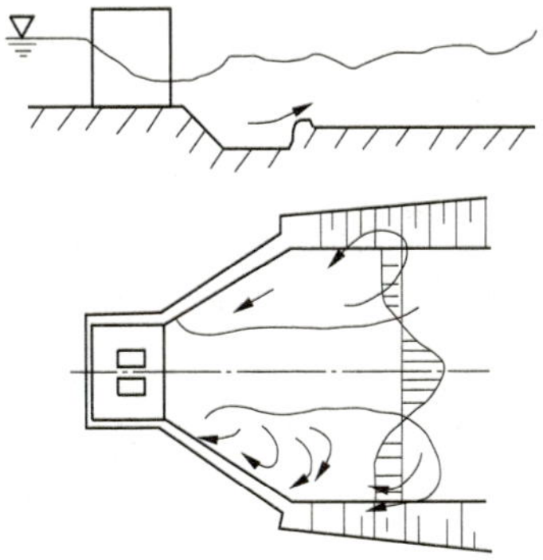

图 6-12 波状水跃示意图

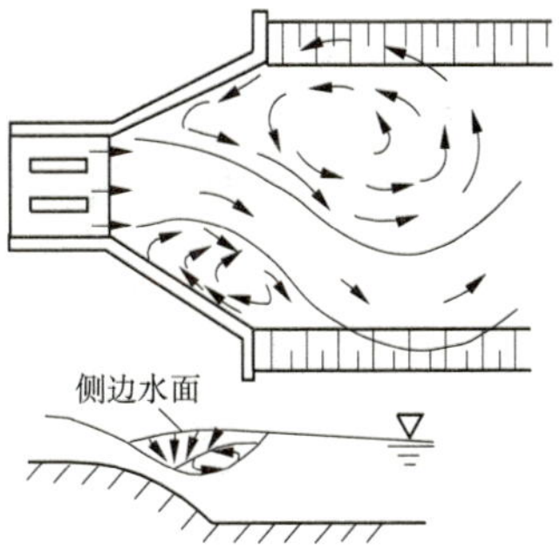

图 6-13 闸下折冲水流

二、消能防冲设计条件的确定

(一)闸下水流的消能方式

平原地区的水闸,由于水头低,下游水位变幅大,一般都采用底流式消能。对于山区灌溉渠道上的泄水闸和退水闸,如果下游是坚硬的岩体,又具有较大的水头,可以采用挑流式消能。

当下游河道有足够的水深且变化较小,河床及河岸的抗冲能力较大时,可采用面流式消能。

(二)消能设计条件的选择

水闸在泄水(或引水)过程中,随着闸门开启度不同,闸下水深、流态及过闸流量也随之变化,设计条件较难确定。一般上游为开闸泄流时的最高挡水位、闸门部分开启、单宽流量大是控制条件,为保证水闸既能安全运行,又不增加工程造价,设计时应以闸门的开启程序、开启孔数和开启高度进行多种组合计算,进行分析比较确定。

三、底流式消能工设计

(一)布置

底流式消能工的作用是通过在闸下产生一定淹没度的水跃来保护水跃范围内的河床免遭冲刷。淹没度过小,水跃不稳定,表面漩滚前后摆动;淹没度过大,较高流速的水舌潜入底层,由于表面漩滚的剪切,掺混作用减弱,消能效果反而减小。淹没度取 1.05 ~ 1.10 较为适宜。

底流式消能设施有三种形式,即下挖式、突槛式和综合式。消力池的尾槛与下游河床相齐平时叫下挖式消力池;消力池的底板与下游河床相齐平,而尾槛完全突出在下游河床之上是突槛式;介于两者之间的是综合式消力池。

只有当闸下尾水深小于跃后水深(产生远离水跃)时,才需要修建消力池。当闸下尾水深小于跃后水深时,可采用下挖式消力池消能,这是底流式消能中用得最多的一种形式。消力池可采用斜坡面与闸底板相连接,斜坡面的坡度不宜陡于 1∶4。当闸下尾水深略小于跃后水深时,可采用突槛式消力池消能。当闸下尾水深远小于跃后水深,且计算消力池深度又较深时,可采用下挖式消力池与突槛式消力池相结合的消力池消能。当水闸上、下游水位差较大,且尾水深度较浅时,宜采用二级或多级消力池消能。

下挖式消力池、突槛式消力池或综合式消力池后均应设海漫和防冲槽(或防冲墙)。

消力池末端一般布置尾槛,用以调整流速分布,减小出池水流的底部流速,且可在槛后产生小横轴漩滚,防止在尾槛后发生冲刷,并有利于平面扩散和消减边侧下游回流。图 6-14为连续式的实体槛(见图 6-14(a))和差动式的齿槛(见图 6-14(b))。

连续式实体槛壅高池中水位的作用比齿槛好,也便于施工,一般采用较多。齿槛对调整槛后水流流速分布和扩散作用均优于实体槛,但其结构形式较复杂,当水头较高、单宽流量较大时易空蚀破坏,故一般多用于低水头的中小型工程。图中几何尺寸可供选用时参考,最终应由水工模型试验确定。

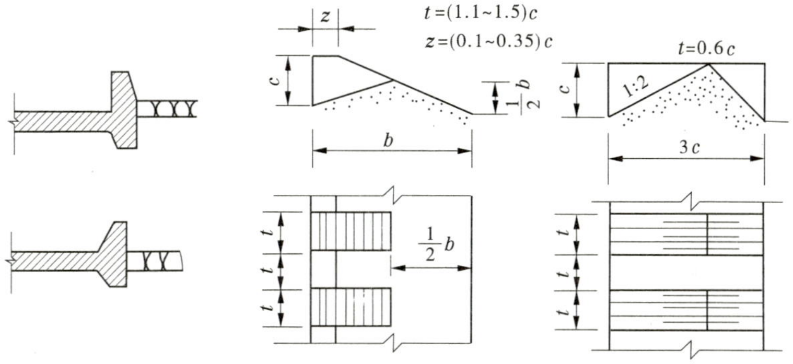

(a)连续式 (b)差动式

图 6-14 尾槛形式

(二)池深、池长的确定

1. 消力池深度

$$d = \sigma_0 h_c'' - h_s' - \Delta z \tag{6-11}$$

$$h_c'' = \frac{h_c}{2}\left[\sqrt{1 + \frac{8\alpha q^2}{g h_c^3}} - 1\right]\left(\frac{b_1}{b_2}\right)^{0.25} \tag{6-12}$$

$$h_c^3 - T_0 h_c^2 + \frac{\alpha q^2}{2g\varphi^2} = 0 \tag{6-13}$$

$$\Delta z = \frac{\alpha q^2}{2g\varphi^2 h_s'^2} - \frac{\alpha q^2}{2g h_c''^2} \tag{6-14}$$

式中 d——消力池深度,m;

σ_0——水跃淹没系数,可采用 1.05 ~ 1.10;

h_c''——跃后水深,m;

h_c——收缩水深,m;

α——水流动能校正系数,可采用 1.0 ~ 1.05;

q——过闸单宽流量,$m^3/(s \cdot m)$;

b_1——消力池首端宽度,m;

b_2——消力池末端宽度,m;

T_0——由消力池底板顶面算起的总势能,m;

Δz——出池落差,m;

φ——流速系数;

h_s'——出池河床水深,m。

2. 消力池长度

消力池长度可按式(6-15)和式(6-16)计算,计算示意图见图 6-15。

$$L_j = 6.9(h_c'' - h_c) \tag{6-15}$$

$$L_{sj} = L_s + \beta L_j \tag{6-16}$$

式中 L_{sj}——消力池长度,m;

L_s——消力池斜坡段水平投影长度,m;

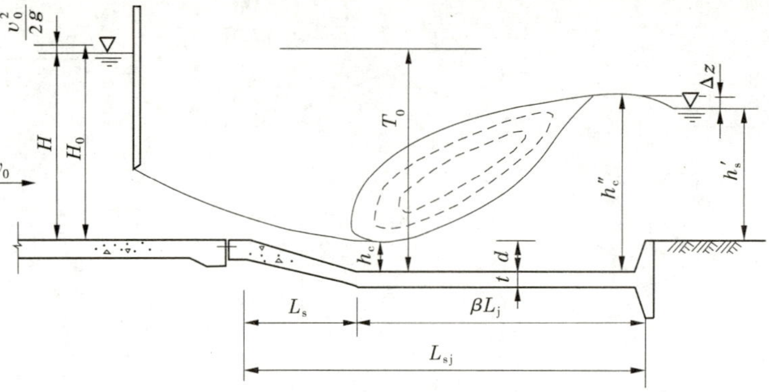

图 6-15 消力池计算示意图

β——水跃长度校正系数，可采用 0.7 ~ 0.8；

L_j——水跃长度，m。

大型水闸的消力池深度和长度，在初步设计阶段，应进行水工模型试验验证。

（三）构造要求

消力池底板（护坦）承受水流的冲击力、水流脉动压力和底部扬压力等作用，应具有足够的重量、强度和抗冲耐磨的能力。护坦一般是等厚的，但也可采用不同的厚度，始端厚度大，向下游逐渐减小。

护坦厚度可根据抗冲和抗浮要求，分别按下式计算，并取其最大值。

抗冲 $$t = k_1\sqrt{q\sqrt{\Delta H'}} \tag{6-17}$$

抗浮 $$t = k_2\frac{U - W \pm P_m}{\gamma_b} \tag{6-18}$$

式中 t——消力池底板始端厚度，m；

$\Delta H'$——闸孔泄水时的上、下游水位差，m；

k_1——消力池底板计算系数，可采用 0.15 ~ 0.20；

k_2——消力池底板安全系数，可采用 1.1 ~ 1.3；

U——作用在消力池底板底面的扬压力，kPa；

W——作用在消力池底板顶面的水重，kPa；

P_m——作用在消力池底板上的脉动压力，kPa，其值可取跃前收缩断面流速水头值的 5%；通常计算消力池底板前半部的脉动压力时取" + "号，计算消力池底板后半部的脉动压力时取" − "号；

γ_b——消力池底板的饱和重度，kN/m³。

消力池末端厚度，可采用 $t/2$，但不宜小于 0.5 m。

底板一般用 C20 或 C25 混凝土浇筑而成，并按构造配置Φ 10 ~ 14 mm@ 25 ~ 30 cm 的构造钢筋。大型水闸消力池的顶、底面均需配筋，中小型水闸消力池可只在顶面配筋。

为了降低护坦底部的渗透压力，可在水平护坦的后半部设置排水孔，孔下铺设碎石粗砂反滤层，排水孔孔径一般为 5 ~ 10 cm，间距 1.0 ~ 3.0 m，呈梅花形布置。

护坦与闸室、岸墙及翼墙之间,以及其本身沿水流方向均应用缝分开,以适应不均匀沉陷和温度变形,缝宽 2.0 ~ 2.5 cm。护坦自身的缝距可取 10 ~ 20 m,靠近翼墙的消力池缝距应取得小一些。护坦在垂直水流方向通常不设缝,以保证其稳定性。缝的位置如在闸基防渗范围内,缝中应设止水设施;但一般都铺贴沥青油毛毡。

为增强护坦的抗滑稳定性,常在消力池的末端设置齿墙,墙深一般为 0.8 ~ 1.5 m,宽为 0.6 ~ 0.8 m。消力池构造见图 6-16。

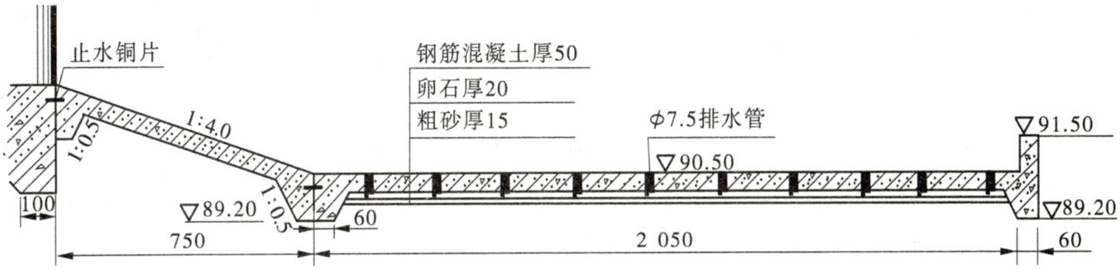

图 6-16 消力池构造图 (单位:高程 m;尺寸 cm)

(四)辅助消能工

为了提高消力池的消能效果,除尾槛外,还可设置消力墩、消力齿等辅助消能工,以加强紊动扩散,减小跃后水深,缩短水跃长度,稳定水跃,达到提高水跃消能效果的目的。

四、海漫

水流经过消力池,虽已消除了大部分多余能量,但仍留有一定的剩余动能,特别是流速分布不均,脉动仍较剧烈,具有一定的冲刷能力。因此,护坦后仍需设置海漫等防冲加固设施,以使水流均匀扩散,并将流速分布逐步调整到接近天然河道的水流形态(见图 6-17)。

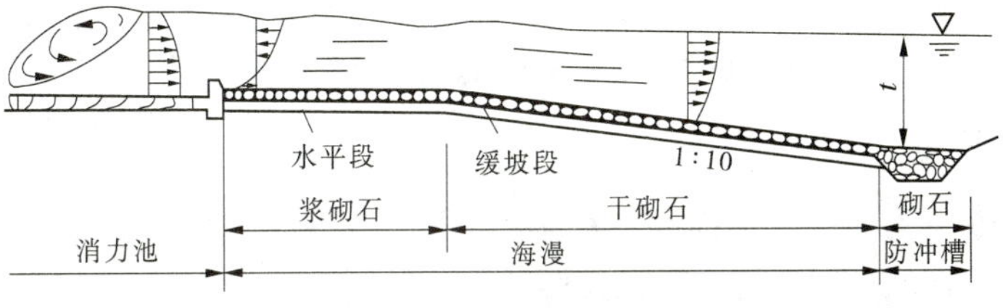

图 6-17 海漫布置示意图

(一)海漫的布置和构造

一般在海漫起始段做 5 ~ 10 m 长的水平段,其顶面高程可与护坦齐平或在消力池尾坎顶以下 0.5 m 左右,水平段后做成不陡于 1∶10 的斜坡,以使水流均匀扩散,调整流速分布,保护河床不受冲刷。

对海漫的要求有:①表面有一定的粗糙度,以利进一步消除余能;②具有一定的透水性,以便使渗水自由排出,降低扬压力;③具有一定的柔性,以适应下游河床可能的冲刷变形。

常用的海漫结构有以下几种:

(1)干砌石海漫。一般由粒径大于 30 cm 的块石砌成,厚度为 0.4 ~ 0.6 m,下面铺设碎石、粗砂垫层，厚为 10 ~ 15 cm（见图 6-18（a））。干砌石海漫的抗冲流速为 2.5 ~ 4.0 m/s。为了加大其抗冲能力，可每隔 6 ~ 10 m 设一浆砌石埂。干砌石常用在海漫后段。

（2）浆砌石海漫。采用强度等级为 M7.5 的水泥砂浆，砌石粒径大于 30 cm，厚度为 0.4 ~ 0.6 m，砌石内设排水孔，下面铺设反滤层或垫层（见图 6-18（b））。浆砌石海漫的抗冲流速可达 3 ~ 6 m/s，但柔性和透水性较差，一般用于海漫的前部约 10 m 范围内。

（3）混凝土板海漫。整个海漫由板块拼铺而成，每块板的边长为 2 ~ 5 m，厚度为 0.1 ~ 0.3 m，板中有排水孔，下面铺设垫层（见图 6-18（d）、（e））。混凝土板海漫的抗冲流速可达 6 ~ 10 m/s，但造价较高。有时为增加表面糙率，可采用斜面式或城垛式混凝土块体（见图 6-18（f）、（g））。铺设时应注意顺水流流向不宜有通缝。

（4）钢筋混凝土板海漫。当出池水流的剩余能量较大时，可在尾槛下游 5 ~ 10 m 范围内采用钢筋混凝土板海漫，板中有排水孔，下面铺设反滤层或垫层（见图 6-18（h））。

（5）其他形式海漫。如铅丝石笼海漫（见图 6-18（c））。

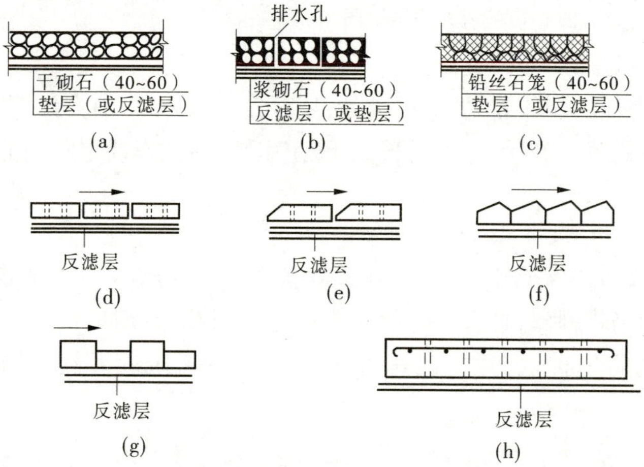

图 6-18　海漫构造示意图（单位：cm）

（二）海漫长度

海漫的长度应根据可能出现的不利水位、流量组合情况进行计算。当 $\sqrt{q_s\sqrt{\Delta H'}} = 1 \sim 9$，且消能扩散良好时，海漫长度可按式（6-19）计算：

$$L_p = K_s\sqrt{q_s\sqrt{\Delta H'}} \tag{6-19}$$

式中　L_p——海漫长度，m；

q_s——消力池末端单宽流量，$m^3/(s \cdot m)$；

K_s——海漫长度计算系数，可由表 6-14 查得。

表 6-14　K_s 值

河床土质	粉砂、细砂	中砂、粗砂、粉质壤土	粉质黏土	坚硬黏土
K_s	14 ~ 13	12 ~ 11	10 ~ 9	8 ~ 7

五、防冲槽

水流经过海漫后，尽管多余能量得到了进一步消除，流速分布接近河床水流的正常状态，但在海漫末端仍有冲刷现象。为保证安全和节省工程量，常在海漫末端设置防冲槽或采取其他加固措施。

在海漫末端挖槽抛石预留足够的石块，当水流冲刷河床形成冲坑时，预留在槽内的石块沿斜坡陆续滚下，铺在冲坑的上游斜坡上，防止冲刷坑向上游扩展，保护海漫安全，见图6-19。

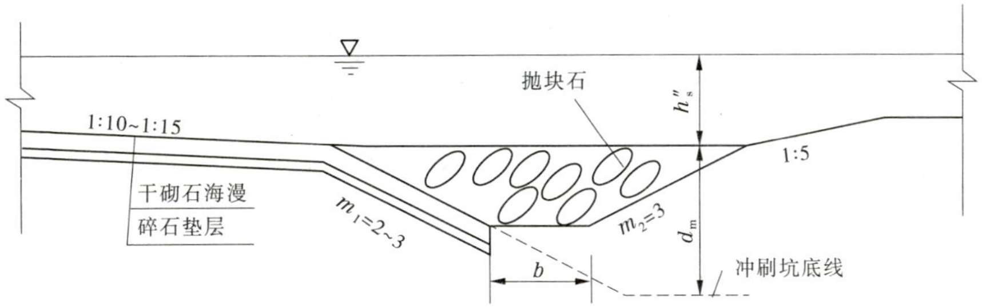

图6-19　防冲槽

参照已建水闸工程的实践经验，防冲槽大多采用宽浅式的，其深度 h_s'' 一般取1.5～2.5 m，底宽 b 取2～3倍的深度，上游坡率 $m_1=2\sim3$，下游坡率 $m_2=3$。防冲槽的单宽抛石量 V 应满足护盖冲坑上游坡面的需要，可按式(6-20)估算。

$$V = Ad_m(\mathrm{m}^3) \qquad d_m = 1.1\frac{q_m}{[v_0]} - h_s'' \tag{6-20}$$

式中　A——经验系数，一般采用2～4；

d_m——海漫末端河床冲刷深度，m；

q_m——海漫末端单宽流量，$\mathrm{m^3/(s \cdot m)}$；

$[v_0]$——河床土质允许不冲流速，m/s；

h_s''——海漫末端河床水深，m。

六、波状水跃、折冲水流的防止措施

(一)波状水跃的防止措施

对于平底板水闸，可在消力池斜坡段的顶部上游预留一段0.5～1.0 m宽的平台。其上设置一道小槛(见图6-20(a))，使水流越槛入池，促成底流式水跃。槛的高度 C 约为 h_c 的1/4。小槛迎水面做成斜坡，以减弱水流的冲击作用，槛底设排水孔。如将小槛改成齿形槛分水墩(见图6-20(b))，效果会更好。若水闸底板采用低实用堰型，则有助于消除波状水跃。

(二)折冲水流的防止措施

消除折冲水流首先应从平面布置上入手，尽量使上游引河具有较长的直线段，并能在

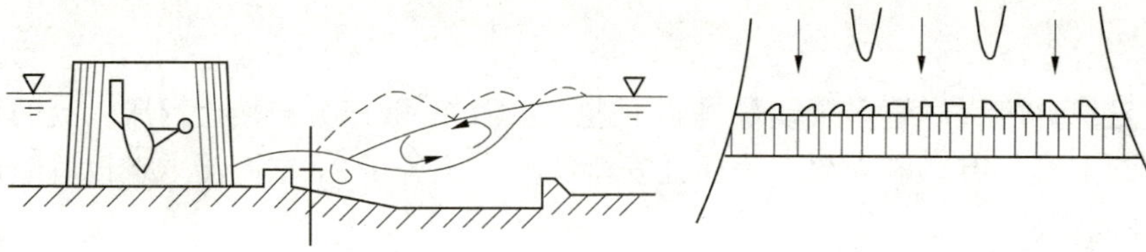
(a) (b)

图 6-20 波状水跃的防止措施

上游两岸对称布置翼墙，出闸水流与原河床主流的位置和方向一致；其次是控制下游翼墙扩散角，每侧宜采用 7°~12°，且不宜采用弧形翼墙（大型水闸如采用弧形翼墙，其半径不小于 30 m），墙顶应高于下游最高水位，以免回流由墙顶漫向消力池；另外，要制定合理的闸门开启程序，如低泄量时隔孔开启，使水流均匀出闸，或开闸时先开中间孔，继而开两侧邻孔至同一高度，直至全部开至所需高度，闭门与之相反，由两边孔向中间孔依次对称地操作。

【例 6-2】 某平原拦河闸为不设胸墙的开敞式水闸，无底坎平顶板宽顶堰，堰顶高程与河床同高(30.00 m)。单孔净宽 8 m，共 7 孔，闸孔总宽度为 64 m。整体式底板，边 2 孔一联，中 3 孔一联，缝设在闸墩上，中墩非缝墩厚 1.2 m，缝墩厚 1.6 m，边墩厚 1.2 m。正常挡水位为 38.50 m。水闸水文洪水资料见表 6-15。

表 6-15 水闸洪水情况

项目	重现期(年)	洪水流量(m^3/s)	闸前水位(m)	下游水位(m)
设计洪水	20	937	39.15	39
校核洪水	50	1 320	40.32	40.2

任务：(1)确定消能防冲设计条件；(2)底流消能工设计；(3)设计海漫；(4)设计防冲槽。

解：(1)消能防冲设计的控制情况。

由于本闸位于平原地区，河床的抗冲刷能力较低，所以采用底流式消能。

设计水位或校核水位时闸门全开宣泄洪水，为淹没出流无须消能。闸前为正常高水位 38.50 m，部分闸门局部开启，只宣泄较小流量时，下流水位不高，闸下射流速度较大，才会出现严重的冲刷河床现象，需设置相应的消能设施。为了保证无论何种开启高度的情况下均能发生淹没式水跃消能，所以采用闸前水深 $H=8.5$ m，闸门局部开启情况，作为消能防冲设计的控制情况。

为了降低工程造价，确保水闸安全运行，可以规定闸门的操作规程，本次设计按 1、3、5、7 孔对称方式开启，分别对不同开启孔数和开启度进行组合计算，找出消力池池深和池长的控制条件。

按消力池计算公式计算，结果列入表 6-16。

表 6-16 消力池池深、池长估算表

开启孔数 n	开启高度 (m)	流量系数 μ	泄流量 Q (m^3/s)	单宽流量 q ($m^3/(s\cdot m)$)	收缩水深 h_c (m)	跃后水深 h''_c (m)	下游水深 h'_s (m)	流态判别	消力池尺寸 池深 d (m)	池长 L_{sj} (m)	水跃长 L_j (m)	说明
1	0.8	0.596	49.2	6.15	0.49	3.73	1.67	自由出流	1.81	25.9	22.4	
	1.0	0.592	61.1	7.64	0.62	4.10	1.85		1.88	27.2	24.1	
	1.2	0.588	72.8	9.10	0.74	4.44	2.08		1.93	28.4	25.5	
	1.5	0.582	90.1	11.27	0.92	4.87	2.35		1.98	29.8	27.2	池深控制
	2.0	0.572	118.2	14.78	1.23	5.44	2.75		1.97	31.2	29.0	限开
3	0.8	0.596	147.6	6.15	0.49	3.73	3.11	淹没出流	0.91	25.9	22.4	
	1.0	0.592	183.3	7.64	0.61	4.11	3.52					
	1.2	0.588	218.5	9.10	0.74	4.44	3.86					
	1.5	0.582	270.4	11.27	0.92	4.87	4.40					
	2.0	0.572	354.6	14.78	1.22	5.46	5.10					

通过计算，为了节省工程造价，防止消力池过深，对开启 1 孔开启高度为 2.0 m 限开，得出开启 1 孔开启高度为 2.0 m 消力池的池深控制条件。

(2) 消力池尺寸及构造。

①消力池深度计算。

根据所选择的控制条件，估算池深为 2 m，用式(6-12)、式(6-13)、式(6-14)计算挖池后的收缩水深 h_c 和相应的出池落差 Δz 及跃后水深 h''_c，验算水跃淹没系数符合在 1.05 ~ 1.10 之间的要求。

$$\sigma_0 = \frac{d + h'_s + \Delta z}{h''_c} = \frac{2 + 2.35 + 1.03}{4.87} = 1.10$$

②消力池池长。

根据池深为 2 m，用式(6-15)、式(6-16)计算出相应的消力池长度为 30.0 m。

③消力池的构造。

采用下挖式消力池。为了便于施工，消力池的底板做成等厚，为了降低底板下部的渗透压力，在水平底板的后半部设置排水孔，孔下铺设反滤层，排水孔孔径为 10 cm，间距为 2 m，呈梅花形布置。其构造尺寸图见图 6-21。

根据抗冲要求，按式(6-17)计算消力池底板厚度。其中 k_1 为消力池底板计算系数，取 0.18；q 为确定池深时的过闸单宽流量；$\Delta H'$ 为相应于单宽流量的上、下游水位差。

$t = 0.18 \times \sqrt{11.27 \times \sqrt{8.5 - 2.35}} = 0.95$(m)，取消力池底板的厚度 $t = 1.0$ m。

(3) 海漫设计。

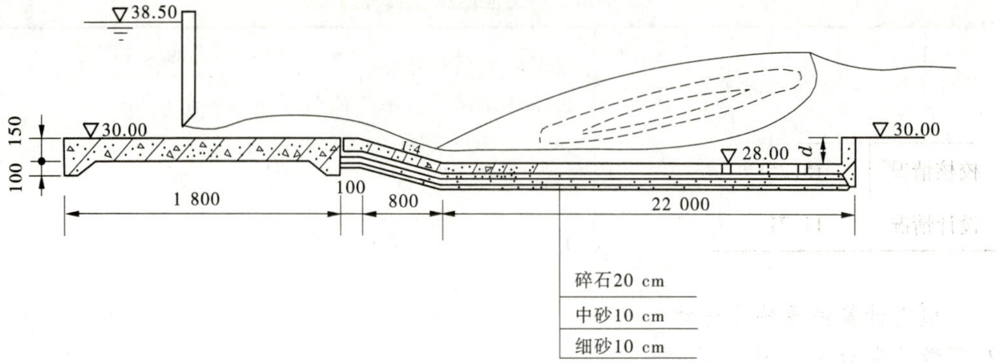

图 6-21　消力池构造尺寸图（单位:高程 m;尺寸 cm）

①海漫长度计算。

用式(6-19)计算海漫长度,结果列入表 6-17。其中 K_s 为海漫长度计算系数,根据闸基土质为中粉质壤土则选 11。取计算表中的大值,确定海漫长度为 40 m。

表 6-17　海漫长度计算表

流量 Q	上游水深 H(m)	下游水深 h_s'(m)	q_s(m^3/(s · m))	$\Delta H'$(m)	L_p(m)
100	8.5	2.50	1.56	6.0	21.5
200	8.5	3.70	3.13	4.80	28.8
300	8.5	4.63	4.69	3.87	33.4
400	8.5	5.43	6.25	3.07	36.4
500	8.5	6.12	7.81	2.38	38.2
600	8.5	6.75	9.38	1.75	38.7
700	8.5	7.33	10.9	1.17	37.8

②海漫构造。

因为对海漫的要求为有一定的粗糙度以便进一步消除余能,有一定的透水性,有一定的柔性。所以,选择在海漫的起始段 10 m 长做成浆砌石水平段,因为浆砌石的抗冲性能较好,其顶面高程与护坦齐平。后 30 m 做成坡度为 1∶15 的干砌石段,以使水流均匀扩散,调整流速分布,保护河床不受冲刷。海漫厚度为 0.6 m,下面铺设 15 cm 的砂垫层。

(4)防冲槽设计。

海漫末端河床冲刷坑深度按式(6-20)计算,其中河床土质允许不冲流速可按式(6-21)计算。按不同情况计算如表 6-18 所示。

$$[v_0] = v_0(R^{1/4\sim1/5}) = v_0R^{1/5} \tag{6-21}$$

式中　$[v_0]$——河床土质允许不冲流速,m/s;

v_0——查《水力学》可知此处取 0.8 m/s;

R——水力半径,$R=\dfrac{A}{\chi}$,m。

表 6-18 冲刷坑深度计算表

计算情况	q_m ($m^3/(s\cdot m)$)	相应过水水面积 A (m^2)	湿周 χ (m)	$R^{1/5}$	$[v_0]$ (m/s)	h''_s (m)	d_m (m)
校核情况	15.25	1 422.52	157.16	1.554	1.243	11.80	1.700
设计情况	11.71	1 243	149.57	1.527	1.222	10.60	-0.056

根据计算结果确定防冲槽的深度为 1.7 m。采用宽浅式，底宽取 3.4 m，上游坡率为 2，下游坡率为 3，出槽后做成坡率为 5 的斜坡与下游河床相连，如图 6-19 所示。

任务四　水闸的防渗排水设计

知识要求

掌握水闸地下轮廓线的定义及其在不同地基情况下的布置，改进阻力系数法、流网法、直线比例法三种闸基渗流计算方法，闸基防渗与排水措施。

技能要求

会用直线比例法和改进阻力系数法分析水闸渗流，并作出渗透压力图。

水闸的防渗排水设计任务在于经济合理地拟定闸的地下(及两岸)轮廓线形式和尺寸，以消除和减小渗流对水闸产生的不利影响，防止闸基和两岸产生渗透破坏。

一、地下轮廓的布置

(一)地下轮廓线

如图 6-22 所示，水流在上下游水位差 H 作用下，经地基向下游渗透，并从护坦的排水孔等处排出。上游铺盖、板桩及水闸底板等不透水部分与地基的接触线，即图中折线 0—1—2—…—16 是闸基渗流的第一条流线，也称地下轮廓线，其长度称为闸基防渗长度。

初步拟定的闸基防渗长度应满足式(6-22)要求：

$$L \geqslant CH \tag{6-22}$$

式中 L——闸基防渗长度，即闸基轮廓防渗部分水平段和垂直段长度的总和，m；

H——上、下游水位差，m；

C——允许渗径系数值，见表 6-19。当采用板桩时，允许渗径系数值可采用表中规定值的小值。

(二)不同地基地下轮廓线的布置

闸基防渗长度初步确定后，可根据地基特性，参考已建的工程经验进行闸基地下轮廓线布置。

防渗设计一般采用防渗与排水相结合的原则，即在高水位侧采用铺盖、板桩、齿墙等防渗设施，用以延长渗径，减小渗透坡降和闸底板下的渗透压力；在低水位侧设置排水设

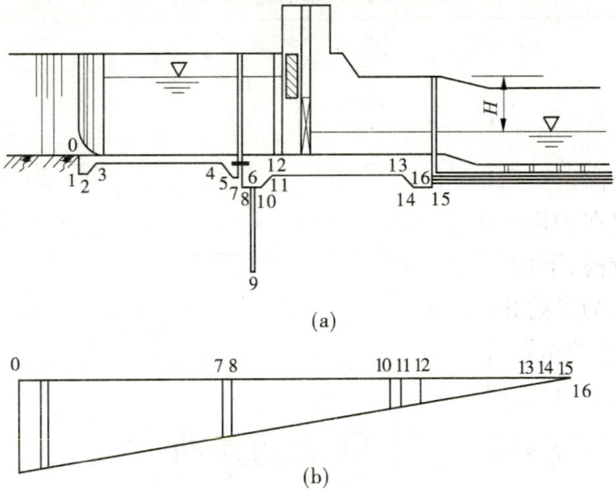

图 6-22 闸基渗流示意图

表 6-19 允许渗径系数值

排水条件	地基类别									
	粉砂	细砂	中砂	粗砂	中砾、细砾	粗砾夹卵石	轻粉质砂壤土	砂壤土	壤土	黏土
有反滤层	13 ~ 9	9 ~ 7	7 ~ 5	5 ~ 4	4 ~ 3	3 ~ 2.5	11 ~ 7	9 ~ 5	5 ~ 3	3 ~ 2
无反滤层	—	—	—	—	—	—	—	—	7 ~ 4	4 ~ 3

施，如面层排水、排水孔或减压井与下游连通，使地基渗水尽快排出，以减水渗透压力，并防止在渗流出口附近发生渗透变形。

地下轮廓布置与地基土质有密切关系，现分述如下。

1. 黏性土地基

黏性土具有黏聚力，不易产生管涌，但摩擦系数较小。因此，布置地下轮廓线时，排水设施可前移到闸底板下，以降低底板下的渗透压力并有利于黏土加速固结（见图 6-23），以提高闸室稳定性。防渗措施常采用水平铺盖，而不用板桩，以免破坏黏土的天然结构，在板桩与地基间造成集中渗流通道。水平铺盖的材料一般为钢筋混凝土、黏土或土工膜。

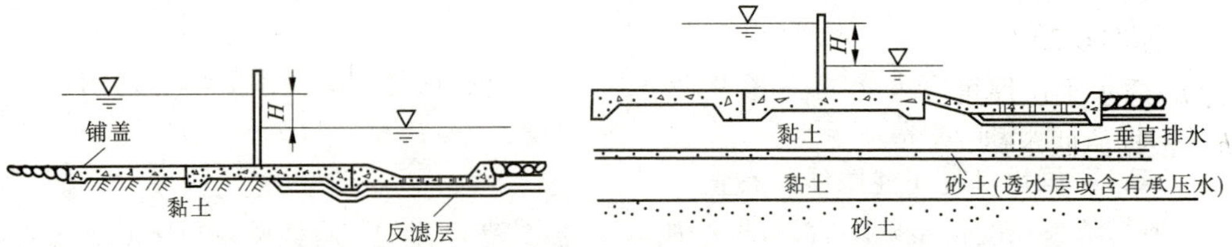

(a)黏性土地基　　(b)黏性土地基夹有透水砂层

图 6-23 黏性土地基上地下轮廓布置图

黏性土地基内夹有承压透水层时，应考虑设置垂直排水（见图6-23（b）），以便将承压水引出。

2. 砂性土地基

砂性土粒间无黏聚力，易产生管涌，要求防止渗透变形是其主要考虑因素；砂性土摩擦系数较大，对减小渗透压力要求相对较小。当砂层很厚时，可采用铺盖与板桩相结合的形式，排水设施布置在护坦上，见图6-24（a），必要时，在铺盖前端再加设一道短板桩，以加长渗径；当砂层较薄，下面有不透水层时，可将板桩插入不透水层，见图6-24（b）；当地基为粉细砂土基时，为了防止地基液化，常将闸基四周用板桩封闭起来，图6-24（c）是江苏某挡潮闸防渗排水的布置方式。因其受双向水头作用，故水闸上下游均设有排水设施，而防渗设施无法加长。设计时应以水头差较大的一边为主，另一边为辅，并采取除降低渗压外的其他措施，提高闸室的稳定性。

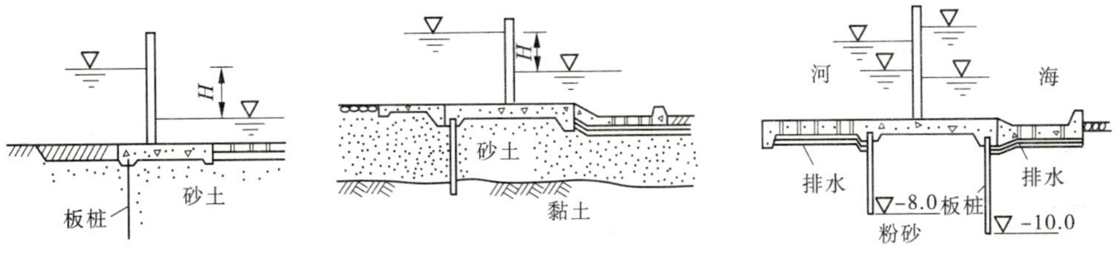

(a)砂层厚度较深时 (b)砂层厚度较浅时 (c)易液化粉细砂土地基

图6-24 砂性土地基上地下轮廓布置图

二、闸基渗流计算

闸基渗流计算的目的，在于求解渗透压力、渗透坡降，并验算地基土在初步拟定的地下轮廓线下的抗渗稳定性。常用的渗流计算方法有改进阻力系数法、流网法和直线比例法。对于地下轮廓比较简单，地基又不复杂的中小型工程，可考虑采用直线比例法。

（一）改进阻力系数法

改进阻力系数法是在阻力系数法的基础上发展起来的，这两种方法的基本原理非常相似。主要区别是改进阻力系数法的渗流区划分比阻力系数法多，在进出口局部修正方面考虑得更详细些。因此，改进阻力系数法是一种较好的近似计算方法。

1. 基本原理

如图6-25所示，有一简单的矩形渗流区，其长度为L，透水土层厚度为T，两断面间的测压管水位差为h。根据达西定律，通过该渗流区的单宽流量q为

$$q = K\frac{h}{L}T \tag{6-23}$$

或

$$h = \frac{L}{T}\frac{q}{K} \tag{6-24}$$

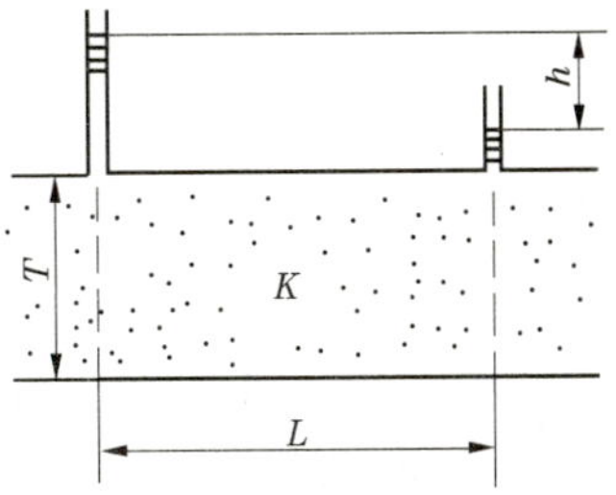

图6-25 矩形渗流区

令 $L/T=\xi$，则得

$$h=\xi\frac{q}{K} \tag{6-25}$$

式中，ξ 称为阻力系数，ξ 值仅和渗流区的几何形状有关，它是渗流边界条件的函数。

对于比较复杂的地下轮廓，需要把整个渗流区大致按等势线位置分成若干个典型渗流段，每个典型渗流段都可利用解析法求得阻力系数 ξ，其计算公式见表 6-20。

表 6-20　典型流段的阻力系数

区段名称	典型流段形式	阻力系数 ξ 的计算公式
进口段和出口段	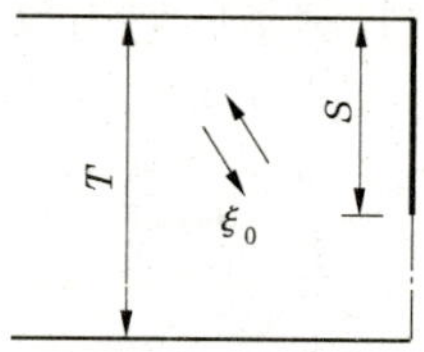	$\xi_0=1.5\left(\frac{S}{T}\right)^{\frac{3}{2}}+0.441$
内部垂直段	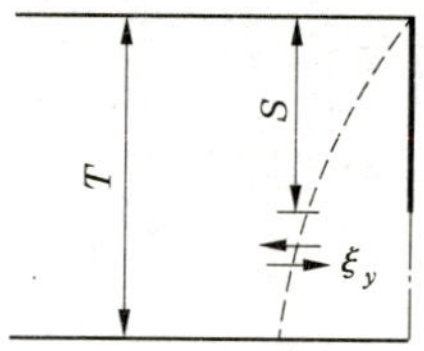	$\xi_y=\frac{2}{\pi}\ln\cot\left[\frac{\pi}{4}\left(1-\frac{S}{T}\right)\right]$
内部水平段	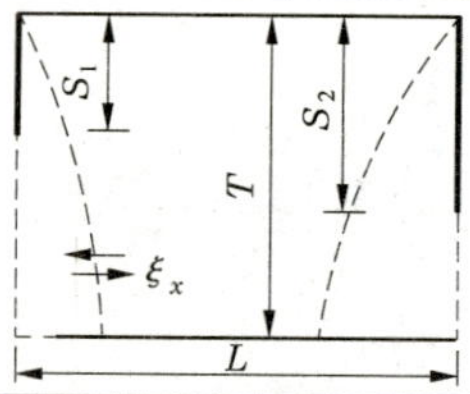	$\xi_x=\frac{L-0.7(S_1+S_2)}{T}$

如图 6-26 所示的简化地下轮廓，可由 2、3、4、5、6、7、8、9、10 点引出等势线，将渗流区划分成 10 个典型流段，并按表 6-20 的公式计算出各段的 ξ_i。再由式(6-28) 得到任一典型流段的水头损失 h_i。

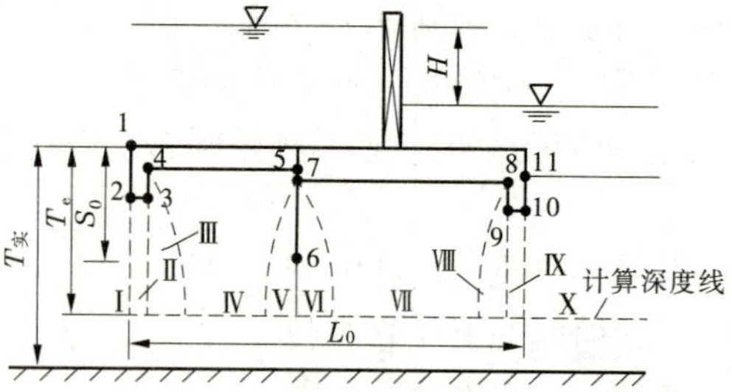

图 6-26　改进阻力系数法计算

对于不同的典型段，ξ 值是不同的，而根据水流的连续原理，各段的单宽渗流量应该相同。所以，各段的 q/K 值相同，而总水头 H 应为各段水头损失的总和，于是得：

$$h_i=\xi_i q/K \tag{6-26}$$

$$H = \sum_{i=1}^{m} h_i = \frac{q}{K}\sum_{i=1}^{m}\xi_i \tag{6-27}$$

$$h_i = \xi_i \frac{H}{\sum_{i=1}^{n}\xi_i} \tag{6-28}$$

求出各段的水头损失后，再由出口处向上游方向依次叠加，即得各段分界点的渗压水头。两点之间的渗透压强可近似地认为呈直线分布。进出口附近各点的渗透压强，有时需要修正。如要计算 q，可按式(6-26)进行。

2. 计算步骤

(1)确定地基计算深度。上述计算方法对地基相对不透水层较浅时可直接应用，但在相对不透水层较深时，须用有效深度 T_e 作为计算深度 T_c。T_e 可按式(6-29)计算确定。

$$\left.\begin{aligned} &\text{当}\frac{L_0}{S_0} \geqslant 5\text{时} \quad T_e = 0.5L_0 \\ &\text{当}\frac{L_0}{S_0} < 5\text{时} \quad T_e = \frac{5L_0}{1.6\frac{L_0}{S_0}+2} \end{aligned}\right\} \tag{6-29}$$

式中 T_e——土基上水闸的地基有效深度，m；

L_0——地下轮廓的水平投影长度，m；

S_0——地下轮廓的垂直投影长度，m。

算出有效深度 T_e 后，再与相对不透水层的实际深度 $T_{实}$ 相比较，应取其中的小值作为计算深度 T_c。

(2)按地下轮廓形状将渗流区分成若干典型渗流段，利用表 6-20 计算各段的阻力系数 ξ，并计算各段的水头损失 h_i。

(3)以直线连接各分段计算点的水头值，便可绘出渗透压强分布图。

(4)对进、出口段水头损失值和渗透压强分布图形进行局部修正。计算公式如下：

$$h_0' = \beta' h_0 \tag{6-30}$$

$$h_0 = \sum_{i=1}^{n} h_i \tag{6-31}$$

$$\beta' = 1.21 - \frac{1}{\left[12\left(\frac{T'}{T}\right)^2 + 2\right]\left(\frac{S'}{T} + 0.059\right)} \tag{6-32}$$

$$\Delta h = (1 - \beta')h_0$$

式中 h_0'——进、出口段修正后的水头损失值，m；

h_0——进、出口段水头损失值，m；

β'——阻力修正系数，当计算的 $\beta' \geqslant 1.0$ 时，采用 $\beta' = 1.0$；

S'——底板埋深与板桩入土深度之和，m，见图 6-27；

T'——板桩另一侧地基透水层深度或齿墙底部至计算深度线的铅直距离，m，见图 6-27；

Δh——修正后水头损失的减小值，m。

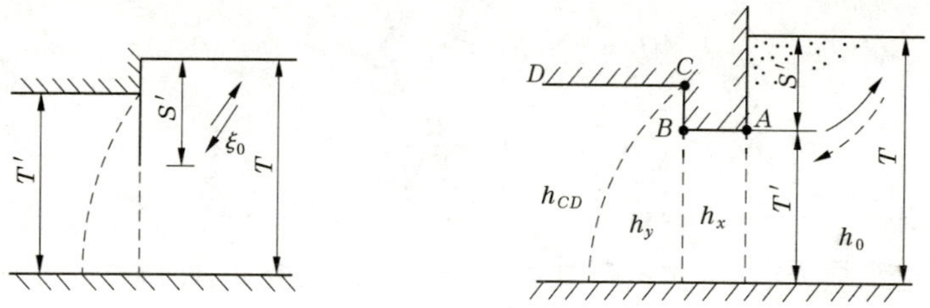

(a)有板桩的进出口渗流计算示意　　(b)有齿墙的进出口渗流计算示意

图 6-27　进出口渗流计算示意图

(5)当阻力修正系数 $\beta' < 1$ 时,除进、出口段的水头损失需作修正外,在其附近的内部典型段内仍需修正。

当 $h_x \geqslant \Delta h$ 时,可按下式修正:$h_x' = h_x + \Delta h$,式中 h_x' 为修正后的水平段水头损失值;h_x 为水平段的水头损失值。

当 $h_x < \Delta h$ 时,可按下面两种情况修正:当 $h_x + h_y \geqslant \Delta h$ 时,则 $h_x' = 2h_x$,$h_y' = h_y + \Delta h - h_x$,其中 h_y 为内部铅直段的水头损失值,h_y' 为修正后的内部铅直段水头损失值;当 $h_x + h_y < \Delta h$ 时,则 $h_x' = 2h_x$,$h_y' = 2h_y$,$h'_{CD} = h_{CD} + \Delta h - (h_x + h_y)$,其中 h_{CD} 为 CD 段的水头损失值,h'_{CD} 为修正后的 CD 段水头损失值。

(6)出口段渗流坡降值可按式(6-33)计算:

$$J = \frac{h_0'}{S'} \tag{6-33}$$

式中　J——出口段渗流坡降值。

出口段和水平段的渗流坡降都应满足表 6-21 的允许渗流坡降的要求,防止地下水渗流冲蚀地基土并造成渗透变形。

表 6-21　水平段和出口段的允许渗流坡降[J]值

分段	地基类别										
	粉砂	细砂	中砂	粗砂	中砾细砾	粗砾夹卵石	砂壤土	壤土	软黏土	坚硬黏土	极坚硬黏土
水平段	0.05 ~ 0.07	0.07 ~ 0.10	0.10 ~ 0.13	0.13 ~ 0.17	0.17 ~ 0.22	0.22 ~ 0.28	0.15 ~ 0.25	0.25 ~ 0.35	0.30 ~ 0.40	0.40 ~ 0.50	0.50 ~ 0.60
出口段	0.25 ~ 0.30	0.30 ~ 0.35	0.35 ~ 0.40	0.40 ~ 0.45	0.45 ~ 0.50	0.50 ~ 0.55	0.40 ~ 0.50	0.50 ~ 0.60	0.60 ~ 0.70	0.70 ~ 0.80	0.80 ~ 0.90

注:当渗流出口处设反滤层时,表列数值可加大 30%。

(二)流网法

对于边界条件复杂的渗流场,很难求得精确的渗流理论解,工程上往往利用流网法解决任一点渗流要素。流网的绘制可以通过试验或图解来完成。前者运用于大型水闸复杂的地下轮廓和土基,后者运用于均质地基上的水闸,既简便迅速,又有足够的精度。图 6-28是不同地下轮廓的流网图,利用它可以求得渗流区内任一点的渗流要素。

关于流网的基本原理和绘制方法已在项目四中讲述。土石坝渗流与闸基渗流的区别

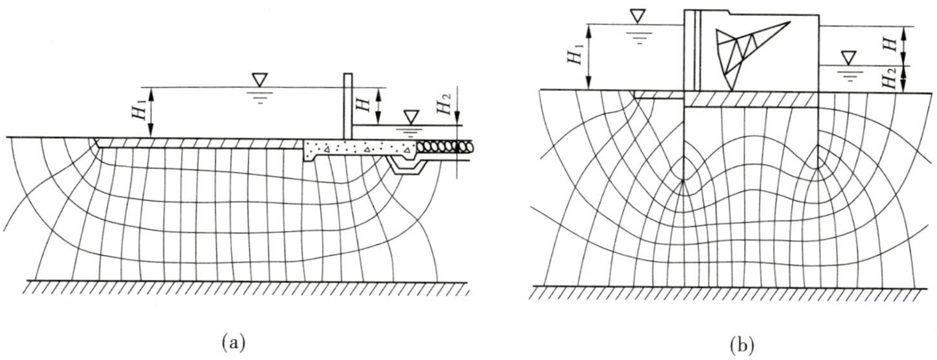

图 6-28　不同地下轮廓的流网图

在于前者是无压渗流，后者是有压渗流。闸基渗流的边界条件常按下述方法确定：地下轮廓线作为第一条流线，地基中埋深较浅的不透水层表面作为最后一条流线。如果透水层很深，可认为渗流区的下部边界线为半圆弧线，该弧线的圆心位于地下轮廓线水平投影的中心，半径是地下轮廓线水平投影长度的 1.5 倍。设置板桩时，则半径应为地下轮廓线垂直投影的 3 倍，与前者比较，取其中较大值。渗流入渗的上游河床是第一条等势线，渗流出口处的反滤层或垫层是最后一条等势线。流网绘成后，即可计算下述渗流要素：

（1）渗透压力。如图 6-29（a）所示的流网图，将各等势线与底板的交点位置向下投影到一水平线上，并将各交点的渗透压力水头（就是各等势线的水头）按比例绘出，连接各点渗压水头的端点，即得出闸底的渗透压力分布图（见图 6-29（b））。

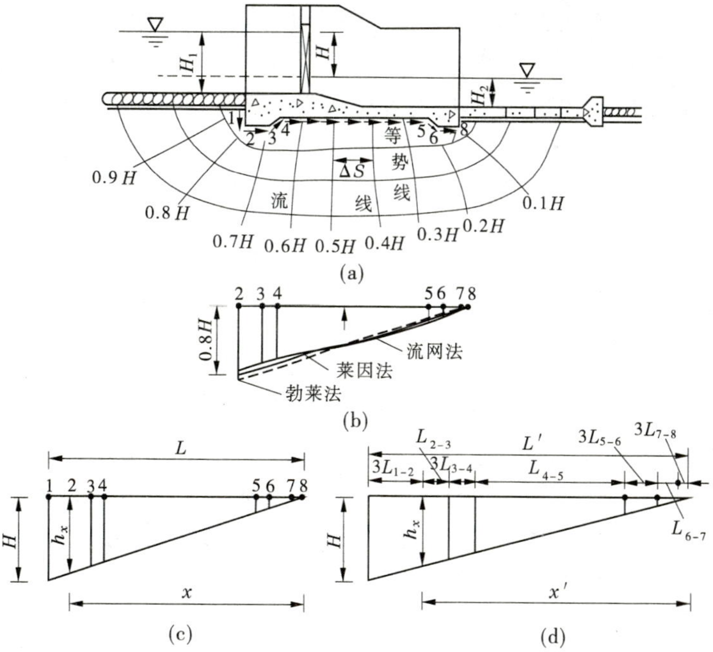

图 6-29　闸基渗流计算示意图

(2)渗透坡降、渗透流速、渗透流量。计算方法和公式见土石坝有关内容。对渗透变形影响较大的渗流出逸坡降或流速,须从地下轮廓后部渗流出口处的流网网格求得。计算公式为

$$J_0 = \frac{h}{t} \tag{6-34}$$

式中 h——渗流出口处齿墙或短板桩底部 M 点的渗压水头值(见图 6-30);

t——齿墙或短板桩底部至排水滤层的垂直距离。

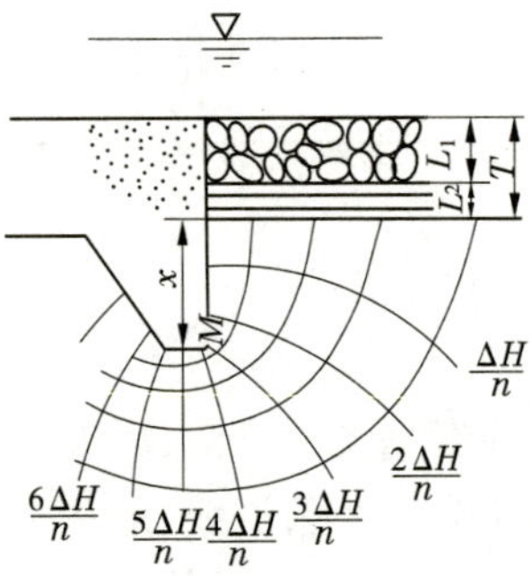

图 6-30 渗流出逸坡降计算图

(三)直线比例法

直线比例法是假定渗流沿地下轮廓流动时,水头损失沿程按直线变化,求地下轮廓各点的渗透压力。直线比例法有勃莱法和莱因法两种。

1. 勃莱法

如图 6-29(b)所示,将地下轮廓予以展开,按比例绘一直线,在渗流开始点 1 作一长度为 H 的垂线,并由垂线顶点用直线和渗流逸出点 8 相连,即得地下轮廓展开成直线后的渗透压力分布图。任一点的渗透压力 h_x,如图 6-29(c)所示,可按比例求得:

$$h_x = \frac{H}{L}x \tag{6-35}$$

2. 莱因法

根据工程实践,莱因法认为水流在水平方向流动和垂直方向流动,消能的效果是不一样的,后者为前者的 3 倍。在防渗长度展开为一直线时,应将水平渗径除以 3,再与垂直渗径相加,即得折算后的防渗长度,然后按直线比例法求得各点渗透压力,见图 6-29 (d)。

从图 6-29(b)可以看出,莱因法更接近流网法。直线比例法计算结果与实际情况有一定出入,但因计算简便,故地下轮廓简单、地基又不复杂的低水头的小型水闸设计常采用。

三、防渗及排水设施

防渗设施是指构成地下轮廓的铺盖、板桩及齿墙,而排水设施则是指铺设在护坦、浆砌石海漫底部或闸底板下游段起导渗作用的砂砾石层。排水常与反滤层结合使用。

(一)铺盖

铺盖主要用来延长渗径,应具有相对的不透水性;为适应地基变形,也要有一定的柔性。铺盖常用黏土、黏壤土或沥青混凝土做成,有时也可用钢筋混凝土作为铺盖材料。

1. 黏土和黏壤土铺盖

铺盖的渗透系数应比地基土的渗透系数小 100 倍以上。

铺盖的长度应由闸基防渗需要确定,一般采用上、下游最大水位差的 3 ~ 5 倍。

铺盖的厚度 δ 应根据铺盖土料的允许渗流坡降值计算确定。

$$\delta = \frac{\Delta H}{[J]} \tag{6-36}$$

式中 ΔH——计算截面处铺盖顶面和底面的水头差,m;

$[J]$——材料的允许渗流坡降,黏土为 4 ~ 8,壤土为 3 ~ 5。

铺盖上游端的最小厚度由施工条件确定,一般为 0.6 ~ 0.8 m,逐渐向闸室方向加厚至 1.0 ~ 1.5 m。

铺盖与底板连接处为一薄弱部位,通常将底板前端做成斜面,使黏土能借自重及其上的荷载与底板紧贴,在连接处铺设油毛毡等止水材料,一端用螺栓固定在斜面上,另一端埋入黏土铺盖中,见图 6-31。为了防止铺盖在施工期遭受破坏和运行期间被水流冲刷,应在其表面先铺设砂垫层,然后再铺设单层或双层块石护面。

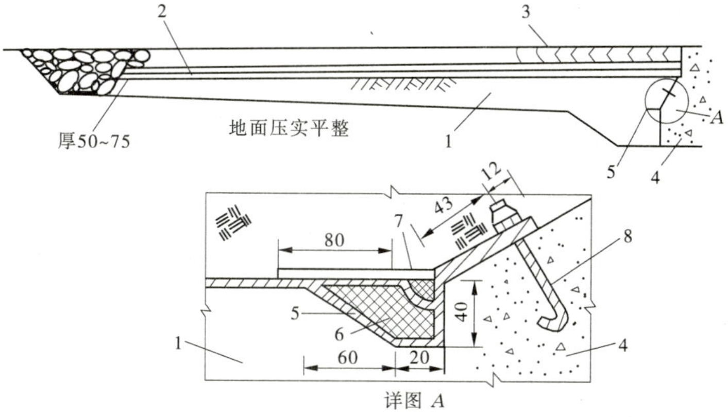

1—黏土铺盖;2—垫层;3—浆砌块石保护层(或混凝土板);4—闸室底板;
5—沥青麻袋;6—沥青填料;7—木盖板;8—斜面上螺栓

图 6-31 黏土铺盖的细部构造 (单位:cm)

2. 混凝土、钢筋混凝土铺盖

如当地缺乏黏性土料,或以铺盖兼作阻滑板增加闸室稳定,可采用混凝土或钢筋混凝土铺盖(见图 6-32)。其厚度一般为 0.4 ~ 0.6 m,与底板连接处应加厚至 0.8 ~ 1.0 m。铺盖与底板、翼墙之间用沉降缝分开。铺盖本身在顺水流方向上亦应设温度沉降缝,缝距为 15 ~ 20 m,靠近翼墙的缝距应小一些,缝中均应设止水(见图 6-32)。混凝土强度等级为 C20,配置温度构造钢筋。对于要求起阻滑作用的铺盖,应按受力大小配筋。

此外,还有沥青混凝土和浆砌块石铺盖。

(二) 板桩

板桩的作用随其位置不同而不同。一般设在闸底板上游端或铺盖前端,主要用以降低渗透压力,有时也设在底板下游端,以减小出口段坡降或出逸坡降,但一般不宜过长,否则将过多地加大底板所受的渗透压力。

打入不透水层的板桩,嵌入深度不应小于 1.0 m。如透水层很深,则板桩长度视渗流分析结果和施工条件而定,一般采用水头的 0.6 ~ 1.0 倍。

板桩材料有木材、钢筋混凝土和钢材。木板桩长一般为 3 ~ 5 m,最大 8 m,厚 8 ~ 12

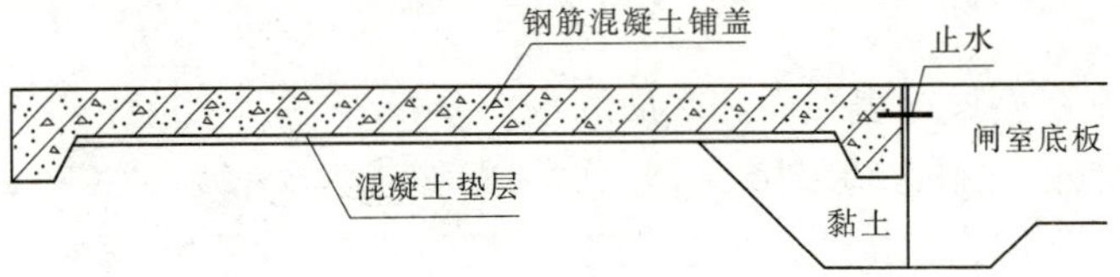

图 6-32 混凝土及钢筋混凝土铺盖

cm，适用于砂土地基。钢筋混凝土板桩，多为现场预制，长 4 ~ 6 m，宽 50 ~ 60 cm，厚 10 ~ 50 cm，适用于各种非岩石地基。板桩顶端与闸室底板的连接形式有两种：一种是把板桩紧靠底板前缘，顶部嵌入黏土铺盖一定深度，见图 6-33(a)；另一种是把板桩顶部嵌入底板底面特设的凹槽内，桩顶填塞可塑性较大的不透水材料，见图 6-33(b)。前者适用于闸室沉降量较大，而板桩尖已插入坚实土层的情况；后者则适用于闸室沉降量小，而板桩尖未达到坚实土层的情况。

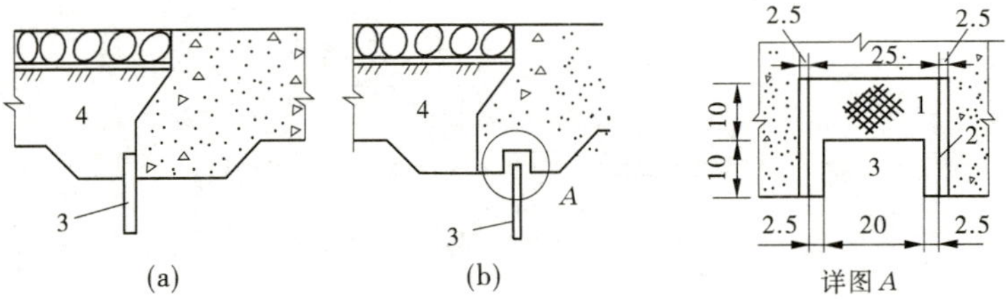

1—沥青；2—预制挡板；3—板桩；4—铺盖

图 6-33 板桩与底板的连接 （单位：cm）

(三) 齿墙

闸底板的上、下游端一般都设有齿墙，它有利于抗滑稳定，并可延长渗径。齿墙深度一般为 1.0 ~ 2.0 m。

(四) 排水设施

排水的位置直接影响渗透压力的大小和分布，应根据闸基土质情况和水闸的工作条件，做到既减小渗透压力又避免渗透变形。一般采用直径为 1 ~ 2 cm 的卵石、砾石或碎石等平铺在预定范围内，最常用的是在护坦和浆砌石海漫底部，或伸入底板下游齿墙稍前方，厚 0.2 ~ 0.3 m。为防止渗透变形，应在排水与地基接触处（渗流出口附近）做好反滤层。有关反滤层的设计可参见土石坝部分有关内容。

四、水闸的侧向绕渗

水闸建成挡水后，除闸基渗流外，渗流还从上游高水位绕过翼墙、岸墙和刺墙等流向下游，称为侧向绕渗（见图 6-34）。绕渗对翼墙、岸墙施加水压力，影响其稳定性；在渗流出口处，以及填土与岸、翼墙的接触面上可能产生渗透变形。此外，它还会影响闸和地基的安全。因此，应做好侧向防渗排水设施。

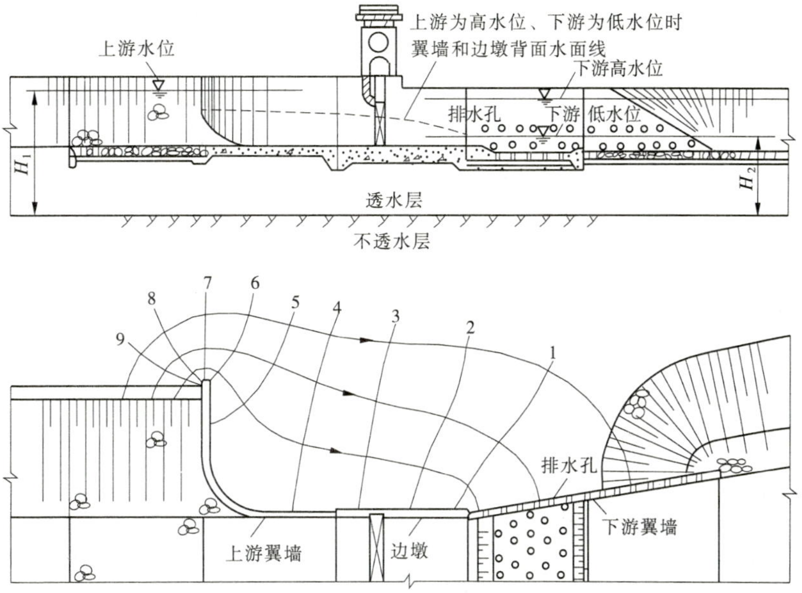

图 6-34 侧向绕渗

(一)侧向绕渗计算

侧向绕渗具有自由水面,属于三维无压渗流。当河岸土质均一,在其下面有水平不透水层时,可将三维问题简化成二维问题,按与闸基有压渗流相似的方法或流网法或改进阻力系数法求解绕渗要素。如果墙后土层的渗透系数小于地基渗透系数,侧向绕渗压力可以近似地采用相对应部位的闸基扬压力计算值,这样计算既简便,又有一定的安全度。如果前者大于后者,对于大型水闸,应用三维电拟试验验证。

(二)侧向防渗措施

侧向防渗排水布置(包括刺墙、板桩、排水井等)应根据上、下游水位,墙体材料和墙后土质及地下水位变化等情况综合考虑,并应与闸基的防渗排水布置相适应,使在空间上形成防渗整体。若铺盖长于翼墙,在岸坡上也应设铺盖,或在伸出翼墙范围的铺盖侧部加设垂直防渗措施,以保证铺盖的有效防渗长度,防止在空间上形成防渗漏洞。防渗设施除利用翼墙和岸墙外,还可根据需要,在岸墙或边墩后面靠近上游处增设板桩或刺墙,以增加侧向渗径。刺墙与边墩或岸墙之间需要用沉降缝分开,缝中设止水设施。为避免填土与边墩、翼墙的接触面上产生集中渗流,常需设一些短的刺墙,并使边墩与翼墙的挡水面稍成倾斜,使填土借自重紧压在墙背上。为排除渗水,单向水头的水闸可在下游翼墙和护坡上设置排水设施。排水设施多种多样,可根据墙后回填土的性质选用不同的形式。如①排水孔。在稍高于地面的下游墙上,每隔 2 ~4 m 留一直径为 5 ~10 cm 的排水孔,以排除墙后的渗水。这种布置适用于透水性较强的砂性回填土,见图 6-35 (a)。②连续排水垫层。在墙背上覆盖一层用透水材料做成的排水垫层,使渗水经排水孔排向下游,见图 6-35(b),这种布置适用于透水性很差的黏性回填土。连续排水垫层也可沿开挖边坡铺设,见图 6-35(c)。

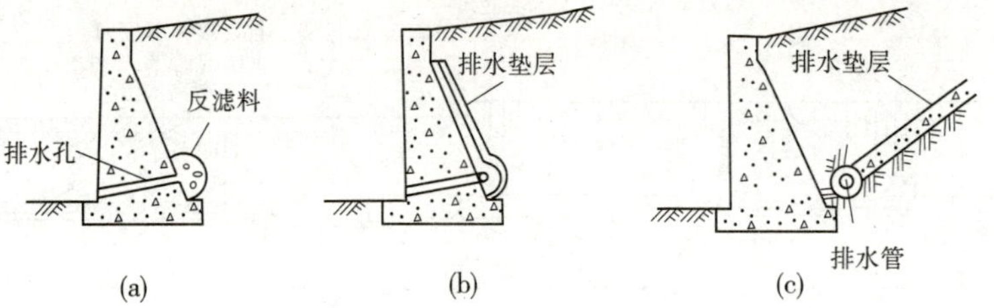

图 6-35　下游翼墙后的排水设施

【例 6-3】　已知某闸底板地下轮廓线如图 6-36 所示(A 点渗入,B 点渗出),闸底板建在砂壤土上,闸底板顶面与河床齐平,高程为 30.0 m,高程 22.0 m 以下为相对不透水层。采用改进阻力系数法进行渗流计算。

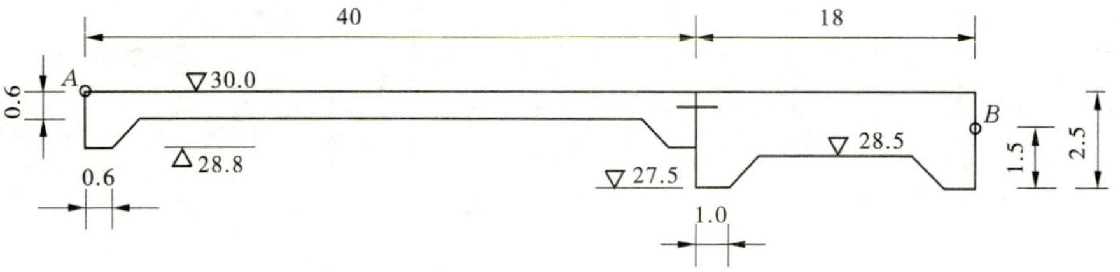

图 6-36　闸底板地下轮廓线　(单位:m)

解:(1)地基有效深度的计算。

根据式(6-29)判断,$\frac{L_0}{S_0}=23.2\geqslant5$,地基有效深度 T_e 为

$$T_e=0.5\times L_0=0.5\times58=29(\text{m})$$

大于实际的地基透水层深度 8 m,所以取小值 $T_e=8$ m。

(2)分段阻力系数的计算。对地下轮廓线进行简化,通过地下轮廓的各角点和尖端将渗流区域分成 9 个典型段,如图 6-37 所示。其中 1、9 段为进、出口段,用“进出口段公式”计算阻力系数;3、5、7 段为内部垂直段,用“内部垂直段公式”计算相应的阻力系数;2、4、6、8 段为水平段,用“内部水平段公式”计算相应的阻力系数。各典型段的水头损失用式 (6-28)计算,结果列入表 6-22 中。对于进、出口段的阻力系数修正,按式(6-30) ~ 式(6-32)计算,结果如表 6-23 所示。

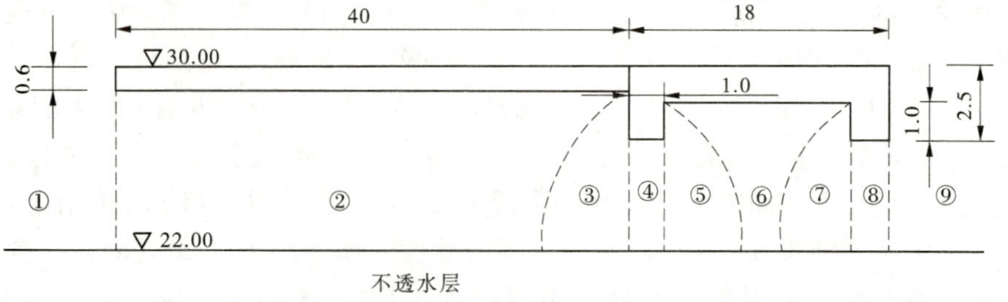

图 6-37　渗流区域分段图　(单位:m)

表 6-22 各段渗透压力水头损失

分段编号	分段名称	S (m)	S_1 (m)	S_2 (m)	T (m)	L (m)	阻力系数 ξ_i	h_i (m)	h_i' (m)
①	进口	0.6	—	—	8	—	0.47	0.42	0.25
②	水平	—	0	1.9	7.4	40	5.23	4.69	4.86
③	垂直	1.9	—	—	7.4	—	0.26	0.24	0.24
④	水平	—	0	0	5.5	1	0.18	0.16	0.16
⑤	垂直	1	—	—	6.5	—	0.16	0.14	0.14
⑥	水平	—	1	1	6.5	16	2.25	2.02	2.02
⑦	垂直	1	—	—	6.5	—	0.16	0.14	0.14
⑧	水平	—	0	0	5.5	1	0.18	0.16	0.18
⑨	出口	1.5	—	—	7	—	0.59	0.53	0.51
合计							9.47	$H=8.5$	$H=8.5$

表 6-23 进出口段的阻力系数修正表

段别	S'	T'	β'	h_0'	Δh	h_x'
进口段	0.6	7.4	0.60	0.255	0.169	4.86
出口段	2.5	5.5	0.95	0.505	0.024	0.18

(3)计算各角点的渗透压力值。

用表 6-22 计算的各段的水头损失进行计算，总的水头差为正常挡水期的上、下游水位差 8.5 m。各段后角点渗压水头 = 该段前角点渗压水头 - 此段的水头损失值，结果列入表 6-24。

表 6-24 闸基各角点渗透压力值 (单位:m)

H_1	H_2	H_3	H_4	H_5	H_6	H_7	H_8	H_9	H_{10}
8.50	8.26	3.40	3.16	3.00	2.86	0.84	0.70	0.51	0

(4)验算渗流逸出坡降。

出口段的逸出坡降为：$J = h_9'/S' = 0.51/1.5 = 0.34$，小于壤土出口段允许渗流坡降值$[J] = 0.50 \sim 0.60$（查表 6-21 得），满足要求，不会发生渗透变形。绘制闸底板的渗透压力分布图如图 6-38 所示。

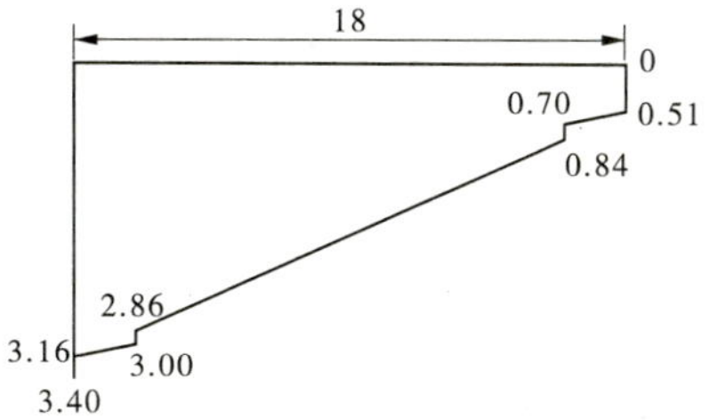

图 6-38 闸底板下渗透压力分布图 (单位:m)

任务五　闸室的布置和构造

知识要求

掌握闸室各部分基本布置与尺寸。

技能要求

掌握闸室各部分的常用尺寸，能画出闸室的平面图、立面图和剖面图。要求能做出闸室模型。

闸室是水闸的主体部分。开敞式水闸闸室由底板、闸墩、闸门、工作桥和交通桥等组成，有的还设有胸墙。

闸室的结构形式、布置和构造应在保证稳定的前提下，尽量做到轻型化、整体性好、刚性大、布置匀称，并进行合理的分缝分块，使作用在地基单位面积上的荷载较小，较均匀，并能适应地基可能的沉降变形。本任务讲述闸室各组成部分的形式、尺寸及构造，闸门部分将在任务六讲述。

一、底板

常用的底板有平底板和钻孔灌注桩底板。在特定的条件下，也可采用箱式底板（见图6-39(a)）、斜底板（见图6-39(b)）、反拱底板（见图6-39(c)）等。下面着重介绍平底板。

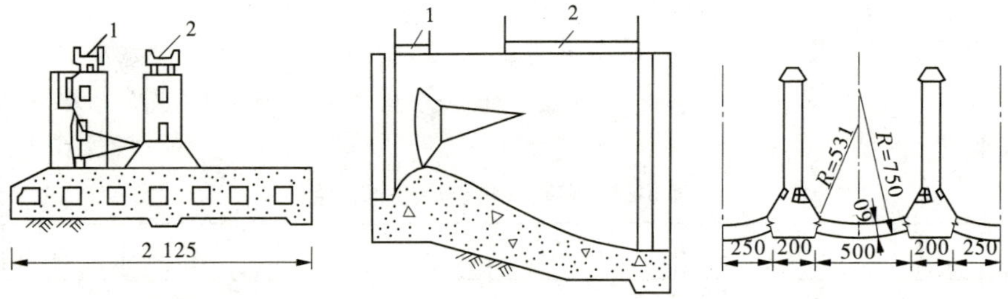

(a)箱式底板　(b)斜底板　(c)反拱底板

1—工作桥；2—交通桥

图6-39　闸底板形式　（单位：cm）

平底板按底板与闸墩的连接方式，有整体式和分离式两种。开敞式闸室结构可根据地基条件及受力情况等选用整体式或分离式。涵洞式和双层式闸室结构不宜采用分离式。

（一）整体式底板

闸墩与底板浇筑成整体即为整体式底板。其顺流向长度可根据闸身稳定和地基应力分布较均匀等条件来确定，同时应满足上层结构布置的需要。水头愈大，地基愈差，底板应愈长。初拟底板长度时，对于砂砾石地基可取(1.5～2.5)H，对于砂土、砂壤土地基可取(2.0～3.5)H，对于黏壤土地基可取(2.0～4.0)H，对于黏土地基可取(2.5～4.5)H，H为上、下游最大水位差。底板厚度必须满足强度和刚度的要求。大中型水闸可取闸孔净宽的1/6～1/8，一般为1～2 m，最薄不小于0.7 m，渠系小型水闸可薄至0.3 m。底板内配置钢筋。底板混凝土强度等级应满足强度、抗渗及防冲要求，一般选用C20或C25。闸墩中间分缝的底板一般适用于孔径为8～12 m和较松软地基，或地震烈度较高的地区。对于中等密实以上、承载力较大的地基也可将缝分在闸室底板中间，如图6-40(b)所示。

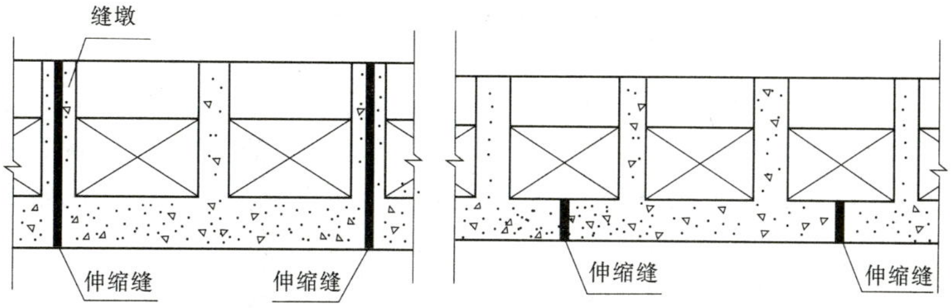

(a)墩中分缝底板　　(b)跨中分缝底板

图6-40　整体式底板

(二)分离式底板

在闸室底板两侧分缝，使底板与闸墩分离，成为分离式底板，如图6-41所示。一般适用于孔径大于8 m和密实的地基或岩基。中间底板仅有防冲、防渗的要求，其厚度按自身抗滑稳定确定。一般用混凝土或浆砌石建成，必要时加少量钢筋。

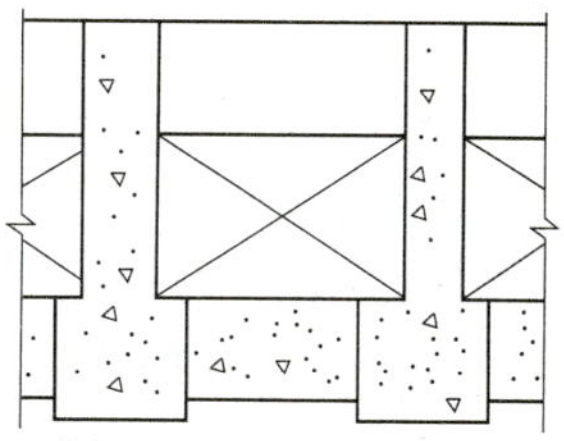

图6-41　分离式底板

二、闸墩

闸墩结构形式应根据闸室结构抗滑稳定性和闸墩纵向刚度要求确定，一般宜采用实体式。

闸墩的外形轮廓应能满足过闸水流平顺、侧向收缩小、过流能力大的要求。上游墩头可采用半圆形或尖角形，下游墩头宜采用流线形。上游墩头形状见图6-42。

图6-42　上游半圆形和尖角形墩头

闸墩上游部分的顶面高程应满足以下两个要求：①水闸挡水时，不应低于水闸正常蓄水位加波浪计算高度与相应安全超高值之和；②泄洪时，不应低于设计(或校核)洪水位与相应安全超高值之和。各种运用情况下水闸安全超高下限值见表6-25。闸墩下游部分的顶面高程可根据需要适当降低。

表 6-25 水闸安全超高下限值 (单位:m)

运用情况		水闸级别			
		1	2	3	4、5
挡水时	正常蓄水位	0.7	0.5	0.4	0.3
	最高挡水位	0.5	0.4	0.3	0.2
泄水时	设计洪水位	1.5	1.0	0.7	0.5
	校核洪水位	1.0	0.7	0.5	0.4

闸墩长度取决于上部结构布置和闸门的形式,一般与底板同长或稍短些。闸墩厚度应根据闸孔孔径、受力条件、结构构造要求和施工方法确定。根据经验,一般浆砌石闸墩厚0.8~1.5 m,混凝土闸墩厚1~1.6 m,少筋混凝土闸墩厚0.9~1.4 m,钢筋凝土闸墩厚0.7~1.2 m。闸墩在门槽处厚度不宜小于0.4 m。

平面闸门的门槽尺寸应根据闸门的尺寸确定,一般检修门槽深0.15~0.25 m,宽0.15~0.30 m,主门槽深一般不小于0.3 m,宽0.5~1.0 m。检修门槽与工作门槽之间留不宜小于1.5 m的净距,以便于工作人员检修。弧形闸门的闸墩不需设主门槽。

三、胸墙

胸墙顶部高程与闸墩顶部高程齐平。胸墙底部高程应根据孔口泄流量要求计算确定,以不影响泄水为原则。

胸墙相对于闸门的位置取决于闸门的形式。对于弧形闸门,胸墙位于闸门的上游侧;对于平面闸门,可设在闸门下游侧,也可设在上游侧。胸墙设上游侧时,止水结构复杂,易磨损,但有利于闸门启闭,钢丝绳也不易锈蚀。

胸墙结构形式可根据闸孔孔径大小和泄水要求选用。当孔径小于或等于6.0 m时可采用板式(见图6-43(a)),当孔径大于6.0 m时宜采用板梁式(见图6-43(b))。当胸墙高度大于5.0 m且跨度较大时,可增设中梁及竖梁构成肋形结构(见图6-43(c))。

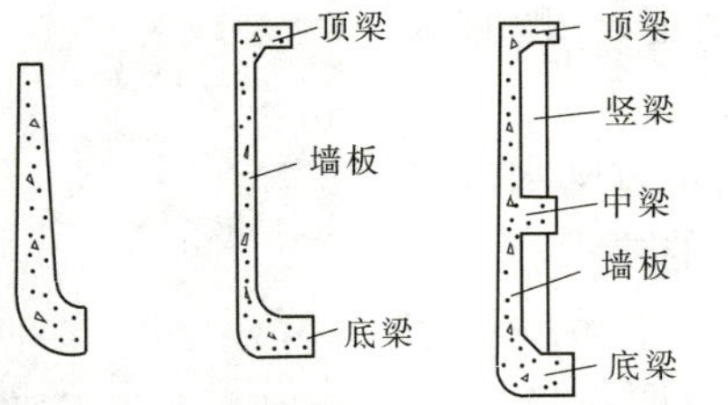

(a)板式 (b)板梁式 (c)肋形板梁式

图 6-43 胸墙形式

板式胸墙顶部厚度一般不小于20 cm。梁板式的板厚一般不小于12 cm;顶梁梁高一般为胸墙跨度的1/12~1/15,梁宽常取40~80 cm;底梁由于与闸门接触,要求有较大的刚度,梁高为胸墙跨度的1/8~1/9,梁宽为60~120 cm。为使过闸水流平顺,胸墙迎水面底缘应做成圆弧形。

胸墙与闸墩的连接方式可根据闸室地基、温度变化条件、闸室结构横向刚度和构造要求等采用简支式(见图6-44(a))或固接式(见图6-44(b))。简支胸墙与闸墩分开浇筑,可避免在闸墩附近迎水面出现裂缝,但截面尺寸较大。固接式胸墙与闸墩同期浇筑,胸墙钢筋伸入闸墩内,形成刚性连接,截面尺寸较小,容易在胸墙支点附近的迎水面产生裂缝。

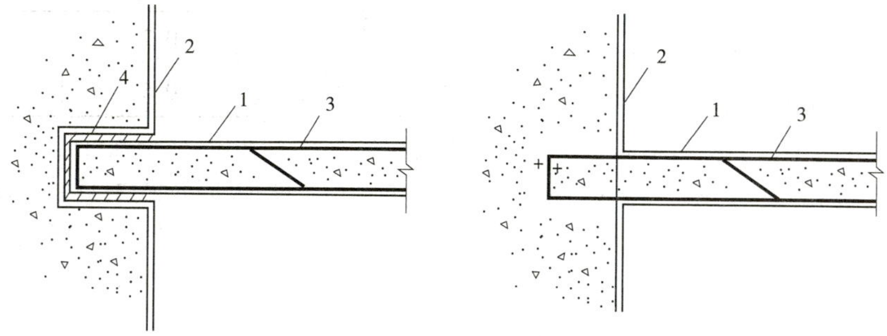

(a)简支式 (b)固接式

1—胸墙;2—闸墩;3—钢筋;4—涂沥青

图6-44 胸墙的支承形式

四、工作桥、交通桥

(一)工作桥

工作桥是为安装启闭机和便于工作人员操作而设在闸墩上的桥。当桥面很高时,可在闸墩上部设排架支承工作桥。工作桥设置高程与门型有关。如平面闸门,当采用固定式启闭机时,由于闸门开启后悬挂的需要,应使闸门提升后不影响泄放最大流量,并留有一定的裕度。若采用活动式启闭机,桥高则可适当降低。若采用升卧式平面闸门,由于闸门全开后处于平卧位置,因而工作桥可以做得较低。

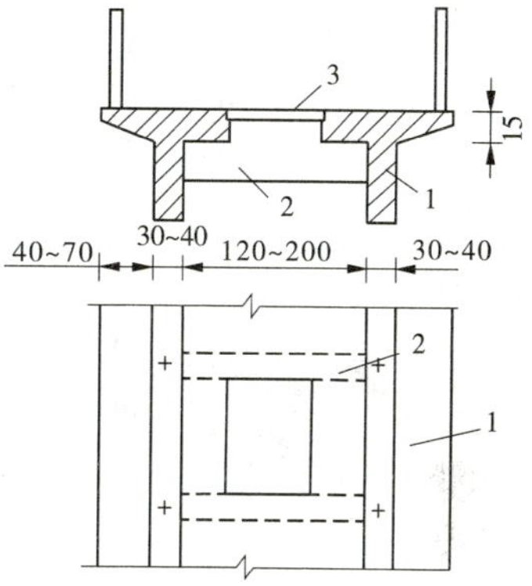

1—纵梁;2—横梁;3—活动铺板

图6-45 工作桥结构图 (单位:cm)

小型水闸的工作桥一般采用板式结构。大中型水闸多采用板梁结构(见图6-45)。

工作桥的总宽度取决于启闭机的类型、容量和操作需要,总宽度在2.0~4.5 m。

(二)交通桥

交通桥的位置应根据闸室稳定及两岸交通连接条件确定,通常布置在闸室下游。仅供人畜通行的交通桥,其宽度常不小于3 m;行驶汽车等的交通桥,应按交通部制定的规范进行设计,一般公路单车道净宽4.5 m,双车道净宽7~9 m。交通桥的形式可采用板式、板梁式和拱式,中小型工程可使用定型设计。

五、闸室的分缝及止水设备

(一)分缝方式及布置

水闸沿轴线每隔一定距离必须设沉降缝,兼作温度缝,以免闸室因地基不均匀沉降及温度变化而产生裂缝。缝距一般为 15 ~ 30 m，缝宽为 2 ~ 3 cm，视地基及荷载变化情况而定。

整体式底板闸室沉降缝，一般设在闸墩中间，一孔、二孔或三孔一联，成为独立单元，其优点是保证在不均匀沉降时闸孔不变形，闸门仍然正常工作。靠近岸边时，为了减轻墙后填土对闸室的不利影响，特别是在地质条件较差时，最多一孔一缝或两孔一缝，而后再接二孔或三孔的闸室（见图 6-40（a））。如果地基条件较好，也可以将缝设在底板中间（见图 6-40（b）），这样不仅减小闸墩厚度和水闸总宽，底板受力条件也可改善，但地基不均匀沉降可能影响闸门工作。

土基上的水闸，不仅闸室本身分缝，而且凡相邻结构荷重相差悬殊或结构较长、面积较大的地方，都要设缝分开。例如，铺盖、护坦与底板、翼墙连接处都应设缝；翼墙、混凝土铺盖及消力池底板本身也需分段、分块。

（二）止水

凡具有防渗要求的缝，都应设止水设备。止水分铅直止水和水平止水两种。前者设在闸墩中间、边墩与翼墙间以及上游翼墙本身；后者设在铺盖、消力池与底板和翼墙、底板与闸墩间以及混凝土铺盖及消力池本身的温度沉降缝内。

图 6-46 为铅直止水构造图。图 6-46（a）、（b）均为闸墩止水，一般布置在闸门上游，以减少缝墩侧向压力。图 6-46（a）所示形式施工简便，采用较广；图 6-46（b）所示形式能适应较大的不均匀沉降，但施工麻烦；图 6-46（c）所示形式构造简单，施工方便，适用于不均匀沉降较小或防渗要求较低的缝位，如岸墙与翼墙的止水等。

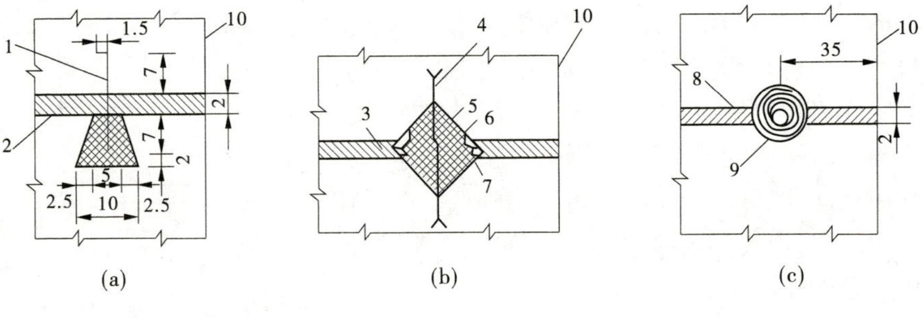

1—紫铜片和镀锌铁片（厚 0.10 cm，宽 18 cm）；2—两侧各 0.25 cm 柏油油毛毡伸缩缝，其余为柏油沥青芦席；3—沥青油毛毡及沥青砂板；4—金属止水片；5—沥青填料；6—加热设备；7—角铁（镀锌铁片）；8—柏油油毛毡伸缩缝；9—柏油油毛毡；10—临水面

图 6-46　铅直止水构造图（单位：cm）

图 6-47 为水平止水构造图。图 6-47（a）、（b）所示形式适用于地基沉降较大或防渗要求较高的缝位；图 6-47（c）所示形式适用于地基沉降较小或防渗要求较低的缝位，在接缝底部与地基土壤接触处常铺有 2 ~ 3 层油毛毡沥青麻布，或回填黏土，以提高防渗效果。

在无防渗要求的缝中，一般铺贴沥青毛毡。

必须做好止水交叉处的连接，否则容易形成渗水通道。交叉有两类：一是铅直交叉，二是水平交叉。交叉处止水片的连接方式也可分为两种：一种是柔性连接，即将金属止水片的接头部分埋在沥青块体中，如图 6-48（a）、（b）所示；另一种是刚性连接，即将金属止水片剪裁后焊接成整体,见图 6-48(c)、(d)。在实际工程中可根据交叉类型及施工条件确定连接方式,铅直交叉常用柔性连接,而水平交叉则多用刚性连接。

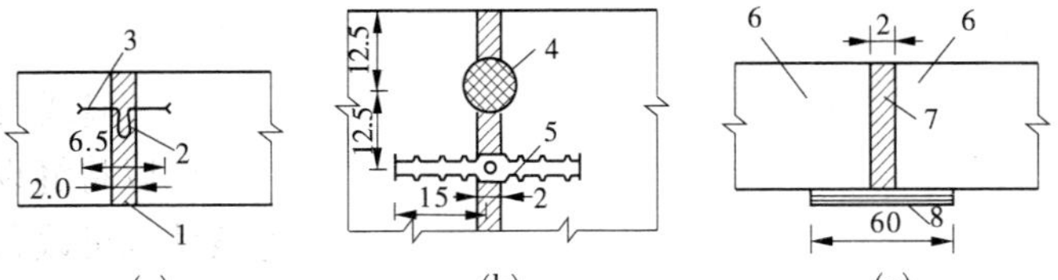

1—柏油油毛毡伸缩缝;2—灌 3 号松香柏油;3—紫铜片 0.1 cm(或镀锌铁片 0.12 cm);
4—ϕ7 柏油麻绳;5—塑料止水片;6—护坦;7—柏油油毛毡; 8—三层麻袋二层油毡浸沥青

图 6-47 水平止水构造图 (单位:cm)

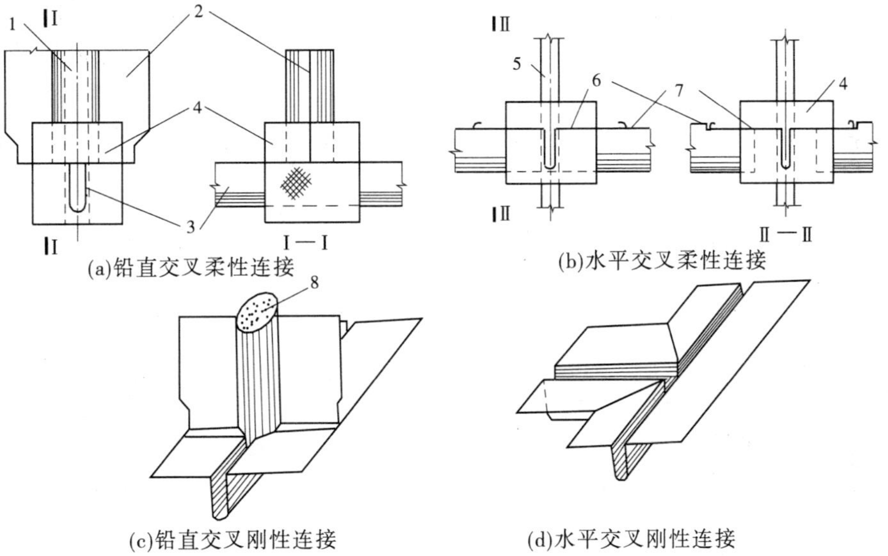

(a)铅直交叉柔性连接 (b)水平交叉柔性连接

(c)铅直交叉刚性连接 (d)水平交叉刚性连接

1—铅直缝;2—铅直止水片;3—水平止水片;4—沥青块体; 5—接缝;
6—纵向水平止水;7—横向水平止水;8—沥青柱

图 6-48 止水交叉构造图

【例 6-4】 某级别为 3 级的平原水闸,水闸闸底板顺水流向长度 18.0 m,正常挡水深 8.5 m,设计洪水深 9.15 m,校核洪水深 10.35 m。河床高程为 30.00 m,试进行闸墩设计。

解:(1)长度。外形轮廓应能满足过闸水流平顺、侧向收缩小、过流能力大的要求。上游墩头采用半圆形,下游墩头采用流线形。其长度采用与底板同长,为 18 m。

(2)厚度。中墩 1.2 m,缝墩 1.6 m,边墩 1.2 m。平面闸门的门槽尺寸应根据闸门的尺寸确定,检修门槽深 0.2 m,宽 0.2 m,主门槽深 0.3 m,宽 0.8 m。检修门槽与工作门槽之间留 3.0 m 的净距,以便于工作人员检修。

(3)高度。采用以下三种方法计算取较大值,根据计算,墩高最大值为 10.85 m,另根据《水闸设计规范》(SL 265—2001)中规定有防洪任务的拦河闸闸墩高程不应低于两岸堤顶高程,两岸堤顶高程为41.00 m,经比较后取闸墩高度为11.00 m。

①$H_{墩}$ = 校核洪水位时水深 + 安全超高 = 10.35 + 0.5 = 10.85(m);

②$H_{墩}$ = 设计洪水位时水深 + 安全超高 = 9.15 + 0.7 = 9.85(m);

③$H_{墩}$ = 正常挡水位时水深 + Δh + 安全超高 = 8.5 + 0.59 + 0.4 = 9.49(m)。(式中波浪高度的计算请查阅相关书籍)

缝墩尺寸详图见图6-49。

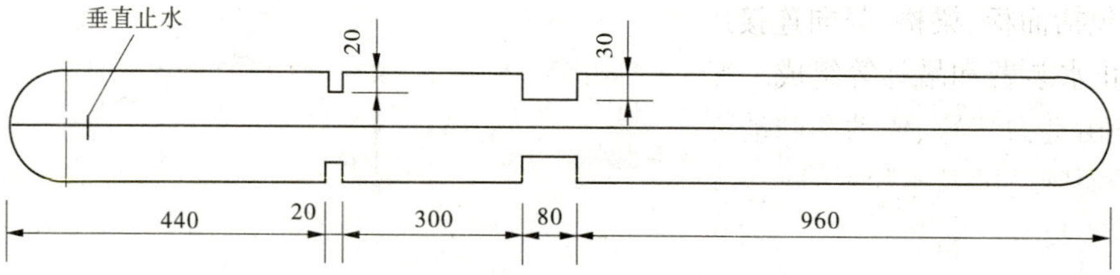

图6-49 缝墩尺寸详图 (单位:cm)

任务六 闸门与启闭机

知识要求

掌握闸门的分类,各种启闭机的特点。

技能要求

会根据实际选用恰当的启闭机形式。

闸门是水闸的关键部分,用它来封闭和开启孔口,以达到控制水位和调节流量的目的。

一、闸门

(一)闸门的类型

1. 按工作性质分类

闸门按其工作性质的不同,可分为工作闸门、事故闸门和检修闸门等。工作闸门又称主闸门,是水工建筑物正常运行情况下使用的闸门。事故闸门是在水工建筑物或机械设备出现事故时,在动水中快速关闭孔口的闸门,又称快速闸门。事故排除后充水平压,在静水中开启。检修闸门用以临时挡水,一般在静水中启闭。

2. 按门体的材料分类

闸门按门体的材料可分为钢闸门、钢筋混凝土或钢丝网水泥闸门、铸铁闸门及木闸门等。钢闸门门体较轻,一般用于大中型水闸。钢筋混凝土或钢丝网水泥闸门可以节省钢材,不需除锈但前者较笨重,启闭设备容量大;后者容易剥蚀,耐久性差,一般用于渠系小型水闸。铸铁闸门抗锈蚀、抗磨性能好、止水效果也好,但由于材料抗弯强度较低,性能又脆,故仅在低水头、小孔径水闸中使用。木闸门耐久性差,已很少使用。

3. 按结构形式分类

闸门按其结构形式可分为平面闸门、弧形闸门等。弧形闸门与平面闸门比较，其主要优点是启门力小，可以封闭相当大面积的孔口；无影响水流态的门槽，闸墩厚度较薄，机架桥的高度较低，埋件少。其缺点是需要的闸墩较长；不能提出孔口以外进行检修维护，也不能在孔口之间互换；总水压力集中于支铰处，闸墩受力复杂。

（二）平面闸门的构造

平面闸门由活动部分（门叶）、埋固部分和启闭设备三部分组成。其中，门叶由承重活构（包括面板、梁格、竖向连接系或隔板、门背（纵向）连接系和支承边梁等）、支承行走部件、止水装置和吊耳等组成。埋固部分一般包括行走埋固件和止水埋固体等。启闭设备一般由动力装置、传动和制动装置及连接装置等组成。

平面闸门的基本尺寸根据孔口尺寸确定。孔口尺寸应优先采用钢闸门设计规范中推荐的系列尺寸。露顶式闸门顶部应在可能出现的最高挡水位以上有 0.3 ~0.5 m 的超高。

二、启闭机

闸门启闭机可分为固定式和移动式两种。启闭机形式可根据门型、尺寸及其运用条件等因素选定。选用启闭机的启闭力应等于或大于计算启闭力，同时应符合国家现行的《水利水电工程启闭机设计规范》（SL 41—2011）所规定的启闭机系列标准。

当多孔闸门启闭频繁或要求短时间内全部均匀开启时，每孔应设一台固定式启闭机，常用的固定式启闭机有卷扬式、螺杆式和油压式三种。

（一）卷扬式启闭机

卷扬式启闭机主要由电动机、减速箱、传动轴和绳鼓所组成。绳鼓固定在传动轴上，围绕钢丝绳，钢丝绳连接在闸门吊耳上。启闭闸门时，通过电动机、减速箱和传动轴使绳鼓转动，带动闸门升降。为了防备停电或电器设备发生故障，可同时使用人工操作，通过手摇箱进行人力启闭。卷扬式启闭机启闭能力较大，操作灵便，启闭速度快，但造价较高，适用于弧形闸门。某些平面闸门能靠自重（或加重）关闭，启闭力较大时，也可采用卷扬式启闭机。

（二）螺杆式启闭机

当闸门尺寸和启闭力都很小时，常用简便、廉价的单吊点螺杆式启闭机。螺杆与闸门连接，用机械或人力转动主机，迫使螺杆连同闸门上下移动。当水压力较大，门重不足时，为使闸门关闭到底，可通过螺杆对闸门施加压力。当螺杆长度较大（如大于 3 m）时，可在胸墙上每隔一定距离设支撑套环，以防止螺杆受压失稳。其启闭力一般为 3 ~100 kN。

（三）油压式启闭机

油压式启闭机近年来使用较多，其主体为油缸和活塞。活塞经活塞杆或连杆和闸门连接。改变油管中的压力即可使活塞带动闸门升降。其优点是利用油泵产生的液压传动，可用较小的动力获得很大的启门力；液压传动比较平稳和安全；较易实行遥控和自动化等。其主要缺点是缸体内圆镗的加工受各地条件的限制，质量不易保证，造价也较高。

【例 6-5】 某水闸 7 孔，每孔 8 m，正常挡水深 8.5 m。试选启闭机和设计上部工作桥。

解：(1) 闸门的高度为高出挡水位 0.3 ~0.5 m，故工作闸门基本尺寸为闸门高 9 m，宽8 m,采用平面钢闸门,双吊点,滚轮支承。

(2)启闭机的选型。

①采用卷扬式启闭机,一门一机。根据《水工设计手册》平面直升钢闸门结构活动部分质量公式1,经过计算得16.9 t,考虑其他因素取闸门自重170 kN。

$$G = 0.012k_{支} k_{材} H^{1.65}B^{1.85} \tag{6-37}$$

式中 G——闸门结构活动部分质量,t;

$k_{支}$——闸门的支承结构特征系数,对于滑动式支承取0.8,对于滚轮式支承取1.0,对于台车式支承取1.3;

$k_{材}$——闸门材料系数,普通碳素结构钢制成的闸门为1.0,低合金结构钢制成的闸门取0.8;

H——孔口高度,取9 m;

B——孔口宽度,取8 m。

②初估闸门启闭机的启门力和闭门力,根据《水工设计手册》中的近似公式:

$$F_Q = (0.10 \sim 0.12)P + 1.2G \tag{6-38}$$

$$F_Q = (0.10 \sim 0.12)P + 1.2G = 0.10 \times 2\,890 + 1.2 \times 170 = 493(\text{kN})$$

$$F_W = (0.10 \sim 0.12)P - 1.2G \tag{6-39}$$

$$F_W = (0.10 \sim 0.12)P - 1.2G = 0.10 \times 2\,890 - 1.2 \times 170 = 85(\text{kN})$$

式中 P——平面闸门的总水压力,$P = \frac{1}{2}\gamma h^2 b = 2\,890(\text{kN})$;

F_Q——启门力,kN;

F_W——闭门力,kN。

由于闸门关闭挡水时,水压力 P 值最大,此时闸门前水位为8.5 m,本次设计的水闸为中型水闸,系数采用0.10,经计算,启门力 F_Q 为493 kN,闭门力 F_W 为85 kN。查《水工设计手册》选用电动卷扬式启闭机型号QPQ-2×40。

三、上部结构

(1)根据工作需要和设计规范,工作桥设在工作闸门的正上方,用排架支承工作桥,桥上设置启闭机房。由启闭机的型号决定基座宽度为2 m,启闭机旁的过道设为1 m,启闭机房采用24砖砌墙,墙外设0.66 m的阳台(过人用)。因此,工作桥的总宽度为2+1+1+0.24+0.24+0.66+0.66=5.8(m)。由于工作桥在排架上,确定排架的高度即可得到工作桥高程。

排架高度=闸门高+安全超高+吊耳高度=9+0.5+0.5 =10(m);

工作桥高程=闸墩高程+排架高+T形梁高=41+10+1=52(m)。

具体尺寸如图6-50所示。

(2)交通桥的作用是连接两岸交通,供车辆和人通行。交通桥的形式可采用板梁式。交通桥的位置应根据闸室稳定及两岸连接等条件确定,布置在下游。仅供人畜通行用的交通桥,其宽度不小于3 m;行驶汽车等的交通桥,应按交通部门制定的规范进行设计,一般公路单车道净宽为4.5 m,双车道为7~9 m。本次设计采用双车道8 m宽,并设有人行

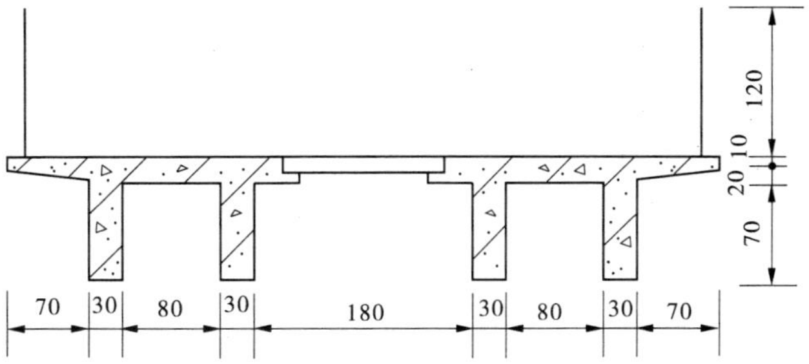

图 6-50 工作桥细部构造图 （单位：cm）

道安全带为 75 cm，具体尺寸如图 6-51 所示。

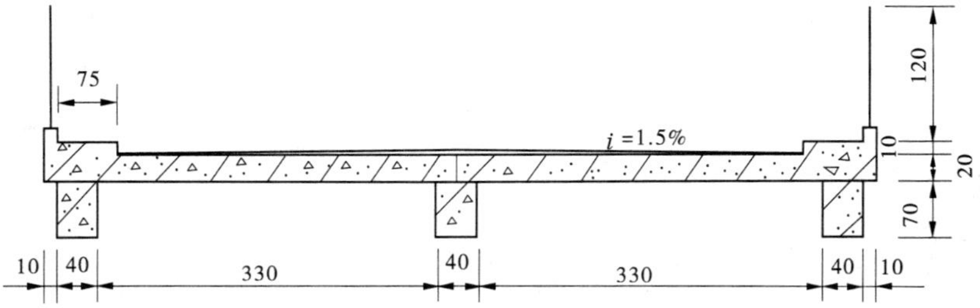

图 6-51 交通桥细部构造图 （单位：cm）

(3) 检修桥的作用为放置检修闸门，观测上游水流情况，设置在闸墩的上游端。采用预制 T 形梁和活盖板形式。尺寸如图 6-52 所示。

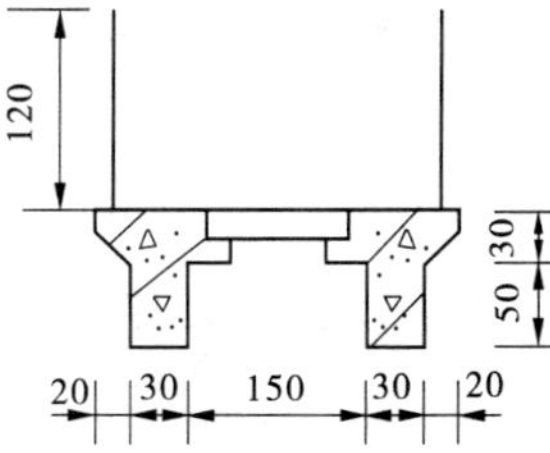

图 6-52 检修桥细部构造图 （单位：cm）

(4) 闸室的分缝与止水。

水闸沿轴线每隔一定距离必须设置沉降缝，兼作温度缝，以免闸室因不均匀沉陷及温度变化产生裂缝。缝距一般为 15 ~ 30 m，缝宽为 2 ~ 2.5 cm。整体式底板闸室沉降缝，一般设在闸墩中间，一孔、两孔或三孔一联为独立单元，其优点是保证在不均匀沉降时闸孔不变形，闸门仍然正常工作。

凡是有防渗要求的缝，都应设止水设备。止水分铅直和水平两种。前者设在闸墩中间、边墩与翼墙间以及上游翼墙上；后者设在铺盖、消力池与底板和混凝土铺盖、消力池本身的温度沉降缝内。

本次设计缝墩宽 1.6 m，缝宽为 2 cm，取中间三孔为一联，两边各为两孔一联。

任务七　水闸的稳定分析与地基处理

知识要求

掌握水闸荷载计算及其组合、水闸闸室抗滑稳定分析方法。

技能要求

会查阅有关规范并借助 Excel 软件进行水闸稳定分析。

一、闸室稳定分析

水闸竣工时，地基所受的压力最大，沉降也较大。过大的沉降，特别是不均匀沉降，会使闸室倾斜，影响水闸的正常运行。当地基承受的荷载过大，超过其容许承载力时，将使地基整体发生破坏。水闸在运用期间，受水平推力的作用，有可能沿地基面或深层滑动。因此，必须分别验算水闸在不同工作情况下的稳定性。对于孔数较少而未分缝的小型水闸，可取整个闸室（包括边墩）作为验算单元；对于孔数较多设有沉降缝的水闸，则应取两缝之间的闸室单位分别进行验算。

（一）荷载及其组合

水闸承受的主要荷载有自重、水重、水平水压力、扬压力、浪压力、泥沙压力、土压力及地震荷载等，如图 6-57 所示。自重、水重、泥沙压力等荷载的计算方法与重力坝基本相同，扬压力的计算方法参见任务四，土压力按主动土压力计算。浪压力、水平水压力及地震荷载的计算方法如下。

1. 浪压力

按以下步骤分别计算波浪要素及浪压力。波浪要素可根据水闸运用条件，对计算情况下闸前风向、风速、风区长度、风区内的平均水深等因素进行计算。浪压力应根据闸前水深和实际波态进行计算。

（1）平原、滨海地区水闸按莆田试验站公式计算平均波高 h_m 和平均波长 L_m。

$$\frac{gh_m}{v_0^2} = 0.13\text{th}\left[0.7\left(\frac{gH_m}{v_0^2}\right)^{0.7}\right]\text{th}\left\{\frac{0.0018\left(\frac{gD}{v_0^2}\right)^{0.45}}{0.13\text{th}\left[0.7\left(\frac{gH_m}{v_0^2}\right)^{0.7}\right]}\right\} \tag{6-40}$$

$$\frac{gT_m}{v_0} = 13.9\left(\frac{gh_m}{v_0^2}\right)^{0.5} \tag{6-41}$$

式中　h_m——平均波高，m；

v_0——计算风速，m/s，当浪压力参与荷载的基本组合时，可采用当地气象台站提供的重现期为 50 年的年最大风速，当浪压力参与荷载的特殊组合时，可采用当地气象台站提供的多年平均年最大风速；

D——风区长度，m，当闸前水域较宽广或对岸最远水面距离不超过水闸前沿水面宽度的 5 倍时，可采用对岸至水闸前沿的直线距离，当闸前水域较狭窄或对岸最远

水面距离超过水闸前沿水面宽度的5倍时,可采用水闸前沿水面宽度的5倍;

H_{m}——风区内的平均水深,m,可由沿风向作出的地形剖面图求得,其计算水位应与相应计算情况下的静水位一致;

T_{m}——平均波周期,s。

(2)根据水闸级别,由表6-26查得水闸的设计波列累积频率p(%)值。

表6-26　p值

水闸级别	1	2	3	4	5
p(%)	1	2	5	10	20

(3)累积频率为p(%)的波高h_p与平均波高h_{m}的比值可由表6-27查得,从而计算出h_p。

表6-27　h_p与h_{m}的比值

$\frac{h_{\mathrm{m}}}{H_{\mathrm{m}}}$	p(%)				
	1	2	5	10	20
0	2.42	2.23	1.95	1.71	1.43
0.1	2.26	2.09	1.87	1.65	1.41
0.2	2.09	1.96	1.76	1.59	1.37
0.3	1.93	1.82	1.66	1.52	1.34
0.4	1.78	1.68	1.56	1.44	1.30
0.5	1.63	1.56	1.46	1.37	1.25

(4)按式(6-42)计算平均波长L_{m}值:

$$L_{\mathrm{m}} = \frac{gT_{\mathrm{m}}^2}{2\pi}\mathrm{th}\frac{2\pi H}{L_{\mathrm{m}}} \tag{6-42}$$

式中　H——闸前水深,m。

平均波长L_{m}值可由表6-28查得。

(5)作用于水闸铅直或近似铅直迎水面上的浪压力,应根据闸前水深和实际波态,分别按下列规定进行计算。

①当$H \geqslant H_{\mathrm{k}}$和$H \geqslant \frac{L_{\mathrm{m}}}{2}$时,浪压力可按式(6-43)和式(6-44)计算(计算示意图见图6-53),临界水深可按式(6-45)计算:

$$P_1 = \frac{1}{4}\gamma L_{\mathrm{m}}(h_p + h_z) \tag{6-43}$$

$$h_z = \frac{\pi h_p^2}{L_{\mathrm{m}}}\mathrm{cth}\frac{2\pi H}{L_{\mathrm{m}}} \tag{6-44}$$

$$H_{\mathrm{k}} = \frac{L_{\mathrm{m}}}{4\pi}\ln\frac{L_{\mathrm{m}} + 2\pi h_p}{L_{\mathrm{m}} - 2\pi h_p} \tag{6-45}$$

表 6-28 L_m 值

H(m)	T_m(s)														
	1	2	3	4	5	6	7	8	9	10	12	14	16	18	20
1.0	1.56	5.22	8.69	12.00	15.24	18.44	21.62	24.79	27.96	31.11	37.41	43.70	49.98	56.26	62.54
2.0	—	6.05	11.31	16.23	20.95	25.58	30.16	34.69	39.20	43.70	52.66	61.59	70.50	79.40	88.29
3.0	—	6.22	12.68	18.96	24.93	30.72	36.41	42.03	47.61	53.16	64.19	75.17	86.12	97.04	107.95
4.0	—	—	13.41	20.86	27.95	34.77	41.44	48.01	54.51	60.96	73.77	86.50	99.18	111.82	124.44
5.0	—	—	13.76	22.20	30.31	38.09	45.66	53.08	60.41	67.68	82.08	96.37	110.59	124.76	138.90
6.0	—	—	13.93	23.13	32.19	40.87	49.27	57.50	65.61	73.62	89.49	105.20	120.82	136.38	151.90
7.0	—	—	—	23.78	33.69	43.22	52.42	61.41	70.24	78.96	96.19	113.23	130.15	147.00	163.79
8.0	—	—	—	24.21	34.89	45.22	55.19	64.90	74.43	83.82	102.33	120.62	138.77	156.82	174.80
9.0	—	—	—	24.49	35.84	46.94	57.65	68.05	78.24	88.27	108.01	127.49	146.79	165.98	185.09
10.0	—	—	—	24.68	36.59	48.41	59.82	70.90	81.73	92.37	113.30	133.91	154.31	174.58	194.76
12.0	—	—	—	24.87	37.64	50.73	63.49	75.85	87.90	99.73	12.89	145.64	168.13	190.44	212.62
14.0	—	—	—	—	38.25	52.42	66.40	79.98	93.20	106.14	131.42	156.18	180.61	204.82	228.87
16.0	—	—	—	—	38.61	53.62	68.72	83.45	97.78	111.78	139.09	165.76	192.02	218.02	243.83
18.0	—	—	—	—	38.80	54.47	70.55	86.35	101.75	116.79	146.03	174.53	202.55	230.25	257.72
20.0	—	—	—	—	—	55.05	71.98	88.79	105.21	121.24	152.36	182.62	212.33	241.66	270.72
22.0	—	—	—	—	—	55.44	73.10	90.83	108.22	125.21	158.15	190.12	221.45	252.35	282.95
24.0	—	—	—	—	—	55.71	73.96	92.53	110.85	128.75	163.47	197.10	230.00	262.42	294.49
26.0	—	—	—	—	—	55.88	74.61	93.94	113.13	131.93	168.36	203.61	238.05	271.94	305.44
28.0	—	—	—	—	—	—	75.10	95.10	115.10	134.76	172.87	209.70	245.64	280.96	315.85
30.0	—	—	—	—	—	—	75.47	96.05	116.82	137.29	177.04	215.41	252.81	289.54	325.78

式中 P_1——作用于水闸迎水面上的浪压力,kN/m;

h_z——波浪中心线超出计算水位的高度,m;

H_k——使波浪破碎的临界水深,m。

②当 $H \geqslant H_k$ 和 $H < \frac{L_m}{2}$ 时,浪压力可按式(6-46)和式(6-47)计算(计算示意图见图6-54)。

$$P_1 = \frac{1}{2}[(h_p + h_z)(\gamma H + p_s) + Hp_s] \tag{6-46}$$

$$p_s = \gamma h_p \operatorname{sech} \frac{2\pi H}{L_m} \tag{6-47}$$

式中 p_s——闸墩(闸门)底面处的剩余浪压力强度,kPa。

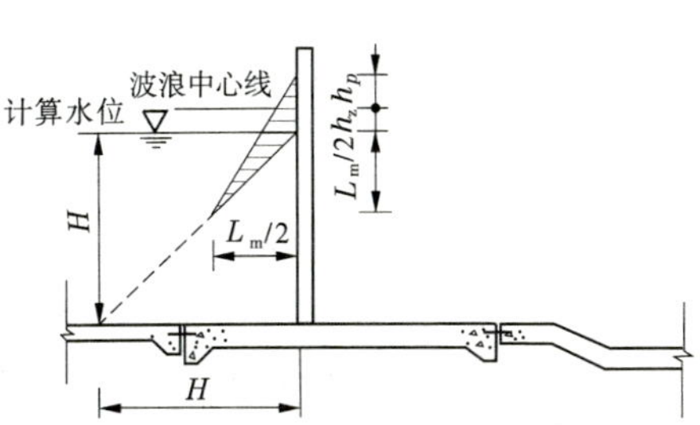

图6-53 浪压力计算示意图一

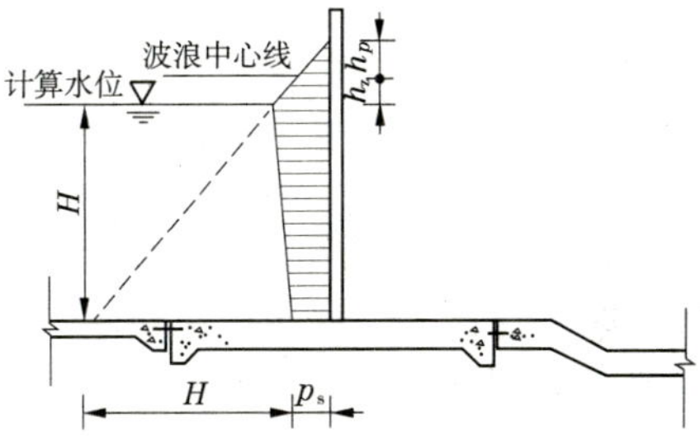

图6-54 浪压力计算示意图二

③当 $H < H_k$ 时,浪压力可按式(6-48)和式(6-49)计算,计算示意图见图6-55。

$$P_1 = \frac{1}{2}p_j[(1.5 - 0.5\eta)(h_p + h_z) + (0.7 + \eta)H] \tag{6-48}$$

$$p_j = K_i\gamma(h_p + h_z) \tag{6-49}$$

式中 p_j——计算水位处的浪压力强度,kPa;

η——闸墩(闸门)底面处的浪压力强度折减系数,当 $H \leqslant 1.7(h_p + h_z)$ 时可采用0.6,当 $H > 1.7(h_p + h_z)$ 时可采用0.5;

K_i——闸前河(渠)底坡影响系数,可按表6-29采用,表6-29中的 i 为闸前一定距离内河(渠)底坡的平均值。

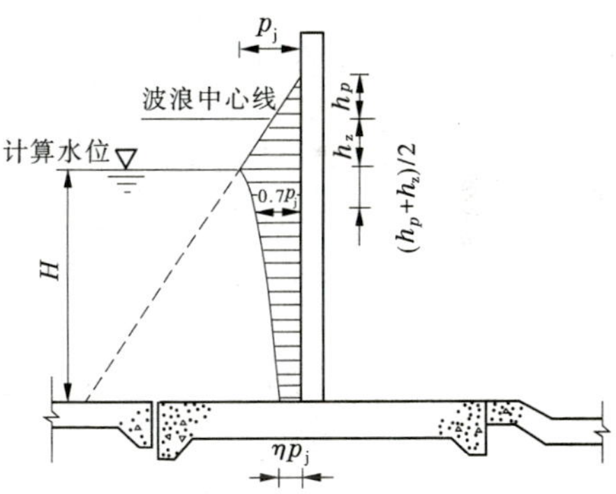

图6-55 浪压力计算示意图三

表6-29 K_i值

i	1/10	1/20	1/30	1/40	1/50	1/60	1/80	≤1/100
K_i	1.89	1.61	1.48	1.41	1.36	1.33	1.29	1.25

2. 水平水压力

指作用于胸墙、闸门、闸墩及底板上的水平水压力。上下游应分别计算。

对于黏土铺盖(见图 6-56 (a)),a 点压强按静水压力计算,b 点取该点的扬压力值,两者之间按线性规律考虑。对于混凝土铺盖,止水片以上仍按静水压力计算,以下按梯形分布(见图 6-56(b)),d 点取该点的扬压力值,止水片底面 c 点的水压力等于该点的浮托力加 e 点处的渗透压力,即认为 c 点、e 点间无渗压水头损失。

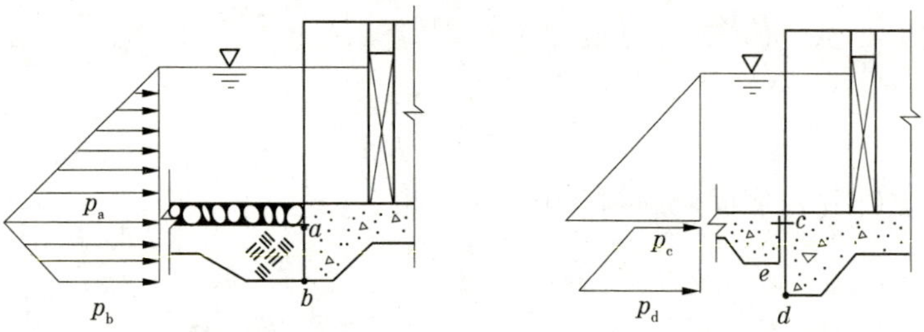

(a)黏土铺盖与底板的连接　　(b)混凝土铺盖与底板的连接

图 6-56　作用在铺盖与底板连接处的水压力

3. 地震荷载

地震区修建水闸,当设计烈度为 7 度或大于 7 度时,需考虑地震影响。地震荷载应包括建筑物自重以及其上的设备自重所产生的地震惯性力、地震动水压力和地震动土压力。根据《水电工程水工建筑物抗震设计规范》(NB 35047—2015),水闸地震荷载计算如下。

(1)地震惯性力。采用拟静力法计算作用于质点的水平向地震惯性力 F_i 时计算公式如下:

$$F_i = \alpha_h \zeta G_{Ei} \alpha_i / g \tag{6-50}$$

式中 F_i——作用在质点 i 的水平向地震惯性力代表值;

α_h——水平向设计地面加速度代表值;

ζ——地面作用的效应折减系数,除另有规定外,取 0.25;

G_{Ei}——集中在质点 i 的重力作用标准值;

α_i——质点 i 的动态分布系数,见表 6-30;

g——重力加速度。

(2)地震动水压力。作用在水闸上的地震动水压力可参照重力坝地震动水压力公式计算。

(3)地震动土压力。作用在水闸岸墙和翼墙上的地震动土压力可参照本书重力坝中地震动土压力公式进行计算。

荷载组合分为基本组合和特殊组合。基本组合由同时出现的基本荷载组成。特殊组合由同时出现的基本荷载再加一种或几种特殊荷载组成。但地震荷载不应与设计洪水位或校核洪水位组合。

计算闸室稳定和应力时的荷载组合可按表 6-31 的规定采用。必要时可考虑其他可能的不利组合。

表 6-30　水闸动态分布系数 α_i

水闸闸墩		闸顶机架		岸墙、翼墙	
竖向及顺河流方向地震	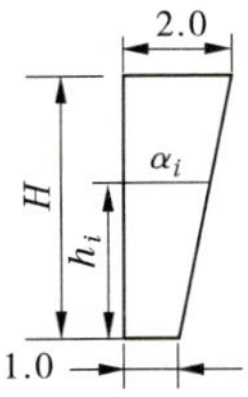	顺河流方向地震	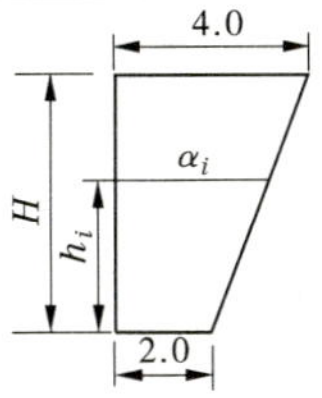	顺河流方向地震	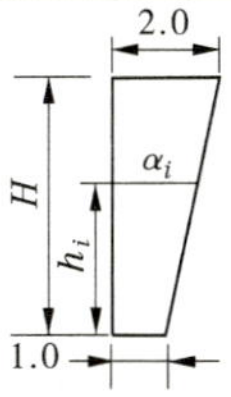
垂直河流方向地震	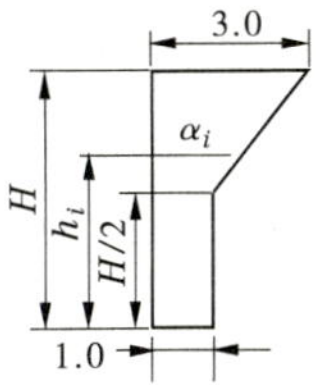	垂直河流方向地震	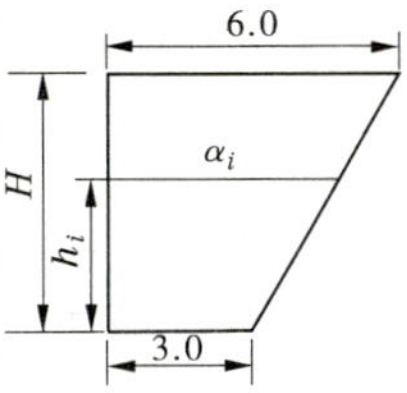	垂直河流方向地震	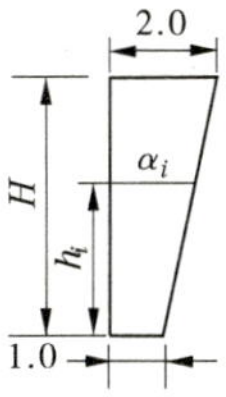

注：水闸墩底以下 α_i 取 1.0，H 为建筑物高度。

表 6-31　荷载组合表

荷载组合	计算情况	荷载												说明
		自重	水重	静水压力	扬压力	土压力	淤沙压力	风压力	浪压力	冰压力	土的冻胀力	地震荷载	其他	
基本组合	完建情况	√				√							√	必要时，可考虑地下水产生的扬压力
	正常蓄水位情况	√	√	√	√	√	√	√	√				√	按正常蓄水位组合计算水重、静水压力、扬压力及浪压力
	设计洪水位情况	√	√	√	√	√	√	√	√					按设计洪水位组合计算水重、静水压力、扬压力及浪压力
	冰冻情况	√	√	√	√	√	√	√		√	√		√	按正常蓄水位组合计算水重、静水压力、扬压力及冰压力
特殊组合	校核洪水位情况	√	√	√	√	√	√	√	√					按校核洪水位组合计算水重、静水压力、扬压力及浪压力
	施工情况	√				√							√	应考虑施工过程中各个阶段的临时荷载
	检修情况	√		√	√	√	√	√	√				√	按正常蓄水位组合（必要时可按设计洪水位组合或冬季低水位条件）计算静水压力、扬压力及浪压力
	地震情况	√	√	√	√	√	√	√	√			√		按正常蓄水位组合计算水重、静水压力、扬压力及浪压力

水闸在运行情况下的荷载分布如图 6-57 所示。

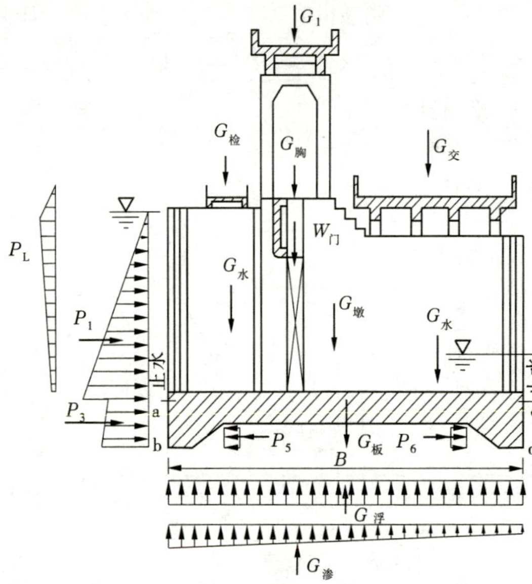

图 6-57　水闸挡水情况荷载示意图

（二）闸室的稳定性及安全指标

土基上的闸室稳定计算应满足以下要求。

（1）在各种计算情况下，闸室平均基底压力不大于地基允许承载力，即

$$\frac{P_{max} + P_{min}}{2} \leqslant [P_{地基}] \tag{6-51}$$

（2）闸室基底应力的最大值与最小值之比不大于表 6-32 规定的允许值，即

$$\eta = \frac{P_{max}}{P_{min}} \leqslant [\eta] \tag{6-52}$$

表 6-32　土基上闸室基底应力最大值与最小值之比的允许值[η]

地基土质	荷载组合	
	基本组合	特殊组合
松软	1.50	2.00
中等坚实	2.00	2.50
坚实	2.50	3.00

注：1. 对于特别重要的大型水闸，允许值可按表列数值适当减小。

2. 对于地震情况，允许值可按表列数值适当增大。

（3）沿闸室基础底面的抗滑稳定安全系数应大于表 6-33 规定的允许值，即 $K_C \geqslant [K_C]$。

表6-33　土基上沿闸室基底面抗滑稳定安全系数的允许值[K_C]

荷载组合		水闸级别			
		1	2	3	4、5
基本组合		1.35	1.30	1.25	1.20
特殊组合	Ⅰ	1.20	1.15	1.10	1.05
	Ⅱ	1.10	1.05	1.05	1.00

注:1. 特殊组合Ⅰ适用于施工情况、检修情况及校核洪水位情况。
2. 特殊组合Ⅱ适用于地震情况。

(三)计算方法

1. 验算闸室基底压力

(1)当结构布置及受力情况对称时,按式(6-53)计算:

$$P_{\substack{max\\min}} = \frac{\sum G}{A} \pm \frac{\sum M}{W} \tag{6-53}$$

式中　$P_{\substack{max\\min}}$——闸室基底应力的最大值或最小值,kPa;

$\sum G$——作用在闸室上的全部竖向荷载(包括闸室基础底面上的扬压力在内),kN;

$\sum M$——作用在闸室上的全部竖向荷载和水平向荷载对于基础底面垂直水流方向的形心轴的力矩,kN·m;

A——闸室基底面的面积,m^2;

W——闸室基底面对于该底面垂直水流方向的形心轴的截面矩,m^3。

(2)当结构布置及受力情况不对称时,按式(6-54)计算:

$$P_{\substack{max\\min}} = \frac{\sum G}{A} \pm \frac{\sum M_x}{W_x} \pm \frac{\sum M_y}{W_y} \tag{6-54}$$

式中　$\sum M_x$、$\sum M_y$——作用在闸室上的全部竖向荷载和水平向荷载对于基础底面形心轴 x、y 的力矩,kN·m;

W_x、W_y——闸室基底面对于该底面形心轴 x、y 的截面矩,m^3。

2. 验算闸室的抗滑稳定

对建在土基上的水闸,除应验算其在荷载作用下沿地基的抗滑稳定外,当地基面的法向应力较大时,还需核算深层抗滑稳定性。一般情况下,不会发生深层滑动。

水闸沿闸室基础底面的抗滑稳定安全系数,应按式(6-55)、式(6-56)之一进行计算:

$$K_C = \frac{f\sum G}{\sum H} \tag{6-55}$$

$$K_C = \frac{\tan\varphi_0 \sum G + C_0 A}{\sum H} \tag{6-56}$$

式中　K_C——沿闸室基底面的抗滑稳定安全系数;

f——闸室基底面与地基之间的摩擦系数;

$\sum H$——作用在闸室上的全部水平向荷载，kN；

φ_0——闸室基础底面与土质地基之间的摩擦角，(°)；

C_0——闸室基底面与土质地基之间的黏聚力，kPa。

黏性土地基上的大型水闸，沿闸室基础底面的抗滑稳定安全系数宜按式(6-56)计算。当闸室承受双向水平向荷载作用时，应验算其合力方向的抗滑稳定性。

闸室基础底面与地基之间的摩擦系数 f 值，可按表 6-34 选用。

表 6-34　f 值

地基类别		f 值	地基类别	f 值
黏土	软弱	0.20～0.25	细砂、极细砂	0.40～0.45
	中等坚硬	0.25～0.35	中砂、粗砂	0.45～0.50
	坚硬	0.35～0.45	砂砾石	0.40～0.50
壤土、粉质壤土		0.25～0.40	砾石、卵石	0.50～0.55
砂壤土、粉砂土		0.35～0.40	碎石土	0.40～0.50

闸室基础底面与土质地基之间摩擦角 φ_0 值及黏聚力 C_0 值可根据土质类别按表 6-35 的规定选用。

表 6-35　φ_0 值和 C_0 值

土质地基类别	φ_0(°)	C_0(kPa)
黏性土	0.9φ	$(0.2\sim0.3)C$
砂性土	$(0.85\sim0.9)\varphi$	0

注：表中 φ 为室内饱和固结快剪(黏性土)或饱和快剪(砂性土)试验测得的内摩擦角(°)；C 为室内饱和固结快剪试验测得的黏聚力，kPa。

按表 6-35 的规定采用 φ_0 值和 C_0 值时，应按式(6-57)折算综合摩擦系数。对于黏性土地基，如折算的综合摩擦系数大于 0.45，或对于砂性土地基，如折算的综合摩擦系数大于 0.50，采用的 φ_0 值和 C_0 值均应有论证。综合摩擦系数可按式(6-57)计算：

$$f_0 = \frac{\tan\varphi_0 \sum G + C_0 A}{\sum G} \tag{6-57}$$

式中　f_0——闸室基底面与土质地基之间的综合摩擦系数。

当闸室沿基础底面抗滑稳定安全系数小于允许值时，可在原有结构布置的基础上，结合工程的具体情况，采取下列一种或几种抗滑措施：①闸门位置移向低水位一侧，或将水闸底板向高水位一侧加长；②适当增大闸室结构尺寸；③增加闸室底板的齿墙深度，此时可能的失稳滑动是水闸沿齿墙底面连同齿墙间土壤一起滑动；④增加铺盖长度或在不影响防渗安全的条件下将排水设施向水闸底板靠近；⑤利用钢筋混凝土铺盖作为阻滑板，但闸室自身的抗滑稳定安全系数不应小于 1.0（计算由阻滑板增加的抗滑力时，阻滑板效果的折减系数可采用 0.80），阻滑板应满足限裂要求。

二、闸基的沉降量计算

由于土压缩变形大，容易引起较大的沉降和不均匀沉降。沉降过大，会使闸顶高程降低，达不到设计要求；不均匀沉降过大时，会使底板倾斜，甚至断裂及造成止水破坏，严重地影响水闸正常工作。因此，应计算闸基的沉降，以便分析了解地基的变形情况，作出合理的设计方案。计算时应选择有代表性的计算点进行。计算点确定后，用分层综合法计算其最终沉降量，计算公式如下：

$$S_{\infty} = m\sum_{i=1}^{n}\frac{e_{1i} - e_{2i}}{1 + e_{1i}}h_i \tag{6-58}$$

式中 S_{∞}——土质地基最终沉降量，m；

n——土质地基压缩层计算深度范围内的土层数；

e_{1i}——基础底面以下第 i 层土在平均自重应力作用下，由压缩曲线查得的相应孔隙比；

e_{2i}——基础底面以下第 i 层土在平均自重应力加平均附加应力作用下，由压缩曲线查得的相应孔隙比；

h_i——基础底面以下第 i 层土的厚度，m；

m——地基沉降量修正系数，可采用 1.0 ~ 1.6（坚实地基取较小值，软土地基取较大值）。

土质地基允许最大沉降量和最大沉降差，应以保证水闸安全和正常使用为原则，根据具体情况研究确定。天然土质地基上水闸地基最大沉降量不宜超过 15 cm，最大沉降差不宜超过 5 cm。为了减小不均匀沉降，可采用以下措施：

（1）尽量使相邻结构的重量不要相差太大。

（2）重量大的结构先施工，使地基先行预压。

（3）尽量使地基反力分布趋于均匀，闸室结构布置匀称。

（4）必要时对地基进行人工加固。

三、地基处理

根据工程实践，当黏性土地基的标准贯入击数大于 5，砂性土地基的标准贯入击数大于 8 时，可直接在天然地基上建闸，不需要进行处理；但对淤泥质土、高压缩性黏土和松砂所组成的软弱地基，则需处理。常用的处理方法有以下几种：

1. 换土垫层

换土垫层法（见图 6-58）是工程上广为采用的一种地基处理方法，适用于软弱黏性土，包括淤泥质土。当软土层位于基面附近，且厚度较薄时，可全部挖除。如软土层较厚不宜全部挖除，可采用换土垫层法处理，将基础下的表层软土挖除，换以砂性土，水闸即建在新换的土基上。

砂垫层的主要作用是：①通过垫层的应力扩散作用，减小软土层所受的附加应力，提高地基的稳定性；②减小地基沉降量；③铺设在软黏土上的砂层，具有良好的排水作用，有利于软土地基加速固结。

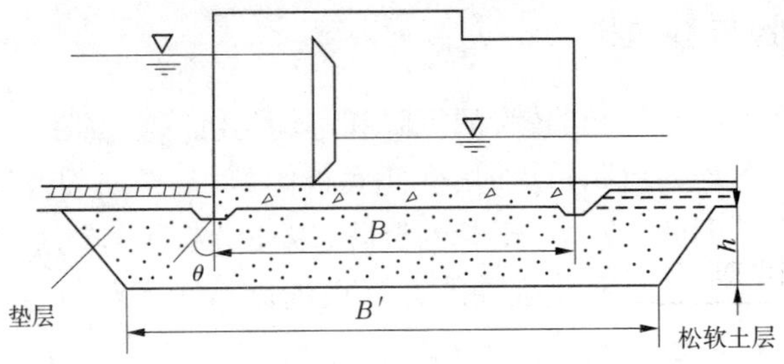

图 6-58　换土垫层法

垫层的厚度一般为 1.5 ~ 3.0 m。垫层的宽度 B 通常选用建筑物基底压力扩散至垫层的宽度再加 2 ~ 3 m。垫层材料以采用中壤土最为适宜，含砾黏土及级配良好的中砂、粗砂也是适宜的，至于粉砂和细砂，因其容易液化，不宜作为垫层材料。

2. 桩基础法

桩基础法是一种比较古老的地基处理方法，有较多的实践经验。即在地基中打桩或钻孔灌注钢筋混凝土桩，在桩顶上设承台以支承上部结构。水闸桩基一般采用摩擦桩，由桩周摩擦阻力和桩底支承力共同承担上部荷载。桩基可以大大提高地基的承载力。因而，采用桩基的闸室可以采用分离式底板。

3. 沉井基础法

沉井基础与桩基础同属深基础，也是工程上广为采用的一种地基处理方法。沉井是一筒状结构物，可以用浆砌块石、混凝土或钢筋混凝土筑成。施工时一般均匀地分节砌筑或浇筑制成沉井，然后在井孔内挖土，这时沉井在自重下克服井外土的摩阻力和刃脚下土的阻力而下沉，当下沉至设计高程后，在井孔内用混凝土封底（也可不封底）即成沉井基础。

当地基存在承压且影响地基抗渗稳定性时，不宜采用沉井基础。

此外，还有预压加固法、挤密砂桩法等地基处理方法。

近年来，随着科学技术的发展，不断提出了新的地基处理方法，如振冲砂（碎石）桩法、强夯法、旋喷浆液法、真空预压法、硅化法、电渗法等。其中有的方法正在逐步推广应用，有的用于大面积的水闸地基处理尚有困难，有的造价太高，很不经济。

【例 6-6】 某水闸正常挡水位为 38.5 m，地基为坚实土基，允许承载力为 200 kPa，不均匀系数为 2.5，水闸的其他尺寸见前面例 6-1 ~ 例 6-5，试分析其稳定性。

解：(1) 设计情况及荷载组合：

①设计情况选择。水闸在使用过程中，可能出现各种不利情况。完建无水期是水闸建好尚未投入使用之前，竖向荷载最大，容易发生沉降或不均匀沉降，这是验算地基承载力的设计情况。正常挡水期时下游无水，上游为正常挡水位，上下游水头差最大，闸室承受较大的水平推力，是验算闸室抗滑稳定性的设计情况。泄洪期工作闸门全开，水位差较小，对水闸无大的危害，故不考虑此种情况。本次设计地震烈度为 6 度，不考虑地震情况。

②完建无水期和正常挡水期均为基本荷载组合。取中间三孔一联（长 28 m）为单元进行计算，需计算的荷载如表 6-36 所示。

表 6-36　荷载组合表

荷载组合	计算情况	荷载					
		自重	静水压力	扬压力	泥沙压力	地震力	浪压力
基本组合	完建无水期	√	—	—	—	—	—
	正常挡水期	√	√	√	—	—	√

(2)完建无水期荷载计算及地基承载力验算。

①荷载计算主要是闸室及上部结构自重。在计算中以三孔一联为单元，省略一些细部构件重量，如栏杆、屋顶等。力矩为对闸底板上游端点所取。混凝土重度采用 24 kN/m³，水重度采用 10 kN/m³。完建无水期荷载分布见图 6-59。完建无水期荷载计算见表 6-37。

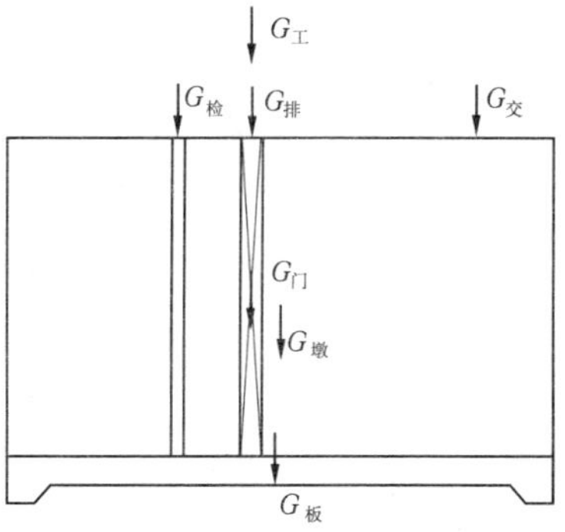

图 6-59　完建无水期荷载分布图

表 6-37　完建无水期荷载计算表

荷载	自重(kN)	偏心距(距底面形心)(m)	力矩(kN · m)	
			↙ +	− ↘
闸底板($G_板$)	20 160			
闸墩($G_墩$)	18 169			0. 00
工作门上部结构	3 919	1. 00	3 919. 00	
交通桥	1 694	5. 00		8 470. 00
闸门(含埋件)	587	1. 00	587. 00	
合计	44 529		4 506. 00	8 470. 00

②完建无水期地基承载力为

$$P_{\substack{max\\min}} = \frac{\sum G}{A} \pm \frac{\sum M}{W} = \frac{44\ 529}{18 \times 28} \pm \frac{4\ 506.00 - 8\ 470.00}{\frac{1}{6} \times 18 \times 28^2} = \frac{90.04}{86.66}(\text{kPa})$$

地基承载力平均值为

$$\overline{P} = \frac{P_{max} + P_{min}}{2} = \frac{90.04 + 86.66}{2} = 88.35(\text{kPa}) < [P] = 200\ \text{kPa}$$

地基不均匀系数为

$$\eta = \frac{P_{max}}{P_{min}} = \frac{90.04}{86.66} = 1.04 < [\eta] = 2.50$$

根据荷载计算结果,可知:完建无水期的地基承载力能够满足要求,地基也不会发生不均匀沉降。

(3)正常挡水期荷载计算及地基承载力验算。

①正常挡水期荷载。正常挡水期荷载计算除闸室自重外,还有静水压力、水重、闸底板所受扬压力,由渗透计算可得。由于浪压力小于静水压力的5%,忽略不计。正常挡水期荷载分布见图6-60,正常挡水期荷载计算见表6-38。

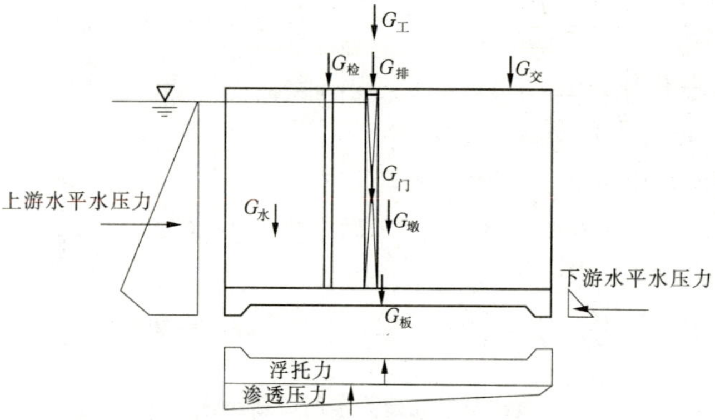

图6-60 正常挡水期荷载分布图

表6-38 正常挡水期荷载计算表

荷载名称		垂直力(kN) ↓	垂直力(kN) ↑	水平力(kN) →	水平力(kN) ←	偏心距(距底面形心)(m)	力矩(kN·m) ↙+	力矩(kN·m) -↘
闸室自重		44 529	—	—	—	—	—	—
上游水压力	P_1	—	—	10 115	—	2.83	—	28 625.45
上游水压力	P_2	—	—	295	—	1.06	—	312.7
下游水压力 P_3		—	—	—	875	0.83	726.25	—
浮托力		—	8 400	—	—		—	—
渗透压力		—	14 280	—	—	3	—	42 840
水重		15 504	—	—	—	5.15	79 845.6	—
合计		60 033	22 680	10 410	875		80 571.85	71 778.15
合计		37 353(↓)		9 535(→)			8 793.7(↙+)	

②正常挡水期地基承载力验算。根据荷载计算结果,采用式(6-53)、式(6-51)进行地

基承载力验算,可知正常挡水期的地基承载力及地基不均匀系数均满足要求。

地基承载力为

$$P_{\substack{max\\min}} = \frac{\sum G}{A} \pm \frac{\sum M}{W} = \frac{37\ 353}{18 \times 28} \pm \frac{8\ 793.7}{\frac{1}{6} \times 18 \times 28^2} = \frac{77.85}{70.37}(\text{kPa})$$

地基承载力平均值为

$$\overline{P} = \frac{P_{max} + P_{min}}{2} = \frac{77.85 + 70.37}{2} = 74.11(\text{kPa}) < [P] = 200(\text{kPa})$$

地基不均匀系数为

$$\eta = \frac{P_{max}}{P_{min}} = \frac{77.85}{70.37} = 1.11 \leqslant [\eta] = 2.50$$

根据荷载计算结果,可知:正常挡水期的地基承载力能够满足要求,地基也不会发生不均匀沉降。

(4)闸室抗滑稳定计算。

闸底板上、下游端设置的齿墙深度为1.0 m,按浅齿墙考虑,闸基下没有软弱夹层。滑动面沿闸底板与地基的接触面,采用式(6-55)进行计算,其中闸底板与地基之间的摩擦系数,根据闸址处地层分布可知为重粉质壤土和细砂,查闸室基础底面与地基之间的摩擦系数表得0.45,允许的抗滑稳定安全系数根据本工程主要建筑物为3级,查表得1.20。

抗滑稳定安全系数:$K_C = \frac{f\sum G}{\sum H} = \frac{0.45 \times 37\ 353}{9\ 535} = 1.76 > [K] = 1.20$

经计算,闸室抗滑稳定满足要求。

任务八 闸室的结构设计

知识要求

掌握水闸闸墩结构计算方法,掌握整体式平底板内力计算方法。

技能要求

会进行闸墩结构计算。

闸室为一受力比较复杂的空间结构。一般都将它分解为若干部件(如闸墩、底板、胸墙、工作桥、交通桥等)分别进行结构计算,同时又考虑相互之间的连接作用。

一、闸墩的结构计算

闸墩的计算情况有:①运用期,两边闸门都关闭时,闸墩承受最大水头时的水压力(包括闸门传来的水压力)、墩自重及上部结构重量。此时,对平面闸门的闸墩应验算墩底应力和门槽应力;弧形闸门的闸墩除验算墩底应力外,还须验算牛腿强度及牛腿附近闸墩的拉应力集中现象。②检修期,一孔检修,上下游检修门关闭而邻孔过水或关闭时,闸墩承受侧向水压力、闸墩及其上部结构的重力，应验算闸墩底部强度，弧形闸门的闸墩还应验算不对称状态时的应力。

(一)平面闸门闸墩应力计算

1. 墩底水平截面上的正应力计算

运用时期(见图6-61)对墩底应力最不利，可将其视为固结于闸底板上的悬臂结构，按偏心受压公式计算应力：

$$\sigma_{\min}^{\max} = \frac{\sum G}{A} \pm \frac{\sum M}{I_{\mathrm{I}}}\frac{L}{2} \tag{6-59}$$

式中 $\sigma_{\min}^{\max}$——墩底上、下游正应力，kPa；

$\sum G$——作用在闸墩上全部垂直力(包括自重)之和，kN；

A——墩底水平截面面积，m^2；

$\sum M$——作用在闸墩上的全部荷载对墩底水平截面中心轴(近似地作为形心轴)Ⅰ—Ⅰ的力矩之和，kN·m；

L——墩底长度，m；

I_{I}——墩底截面对Ⅰ—Ⅰ轴的惯性矩，近似地取为 $I_{\mathrm{I}} = B(0.98L)^3/12$，$m^4$；

B——墩厚，m。

2. 墩底水平面上的剪应力计算

剪应力 τ 应按式(6-60)计算：

$$\tau = \frac{QS_{\mathrm{I}}}{I_{\mathrm{I}}b} \tag{6-60}$$

式中 Q——作用在墩底水平截面上的剪力，kN；

S_{I}——剪应力计算截面处以上的各部分面积对Ⅰ—Ⅰ轴的面积矩之和，m^3；

b——剪应力计算截面处的墩宽，m。

3. 墩底水平截面上的横向正应力计算

检修时期(一孔检修，相邻孔过水时，见图6-62)是横向计算的最不利条件，其横向正应力按式(6-61)计算：

$$\sigma_{\min}^{\max} = \frac{\sum G}{A} \pm \frac{\sum M}{I_{\mathrm{II}}}\frac{B}{2} \tag{6-61}$$

式中 $\sum M$——横向水压力对墩底水平截面中心轴Ⅱ—Ⅱ的力矩之和；

I_{II}——墩底截面对Ⅱ—Ⅱ轴的惯性矩，m^4。

4. 边墩、缝墩墩底主拉应力计算

当边墩和缝墩闸孔闸门关闭承受最大水头时，边墩和缝墩受力不对称，墩底受纵向剪力和扭矩的共同作用，可能产生较大的主拉应力。半扇闸门传来的水压力 P 不通过缝墩底面形心，产生的扭矩为 $M_n = Pb_1$，其中 b_1 为 P 至形心轴Ⅲ—Ⅲ的距离。扭矩 M_n 在 A 点(1/2 墩长的边界处)产生的剪应力近似值 τ_1 为

$$\tau_1 = \frac{M_n}{0.4B^2L} \tag{6-62}$$

水压力 P 对水平截面的剪切作用,A 点产生的剪应力近似值为

$$\tau_2 = \frac{3}{2} \cdot \frac{P}{BL} \tag{6-63}$$

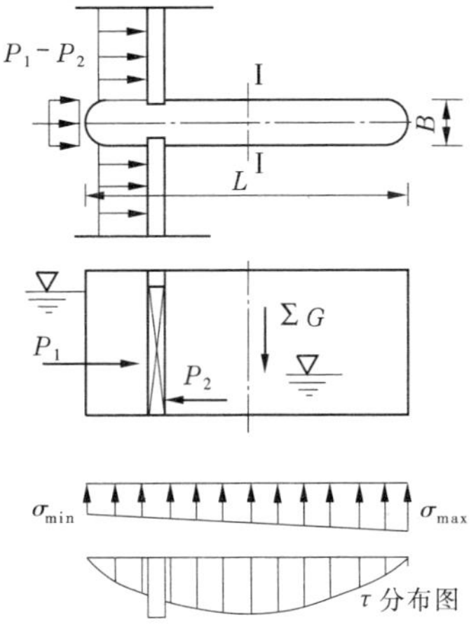

图 6-61 墩底运用时期应力计算

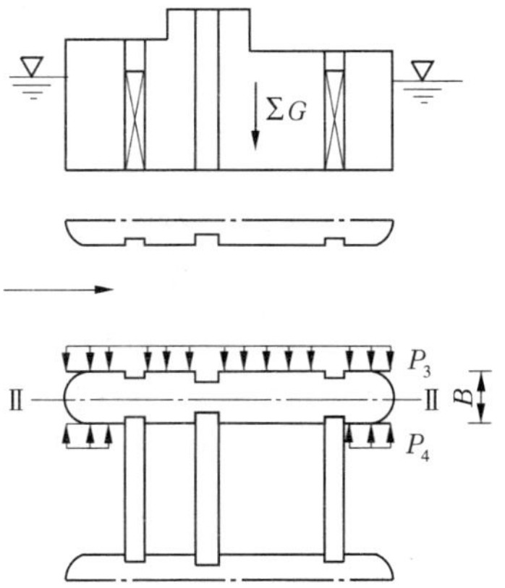

图 6-62 墩底检修时期应力计算

A 点的主拉应力 σ_{sl} 为

$$\sigma_{sl} = \frac{\sigma}{2} + \frac{1}{2}\sqrt{\sigma^2 + 4(\tau_1 + \tau_2)^2} \tag{6-64}$$

式中 σ_{sl}——边墩或缝墩在 A 点的正应力(以压应力为负)。

σ_{sl} 不得大于混凝土的允许拉应力,否则应配受力钢筋。

5. 门槽应力计算

门槽颈部因受闸门传来的水压力而可能受拉,应进行强度计算,以确定配筋量。计算时在门槽处截取脱离体(取下游段或上游段底板以上闸墩均可),见图 6-63,将闸墩及其上部结构重量、水压力及闸墩底面以上的正应力和剪应力等作为外荷载施加在脱离体上。根据平衡条件,求出作用于门槽截面 BE 中心的力 T_0 及力矩 M_0,然后按偏心受压公式算出门槽应力 σ。

$$\sigma = \frac{T_0}{A} \pm \frac{M_0 \dfrac{h}{2}}{I} \tag{6-65}$$

$$I = b'h^3/12 \tag{6-66}$$

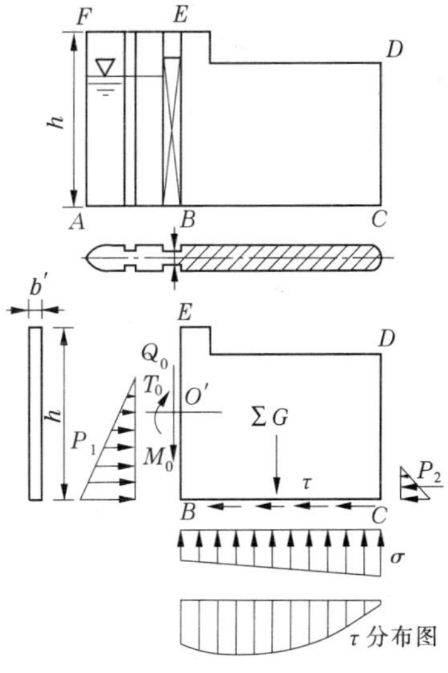

图 6-63 门槽应力计算

式中 T_0——脱离体上水平作用力的总和;

A——门槽截面面积,$A = b'h$;

M_0——脱离体上所有荷载对门槽截面中心 O' 的力矩之和;

I——槽截面对中心轴的惯性矩;

b'、h——门槽截面宽度和高度。

6. 闸墩配筋

(1)闸墩配筋。闸墩的内部应力不大，一般不会超过墩体材料的允许应力，按理可不配置钢筋。但考虑到混凝土的温度、收缩应力的影响，以及为了加强底板与闸墩间施工缝的连接，仍需配置构造钢筋。垂直钢筋一般每米 3 ~ 4 根，直径 10 ~ 14 mm，下端伸入底板 25 ~ 30倍钢筋直径，上端伸至墩顶或底板以上 2 ~ 3 m 处截断（温度变化较小地区，考虑到检修时受侧向压力的影响，底部钢筋应适当加密）。水平向分布钢筋一般用直径 8 ~ 12 mm，每米 3 ~ 4 根。这些钢筋都沿闸墩表面布置。

闸墩的上下游端部（特别是上游端）容易受到漂流物的撞击，一般自底至顶均布置构造钢筋，网状分布。闸墩墩顶支承上部桥梁的部位，也要布置构造钢筋网。

(2)门槽配筋。一般情况下，门槽顶部为压应力，底部为拉应力。若拉应力超过混凝土的允许拉应力，则按全部拉应力由钢筋承担的原则进行配筋；否则配置构造钢筋，布置在门槽两侧，水平排列，每米 3 ~ 4 根，直径较之墩面水平分布钢筋适当加大。

(二)弧形闸门闸墩

弧形闸门通过牛腿支承在闸墩上，故不需设置门槽。牛腿宽度 b 不小于 50 ~ 70 cm，高度 h 不小于 80 ~ 100 cm；并在其端部设 45°斜坡，牛腿轴线尽量与闸门关闭时门轴处合力作用线一致，见图 6-64。

闸门关闭挡水时，牛腿在半扇弧形闸门水压力 R 的法向分力 N 和切向分力 T 共同作用下工作，分力 N 使牛腿弯曲和剪切，分力 T 则使牛腿产生扭曲和剪切。牛腿可视为短悬臂梁进行内力计算和配筋。

牛腿处闸墩在分力 N 作用下，根据偏光弹性试验，在牛腿前约 2 倍牛腿宽、1.5 ~ 2.5 倍牛腿高范围（见图 6-65），墩内的主拉应力大于混凝土的容许拉应力，需要配筋；在此范围以外，拉应力小于混凝土的容许拉应力，不需配筋或按构造配筋。

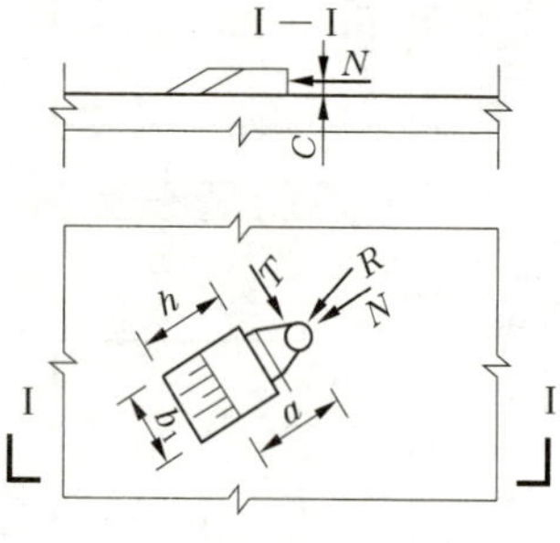

图 6-64　牛腿荷载示意图

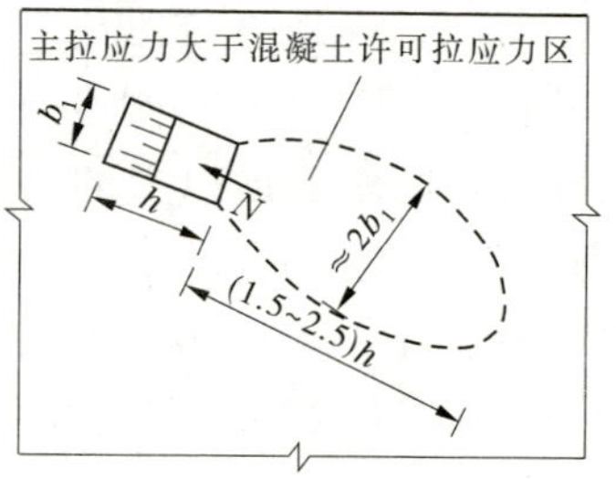

图 6-65　牛腿附近闸墩受力图

重要的大型水闸，应经试验确定闸墩的应力状态，并据此配置钢筋。

二、整体式平底板内力计算

整体式平底板的平面尺寸远较厚度大，可视为地基上的受力复杂的一块板。目前工程实际仍用近似简化计算方法进行强度分析。一般认为闸墩刚度较大，底板顺水流方向弯曲变形远较垂直水流方向小，假定顺水流方向地基反力呈直线分布，故常在垂直水流方向取单宽板条进行内力计算。

按照不同的地基情况采用不同的底板应力计算方法。相对密度 $D_r>0.5$ 的砂土地基或黏性土地基,可采用弹性地基梁法。相对密度 $D_r\leqslant5$ 的砂土地基,因地基松软,底板刚度相对较大,变形容易得到调整,可以采用地基反力沿水流流向呈直线分布,垂直水流流向为均匀分布的反力直线分布法。对小型水闸,则常采用倒置梁法。

(一)弹性地基梁法

该法认为底板和地基都是弹性体,底板变形和地基沉降协调一致,垂直水流方向地基反力不呈均匀分布(见图6-66),据此计算地基反力和底板内力。此法考虑了底板变形和地基沉降相协调,又计入边荷载的影响,比较合理,但计算比较复杂。

当采用弹性地基梁法分析水闸闸底板应力时,应考虑可压缩土层厚度 T 与弹性地基梁半长 $L/2$ 之比值的影响。当 $2T/L<0.25$ 时,可按基床系数法(文克尔假定)计算;当 $2T/L>2.0$ 时,可按半无限深的弹性地基梁法计算;当 $2T/L=0.25\sim2.0$ 时,可按有限深的弹性地基梁法计算。

弹性地基梁法计算地基反力和底板内力的具体步骤如下:

(1)用偏心受压公式计算闸底纵向(顺水流方向)地基反力。

(2)在垂直水流方向截取单宽板条及墩条,计算板条及墩条上的不平衡剪力。

以闸门槽上游边缘为界,将底板分为上、下游两段,分别在两段的中央截取单宽板条及墩条进行分析,如图6-66(a)所示。作用在板条及墩条上的力有底板自重(q_1)、水重(q_2)、中墩重(G_1/b_1)及缝墩重(G_2/b_2),中墩及缝墩重包括其上部结构及设备自重在内,在底板的底面有扬压力(q_3)及平均地基反力(q_4),如图6-66(b)所示。

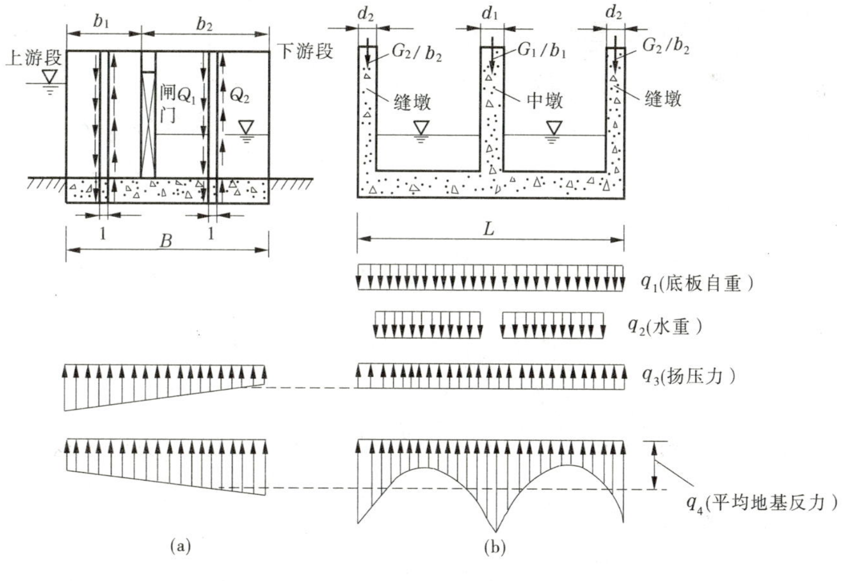

图6-66 作用在单宽板条上的荷载及地基反力示意图

由于底板上的荷载在顺水流方向是有突变的,而地基反力是连续变化的,所以作用在单宽板条及墩条上的力是不平衡的，即在板条及墩条的两侧必然作用有剪力 Q_1 及 Q_2，并由 Q_1 及 Q_2 的差值来维持板条及墩条上力的平衡，差值 $\Delta Q = Q_1 - Q_2$，称为不平衡剪力。以下游段为例，根据板条及墩条上力的平衡条件，取 $\sum F = 0$，则

$$\frac{G_1}{b_1} + 2\frac{G_2}{b_2} + \Delta Q + (q_1 + q_2' - q_3 - q_4)L = 0 \tag{6-67}$$

由式(6-67)可求出 ΔQ，式中假定 ΔQ 的方向向下，如算得结果为负值，则 ΔQ 的实际作用方向应向上，式中 $q_2' = q_2(L - 2d_2 - d_1)/L$。

(3)确定不平衡剪力在闸墩和底板上的分配。

不平衡剪力 ΔQ 应由闸墩及底板共同承担，各自承担的数值可根据剪力分布图面积按比例确定。因此，需要绘制计算板条及墩条截面上的剪力分布图。对于简单的板条和墩条截面，可直接应用积分法求得，如图 6-67 所示。由材料力学得知，截面上的剪应力 τ_y 为

$$\tau_y = \frac{\Delta Q}{bJ}S \tag{6-68}$$

式中 ΔQ——不平衡剪力，kN；

J——横截面惯性矩，m^4；

S——计算截面以下的面积对全截面形心轴的面积矩，m^3；

b——截面在 y 处的宽度，底板部分 $b = L$，闸墩部分 $b = d_1 + 2d_2$，m。

显然，底板截面上的不平衡剪力 $\Delta Q_{板}$ 应为

$$\left.\begin{aligned} \Delta Q_{板} &= \int_f^e \tau_y L\mathrm{d}y = \int_f^e \frac{\Delta QS}{JL}L\mathrm{d}y = \frac{\Delta Q}{J}\int_f^e S\mathrm{d}y = \frac{\Delta Q}{J}\int_f^e (e-y)L\left(y + \frac{e-y}{2}\right)\mathrm{d}y \\ &= \frac{\Delta Q}{2J}L\left[\frac{2}{3}e^3 - e^2 f + \frac{1}{3}f^3\right] \\ \Delta Q_{墩} &= \Delta Q - \Delta Q_{板} \end{aligned}\right\} \tag{6-69}$$

一般情况下，不平衡剪力的分配比例是：底板占 10% ~15%，闸墩占 85% ~90%。

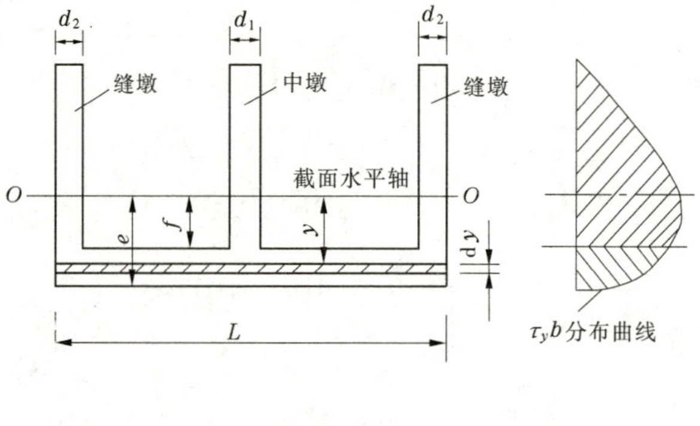

图 6-67　不平衡剪力 ΔQ 分配计算简图

(4)计算基础梁上的荷载。

①将分配给闸墩上的不平衡剪力与闸墩及其上部结构的重量作为梁的集中力。

$$
\left.\begin{aligned}
&\text{中墩集中力} \quad P_1 = \frac{G_1}{b_1} + \Delta Q_{\text{墩}}\left(\frac{d_1}{2d_2 + d_1}\right) \\
&\text{缝墩集中力} \quad P_2 = \frac{G_2}{b_2} + \Delta Q_{\text{墩}}\left(\frac{d_2}{2d_2 + d_1}\right)
\end{aligned}\right\} \tag{6-70}
$$

②将分配给底板的不平衡剪力化为均布荷载，并与底板自重、水重及扬压力等合并，作为梁的均布荷载，即

$$
q = q_1 + q_2' - q_3 + \frac{\Delta Q_{\text{板}}}{L} \tag{6-71}
$$

底板自重 q_1 的取值，因地基性质而异：由于黏性土地基固结缓慢，计算中可采用底板自重的50%～100%；而对砂性土地基，因其在底板混凝土达到一定刚度前，地基变形几乎全部完成，底板自重对地基变形影响不大，在计算中可以不计。

(5)考虑边荷载的影响。边荷载是指计算闸段底板两侧的闸室或边墩背后回填土及岸墙等作用于计算闸段上的荷载，如图6-68所示，计算闸段左侧的边荷载为其相邻闸孔的闸基压应力，右侧的边荷载为回填土的重力及侧向土压力产生的弯矩。

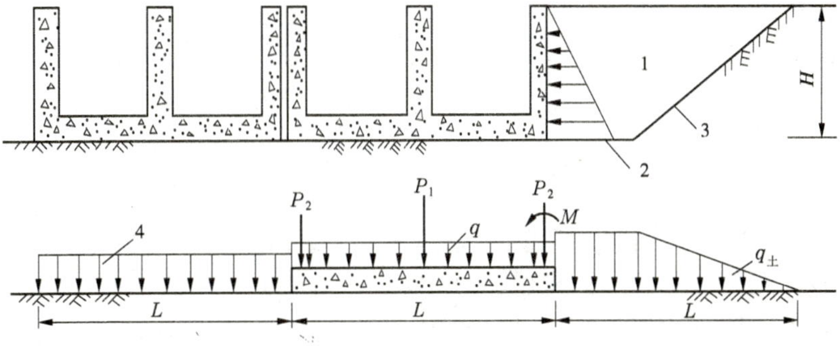

1—回填土；2—侧向土压力；3—开挖线；4—相邻闸孔的闸基压应力

图6-68 边荷载示意图

边荷载对底板内力的影响，与地基性质和施工程序有关，在实际工程中，可按表6-39的规定计及边荷载的计算百分数。

表6-39 边荷载计算百分数

地基类别	边荷载使计算闸段底板内力减少	边荷载使计算闸段底板内力增加
砂性土	50%	100%
黏性土	0	100%

注：1. 对于黏性土地基上的老闸加固，边荷载的影响可按本表规定适当减小。

2. 计算采用的边荷载作用范围可根据基坑开挖及墙后土料回填的实际情况研究确定，通常可采用弹性地基梁长度的1倍或可压缩层厚度的1.2倍。

(6)计算地基反力及梁的内力。根据 $2T/L$ 值判别所需采用的计算方法，然后利用已编制好的数表(例如郭氏表)计算地基反力和梁的内力，并绘出内力包络图，然后按钢筋混凝土或少筋混凝土结构配筋，并进行抗裂或限裂计算。底板的钢筋布置形式如图6-69

所示。

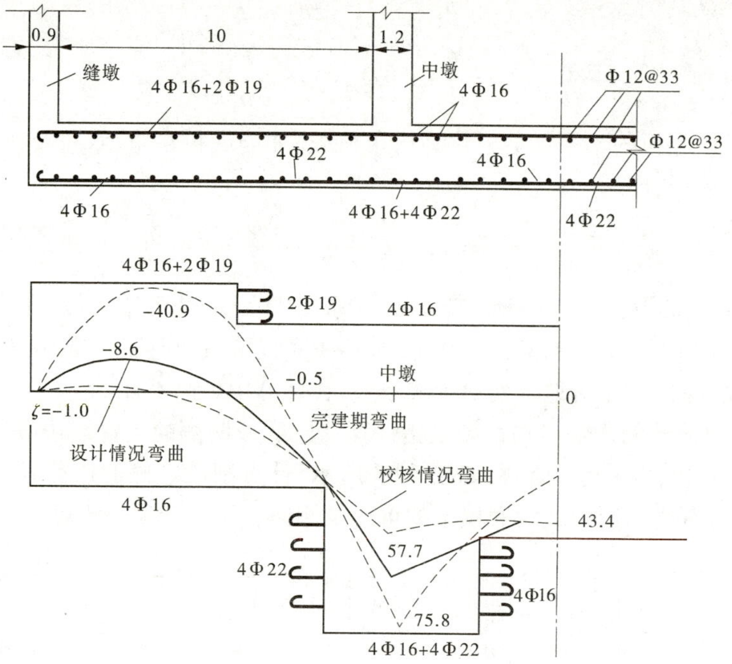

图6-69　底板的钢筋布置形式　（单位：长度 m；弯矩 kN·m；直径 mm；间距 cm）

底板的主拉应力一般不大，可由混凝土承担，不需要配置横向钢筋，故面层、底层钢筋作分离式布置（见图6-69）。受力钢筋每米不少于3根，直径不宜小于12 mm和大于32 mm，一般为12～25 mm，构造钢筋直径为10～12 mm。底板底层如计算不需配筋，施工质量有保证时，可不配置。面层如计算不需配筋，每米可配3～4根构造钢筋以抵抗表面水流的剧烈冲刷。垂直于受力钢筋方向，每米可配置3～4根直径为10～12 mm的分布钢筋。受力钢筋在中墩处不切断，相邻两跨直通至边墩或缝墩外侧处切断，并留保护层。构造筋伸入墩下30倍直径位置。

（二）反力直线法

该法假定地基反力在垂直水流方向也为均匀分布，其计算步骤如下：

（1）用偏心受压公式计算闸底纵向地基反力。

（2）确定单宽板条及墩条上的不平衡剪力。

（3）将不平衡剪力在闸墩和底板上进行分配。

（4）计算作用在底板梁上的荷载。

将由式（6-70）计算确定的中墩集中力 P_1 和缝墩集中力 P_2 化为局部均布荷载，其强度分别为 $p_1 = P_1/d_1$，$p_2 = P_2/d_2$，同时将底板承担的不平衡剪力化为均布荷载，则作用底板底面的均布荷载为

$$q = q_3 + q_4 - q_1 - q_2' - \frac{\Delta Q_{板}}{L} \tag{6-72}$$

(5)按静定结构计算底板内力。

(三)倒置梁法

该法同样也是假定地基反力沿闸室纵向呈直线分布,横向(垂直水流方向)为均匀分布,它是把闸墩作为底板的支座,在地基反力和其他荷载作用下按倒置连续梁计算底板内力。其计算示意图如图6-70所示。

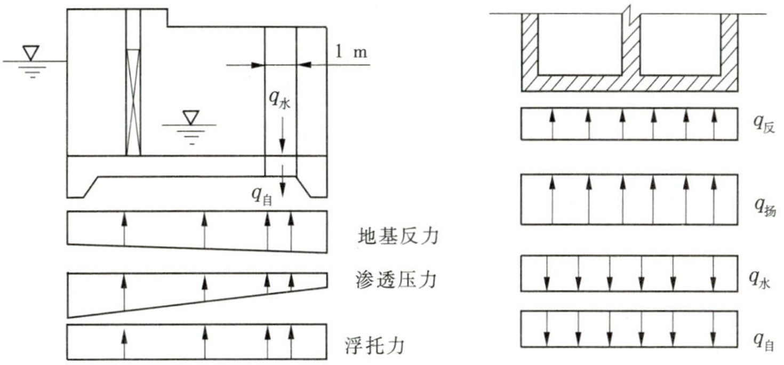

图6-70 倒置梁法计算板条荷载示意图

$$q = q_反 + q_扬 - q_自 - q_水 \tag{6-73}$$

式中 $q_反$、$q_扬$——地基反力及扬压力;

$q_自$、$q_水$——底板及作用于板上水的重力。

倒置梁法的缺点是没有考虑底板与地基变形协调条件,假设底板在横向的地基反力分布与实际情况不符,闸墩处的支座反力与实际的铅直荷载也不相等。因此,该法只适用于软弱地基上的小型水闸。

三、胸墙、工作桥、交通桥等结构计算

视支承和结构情况按板或板梁系统进行结构计算。其内力计算可参阅结构力学有关内容。

任务九 水闸的两岸连接建筑物

知识要求

掌握两岸连接建筑物的结构形式种类。

技能要求

会识读两岸连接建筑物的结构形式。

一、连接建筑物的作用

水闸与河岸或堤、坝等连接时,必须设置连接建筑物,包括上、下游翼墙和边墩(或边墩和岸墙),有时还设有防渗刺墙,其作用有以下几方面:

(1)挡住两侧填土,维持土坝及两岸的稳定。

(2)当水闸泄水或引水时,上游翼墙主要用于引导水流平顺进闸,下游翼墙使出闸水流均匀扩散,减少冲刷。

(3)保持两岸或土坝边坡不受过闸水流的冲刷。

(4)控制通过闸身两侧的渗流,防止与其相连的岸坡或土坝产生渗透变形。

(5)在软弱地基上设有独立岸墙时,可以减少地基沉降对闸身应力的影响。

在水闸工程中,两岸连接建筑在整个工程中所占比重较大,有时可达工程总造价的15% ~40%,闸孔愈少,所占比重愈大。因此,在水闸设计中,对连接建筑的形式选择和布置应予以足够重视。

二、连接建筑物的形式和布置

(一)闸室与河岸的连接形式

水闸闸室与两岸(或堤、坝等)的连接形式主要与地基及闸身高度有关。当地基较好、闸身高度不大时,可用边墩直接与河岸连接,如图 6-71(a) ~(d)所示。

在闸身较高、地基软弱的条件下,如仍采用边墩直接挡土,由于边墩与闸身地基的荷载相差悬殊,可能产生不均匀沉降,影响闸门启闭,并在底板内产生较大的内力。此时,可在边墩外侧设置轻型岸墙,边墩只起支承闸门及上部结构的作用,而土压力全由岸墙承担,如图 6-71(e) ~(h)所示。这种连接形式可以减少边墩和底板的内力,同时可使作用在闸室上的荷载比较均衡,减少不均匀沉降。当地基承载力过低时,可采用护坡岸墙的结构形式,如图 6-72 所示。其优点是边墩既不挡土,也不设岸墙挡土。因此,闸室边孔受力状态得到改善,适用于软弱地基。缺点是防渗和抗冻性能较差。为了挡水和防渗需要,在岸坡段设刺墙,其上游设防渗铺盖。

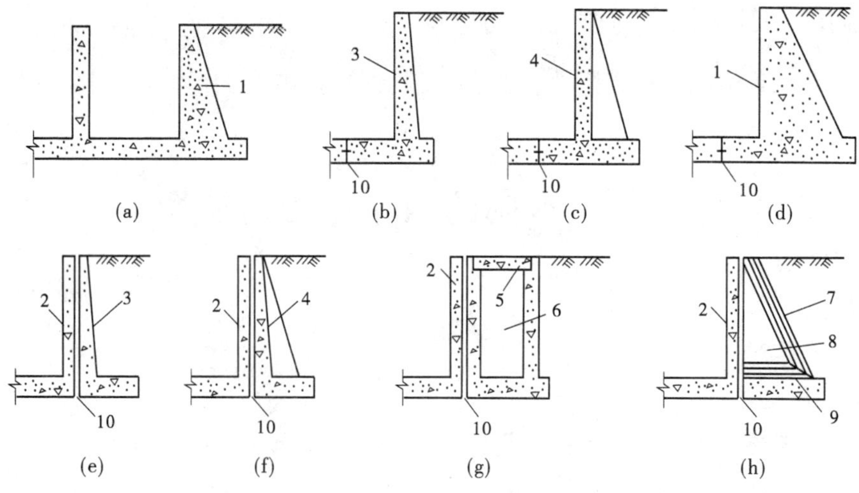

1—重力式边墩;2—边墩;3—悬臂式边墩或岸墙;4—扶臂式边墩或岸墙;5—顶板;6—空箱式岸墙;7—连拱板;8—连拱式空箱支墩;9—连拱底板;10—沉降缝

图 6-71 闸室与两岸或土坡的连接形式

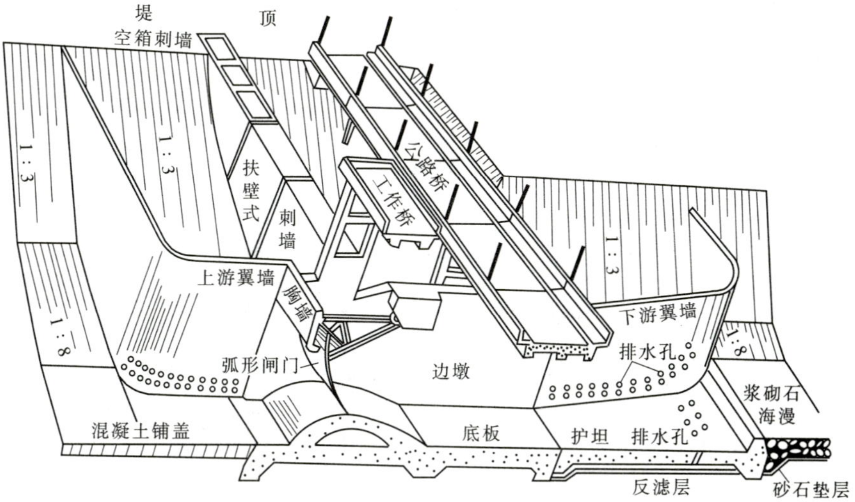

图 6-72 护坡连接形式

(二)翼墙的布置

上游翼墙应与闸室两端平顺连接,其顺水流方向的投影长度应大于或等于铺盖长度;下游翼墙的平均扩散角每侧宜采用 7°~ 12°,其顺水流方向的投影长度大于或等于消力池长度。

上、下游翼墙的墙顶高程应分别高于上、下游最不利的运用水位。翼墙分段长度应根据结构和地基条件确定,可采用 15 ~20 m。建筑在软弱地基或回填土上的翼墙分段长度可适当缩短。

翼墙平面布置通常有下列几种形式。

1. 反翼墙

翼墙自闸室向上、下游延伸一段距离,然后转弯 90°插入堤岸,墙面铅直,转弯半径为 2 ~5 m,如图 6-73 所示。这种布置形式的防渗效果和水流条件均较好,但工程量较大,一般适用于大中型水闸。对于渠系小型水闸,为节省工程量可采用一字形布置形式,即翼墙自闸室边墩上下游端垂直插入堤岸。这种布置形式进出水流条件较差。

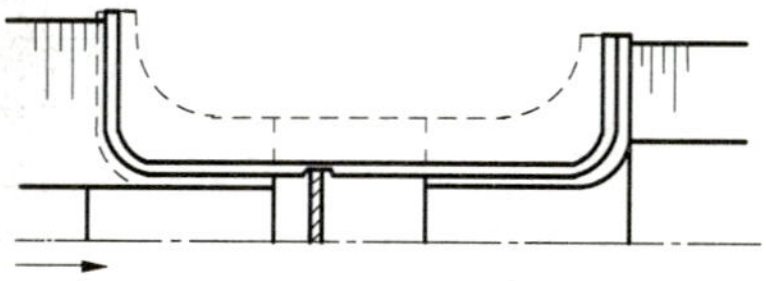

图 6-73 反翼墙

2. 圆弧式翼墙

这种布置是从边墩开始,向上、下游用圆弧形的铅直翼墙与河岸连接。上游圆弧半径为 15 ~30 m,下游圆弧半径为 30 ~40 m,如图 6-74 所示。其优点是水流条件好;缺点是模板用量大,施工复杂。适用于上下游水位差及单宽流量较大、闸室较高、地基承载力较低的大中型水闸。

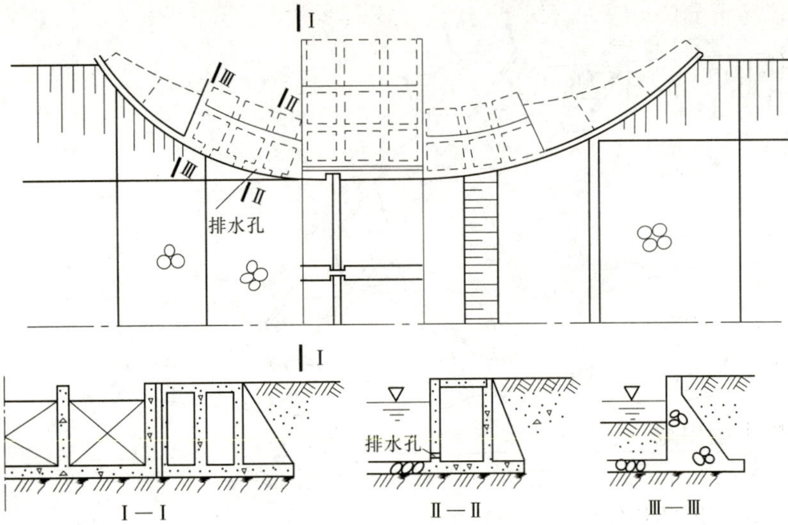

图 6-74　圆弧翼墙布置

3. 扭曲面翼墙

翼墙迎水面是由与闸墩连接处的铅直面,向上、下游延伸而逐渐变为倾斜面,直至与其连接的河岸(或渠道)的坡度相同为止,见图 6-75。翼墙在闸室端为重力式挡土墙断面形式,另一端为护坡形式。这种布置形式的水流条件好,且工程量小,但施工较为复杂,应保证墙后填土的夯实质量,否则容易断裂。这种布置形式在渠系工程中应用较广。

4. 斜墙翼墙

在平面上呈八字形,随着翼墙向上、下游延伸,其高度逐渐降低,至末端与河底齐平,如图 6-76 所示。这种布置的优点是工程量省,施工简单,但防渗条件差,泄流时闸孔附近易产生立轴漩涡,冲刷河岸或坝坡,一般用于较小水头的小型水闸。

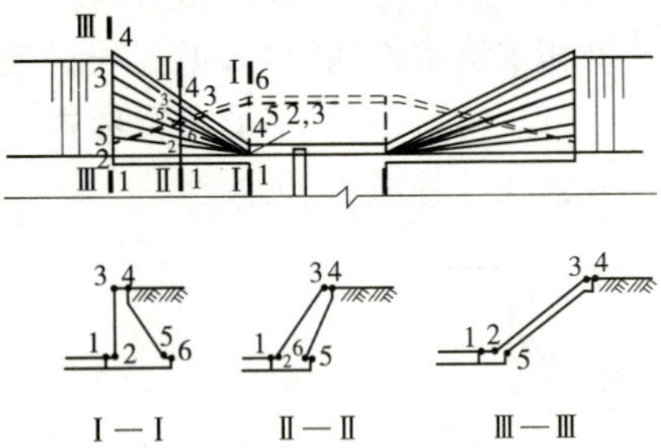

图 6-75　扭曲面翼墙

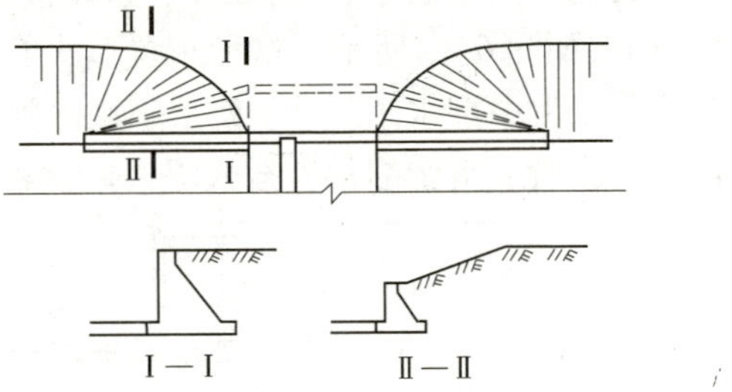

图 6-76　斜墙翼墙

三、两岸连接建筑物的结构形式

两岸连接建筑物从结构观点分析是挡土墙。常用的形式有重力式、衡重力式、悬臂式、扶壁式、空箱式及连拱空箱式等。

(一)重力式挡土墙

重力式挡土墙(见图 6-77)主要依靠自身的重力维持稳定。常用混凝土和浆砌石建造。由于挡土墙的断面尺寸大,材料用量多,建在土基上时,基墙高一般不宜超过5~6 m。

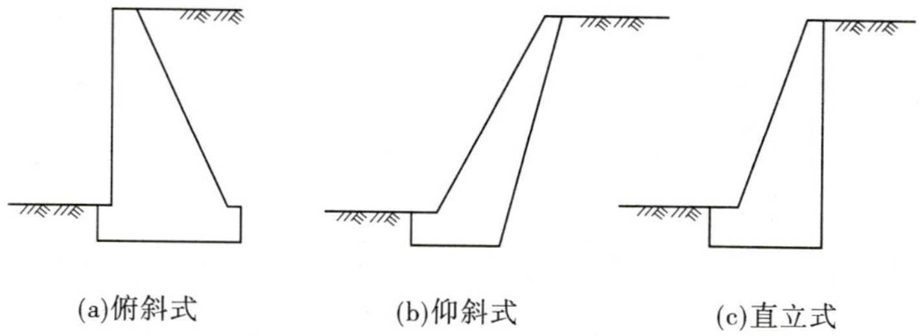

图6-77 重力式挡土墙

重力式挡土墙顶宽一般为0.3~0.8 m,边坡系数 m 为0.25~0.5,混凝土底板厚为0.5~0.8 m,两端悬出0.3~0.5 m,前趾常需配置钢筋。

为了提高挡土墙的稳定性,墙顶填土面应设防渗设施,墙内设排水设施,以减少墙背面的水压力。排水设施可采用排水孔(见图6-78(a))或排水暗管(见图6-78(b))。

重力式挡土墙结构计算同翼墙。

(二)衡重力式挡土墙

衡重力式挡土墙(见图6-79)由上墙、衡重台与下墙三部分组成。多采用混凝土或浆砌石建造。其稳定主要靠墙身自重和衡重台上填土来满足。墙背开挖,允许边坡较陡时,如坚硬黏土,其衡重台以下墙背为仰斜,其土压力值也大为减少。由于衡重力式挡土墙衡重台有减少土压力作用,其断面一般比重力式小,因此其应用高度较重力式大,同时要求地基的允许承载力比重力式高。结构计算同重力式挡土墙。

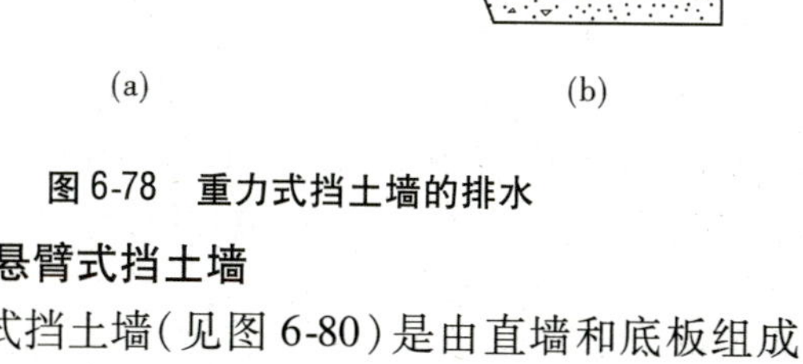

图6-78 重力式挡土墙的排水

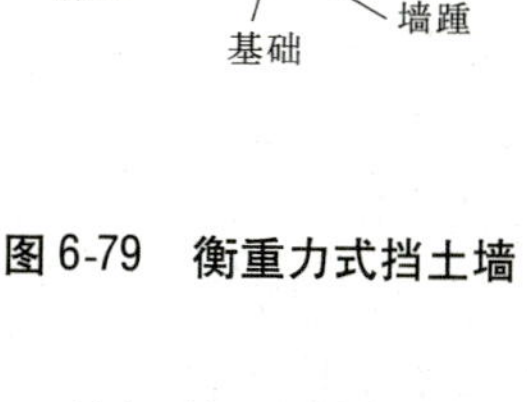

图6-79 衡重力式挡土墙

(三)悬臂式挡土墙

悬臂式挡土墙(见图6-80)是由直墙和底板组成的一种钢筋混凝土轻型挡土结构。其适宜高度为6~10 m。用作翼墙时,断面为倒T形,用作岸墙时,则为L形(见图6-71(e)),这种翼墙具有厚度小、自重轻等优点。它主要是利用底板上的填土维持稳定。

底板宽度由挡土墙稳定条件和基底压力分布条件确定。调整后趾长度,可以改善稳定条件;调整前趾长度,可以改善基底压力分布。直墙和底板近似按悬臂板计算。

(四)扶壁式挡土墙

当墙的高度超过 9 ~ 10 m 以后,采用钢筋混凝土扶壁式挡土墙较为经济。扶壁式挡土墙由直墙、底板及扶壁三部分组成,如图 6-81 所示。利用扶壁和直墙共同挡土,并可利用底板上的填土维持稳定,当改变底板长度时,可以调整合力作用点位置,使地基反力趋于均匀。

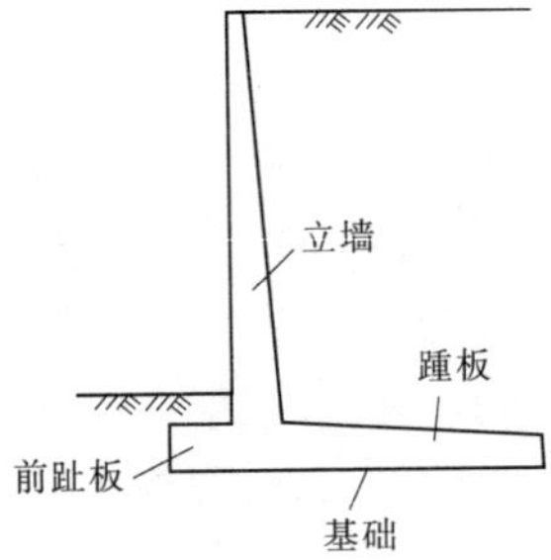

图 6-80　悬臂式挡土墙

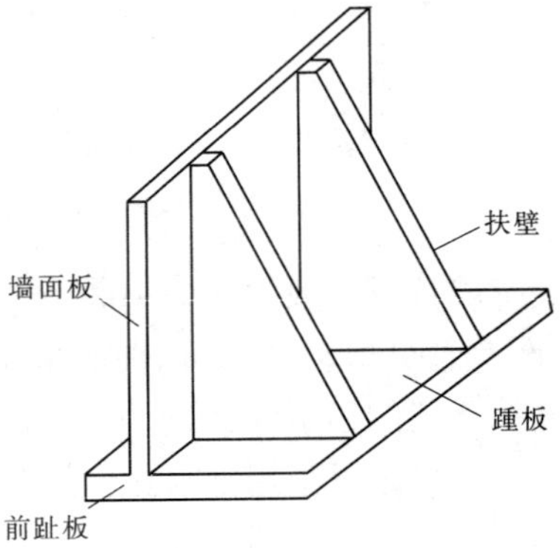

图 6-81　扶壁式挡土墙

钢筋混凝土扶壁间距一般为 3 ~4. 5 m,扶壁厚度为 0. 3 ~0. 4 m;底板用钢筋混凝土建造,其厚度由计算确定,一般不小于 0. 4 m;直墙顶端厚度不小于 0. 2 m,下端由计算确定。悬臂段长度 b 为(1/3 ~1/5)B。直墙高度在 6. 5 m 以内时,直墙和扶壁可采用浆砌石结构,直墙顶厚 0. 4 ~0. 6 m,临土面可做成 1∶0. 1 的坡度;扶壁间距 2. 5 m,厚 0. 5 ~0. 6 m。

底板的计算,分前趾和后踵两部分。前趾计算与悬臂梁相同。后踵分两种情况:当 $L_1/L_0 \leqslant 1.5$(L_0为扶壁净距)时,按三边固定一边自由的双向板计算;当 $L_1/L_0 > 1.5$ 时,则自直墙起至离直墙 $1.5L_0$为止的部分,按三面支承的双向板计算,在此以外按单向连续板计算。

扶壁计算,可把扶壁与直墙作为整体结构,取墙身与底板交界处的 T 形截面按悬臂梁分析。

(五)空箱式挡土墙

空箱式挡土墙(见图 6-82)由底板、前墙、后墙、扶壁、顶板和隔板等组成。利用前后墙之间形成的空箱充水或填土可以调整地基应力。因此,它具有重力小和地基应力分布均匀的优点,但其结构复杂,需用较多的钢筋和木材,施工麻烦,造价较高,故仅在某些地基松软的大中型水闸中使用。在上下游翼墙中基本上不再采用。

顶板和底板均按双向板或单向板计算,原则上与扶壁式底板计算相同。前墙、后墙与扶壁式挡土墙的直墙一样,按以隔墙支承的连续板计算。

(六)连拱空箱式挡土墙

连拱空箱式挡土墙(见图 6-83)也是空箱式挡土墙的一种形式,它由底板、前墙、隔墙和拱圈组成。前墙和隔墙多采用浆砌石结构,底板和拱圈一般为混凝土结构。拱圈净跨一般为 2 ~3 m,矢跨比常为 0. 2 ~0. 3,厚度为 0. 1 ~0. 2 m。拱圈的强度计算可选取单宽

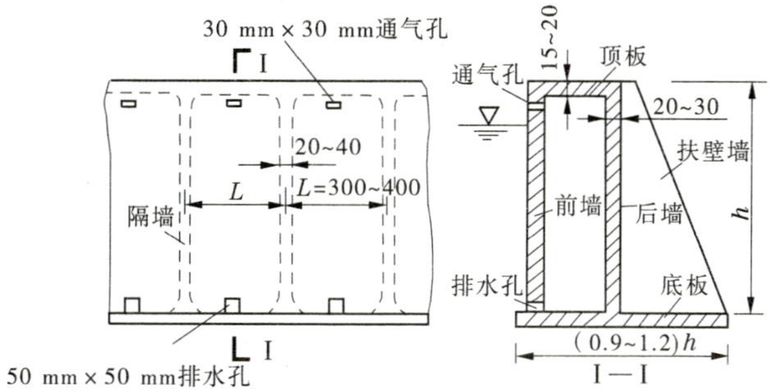

图 6-82 空箱式挡土墙 (单位:cm)

拱条,按支承在隔墙(扶壁)上的两铰拱进行计算。连拱空箱式挡土墙的优点是钢筋省、造价低、重力小,适用于软土地基。其缺点是挡土墙在平面布置上需转弯时施工较困难,整体性差。

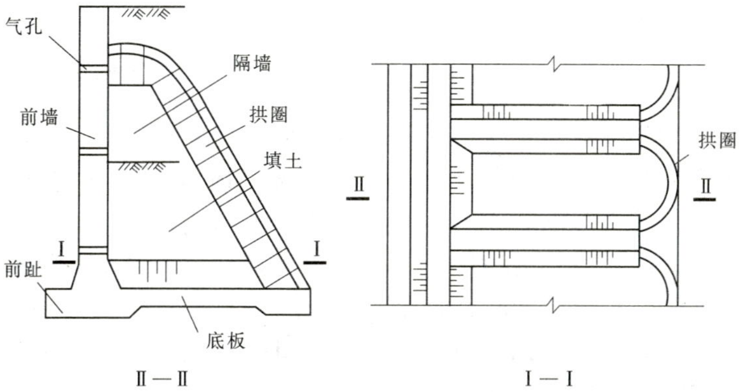

图 6-83 连拱空箱式挡土墙

习 题

一、填空题

1. 用于分割闸孔和支撑闸门、胸墙、工作桥、交通桥的部件是__________。

2. 建造在天然河道的一侧,用来将超过下游河道安全泄量的洪水泄入一定的湖泊,保证河道下游安全的是__________闸。

3. 闸基渗流计算的方法有__________法、__________法和__________法。

4. 水闸闸墩上游部分的顶面高程确定有两种情况:一是挡水时,闸顶高程不低于__________水位加波浪计算高度与相应安全超高值之和;二是泄水时不低于__________水位或__________水位与相应安全超高值之和。

5. 水闸常采用的消能设施有__________消能和__________消能。

6. 胸墙的结构形式有__________式、__________式和__________式。

7. 翼墙的平面布置形式有__________、__________和__________。

8. 闸门按其工作性质来分有__________闸门、__________闸门和__________闸门。

二、判断题

1. 挑流消能能适应于基岩较坚固、水头较高的情况。( )

2. 闸孔孔数少于8孔时,应采用奇数孔,利于对称开启闸门,改善下游水流条件。( )

3. 水闸下游易出现的不利流态主要有波状水跃和折冲水流。( )

4. 铺盖具有较好的防渗效果,所以越长越好。( )

5. 水闸防渗设计的原则是在高水位侧采用防渗措施,在低水位侧设置排水设施。( )

6. 改进阻力系数法是把复杂的地下轮廓线简化成三种典型流段。( )

7. 对小型或少孔水闸,将闸槛高程定低些,对降低整个工程量有利。( )

三、单项选择题

1. 过闸流量为100~1 000 m^3/s 的平原区水闸为( )。

A. 大型水闸　B. 中型水闸　C. 小型水闸　D. 中小型水闸

2. ( )是水闸的主体部分,起挡水和调节水流的作用。

A. 上游连接段　B. 闸室段　C. 下游连接段　D. 闸室底板

3. 防渗采用水平铺盖,而不用板桩的是( )。

A. 黏土地基　B. 砂性土地基　C. 粉土地基　D. 壤土地基

4. 排水体常与( )结合使用。

A. 闸底板　B. 消力坎　C. 反滤层　D. 上下游护坡

5. 检修闸门一般布置在( )。

A. 进口处　B. 出口处

C. 孔身段　D. 泄水孔的任意断面均可

6. 水闸完建期不用考虑的荷载是( )。

A. 自重　B. 土压力　C. 其他荷载　D. 水重

7. 水闸的消能设计时,首先要判断是否需要修建消力池。判断是否需要修建消力池的依据是( )。

A. 远离水跃　B. 临界水跃　C. 淹没水跃

8. 闸基防渗长度应满足( )。

A. $L \leq C \cdot \Delta H$　B. $L \geq C \cdot \Delta H$　C. $L \geq CH$

9. 平面闸门和弧形闸门中,哪个启门力小?( )

A. 平面闸门　B. 弧形闸门

10. 在较差的松软地基上,最适宜的两岸连接建筑物形式是( )。

A. 重力式　B. 悬臂式　C. 扶壁式　D. 空箱式

11. 闸孔形式结构简单，施工方便，但自由泄流时流量系数较小，易产生波状水跃的是(　　)。

A. 驼峰堰型　　B. 曲线堰型　　C. 胸墙孔口型　　D. 宽顶堰型

12. 对于地质条件差的地基，采用(　　)底板较合适。

A. 整体式　　B. 箱式　　C. 反拱式　　D. 分离式

13. 在动水中关闭、静水中开启的闸门是(　　)。

A. 工作闸门　　B. 检修闸门　　C. 事故闸门　　D. 平面闸门

14. 整体式闸底板沉陷缝，当地基条件较差时，可将缝设在(　　)，一般在(　　)的地基上修建分离式底板 。

A. 底板上　　B. 闸墩中间　　C. 较好的　　D. 较差

15. 布置在工作闸门后的通气孔，其作用是(　　)，它主要用于(　　)。

A. 排气减压　　B. 补气减蚀　　C. 有压泄水孔　　D. 无压泄水孔

四、多项选择题

1. 水闸的下游连接段一般包括以下哪几部分？(　　)

A. 消力池　　B. 海漫　　C. 下游防冲槽　　D. 两岸护坡

E. 铺盖

2. 海漫常用的结构形式有(　　)。

A. 干砌石海漫　　B. 浆砌石海漫　　C. 混凝土海漫　　D. 格宾网海漫

3. 水闸荷载组合分基本和特殊组合两种情况，下列属于基本组合的计算情况的是(　　)

A. 施工情况　　B. 正常蓄水位情况

C. 设计洪水位情况　　D. 校核洪水位情况

4. 下述提高水闸抗滑稳定性的措施中，哪一种是对的？(　　)

A. 增加闸室重量　　B. 加大齿墙深度

C. 将闸门和水闸底板向上游侧移　　D. 将防渗排水向上游侧移

5. 常用的固定式启闭机有(　　)。

A. 螺杆式启闭机　　B. 卷扬式启闭机　　C. 油压式启闭机　　D. 桥式启闭机

五、简答题

1. 什么叫地下轮廓线？

2. 水闸有哪些类型？

3. 简述通气孔和平压管的工作原理。

4. 简述改进阻力系数法分析水闸渗流的基本步骤。

5. 比较水闸的稳定分析和重力坝的稳定分析有什么异同？

项目七 水工隧洞与坝下涵管

项目任务书

<table>
<tr><td colspan="2">项目名称</td><td>项目七　水工隧洞与坝下涵管</td><td>参考学时</td><td>12 学时</td></tr>
<tr><td colspan="2" rowspan="5">教学任务</td><td colspan="2">任务一　水工隧洞的认知</td><td>2 学时</td></tr>
<tr><td colspan="2">任务二　水工隧洞的布置和构造</td><td>4 学时</td></tr>
<tr><td colspan="2">任务三　作用在水工隧洞衬砌上的荷载</td><td>2 学时</td></tr>
<tr><td colspan="2">任务四　圆形有压隧洞的结构计算</td><td>2 学时</td></tr>
<tr><td colspan="2">任务五　坝下涵管</td><td>2 学时</td></tr>
<tr><td colspan="2">学习任务</td><td colspan="3">让学生理解并掌握水工隧洞的工作特点和类型，理解水工隧洞路线选择及工程布置，能够进行水工隧洞结构设计和过流能力验算</td></tr>
<tr><td colspan="2">教学内容</td><td colspan="3">1. 水工隧洞的工作特点及类型。
2. 水工隧洞的路线选择及工程布置。
3. 水工隧洞各组成部分形式及构造。
4. 作用在隧洞衬砌上的荷载计算方法及其组合。
5. 有压隧洞衬砌的结构计算方法</td></tr>
<tr><td rowspan="3">教学目标</td><td>知识</td><td colspan="3">1. 掌握水工隧洞的工作特点及类型。
2. 理解水工隧洞的路线选择及工程布置。
3. 掌握水工隧洞各组成部分形式及构造。
4. 掌握作用在隧洞衬砌上的荷载计算方法及其组合。
5. 掌握有压隧洞衬砌的结构计算方法</td></tr>
<tr><td>技能</td><td colspan="3">1. 熟练掌握水工隧洞路线选择。
2. 能对水工隧洞各组成部分的尺寸进行拟定。
3. 能对水工隧洞衬砌进行荷载组合及计算。
4. 可以对水工隧洞进行结构计算</td></tr>
<tr><td>态度</td><td colspan="3">1. 能按时上课，遵守课堂纪律，积极回答课堂问题，按时上交作业。
2. 课下能配合小组积极完成老师布置的各项任务。
3. 同学间能对疑难问题相互讨论。
4. 能勇于表达个人的观点和见解</td></tr>
</table>

任务一 水工隧洞的认知

知识要求

了解水工隧洞的定义,掌握水工隧洞的特点和类型。

技能要求

能识读不同类型隧洞的结构图。

水工隧洞是指在水利枢纽中为满足泄洪、灌溉、发电等各项任务在岩层中开凿而成,四周被围岩包围起来的水工建筑物。

一、水工隧洞的特点

(一)结构特点

在岩层中开挖隧洞后,引起洞孔附近应力重新分布,岩体产生新的变形,严重的会导致岩石崩塌。围岩除产生作用在衬砌上的围岩压力外,同时又具有承载能力,可以与衬砌共同承受内水压力等荷载。围岩压力与岩体承载能力的大小,主要取决于地质条件。因此,应使隧洞尽量避开软弱岩层和不利的地质构造。

(二)水流特点

由于作用在隧洞上的水头较高,流速较大,如果隧洞在弯道、渐变段等处的体形不合适或衬砌表面不平整,都可能出现气蚀而引起破坏,所以要求隧洞体形设计得当、施工质量良好。而水工隧洞在出口处水流流速高、单宽流量大,有较强的冲刷能力,必须采取有效的消能防冲措施。

(三)施工特点

隧洞洞身断面小,施工场地狭窄,洞线长,施工作业工序多,干扰大,工期一般较长。尤其是兼有导流任务的隧洞,其施工进度往往控制着整个工程的工期。因此,加快施工进度在隧洞工程建设中需要引起足够的重视。

二、水工隧洞的类型

(一)按用途分类

(1)泄洪隧洞:配合溢洪道宣泄洪水,保证安全。

(2)引水隧洞:引水发电、灌溉或供水。

(3)排沙隧洞:排放水库泥沙,延长水库的使用年限,有利于水电站的正常运行。

(4)放空隧洞:在必要的情况下放空水库。

(5)导流隧洞:在水利枢纽的施工期用来施工导流。

在设计水工隧洞时,应根据枢纽的规划任务,尽量考虑一洞多用,以降低工程造价。如施工导流隧洞与永久隧洞相结合,枢纽中的泄洪、排沙、放空隧洞的结合等。

(二)按洞内水流状态分类

(1)有压隧洞:工作闸门布置在隧洞出口,洞身全断面被水流充满,隧洞内壁承受较大的内水压力。

(2)无压隧洞:工作闸门布置在隧洞的进口,水流没有充满全断面,有自由水面。

一般来说,隧洞可以设计成有压的,也可设计成无压的,也可设计成前段是有压的而后段是无压的。但应注意的是,在同一洞段内,应避免出现时而有压、时而无压的明满流交替现象,以防止引起振动、空蚀等不利流态。

(三)按流速大小分类

水工隧洞按流速大小分为高速水流隧洞(流速大于 16 m/s)和低速水流隧洞(流速小于 16 m/s)。

刘家峡水电站由混凝土重力坝、黄土副坝、电站厂房及泄洪排沙等建筑物组成,是以发电为主,兼有防洪、防凌等作用的枢纽。由于河谷狭窄,导流及泄洪量大,除布置有开敞式河岸溢洪道外,还设有大断面的导流兼泄洪隧洞。其平面布置图见图 7-1。

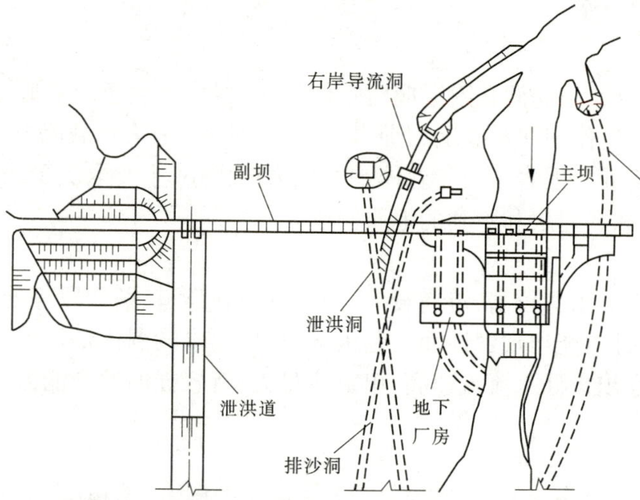

图 7-1　刘家峡水电站枢纽平面布置图

任务二　水工隧洞的布置和构造

知识要求

掌握水工隧洞路线选择的原则及布置要求;掌握水工隧洞进口段、洞身段、出口段的布置与构造。

技能要求

能熟练选择水工隧洞的路线和断面形式,并对水工隧洞进行布置。

一、水工隧洞的布置

(一)水工隧洞的路线选择

隧洞的路线选择关系到工程造价、施工难易、工程进度、运行可靠性等方面。隧洞的路线选择主要考虑以下几个方面的因素。

1. 地质条件

隧洞路线应选在地质构造简单、岩体完整稳定、岩石坚硬的地区，尽量避开不利的地质构造，要尽量避开地下水位高、渗水严重的地段。洞线要与岩层、构造断裂面及主要软弱带走向有较大的交角，对胶结紧密的厚岩层走向，其夹角不宜小于30°，对薄层及层间连接较弱的岩层，其夹角不小于45°。在高地应力地区，洞线应与最大水平地应力方向尽量一致，以减少隧洞的侧向围岩压力。隧洞应有足够的覆盖厚度，对于有压隧洞，当考虑弹性抗力时，围岩的最小覆盖厚度不小于3倍洞径。

在隧洞的进、出口处，围岩的厚度往往较薄，一般情况下，进、出口顶部的岩体厚度不宜小于1倍的洞径或洞宽。

2. 地形条件

隧洞的路线在平面上应尽量短而直。如因地形、地质、枢纽布置等需要转弯，对于低流速的隧洞弯道曲率半径不应小于5倍洞径或洞宽，转弯转角不宜大于60°，弯道两端的直线段长度也不宜小于5倍的洞径或洞宽。高流速的隧洞应避免设置曲线段。

3. 水流条件

隧洞的进口应力求水流顺畅，减少水头损失，且水流应与下游河道平顺衔接。如果水库所建的坝为土石坝，则进口应距离坝坡50 m以上，出口应距离坝坡100 m以上，以免水流冲刷坝坡。

4. 施工条件

洞线选择应考虑施工出渣通道及施工场地布置问题。对于长隧洞，还应注意利用地形、地质条件布置施工支洞、斜洞、竖井，增加总工作面，加快施工进度（见图7-2）。

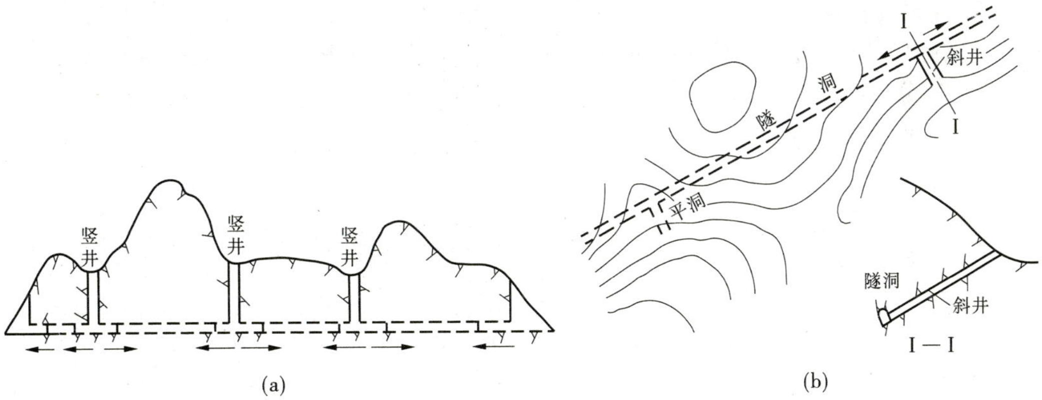

图7-2　隧洞选线示意图

此外，洞线选择应满足枢纽总体布置和运行要求，避免在隧洞施工和运行过程中对其他建筑物产生干扰。

（二）水工隧洞的工程布置

1. 隧洞进、出口的布置

1）隧洞的进口布置

发电引水隧洞的进口，顶部高程应在水库最低工作水位以下0.5～1.0 m，底部应高出水库淤沙高程最少 1.0 m 以上。灌溉隧洞的进口高程应保证在水库最低工作水位时，能引入设计流量，应满足引水高程的要求，并应与下游灌区布置在同一侧。排沙洞应设置在需要排沙的发电、灌溉引水洞进口附近，其高程宜低。用于放空水库和施工导流的隧洞进口高程一般都较低。

进口的进水方式有表孔溢流式和深水式进水口式两种。前者的进口布置方式与岸边溢洪道相似，只是用隧洞代替了泄槽，泄水时，洞内为无压流，这种布置在反弧段及其下游常易产生空蚀破坏，进口水流必须平顺，避免产生漩涡和回流，并应注意反弧段的体形设计和采取必要的减蚀措施。具体布置见图 7-3。

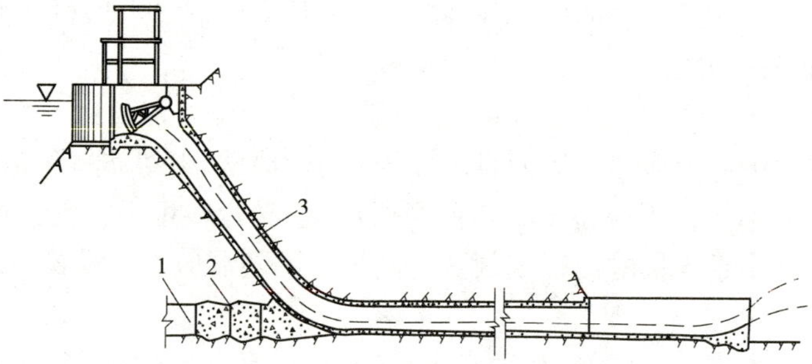

1—导流洞；2—混凝土塞；3—泄水隧洞

图 7-3　表孔溢流式进水口

深水式进水口的隧洞，可以是无压的或有压的，如图 7-4 所示。这种布置形式与重力坝上的泄水孔布置形式相似。但要特别注意保持进口曲线的连续性，不应在进口曲线上设闸门槽和通气孔等。还应避免闸门槽顶进水，以免恶化水力条件。

2）隧洞的出口布置

隧洞出口应保证水流下泄安全，出流平稳。对于有压隧洞，出口断面面积应小于洞身断面面积，以保持洞内有较大的正压。出口的断面面积宜收缩为洞身断面的 80% ~ 90%，收缩方式采用洞顶压坡的形式。

隧洞的出口应通过技术经济比较选择消能防冲方式。对于高流速、高水头、大流量的泄洪洞，常选挑流消能。

2. 隧洞的纵坡选择

有压隧洞的纵坡主要取决于进出口高程，要求全线洞顶保持不小于 2 m 的压力水头。有压洞的底坡不宜采取平坡或反坡，因其会出现压力裕幅不足且不利于检修排水。有压洞的纵坡一般取为 3‰ ~ 10‰。

无压隧洞的纵坡应根据水力计算加以确定，一般要求在任何运用情况下，纵坡均应大于临界坡度。

3. 闸门位置布置

检修闸门设置在隧洞进口，一般要求在静水中启闭。工作闸门用来调节流量和封闭孔口，要求能在动水中启闭。

无压隧洞的工作闸门布置在进口，为保证门后洞内无压流的流态，门后洞顶应高出洞内水面一定高度，并向门后通气，具体布置见图 7-4（a）。有压隧洞的工作闸门布置在出口，洞内始终为有压流，水流流态稳定，具体布置见图7-4(b)。

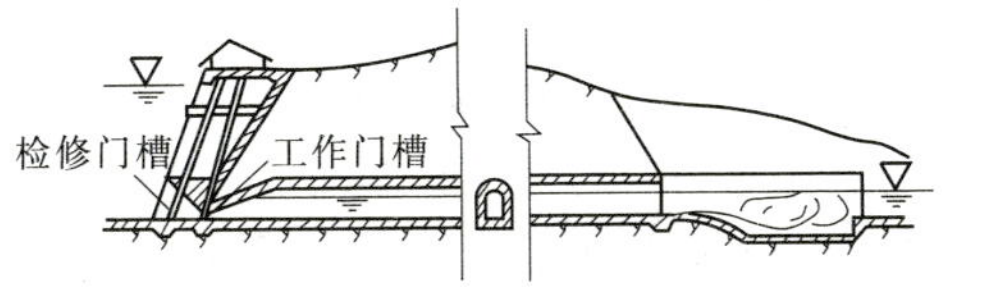

(a)无压隧洞闸门布置

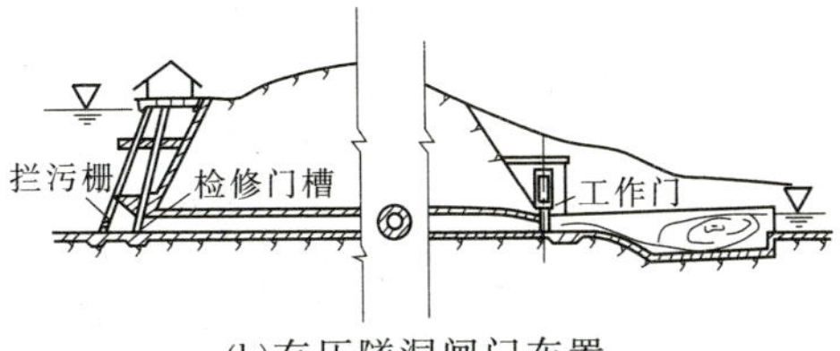

(b)有压隧洞闸门布置

图7-4　闸门位置布置图

4. 多用途隧洞的布置

为了减小工程量，降低工程造价，往往考虑一洞多用或临时任务与永久任务相结合的布置方式。

1)泄洪隧洞与导流隧洞合一布置

这种布置方式在已建工程中较常采用。导流隧洞的进口高程较低，而泄洪隧洞进口高程可以较高，常在施工导流任务完成后，将导流洞前段堵塞，而在原导流隧洞口的上方另设进口，由上部进口向后，隧洞底坡设计为抛物线形式，然后接一反弧段与原导流隧洞相衔接。这种布置形式在工程上常形象地称为龙抬头形式，具体见图7-3。

2)泄洪隧洞与发电隧洞合一布置

泄洪隧洞与发电隧洞的合一布置是在洞前段共用一洞，在后段分岔为两个洞分别来泄洪与发电。对于泄洪量大、经常使用的泄洪隧洞或重要的水电站，不宜采用这种布置方式。

3)发电隧洞与灌溉隧洞的合一布置

发电隧洞与灌溉隧洞合一布置，水轮机尾水后接灌溉渠道，利用发电尾水进行灌溉。由于发电是经常性的，而灌溉用水是季节性的，所以应在发电尾水的后面设置一弃水设施，将不需灌溉时的发电尾水排入下游河道。

二、水工隧洞的构造

(一)进口段的形式和构造

1. 进口建筑物的形式

水工隧洞进口段按其布置和结构形式不同，分为竖井式、塔式、岸塔式、斜坡式和组合式。

1)竖井式

竖井式进水口由闸前渐变段、竖井和闸后渐变段组成。优点是结构简单、节省工作桥、不受风浪和冰的影响、抗震及稳定性好。缺点是竖井开挖困难、门前一段隧洞检修不便。其适用于河岸岩石坚固、开凿竖井无塌方危险的地段。竖井式进水口布置见图7-5。

2)塔式

塔式进水口由闸前渐变段、塔身和闸后渐变段组成。优点是独立悬臂结构、布置紧

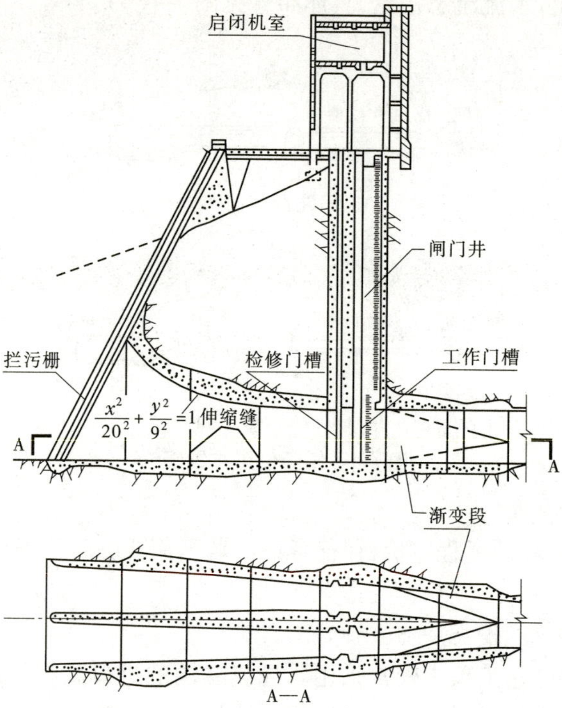

图 7-5 竖井式进水口

凑、闸门检修相对来说方便。缺点是需另设工作桥、可能增加投资、需进行稳定验算。其适用于进口处岸坡低缓、覆盖层较厚、山岩破碎、不宜开凿竖井的情况。包括框架式塔(见图 7-6(a))和封闭式塔(见图 7-6(b))。

3)岸塔式

岸塔式进水口是靠在开挖后洞脸岩坡上的进水塔。优点是稳定性比塔式好,造价比塔式省,施工方便,地形、地质条件许可时优先选用。缺点是闸门随进水口倾斜,启门力增加,易靠自重关闭闸门。其适用于岸坡陡且岩石坚硬稳定的情况。布置见图 7-7。

4)斜坡式

斜坡式进水口是在较完整的岩坡上进行平整、开挖、护砌而修建的一种进水口。优点是结构简单,施工、安装方便,稳定性好,工程量小。缺点是斜坡上装闸门,不易靠自重关闭闸门,需另加关门力。斜坡式进水口一般只用于中小型工程中较为完整的岩坡或仅作为安装检修闸门的进口。构造布置见图 7-8。

5)组合式

在实际工程中常根据地形、地质、施工等具体条件采用。如半竖井半塔式进水口、下部靠岸的塔式进水口等。具体布置见图 7-9。

2. 进口段的组成及构造

进口段的组成包括:进水喇叭口、通气孔、平压管、拦污栅、闸门室和渐变段等。

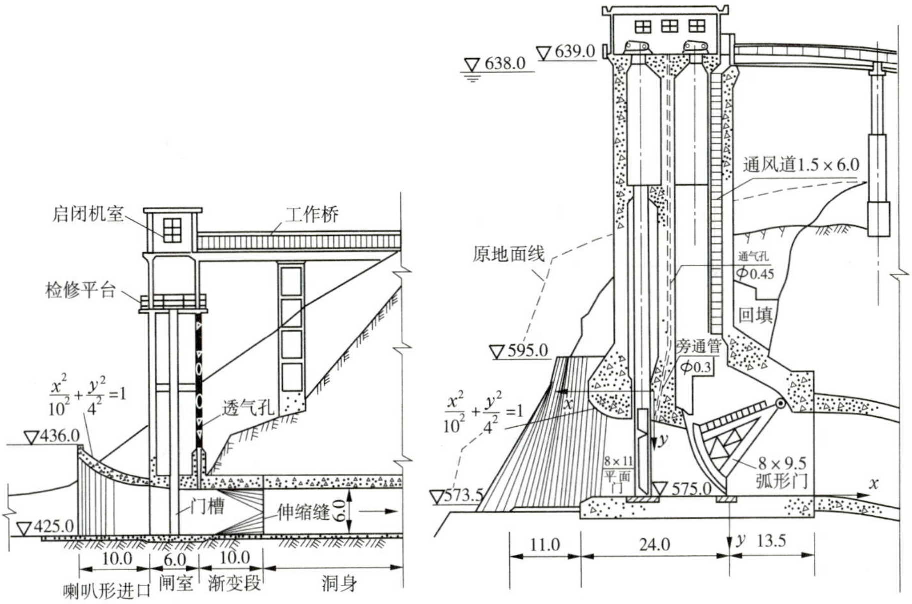

(a)框架式塔 (b)封闭式塔

图 7-6 塔式进水口 (单位:m)

1)进水喇叭口

隧洞进口为顶板和边墙顺水流方向三向逐渐收缩的平底矩形断面,形成喇叭口。收缩曲线常采用 1/4 椭圆曲线。

2)通气孔

在泄水隧洞进口或中部的闸门之后应设通气孔,其作用是:①在工作闸门各级开度下承担补气任务;②检修时,在下放检修闸门后,放空洞内水流时补气;③检修完成后,向检修闸门和工作闸门之间充水时,通气孔用以排气。

通气孔的上部进口必须与闸门启闭机室分开设置。通气孔风速应保持在 20 m/s 左右。

3)平压管

为了减小启门力,往往要求检修闸门在静水中开启。因此,常设置绕过检修门槽的平压管。平压管的尺寸根据所需的灌水时间(约 8 h)确定。具体布置见图 7-10。

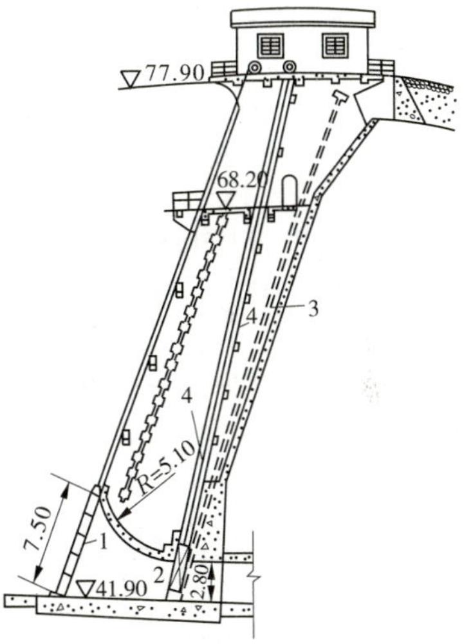

1—拦污栅;2—闸门;3—通气孔;4—闸门槽

图 7-7 岸塔式进水口 (单位:m)

4)拦污栅

进口处的拦污栅是为了防止水库中的漂浮物进入隧洞。

5)渐变段、闸门室

渐变段及闸门室等可参见《混凝土重力坝设计规范》(SL 319—2005)有关内容。

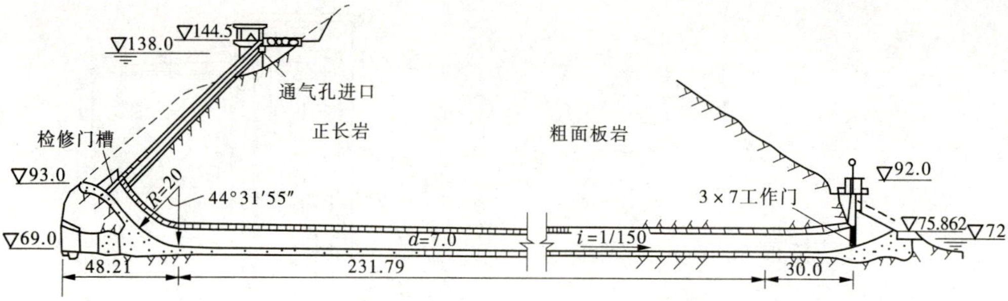

图 7-8　响洪甸泄洪洞斜坡式进水口　（单位：m）

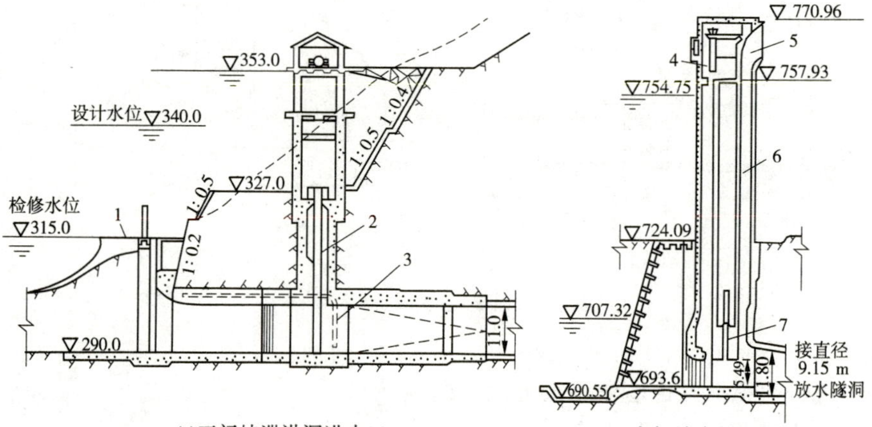

(a)三门峡泄洪洞进水口　(b)麦加放水隧洞进口

1—叠梁门平台；2—事故检修闸门井；
3—平压管（d = 70 cm）；4—事故闸门；5—空气进口；6—通气井；7—工作闸门

图 7-9　组合式进水口　（单位：m）

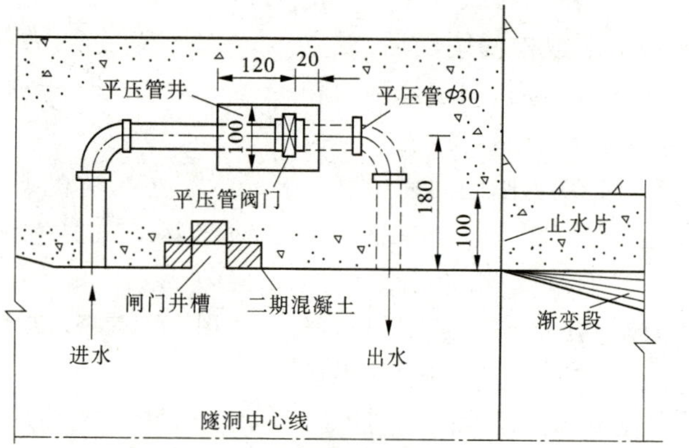

图 7-10　平压管布置图　（单位：cm）

（二）洞身段的形式与构造

1. 洞身断面形式及尺寸

1）无压隧洞的断面形式及尺寸

无压隧洞多采用圆拱直墙形（城门洞）断面（见图 7-11（d）、（i）、（j））。在侧向围岩压力较大时,为减小或消除作用在边墙上的侧向围岩压力,也可把边墙做成倾斜状(见图7-11(e))。如围岩条件较差,还可以采用马蹄形断面(见图7-11(f))。

无压隧洞的断面尺寸主要根据其泄流能力要求及洞内水面线来确定。流速较低、通气良好的隧洞,要求水面以上净空不小于洞身断面面积的15%~25%,冲击波波峰高不应超过城门洞形断面的直墙范围。在确定隧洞断面尺寸时,还应考虑到洞内施工和检查维修等对最小尺寸的要求。

2)有压隧洞的断面形式及尺寸

有压隧洞由于内水压力较大,一般采用圆形断面。

有压隧洞的断面尺寸应根据泄流能力要求以及沿程压坡线情况来确定。

2.洞身衬砌的类型及构造

衬砌是指沿开挖洞壁而做的人工护壁,主要作用是:①阻止围岩变形的发展,保证围岩的稳定;②承受围岩压力、内水压力和其他荷载;③防止渗漏;④保护围岩免受水流、空气、温度、干湿变化等的冲蚀破坏作用;⑤平整围岩,减小表面糙率。

1)衬砌的类型

(1)平整衬砌(也称护面)。用混凝土、喷混凝土和浆砌石做成的护面,它不承受荷载,仅起到平整隧洞表面、减小糙率、防止渗漏、保护岩石不受风化的作用。

(2)单层衬砌。单层衬砌用混凝土(见图7-11(a))、钢筋混凝土(见图7-11(b)~(d))或浆砌石做成。单层衬砌适用于中等地质条件,隧洞断面较大,水头及流速较高的情况,混凝土和单层钢筋混凝土衬砌的厚度不宜小于25 cm,双层钢筋混凝土衬砌的厚度不宜小于30 cm。

(3)喷锚衬砌。喷锚衬砌是利用锚杆和喷混凝土加固围岩措施的总称,是逐渐发展起来的新型加固措施。

(4)组合式衬砌。在开挖断面周边不同部位采用不同的衬砌材料组合而成。如内层为钢板、钢筋网喷浆,外层为混凝土或钢筋混凝土(见图7-11(g));如顶拱为混凝土,边墙和底板采用浆砌石(见图7-11(h))。

(5)预应力衬砌。预应力衬砌是对混凝土、钢筋混凝土衬砌的外壁施加预压应力,以便在运用时抵消内水压力产生的拉应力(见图7-11(k)、(l))。预应力衬砌多用于高水头有压隧洞。

2)衬砌的分缝与止水

整体式衬砌在施工中要分段分块浇筑,需设横、纵向工作缝(见图7-12、图7-13);隧洞在穿过断层、软弱破碎带和竖井交接处,衬砌需要加厚,应设置横向变形缝(见图7-14)。

3)灌浆

(1)回填灌浆。回填灌浆是为了填充衬砌与围岩之间的空隙,使之结合紧密,以改善传力条件和减少渗漏。一般施工中在衬砌顶拱部分时预留灌浆孔(见图7-15)。灌浆范围为顶拱90°~120°,孔距和排距为2~6 m,灌浆压力一般为0.2~0.5 MPa。

(2)固结灌浆。固结灌浆是为了加固围岩,提高围岩的整体性,减小围岩压力,保证岩石的弹性抗力,减小地下水对衬砌的压力和减少渗漏。由于它一般在衬砌后进行,故还可起预压作用。灌浆孔深一般为0.5~1倍隧洞半径,梅花形,间距2 ~4 m,每排不宜少

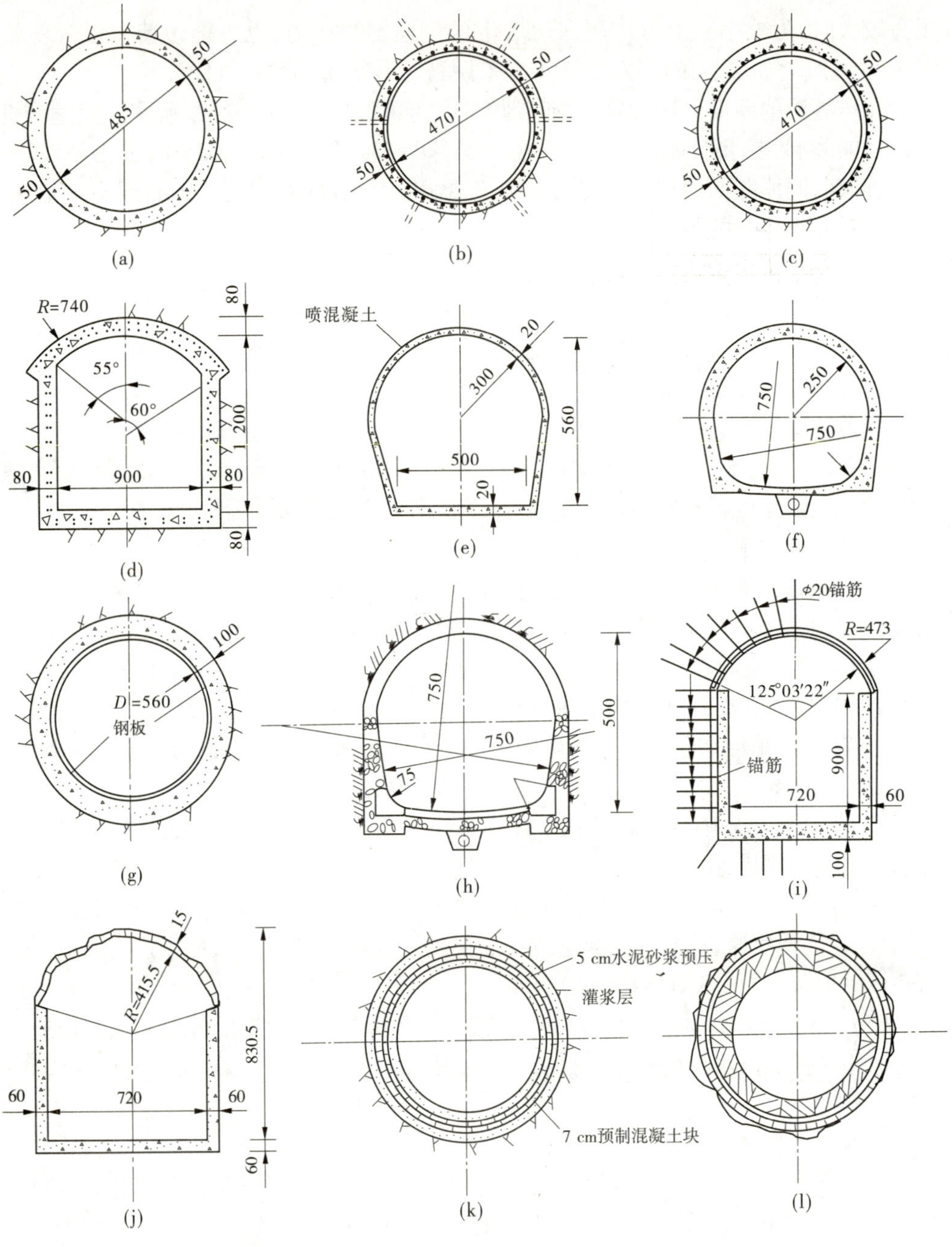

(a)～(f)—单层衬砌；(g)～(j)—组合式衬砌；(k)、(l)—预应力衬砌

图 7-11　隧洞断面形式及衬砌类型　（单位：cm）

于 6 孔，作对称布置。灌浆压力为 1.5 ～2.0 倍内水压力，一般为 0.3～1.0 MPa。具体布置见图 7-15。

4）排水

设置排水是为了降低作用在衬砌外壁上的外水压力。

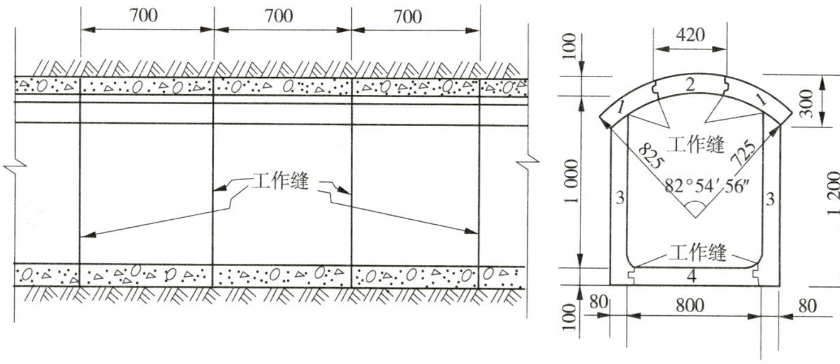

图 7-12　陆浑水库泄洪洞衬砌施工分缝　（单位：cm）

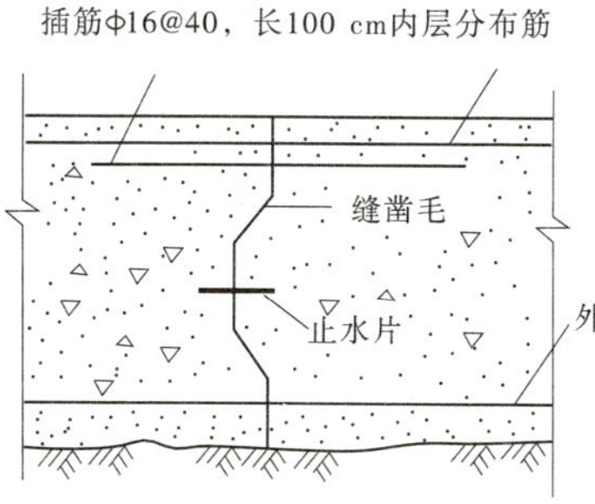

图 7-13　衬砌的纵向施工缝

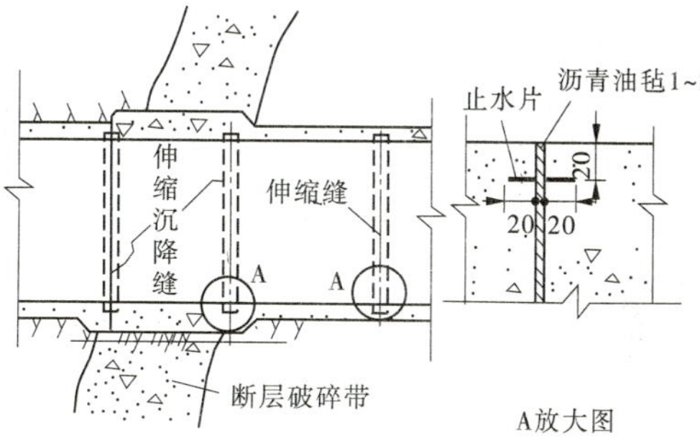

图 7-14　伸缩沉降缝　（单位：cm）

对于无压隧洞衬砌，当地下水位较高时，外水压力成为衬砌的主要荷载。可在洞底设纵向排水管通向下游，或在洞内水面线以上，通过衬砌设置排水孔，将地下水直接引入洞内，排水孔间距、排距及孔深一般为 2 ~ 4 m。具体布置见图 7-16。

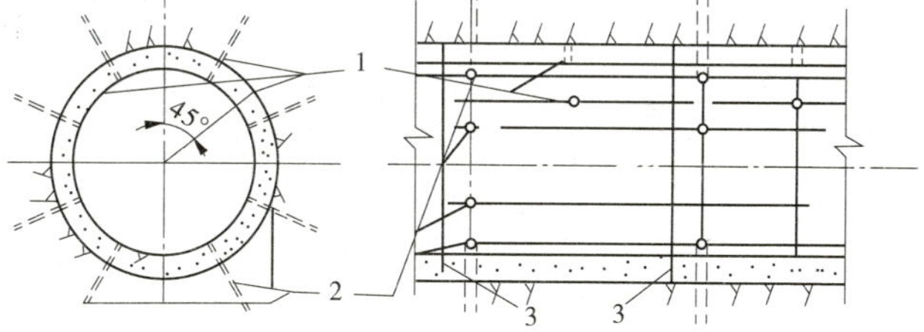

1—回填灌浆孔；2—固结灌浆孔；3—伸缩缝

图 7-15　灌浆孔布置图

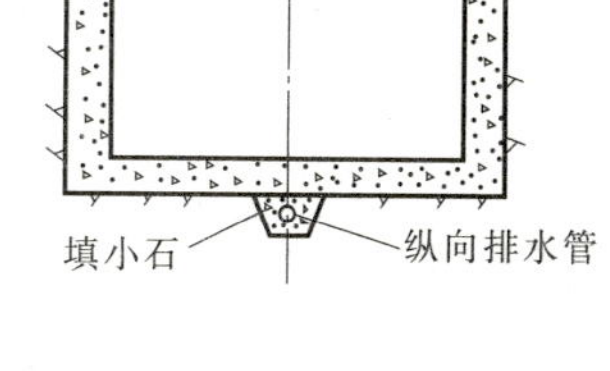

图 7-16　无压隧洞排水布置图

对于有压圆形隧洞，可不设置排水设备。当外水位很高，外水压力很大，对衬砌设计起控制作用时，可在衬砌底部外侧设纵向排水管，通至下游，必要时，为提高排水效果，可沿洞轴线每隔 6 ~ 8 m 设一道环向排水槽，环向排水槽可用砾石铺筑，将搜集渗水汇入纵向排水管。具体布置见图7-17。

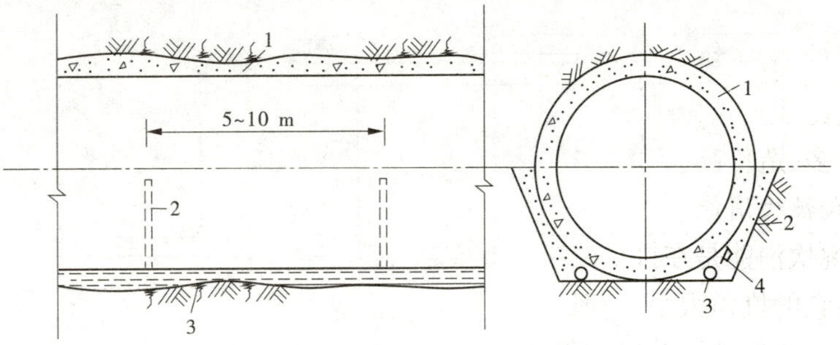

1—隧洞;2—环向排水;3—纵向排水;4—卵石

图7-17 有压隧洞排水布置图

(三)出口段及消能设施

有压隧洞的出口常设有工作闸门及启闭机室,闸门前有渐变段,出口之后即为消能设施。无压隧洞出口仅设有门框,其作用是防止洞脸及其以上岩石崩塌,并与扩散消能设施的两侧边墙相衔接。具体布置见图7-18。

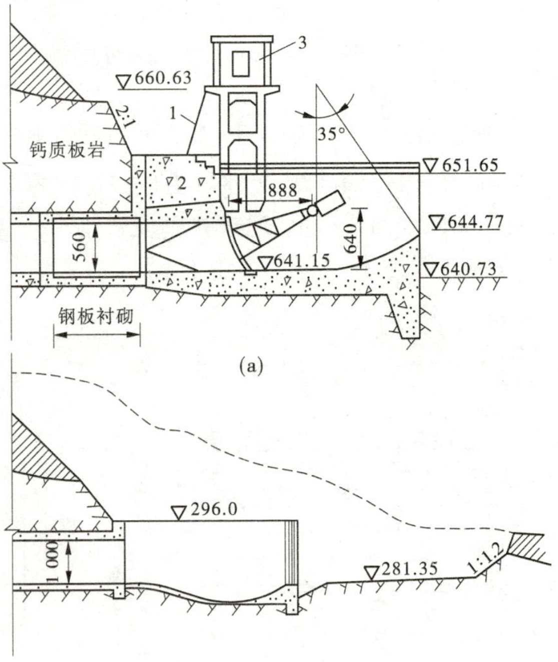

1—钢梯; 2—混凝土块压重;3—启闭机操纵室

图7-18 水工隧洞出口段布置 (单位:高程 m;尺寸 cm)

泄水隧洞出口水流的特点是隧洞出口宽度小,单宽流量大,能量集中,所以常在出口处设置扩散段,使水流扩散,减小单宽流量,然后再以适当形式消能。

1. 挑流消能

当隧洞出口高程高于或接近下游水位,且地形地质条件允许时,采用扩散式挑流消能比较经济合理,因为它结构简单,施工方便,国内外泄洪、排沙隧洞广泛采用这种消能方式。

2. 底流消能

当隧洞出口高程接近下游水位时,也可采用扩散式底流水跃消能。底流消能具有工作可靠、消能比较充分、对下游水面波动影响范围小的优点,但缺点是开挖量大、施工复杂、材料用量多、造价高。

3. 窄缝式挑坎消能

窄缝式挑坎消能是在挑坎处采用收缩成窄缝的布置形式。窄缝式挑坎与等宽挑坎不同之处在于:它的挑角很小,一般取 0°,顺水流方向,两侧边墙向中心的显著收缩使出水口处水流迅速加深,水舌的出射角在底部和表层差别很大,底部约 0°,表层可达 45°左右,因此水舌下缘挑距缩短,上缘挑距加大,水流挑射高度增加,使水流纵向扩散加大,减小了对河床单位面积上的冲击动能,同时水舌在空中扩散时及入水时大量掺气,在水舌进入水垫后气泡上升,大大减轻了对下游河床的冲刷。

4. 洞中突扩消能

洞中突扩消能也称为孔板消能,它是在有压隧洞中设置过流断面较小的孔板,利用水流流经孔板时突缩和突扩造成的漩滚,在水流内部产生摩擦和碰撞,削减大量能量。黄河小浪底水利枢纽中将导流隧洞改建为压力泄洪隧洞,就采用了多级孔板消能方案,在直径为 $D=14.5$ m 的洞中布置了三道孔板,孔板间距为 $3D=43.5$ m,由导流隧洞改建的泄洪隧洞,经过三级孔板消能,可将 140 m 水头消煞去 60 m 水头,洞内平均流速仅 10 m/s。

任务三　作用在水工隧洞衬砌上的荷载

知识要求

掌握水工隧洞的荷载种类及其计算,掌握水工隧洞荷载组合的类型。

技能要求

能根据规范要求,确定荷载组合类型并准确计算各类荷载大小。

一、荷载的种类及其计算

作用在隧洞衬砌上的荷载,分为基本荷载和特殊荷载两类。基本荷载是长期或经常作用在衬砌上的荷载,包括衬砌自重、围岩压力、设计条件下的内水压力、稳定渗流情况下的外水压力、预应力等。特殊荷载是出现机会较少的、不经常作用在衬砌上的荷载,包括校核洪水位时的内水压力和相应的外水压力、地震荷载、施工荷载、灌浆压力、温度荷载等。

荷载计算的对象是单位洞长。

(一)围岩压力

在岩体中开挖隧洞,破坏了岩体的平衡状态,引起围岩的应力重新分布,围岩发生变形,甚至塌落,衬砌承受的这些可能崩塌围岩的压力称为围岩压力,也称为山岩压力。围岩压力按作用的方向可分为垂直围岩压力和侧向围岩压力。

对于不同的围岩类别(见表 7-1),用不同的方法来估算围岩压力。

表 7-1　围岩分类

围岩类别			围岩主要工程地质特征		地下水状态	毛洞自稳能力
类别	名称		岩体特性	结构面及其组合状态		
Ⅰ	稳定		整体结构或大块状结构的坚硬岩体:新鲜或微风化,受地质结构影响轻微,节理裂隙不发育,间距大于 1 m,延伸短,多闭合,无或偶有单薄软弱结构面,宽度小于 0.1 m,无夹泥充填。层状岩为巨厚层~厚层,层间结合良好	结构面起伏粗糙,咬合无充填,结构面无不稳定组合层状岩与洞轴线正交	洞壁干燥或潮湿或有微弱渗水,不影响围岩自身稳定	无塌落掉块,能长期稳定,深埋或高地应力地区可能产生岩爆
Ⅱ	基本稳定	$Ⅱ_1$	块状结构的坚硬岩体:新鲜或微风化,受地质结构影响一般,节理裂隙较发育,但连续性不强,间距 1~0.5 m,裂隙微张或局部张开,稍有夹泥充填,有少量小型断层等软弱带,宽度小于 0.5 m	结构面粗糙,少有充填。结构面组合基本稳定或局部有人字形或梯形不稳定性组合	地下水活动微弱,沿裂隙渗水、滴水,除软弱带外,一般不影响围岩稳定	有超挖掉块现象或个别小型塌落;较长时间能维持稳定
		$Ⅱ_2$	中厚层状的中硬岩:受地质结构影响轻微,裂隙不发育,间距大于 1 m,多闭合。层间结合基本良好,无软弱夹层	结构面粗糙,少有充填。结构面组合基本稳定或局部有人字形或梯形不稳定性组合。层状岩或软弱结构面与洞轴线夹角大于 70°		
Ⅲ	稳定性差	$Ⅲ_1$	破裂结构或镶嵌结构坚硬岩体:呈微风化或弱风化,受地质构造影响严重,节理裂隙发育,间距为 0.5~0.2 m,多张开或局部张开,有夹泥充填,连续性差,软弱结构面多	结构面多,平直光滑,有泥充填。有方形、梯形、尖拱形不稳定组合	地下水活动显著,有大量滴水,线状流水或喷水,对软弱岩体稳定影响严重	毛洞稳定受软弱结构面组合控制,以洞顶局部塌落为主,围岩具有自稳能力,有时有偏压,短时间内可以维持稳定。 软岩具有流变特征,对裂隙稍发育段自稳能力差
		$Ⅲ_2$	块状结构或层状结构中硬岩:呈微风化或弱风化,受地质构造影响一般,裂隙较发育,间距为 0.5~1 m,多微张开或局部微张开,有少量夹泥充填。中厚层或软硬互层,有少量软弱夹层,层间结合差	结构面多,平直光滑,有泥充填。有方形、梯形、尖拱形不稳定组合。层状岩与软弱结构面与洞轴线夹角一般大于 70°		
		$Ⅲ_3$	层状结构软岩:多属微风化,受地质构造影响轻微,裂隙不发育,多闭合,局部微张,有泥膜。厚层或中厚层偶夹薄层,其层间结合一般			

续表 7-1

围岩类别			围岩主要工程地质特征		地下水状态	毛洞自稳能力
类别	名称		岩体特性	结构面及其组合状态		
Ⅳ	不稳定	$Ⅳ_1$	碎裂结构或层状碎裂结构的破碎硬岩体或中硬岩体：呈弱—强风化，受地质构造的影响严重，节理裂隙发育，间距0.2～0.5 m，宽张或局部有开缝，有夹泥充填。连续性较好，软弱结构面多断层等，软弱带宽2～4 m	结构面多平直光滑或起伏光滑，夹泥较厚。带有尖拱形、槽形、圆拱形不稳定体，层状岩或软弱结构面与洞轴线夹角小于30°或平行	地下水活动强烈，并有一定渗透压力，有少量涌水，严重影响岩体强度和抗冲刷能力	毛洞稳定主要受软弱结构面控制，常发生顶拱坍落，有偏压，且时间效应明显，围岩自稳能力差，自稳时间短
		$Ⅳ_2$	薄层状结构或层状碎裂结构的软岩：弱风化，受地质构造影响一般，裂隙较发育，间距0.5～1 m，多张开有泥。中厚层或薄层，有软弱夹层，层面结合差			
Ⅴ	极不稳定		散体结构： (1)石质围岩呈强—全风化，受地质构造影响很严重，节理裂隙密集，有较厚泥质充填，多为含泥碎裂结构状态。 (2)挤压强烈的大断层，宽度大于2～4 m，裂隙杂乱密集。 (3)非黏性的松散土层，砂卵砾石、碎石等	结构面及其组合杂乱，并多有黏土充填	地下水活动强烈，渗透压力较大，岩体无抗冲刷能力	毛洞稳定受围岩强度控制，塌方形态是边顶拱，经常是边挖边塌

(1)对于Ⅰ类围岩，可不计围岩压力。

(2)对于Ⅱ、Ⅲ类围岩，可用经验估算法来估算围岩压力，在隧洞开挖后，应根据补充的地质资料和实际情况，进行必要的修正。

(3)对于Ⅳ、Ⅴ类围岩，可按松散介质平衡理论，采用塌落拱法估算围岩压力。

(4)块状、中厚层或厚层状结构的围岩，可根据围岩中不稳定块体的重量来确定围岩压力。

(5)对于不能形成稳定塌落拱的浅埋隧洞，围岩压力可按隧洞拱顶上复式岩体的重量来估算。

(6)采用喷锚支护或钢支撑等围岩加固措施，已使围岩处于稳定状态，可少计或不计围岩压力。

下面仅就经验估算法作一介绍。围岩压力视为均布，计算公式如下：

$$q = (0.2 \sim 0.3)\gamma_R B \tag{7-1}$$

$$e = (0.05 \sim 0.10)\gamma_R H \tag{7-2}$$

式中 q、e——垂直均布及侧向均布的围岩压力强度，kN/m^2；

γ_R——岩体重度，kN/m^3；

B、H——洞室的开挖宽度及高度，m。

(二)弹性抗力

当衬砌承受荷载后，向围岩方向变形时，会受到围岩的抵抗，这个抵抗力称为弹性抗力。弹性抗力是当衬砌受力后向围岩变形，围岩反作用于衬砌，而使衬砌受到的被动抗力。弹性抗力的存在，对于衬砌是有利的。影响弹性抗力的因素主要是围岩的岩性、构造、强度及厚度，同时必须保证衬砌与围岩紧密结合。为有效地利用弹性抗力，常对围岩进行灌浆加固并填实衬砌与围岩间的空隙。由于弹性抗力对衬砌是有利的，对弹性抗力的估算不能过高。

围岩的弹性抗力 p_0 可由式(7-3)计算：

$$p_0 = K\delta \tag{7-3}$$

式中 p_0——围岩的弹性抗力强度，kN/cm^2；

δ——围岩受力面的法向位移，cm；

K——围岩的弹性抗力系数，kN/cm^3。

围岩的法向位移 δ 值，可根据衬砌的荷载(包括弹性抗力在内)，经计算求得。

围岩的弹性抗力系数 K，与围岩岩性及开挖洞径有关，可查表 7-2 得。

弹性抗力的存在要求围岩有足够的厚度，对于有压洞，只有在围岩厚度大于 3 倍开挖洞径时，才可考虑弹性抗力。对于无压洞，如果两侧有足够的厚度且无不利的滑动面，可以考虑弹性抗力。

(三)内水压力

内水压力是指作用在衬砌内壁上的水压力。它是有压隧洞的主要荷载。内水压力可分解为两部分，即均匀内水压力和非均匀内水压力(无水头洞内满水压力)。

均匀内水压力是由洞顶内壁以上的水头产生的，计算式为

$$p_1 = \gamma h \tag{7-4}$$

式中 γ——水的重度，kN/m^3；

h——高出衬砌内壁顶点以上的内水压力水头，m。

非均匀内水压力是指洞内充满水，洞顶处水压力为零，洞底处的水压力为 $2\gamma r_i$ 时的水压力，计算式为

$$p_2 = \gamma r_i(1 - \cos\theta) \tag{7-5}$$

式中 r_i——衬砌内半径，m；

θ——计算点半径与洞顶半径的夹角，(°)。

非均匀内水压力的合力，方向向下，数值等于单位洞长内的总水重。

内水压力为以上两者的叠加。图 7-19 为内水压力计算图。

表 7-2 岩石抗力系数

岩石坚硬程度	代表的岩石名称	节理裂缝多少或风化程度	单位岩石抗力系数 K_0（kN/cm^3）	无压隧洞的岩石抗力系数 K^*（kN/cm^3）
坚硬岩石	石英岩、花岗岩、流纹斑岩、安山岩、玄武岩、厚层矽质灰岩等	节理裂缝少 新鲜	10～20	2～5
		节理裂缝不太发育 弱风化	5～10	1.2～2.0
		节理裂缝发育 弱风化	3～5	0.5～1.2
中等坚硬岩石	砂岩、石灰岩、白云岩、砾岩等	节理裂缝少 新鲜	5～10	1.2～2
		节理裂缝不太发育 弱风化	3～5	0.8～1.2
		节理裂缝发育 弱风化	1～3	0.2～0.8
较软岩石	砂页岩互层、黏土质岩石、致密的泥灰岩等	节理裂缝少 新鲜	2～5	0.5～1.2
		节理裂缝不太发育 弱风化	1～2	0.2～0.5
		节理裂缝发育 弱风化	<1	<0.2
松软岩石	严重风化及十分破碎的岩石、断层破碎带等		<0.5	<0.1

注：1. 本表不适用于竖井及埋藏特别深或特别浅的隧洞。

2. 表列数据适用于 $H \leq 1.5B$ 的隧洞断面，H 和 B 分别为隧洞的开挖高度和宽度。

3. 单位弹性抗力系数 K_0 值一般适用于有压隧洞，洞壁岩石抗力系数 K 值可根据 $K=\frac{100}{r_e}K_0$ 确定，式中 r_e 为隧洞实际开挖半径，cm，K_0 为开挖半径为 100 cm 时的单位弹性抗力系数，kN/cm^3，可由表 7-2 查得。

4. 无压隧洞的围岩抗力系数 K^* 值仅适用于开挖宽度为 5～10 m 的隧洞。当开挖宽度大于 10 m 时，K 值应适当减小。

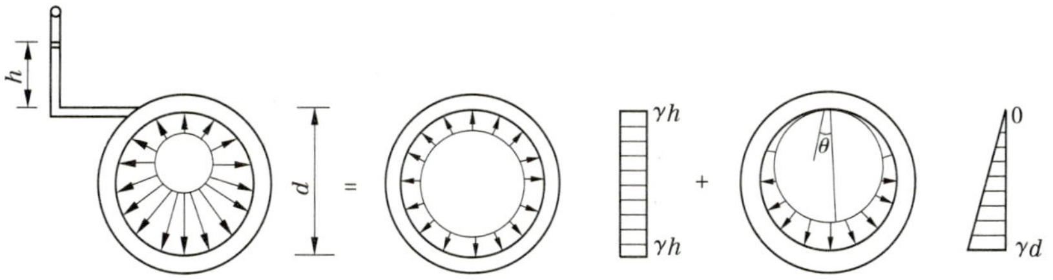

图 7-19 内水压力计算图

（四）外水压力

外水压力是指作用在衬砌外壁上的地下水压力，其值取决于水库蓄水后的地下水位线的高低，难以准确计算。

对于无压隧洞，一般采用在衬砌外壁布置排水措施来消除外水压力。对于有压隧洞，外水压力有抵消内水压力的作用，需要慎重考虑。

工程中常假设地下水位线在隧洞进口处与设计洪水位相同，在出口处与下游水位或洞顶外壁齐平，中间以直线相连，如图 7-20 所示。外水压力（以水柱高表示）等于地下水位线至隧洞底板之间的水柱高 H_w 乘以折减系数 β 后，作为地下水位线的计算值。β 值可参考表 7-3 选用。当无内水荷载组合时，宜取大值，反之宜取小值。当围岩采取排水措施时，β 值可适当降低。

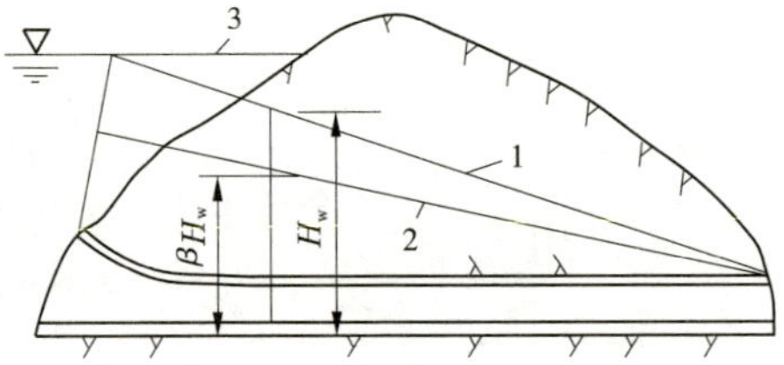

1—地下水位线；2—计算地下水位线；3—正常水位

图 7-20　外水压力分布图

表 7-3　折减系数 β 值选用

级别名称	地下水活动状态	地下水对围岩稳定的影响	建议的 β 值
1 无	洞壁干燥或潮湿	无影响	0
2 微弱	沿结构面有渗水或滴水	风化结构面填充物质，降低抗剪强度，对软弱岩体有软化作用	0～0.4
3 显著	沿裂缝或软弱结构面有大量滴水，线装流水或喷水	泥化软弱结构面填充物质，降低抗剪强度，对中硬岩体有软化作用	0.25～0.6
4 强烈	严重股状流水，沿软弱结构面有小量涌水	冲刷结构面中填充物质，加速岩体风化，对断层等软弱带软化泥化，并使其膨胀崩解，以及产生机械管涌。有渗透压力，能鼓开较薄的软弱层	0.4～0.8
5 剧烈	严重滴水或流水，断层等软弱带有大量涌水	冲刷挟带结构面充填物质，分离岩体，有渗透压力，能鼓开一定厚度的断层等软弱带，能导致围岩塌方	0.65～1.0

作用在衬砌外壁上的外水压力可按式（7-6）估算：

$$p_e = \beta \gamma h' \tag{7-6}$$

式中　p_e——作用在衬砌结构外表面的外水压力强度，kN/m^2；

β——外水压力折减系数，参见表 7-3；

h'——隧洞中心至地下水位线的作用水头，m；

γ——水的重度，kN/m^3。

(五)衬砌自重

衬砌自重是指隧洞沿轴线 1 m 长衬砌的重量,示意图见图 7-21。

衬砌单位面积上的自重强度 g 为

$$g = \gamma_h \delta \tag{7-7}$$

式中 γ_h——衬砌材料的重度,kN/m^3,对混凝土 $\gamma_h = 24\ kN/m^3$,对钢筋混凝土 $\gamma_h = 25\ kN/m^3$;

δ——衬砌厚度,m,应考虑超挖回填的影响。

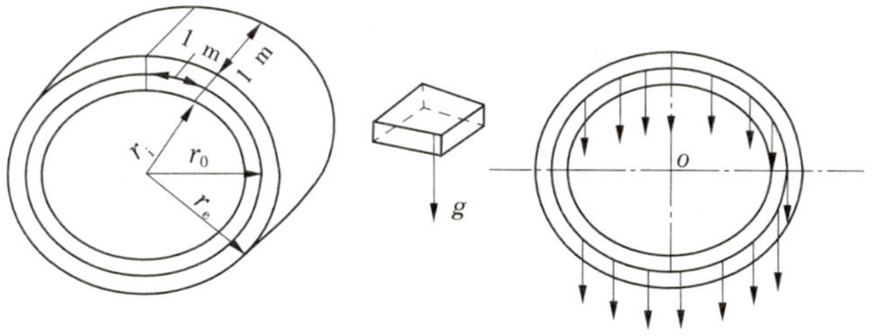

图 7-21 衬砌自重示意图

(六)其他荷载

灌浆压力、温度荷载、地震荷载等一些其他荷载,或为施工期临时作用或对衬砌影响较小或出现概率很小,在设计中较少考虑。

二、荷载组合

设计中常考虑的荷载组合有以下几种:

(1)正常运用情况:围岩压力+衬砌自重+宣泄设计洪水时内水压力+外水压力。

(2)施工、检修情况:围岩压力+衬砌自重+可能出现的最大外水压力。

(3)非常运用情况:围岩压力+衬砌自重+宣泄校核洪水时内水压力+外水压力。

正常运用情况属于基本组合,在衬砌设计时往往以正常运用情况来确定衬砌的厚度、材料强度等级和配筋量,用其他情况来作校核。

任务四 圆形有压隧洞的结构计算

知识要求

掌握圆形有压隧洞均匀内水压力作用下的结构计算。

技能要求

能根据规范要求,进行圆形有压隧洞均匀内水压力作用下的结构计算。

衬砌结构计算的内容包括确定衬砌厚度、配置钢筋数量、校核衬砌强度。

衬砌结构计算的步骤是:根据隧洞沿线荷载及断面形状尺寸的变化情况分为若干段;每段中选出一代表性断面进行计算;初拟衬砌形式和厚度;分别计算各种荷载产生的内

力，按不同的荷载组合叠加；进行强度校核、配筋及修改。

有压隧洞多采用圆形断面，均匀内水压力是控制衬砌断面的主要荷载。为充分利用围岩的弹性抗力，应使衬砌与围岩紧密贴接，并要求围岩厚度超过 3 倍开挖洞径。

一、均匀内水压力作用下的内力计算

在进行有压隧洞衬砌设计时，常根据均匀内水压力初步计算衬砌厚度及钢筋数量。当有压隧洞直径 $D<6$ m，围岩为Ⅰ、Ⅱ类，且围岩厚度大于 3 倍开挖洞径时，可只按内水压力作用来计算衬砌的厚度和应力，而不需要考虑其他荷载的影响。

（一）混凝土衬砌（按混凝土未开裂考虑）

当围岩符合考虑弹性抗力的条件时，衬砌在均匀内水压力 p 作用下，衬砌外壁表面将会产生均匀的弹性抗力 p_0。具体分布见图 7-22。

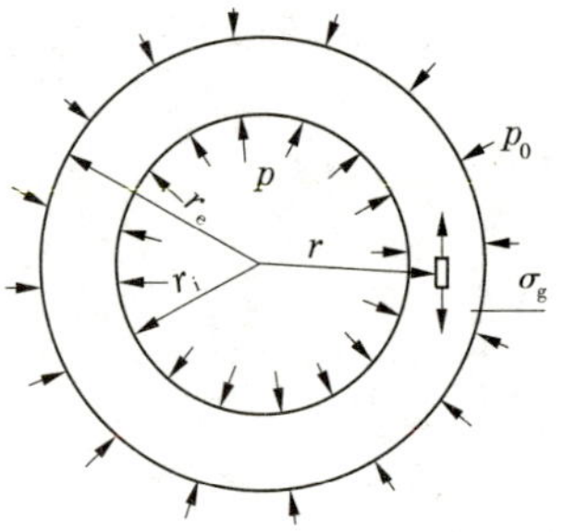

图 7-22　均匀内水压力作用下内力计算图

此时，将衬砌视为无限弹性介质中的厚壁圆管，根据衬砌与围岩接触面的径向变位相容条件，采用弹性理论中的厚壁管公式进行求解。

1. 围岩的弹性抗力 p_0

围岩的弹性抗力 p_0 按式(7-8)计算：

$$p_0 = \frac{1-A}{t^2-A}p \tag{7-8}$$

$$A = \frac{E_h - K_0(1+\mu)}{E_h + K_0(1+\mu)(1-2\mu)} \tag{7-9}$$

式中　A——无因次数，称为弹性特征因数；

E_h——混凝土弹性模量，kPa；

μ——混凝土泊松比；

p——均匀内水压力，kPa；

K_0——围岩的单位弹性抗力系数，kN/m^3；

t——衬砌外半径和内半径之比，即 $t=r_e/r_i$。

当不计弹性抗力时，$K_0=0$，则 $A=1$，$p_0=0$。

2. 衬砌的边缘应力

当衬砌的内、外荷载 p 与 p_0 已知时，即可按弹性力学的理论求得厚壁管边缘处的切向应力如下：

内边缘切向应力

$$\sigma_i = \frac{t^2+A}{t^2-A}p \tag{7-10}$$

外边缘切向应力

$$\sigma_e = \frac{1+A}{t^2-A}p \tag{7-11}$$

由于 $t=\frac{r_e}{r_i}>1$，所以 $\sigma_i>\sigma_e$，即内边缘切向应力 σ_i 为衬砌设计的控制条件。

3. 混凝土衬砌厚度

在求混凝土的衬砌厚度时，假设衬砌厚度为 h，则 $t=\frac{r_e}{r_i}=\frac{r_i+h}{r_i}=1+\frac{h}{r_i}$，且令 σ_i 等于混凝土的允许轴向抗拉强度$[\sigma_{hl}]$，经整理后可得：

$$h=r_i\left(\sqrt{A\frac{[\sigma_{hl}]+p}{[\sigma_{hl}]-p}}-1\right) \tag{7-12}$$

$$[\sigma_{hl}]=\frac{R_l}{K_l} \tag{7-13}$$

式中　R_l——混凝土的设计抗拉强度，N/mm^2；

K_l——混凝土的抗拉安全系数，见表 7-4。

表 7-4　混凝土的抗拉安全系数

隧洞级别	1		2、3	
荷载组合	基本	特殊	基本	特殊
混凝土达到设计抗拉强度时的安全系数	2.1	1.8	1.8	1.6

当 $A>0$，$[\sigma_{hl}]>p$ 时，衬砌厚度按式(7-12)计算，但不应小于结构的最小厚度(25 cm)；

当 $A>0$，$[\sigma_{hl}]<p$ 时，按式(7-12)计算 h 将为无穷大或为虚数，此时应提高混凝土的强度等级，使$[\sigma_{hl}]>p$；

当 $A<0$，$[\sigma_{hl}]>p$ 时，应降低混凝土强度等级；

当 $A<0$，$[\sigma_{hl}]<p$ 时，衬砌可用构造要求的最小厚度，不需要计算。

一般限制水头 p 不大于 20 m，否则采用钢筋混凝土衬砌。

4. 混凝土衬砌的应力校核

当仅考虑均匀内水压力作用计算衬砌厚度时，其内、外边缘切向应力可按式(7-10)和式(7-11)进行计算，所求得的 σ_i 和 σ_e 均应不大于允许应力$[\sigma_{hl}]$；当衬砌计算考虑内水压力和其他荷载时，则衬砌内、外边缘应力应按式(7-14)、式(7-15)进行校核：

$$\sigma_e=\frac{1+A}{t^2-A}p+\frac{\sum M}{W}-\frac{\sum N}{F}\leqslant[\sigma_{hl}] \tag{7-14}$$

$$\sigma_i=\frac{t^2+A}{t^2-A}p+\frac{\sum M}{W}-\frac{\sum N}{F}\leqslant[\sigma_{hl}] \tag{7-15}$$

式中　$\sum M$、$\sum N$——除内水压力外的其他荷载产生的弯矩、轴力和，其符号是使衬砌内表面受拉应力时的弯矩为正，衬砌断面受压时的轴力为正；

F——衬砌横截面的面积，m^2；

W——衬砌横截面的抗弯模量，m^3。

(二)钢筋混凝土衬砌

钢筋混凝土衬砌应根据围岩条件、防渗要求、隧洞工作状态和工程的重要性，提出抗裂或限裂的要求。若隧洞衬砌开裂后,内水外渗不危及围岩和相邻建筑物安全时,衬砌应按限裂设计以减小衬砌厚度。但裂缝的宽度不应超过 0.2 ~ 0.3 mm。对于水质有侵蚀性的衬砌,最大裂缝宽度不宜超过 0.15 ~ 0.25 mm。因此,钢筋混凝土衬砌计算分为未出现裂缝和出现裂缝两种情况进行分析。

1. 按混凝土未出现裂缝情况计算

此时与上述混凝土衬砌的计算情况相似,对上述公式稍加修改即可。即混凝土的截面面积 F 由混凝土的折算截面面积 F_n 代替;混凝土的允许轴向抗拉强度 $[\sigma_{hl}]$ 由钢筋混凝土构件混凝土的允许轴向抗拉强度 $[\sigma_{gh}]$ 代替。

钢筋混凝土衬砌厚度为

$$h = r_i\left(\sqrt{A\frac{[\sigma_{gh}] + p}{[\sigma_{gh}] - p}} - 1\right) \tag{7-16}$$

衬砌内、外边缘应力可按式(7-17)、式(7-19)进行校核:

$$\sigma_i = \frac{F}{F_n}p\frac{t^2 + A}{t^2 - A} \leqslant [\sigma_{gh}] \tag{7-17}$$

$$F_n = F + \frac{E_g}{E_h}(f_i + f_e) \tag{7-18}$$

$$\sigma_e = \frac{F}{F_n}p\frac{1 + A}{t^2 - A} \leqslant [\sigma_{gh}] \tag{7-19}$$

$$[\sigma_{gh}] = \frac{R_f}{K_f} \tag{7-20}$$

式中　R_f——混凝土的设计抗裂强度,kN/m^2;

K_f——钢筋混凝土的抗裂安全系数,见表 7-5;

F——沿洞线 1 m 长衬砌混凝土的纵断面面积,m^2;

F_n——F 中包括钢筋在内的折算面积,m^2;

E_g——钢筋的弹性模量,kPa;

E_h——混凝土的弹性模量,kPa;

f_i——衬砌的内层钢筋截面面积,m^2;

f_e——衬砌的外层钢筋截面面积,m^2。

表 7-5　钢筋混凝土结构构件的抗裂安全系数

建筑物级别		Ⅰ级	Ⅱ、Ⅲ级	Ⅳ、Ⅴ级
受力特征	轴心受拉、小偏心受拉构件	1.25	1.20	1.15
	受弯、偏心受压、大偏心受拉构件	1.15	1.10	1.05

按式(7-16)求出的 h 值小于零或小于衬砌结构要求的最小厚度时,应采用结构要求的最小厚度。

内外层的钢筋可对称布置,钢筋面积可按结构要求的最小配筋率配置。

2. 按混凝土衬砌出现裂缝情况计算

如果允许衬砌开裂而按限制裂缝开展宽度进行设计,可参考有关资料或《水工钢筋混凝土结构设计规范》(SL 191—2008)的方法进行。

二、考虑弹性抗力时其他荷载作用下衬砌内力计算

如果围岩较好,在围岩压力、衬砌自重、无水头洞内满水压力作用下,应考虑弹性抗力的存在。根据研究,约在顶拱中心角90°范围以下部分,衬砌变形指向围岩,作用有弹性抗力(见图7-23),其分布规律为

$$45° \leqslant \varphi \leqslant 90° \text{ 范围内}: K\delta = -K\delta_a \cos 2\varphi \tag{7-21}$$

$$90° \leqslant \varphi \leqslant 180° \text{ 范围内}: K\delta = K\delta_a \sin^2\varphi + K\delta_b \cos^2\varphi \tag{7-22}$$

式中 φ——计算断面半径与过洞顶铅直线的夹角,(°);

$K\delta_a$、$K\delta_b$——$\varphi=90°$及$\varphi=180°$处的弹性抗力值,kPa。

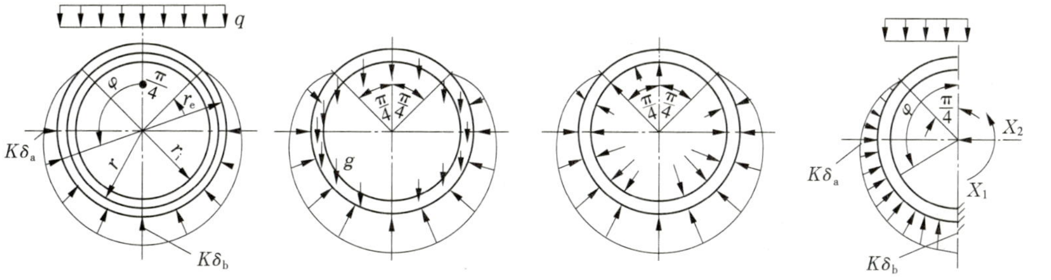

(a)在围岩压力作用下的弹性抗力分布 (b)在衬砌自重作用下的弹性抗力分布 (c)在洞内无水头满水压力作用下的弹性抗力分布 (d)在围岩压力作用下的计算示意图

图7-23 考虑弹性抗力的荷载分布图

(一)铅直围岩压力作用下的内力计算

$$\left.\begin{aligned} M &= qrr_e[Aa + B + Cn(1+a)] \\ N &= qr_e[Da + F + Gn(1+a)] \end{aligned}\right\} \tag{7-23}$$

$$a = 2 - \frac{r_e}{r}$$

$$n = \frac{1}{0.064\ 16 + \dfrac{EI}{r^3 r_e Kb}}$$

式中 M——计算截面上的弯矩,kN·m;

N——计算截面上的轴向力,kN;

q——铅直围岩压力强度,kPa;

r_e——衬砌的外半径,m;

r——衬砌的平均半径,m;

K——弹性抗力系数,kN/m³;

E——材料的弹性模量,kPa;

I——计算断面的惯性矩,m⁴;

b——计算宽度,取$b=1$ m。

系数A、B、C、D、F及G与φ值有关,可由表7-6查用。

表 7-6　铅直围岩压力作用下的内力计算系数

断面	A	B	C	D	F	G
$\varphi=0$	0.162 80	0.087 21	-0.006 99	0.212 20	-0.212 22	0.020 98
$\varphi=\frac{\pi}{4}$	-0.025 04	0.025 05	-0.000 84	0.150 04	0.349 94	0.014 84
$\varphi=\frac{\pi}{2}$	-0.125 00	-0.125 01	0.008 24	0.000 00	1.000 00	0.005 75
$\varphi=\frac{3\pi}{4}$	0.025 04	-0.025 07	0.000 21	-0.150 05	0.900 07	0.013 78
$\varphi=\pi$	0.087 20	0.162 77	-0.008 37	-0.212 20	0.712 22	0.022 37

(二)衬砌自重作用下的内力计算

$$\left.\begin{aligned} M &= gr^2(A_1 + B_1 n) \\ N &= gr(C_1 + D_1 n) \end{aligned}\right\} \tag{7-24}$$

式中　g——单位面积的衬砌自重,kPa;

其余符号意义同前。

系数 A_1、B_1、C_1、D_1见表 7-7。

表 7-7　衬砌自重作用下的内力计算系数

断面	A_1	B_1	C_1	D_1
$\varphi=0$	0.344 77	-0.021 94	-0.166 69	0.065 90
$\varphi=\frac{\pi}{4}$	0.033 48	-0.002 64	0.437 49	0.046 60
$\varphi=\frac{\pi}{2}$	-0.392 72	0.025 89	1.570 80	0.018 07
$\varphi=\frac{3\pi}{4}$	-0.033 51	0.000 67	1.918 69	0.043 29
$\varphi=\pi$	0.440 59	-0.026 28	1.737 49	0.070 24

(三)无水头洞内满水压力作用下的内力计算

$$\left.\begin{aligned} M &= \gamma r_i^2 r(A_2 + B_2 n) \\ N &= \gamma r_i^2 (C_2 + D_2 n) \end{aligned}\right\} \tag{7-25}$$

式中　γ——水的重度,kN/m^3;

r_i——衬砌的内半径,m;

其余符号的意义同前。

系数 A_2、B_2、C_2、D_2见表 7-8。

表 7-8 无水头洞内满水压力作用下的内力计算系数

断面	A_2	B_2	C_2	D_2
$\varphi=0$	0.172 39	−0.010 97	−0.583 35	0.032 95
$\varphi=\frac{\pi}{4}$	0.016 75	−0.001 32	−0.427 71	0.023 30
$\varphi=\frac{\pi}{2}$	−0.196 36	0.012 95	−0.214 60	0.009 03
$\varphi=\frac{3\pi}{4}$	−0.016 77	0.000 34	−0.394 19	0.021 64
$\varphi=\pi$	0.220 30	−0.013 15	−0.631 26	0.035 13

(四)外水压力作用下的内力计算

均匀外水压力产生的内力为 $M=0$ 和 $N=\gamma h_w r_e$。

非均匀外水压力产生的内力分两种情况计算:

(1)当洞内无水,且 $\pi\gamma r_e^2>2(qr_e+\pi rg)$时,应按不考虑弹性抗力的公式按表 7-9 中第五项条件下 $\pi\gamma r_e^2>2(qr_e+\pi rg)$的公式计算内力。

(2)当洞内有水或洞内无水但 $\pi\gamma r_e^2\leqslant 2(qr_e+\pi rg)$时,其组合荷载是向下的。因此,非均匀外水压力的内力计算公式与非均匀内水压力的内力计算公式相同,只需将式(7-25)中的内半径用外半径代替,且公式变号即可。

三、不考虑弹性抗力时其他荷载作用下衬砌内力计算

在围岩地质条件差,岩体破碎的情况下,就不应考虑弹性抗力的作用。这时,由于岩体破碎软弱,还需考虑侧向围岩压力的作用。在各项荷载作用下(侧向围岩压力能自行平衡的,可以除外),衬砌外壁将受地基反力作用,假定地基反力作用在衬砌的下半圆,方向为径向,呈余弦曲线分布。地基反力的最大值 R 在衬砌的最底处,可由平衡条件求得。其荷载及反力分布如图 7-24 所示。

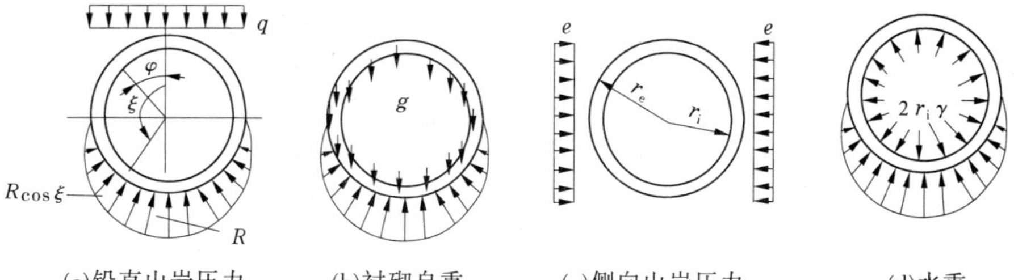

图 7-24 不考虑弹性抗力时荷载及反力分布图

衬砌在铅直围岩压力、侧向围岩压力、衬砌自重、无水头洞内满水压力及外水压力作用下的内力计算公式及内力计算系数见表 7-9。

表 7-9　不考虑弹性抗力(反力按余弦曲线分布)时围岩压力等荷载作用下衬砌内力计算表

项次	荷载名称	内力	计算公式	系数	断面位置				
					$\varphi=0$(洞顶)	$\varphi=\frac{\pi}{4}$	$\varphi=\frac{\pi}{2}$	$\varphi=\frac{3\pi}{4}$	$\varphi=\pi$(洞底)
一	铅直围岩压力	M	$qr_e r(A_3 a+B_3)$	A_3	0.162 80	-0.025 04	-0.125 00	0.025 05	0.087 20
				B_3	0.064 43	0.017 81	-0.094 72	-0.010 97	0.109 51
		N	$qr_e(C_3 a+D_3)$	C_3	0.212 20	0.150 05	0.000 00	-0.150 05	-0.212 20
				D_3	-0.159 15	0.387 47	1.000 00	0.916 25	0.795 77
二	侧向围岩压力	M	$er_e rA_4 a$	A_4	-0.250 00	0.000 00	0.250 00	0.000 00	-0.250 00
		N	$er_e C_4$	C_4	1.00 00	0.500 00	0.000 00	0.500 00	1.000 00
三	衬砌自重	M	$gr^2 A_5$	A_5	0.273 24	0.010 79	-0.297 55	0.010 77	0.273 24
		N	grC_5	C_5	0.000 00	0.555 35	1.570 80	1.969 57	2.000 00
四	无水头洞内满水压力	M	$\gamma r_i^2 rA_6$	A_6	0.136 62	0.005 39	-0.148 78	0.005 39	0.136 62
		N	$\gamma r_i^2 C_6$	C_6	-0.500 00	-0.368 77	-0.214 60	-0.368 77	-0.500 00
五	外水压力　当 $\pi\gamma r_e^2\leqslant 2(qr_e+\pi rg)$	M	$-\gamma r_e^2 rA_6$	A_6	同上 A_6 系数				
		N	$-\gamma r_e^2 C_6+\gamma h_w r_e$	C_6	同上 C_6 系数				
	外水压力　当 $\pi\gamma r_e^2>2(qr_e+\pi rg)$	M	$(1-2\lambda)\gamma r_e^2 rA_6$	A_6	同上 A_6 系数				
		N	$(1-\lambda)\gamma r_e^2 C_7-\lambda\gamma r_e^2 C_6+\gamma h_w\gamma_e$	C_6	同上 C_6 系数				
				C_7	1.500 00	1.631 22	1.785 40	1.631 23	1.500 00

注:表中 $\lambda=\frac{2(qr_e+\pi rg)}{\pi\gamma r_e^2}$;$a=2-\frac{r_e}{r}$;$e$—侧向压力强度;$M$—内壁受拉为正;$N$—轴向受压为正;其余符号意义同前。

【例 7-1】 试根据以下所给基本资料，对圆形有压隧洞衬砌进行结构计算（按不允许混凝土开裂的情况计算）。

（一）基本资料

（1）衬砌材料及隧洞尺寸。衬砌采用双层钢筋混凝土结构。混凝土强度等级为 C20、重度 25 kN/m^3，泊松比 $\mu = 1/6$，弹性模量 $E_h = 26 \times 10^6$ kPa，抗拉强度 $R_l = 1\ 300$ kPa，$R_f = 1\ 600$ kPa，钢筋为Ⅰ级钢筋，$E_g = 210 \times 10^6$ kPa，$[\sigma_g] = 20 \times 10^4$ kPa。衬砌内半径 $r_i = 2.5$ m。

（2）围岩资料。重度 25 kN/m^3，$K_0 = 2 \times 10^6$ kN/m^3。

（3）内水压力。计算断面处衬砌的内水压力为 40 m 水头。

（4）安全系数。钢筋混凝土的抗拉安全系数 $K = 2.1$，钢筋混凝土设计抗裂安全系数 $K_f = 1.25$。

（二）只考虑均匀内水压力情况

（1）根据公式计算弹性特征因素：

$$A = \frac{E_h - K_0(1+\mu)}{E_h + K_0(1+\mu)(1-2\mu)} = \frac{26 \times 10^6 - 2 \times 10^6 \times (1 + \frac{1}{6})}{26 \times 10^6 + 2 \times 10^6 \times \left(1 + \frac{1}{6}\right) \times \left(1 - 2 \times \frac{1}{6}\right)}$$

$$= 0.858\ 87$$

$$[\sigma_{gh}] = \frac{R_f}{K_f} = \frac{1\ 600}{1.25} = 1\ 280(\text{kPa})$$

根据式(7-16)计算衬砌的厚度 h：

$$h = r_i\left(\sqrt{A\frac{[\sigma_{gh}] + p}{[\sigma_{gh}] - p}} - 1\right) = 2.5 \times \left(\sqrt{0.858\ 87 \times \frac{1\ 280 + 400}{1\ 280 - 400}} - 1\right)$$

$$= 0.701\ 2(\text{m})$$

采用衬砌厚 0.7 m。

衬砌的配筋采用结构最小配筋率 0.1%，保护层厚度采用 0.05 m，故钢筋面积为 $f = 0.001 \times (0.7 - 0.05) \times 1 = 0.000\ 65(\text{m}^2) = 6.5\ \text{cm}^2$，采用 3ϕ18 mm 的钢筋，实际钢筋面积为 7.6 cm^2。采用对称配筋，内层和外层钢筋面积 $f_i = f_e = 7.6\ \text{cm}^2$。

衬砌横断面的折算面积为

$$F_n = F + \frac{E_g}{E_h}(f_i + f_e) = 0.7 \times 1 + \frac{210 \times 10^6}{26 \times 10^6} \times (0.000\ 76 + 0.000\ 76) = 0.712\ 28(\text{m}^2)$$

根据式(7-17)、式(7-19)校核衬砌内、外表面处的应力：

$$\sigma_i = \frac{F}{F_n}p\frac{t^2 + A}{t^2 - A} = \frac{0.7}{0.712\ 28} \times 400 \times \frac{\left(\frac{2.5 + 0.7}{2.5}\right)^2 + 0.858\ 87}{\left(\frac{2.5 + 0.7}{2.5}\right)^2 - 0.858\ 87}$$

$$= 1\ 259.33(\text{kPa}) < 1\ 280(\text{kPa})$$

$$\sigma_e = \frac{F}{F_n}p\frac{1 + A}{t^2 - A} = \frac{0.7}{0.712\ 28} \times 400 \times \frac{1 + 0.858\ 87}{\left(\frac{2.5 + 0.7}{2.5}\right)^2 - 0.858\ 87}$$

$$= 937.40(kPa) < 1\ 280\ kPa$$

所以,衬砌厚度采用 70 cm 是安全的。

任务五 坝下涵管

知识要求

掌握坝下涵管的特点,坝下涵管的位置选择,坝下涵管的进出口建筑物布置,坝下涵管的管身形式及构造。

技能要求

能合理选择并布置坝下涵管,并能识读图纸。

在蓄水枢纽中,为了城市供水、灌溉、放空水库、施工导流及排沙等目的,通常在土坝或土石坝下面埋设洞形或管形的建筑物,这类建筑物称坝下埋管,又称坝下涵管。与隧洞相比,坝下涵管施工方便,构造简单,通常工期短、造价也低,但施工时与土石坝相互干扰大。因此,在我国中小型土坝或堆石坝枢纽工程中,使用比较普遍。与水工隧洞类似,坝下涵管也属深式泄水或放水建筑物,其进口通常在水下较深处,其工作特点、工程布置、进出口建筑物的形式、构造等许多方面与水工隧洞有相同之处。

由于坝下涵管置于坝下,穿坝而过,它的破坏直接威胁着大坝的安全,所以在高水头、大流量、基础差的情况下,其安全性低。因此,在坝下涵管设计、施工中必须采取适当的措施,加强管身的防渗、管身与坝体的结合,以保证埋管和坝体的安全。

坝下涵管也属于深埋式的地下建筑物,管道上有较大的填土压力和外水压力,而且维修、扩建都十分困难。因此,在设计中必须认真考虑各种可能的运用情况,合理确定结构的形式和断面尺寸。

一、坝下涵管的类型和位置选择

(一)坝下涵管的类型

坝下涵管按其过流形态可分为具有自由水面的无压涵管和满水的有压涵管及闸门前段满水但门后具有自由水面的半有压涵管。

(二)坝下涵管的位置选择

坝下涵管的路线选择与工程布置的一般原则:经济合理,安全可靠,运行方便。

在进行埋管路线选择及布置时,应综合考虑埋管的用途与作用、地质地形条件、水力条件等因素,进行多方案经济技术分析比较确定。在具体路线选择及工程布置时,主要应从以下几方面进行考虑。

(1)地形、地质条件。在平面上涵管的轴线应尽可能地与坝轴线垂直,而且直线布置。但有时为了适应地形条件和利用岩石基础,也可稍有弯曲。但弯曲段应以光滑曲线连接,其曲率半径不得小于 5 倍的洞径。

为了减少沿埋管轴线不均匀沉降,涵管应尽可能地建在岩石地基或均匀土基上。一定要避免将管身一部分放在岩基上而另一部分放在软基上，切忌从坝体填土中通过。

(2)运行管理灵活方便。如坝下灌溉涵管，多放在坝的两端，并布置在灌区同一侧，以免建过河建筑物。涵管尽可能地离溢洪道远些，以免相互干扰；泄洪排沙或放空水库的坝下埋管，尽量布置在主河槽部位，其轴线与河流的主流方向一致，以获得良好的水流条件；为了避免管身漏水影响土石坝安全，坝下涵管最好设计成无压的。在运用中，必须严格按设计规定的水流状态进行工作，不能任意将无压管变成有压管。

(3)经济合理。坝下涵管应尽可能地选择较短的轴线，节省工程量，降低工程造价，而且减少了管道的水头损失，提高其过水能力。

二、涵管的布置与构造

(一)进口建筑物

对用于引水灌溉的坝下埋管，由于农业生产对水温有一定的要求，其进口建筑物最好设计成分层取水结构，以使在灌溉季节引取表层的清水灌溉。常用的形式如下。

1. 分级卧管式

分级卧管式是沿山坡修筑台阶式斜卧管，在每个台阶上设进水口，孔径 10 ~ 50 cm，用木塞或平板门控制放水。卧管的最高处设通气孔，下部与消力池或消能井相连，使水流在消力池(井)内充分消能并平稳，再经坝下涵管流到下游渠道(见图 7-25)。这种形式的进口建筑物结构简单，施工方便，能引取温度较高的表层水灌溉，有利于作物生长。其缺点是容易漏水，木塞闸门运用管理不便。

2. 斜拉闸门式

这种进水口形式与隧洞的斜坡式进水口相似。闸门倾斜安置，启闭机安装在坝顶或山坡的平台上。沿闸门拉杆方向设置若干支柱(间距 1 ~2 m)以固定拉杆位置，如图 7-26 所示。其优、缺点与隧洞斜坡式进水口相同。

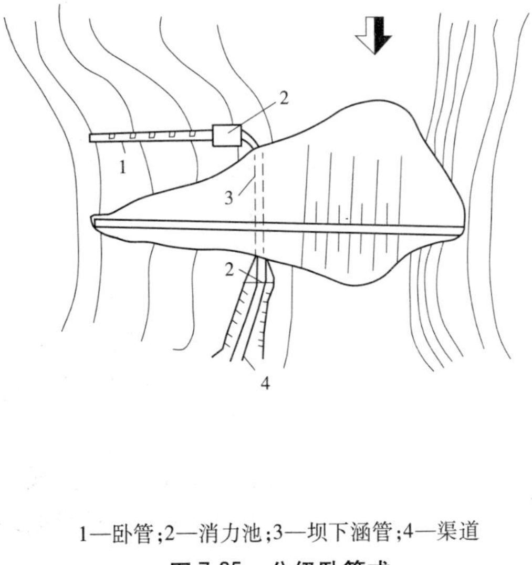

1—卧管;2—消力池;3—坝下涵管;4—渠道

图 7-25 分级卧管式

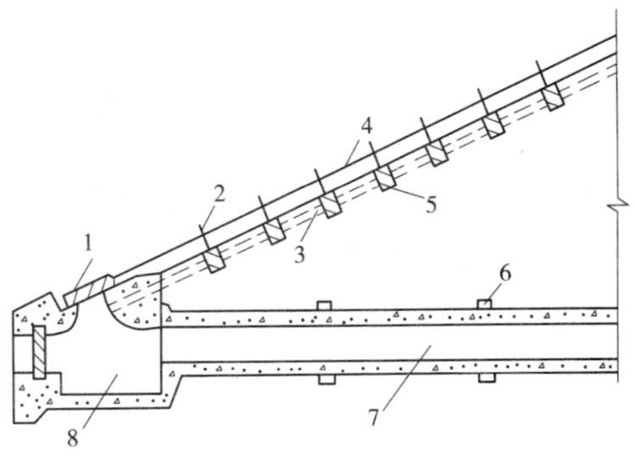

1—斜拉闸门;2—支柱;3—通气孔;4—拉杆;
5—混凝土块体;6—截渗环;7—涵管;8—消能井

图 7-26 斜拉闸门式

3.塔式或井式进水口

对于水头较高、流量较大、水量控制要求较严的涵管,采用塔式或井式进口比较适宜。塔式进口建筑物的结构、构造与水工隧洞的塔式进口建筑物相同。井式进口是将竖井设在坝体内部。其位置如图7-27所示的Ⅱ处为宜。位置Ⅰ,进水塔布置在坝身内靠近坝顶处,其优点是塔身不受风浪、冰冻压力的作用,周围侧向土压力大致相同,稳定性较好,产生不均匀沉降和断裂的可能性较小,对地基的要求较低。但塔前输水管常浸在水中,检修不便;塔身位于坝体中部,若塔身与管道结合处漏水,则会抬高坝体浸润线,引起坝体的渗透变形,甚至导致滑坡。位置Ⅲ,进水塔布置在上游坝脚处,其优、缺点正好与第一种布置相反。为了防止漏水,除采取结构措施和保证施工质量外,竖井应设于防渗心墙的上游,以保证心墙的整体性。

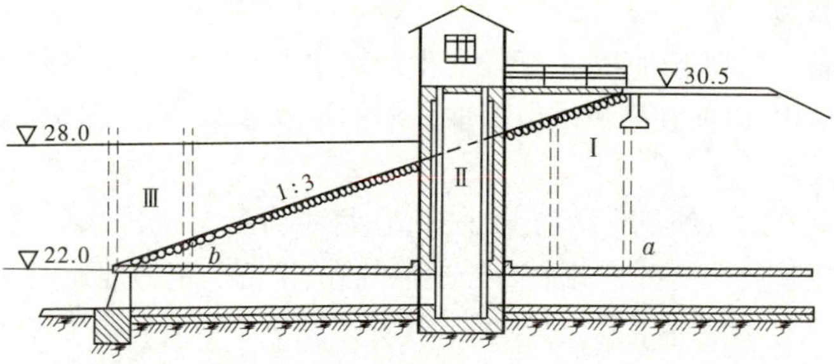

图7-27　塔、井位置图　(单位:m)

(二)出口建筑物

坝下埋管的出口建筑物的形式及构造与水工隧洞相同,它包括出口渐变段和消能设施。坝下埋管出口处的消能大多采用底流式水跃消能方式。

(三)管身布置与构造

坝下埋管的管身应具有足够的断面以满足过流能力,要有一定的强度以承担外部荷载,并能抵抗水流的冲刷。管身断面形式、建筑材料及管身结构尺寸确定,应根据其用途、水力条件及材料特性等,经水力计算、结构计算并进行经济技术比较确定。

1.坝下涵管的管身横断面形式

坝下涵管也分有压涵管和无压涵管两种类型。为了避免因管身漏水影响土石坝安全,最好将涵管设计成无压的。

有压涵管一般常用预制的或就地浇筑的钢筋混凝土圆形涵管,如图7-28所示。

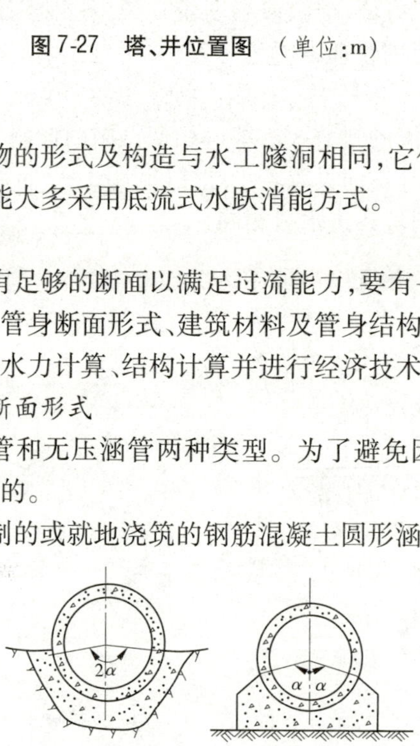

图7-28　管座形式

小型水库的无压涵管,常用浆砌石做成圆拱直墙式或盖板式,如图7-29所示。由于浆砌石的透水性较大,对于重要的工程应以混凝土或钢筋混凝土做成图 7-30 的形式。

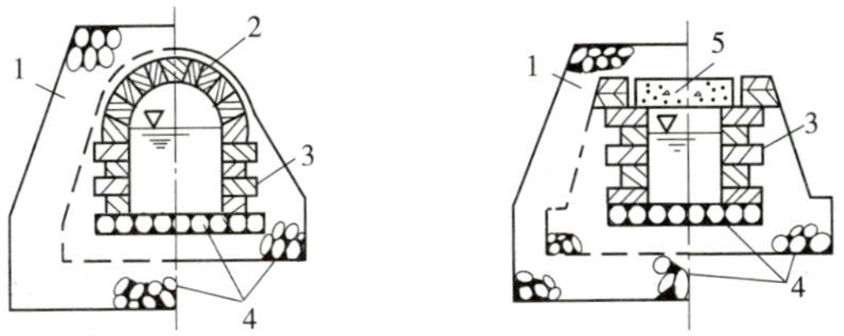

(a)圆拱直墙式　　(b)盖板式

1—截渗环;2—浆砌石拱圈;3—浆砌条石;4—浆砌块石;5—钢筋混凝土盖板

图 7-29 浆砌石涵管

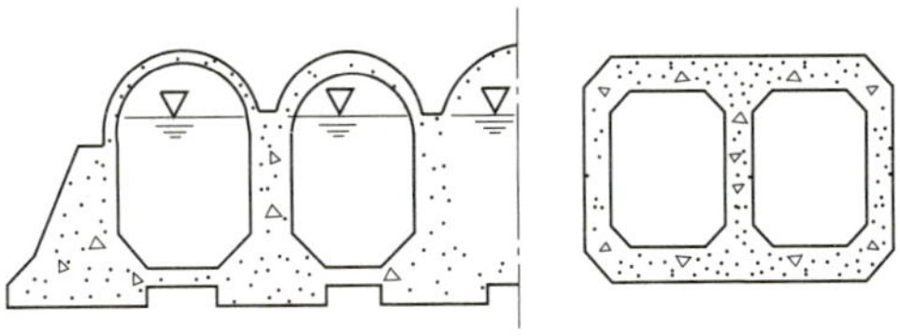

图 7-30 混凝土和钢筋混凝土涵管

管座的断面尺寸应按水力计算确定,但最小尺寸不宜小于 1.0 ~ 1.2 m,以便于维修。如涵管的结构设计和施工质量均很好,基础又不会产生不均匀沉降的小型工程,也可不受此限。

2. 坝下涵管的构造

1) 管座

设置管座可以增加管身的纵向刚度,改善管身的受力条件,并使地基受力均匀,所以管座是防止管身断裂的主要结构措施之一。管座可以用浆砌石或低强度等级混凝土做成。管座的厚度视基础情况而定,一般为 30 ~ 50 cm。管座和管身的接触面成 90° ~ 180°包角,如图 7-28 所示。接触面上涂以沥青或油毛毡垫层,以减少管身受管座的约束,避免因纵向收缩而开裂。

2) 管身分缝与止水

为了适应地基沉降及管身伸缩变形,防止管身断裂破坏及满足施工能力的要求,在埋管的轴线方向需分缝。对土基上的涵管,在不均匀压力的作用下,将产生不均匀沉降。为适应这种沉降而设置的缝称为沉降缝。在岩基上,不均匀沉降较小,但其对管身的约束作用较大,阻止管道因温度变化等产生自由变形,故每隔一定距离设置温度伸缩缝。常将伸缩缝与沉降缝结合布置,称温度沉降缝。缝距 10 ~ 15 m,缝宽为 1 ~ 3 cm,缝中必须设金属或塑料止水。伸缩缝的构造如图 7-31 所示。当管壁较薄设止水有困难时,可将接头处的管壁加厚。套管接头结构如图 7-31(c)所示。

3) 截渗环

在管壁外围设置截渗环,可以增长渗径,改变渗流方向,是消除沿管壁产生集中渗流的常用措施,如图 7-26 和图 7-29 所示。截渗环所用材料与管身相同。截渗环凸出管壁的高度为 0.5 ~ 1.5 m,厚为 0.3 ~ 0.6 m。

截渗环的位置,应根据坝型和上堵下排的原则而定。对于黏土心墙坝或黏土斜墙坝,

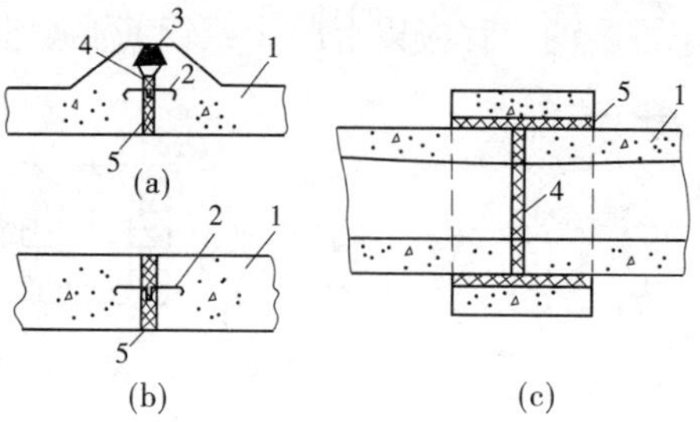

1—管壁；2—止水片；3—二期混凝土；4—沥青材料；5—二层油毡三层沥青

图 7-31　套管接头结构图

一般只需在涵管与防渗体相交处设 2 ~ 3 道截渗环即可。为了增加涵管与防渗体接触部分的渗径，常将防渗体局部加厚，并适当将截渗环增高。对于均质坝，在上游及坝轴线部位各设一道即可，下游不必再设。为了减轻截渗环对管身伸缩变形的约束作用，截渗环宜设于两伸缩缝之间。必要时，可将截渗环和管壁用缝分开，缝中填沥青止水，使管道变形的约束减少。

4）涵衣

坝下埋管与坝体填土的接触面结合不好时，可能出现集中渗流，易引起坝体渗透变形，严重时将威胁坝体安全。因此，坝下埋管与坝体的接触面是防渗的薄弱环节。为加强埋管与坝体的连接，防止出现集中渗流，通常在埋管周围铺设一层 1 ~ 2 m 厚的黏性土作为防渗层，这层防渗层叫涵衣。对于浆砌石涵管，设置涵衣不仅能防止集中渗流，还能增强管壁的横向防渗能力。

习　题

一、填空题

1. 水工隧洞进口建筑物按其布置及结构形式分为竖井式、________式、岸塔式和________式。其中，________受风浪、冰、地震的影响大，稳定性相对较差，需要较长的工作桥。

2. 水工隧洞按水流状态可分为________、________两种形式，________更能适应地质条件较差的情况，但其________复杂，所以应避免平面转弯。

3. 回填灌浆是填充________与________之间的空隙，使之结合紧密，共同受力，以改善________条件和减少________。

4. 坝下涵管为了有效地防止集中渗流，在涵管 1 ~ 2 m 的范围内用回填黏土做防渗层，这个防渗层称为________。

5. 无压隧洞多采用________断面。

6. 有压隧洞多采用________断面。

7. 水工隧洞的纵坡的确定，主要涉及泄流能力、压力分布、过水断面大小、工程量等，有压隧洞的纵坡由________确定，无压隧洞的纵坡由________确定。

8. 有压隧洞的工作闸门通常布置在隧洞的________，工作闸门要求常在________中启闭，检修闸门常在________中启闭。

9. 水工隧洞按用途可分为________、________、排沙洞、放空洞、导流洞等。

10. 坝下涵管的进口建筑物形式有________、________、________。

11. 为防止坝下涵管产生集中渗流，常将涵管的管壁外围局部加厚，称为________。

12. 水工隧洞出口消能方式有________、________、________、________。

二、单项选择题

1. 关于隧洞选线，不正确的说法有(　　)。
   A. 洞线要与岩层构造断裂方向及主要软弱带走向有较大交角
   B. 洞线应与最大水平地应力方向尽量垂直
   C. 对有压隧洞，当考虑弹性抗力时，围岩的最小覆盖厚度不小于3倍洞径
   D. 对低流速的隧洞，弯道曲率半径不应小于5倍洞径或洞宽

2. 工作闸门布置在(　　)的为有压隧洞。
   A. 进口　　B. 洞身　　C. 中部　　D. 出口

3. 隧洞洞身的(　　)为不受力衬砌。
   A. 喷锚衬砌　　B. 预应力衬砌　　C. 平整衬砌　　D. 单层衬砌

4. 有压隧洞的出口断面面积应(　　)洞身断面面积。
   A. 大于　　B. 等于　　C. 小于　　D. 无法确定

5. 水工隧洞的回填灌浆的目的是(　　)。
   A. 加固围岩，提高围岩的整体性
   B. 充填衬砌与围岩之间的空隙，使之结合紧密
   C. 保证围岩的弹性抗力
   D. 减小渗漏，减小外水压力

6. 弹性抗力的分布范围为(　　)(考虑洞身的对称性)。
   A. $0\sim\pi$　　B. $\pi/4\sim\pi$　　C. $\pi/2\sim\pi$　　D. $3\pi/4\sim\pi$

三、判断题

1. 围岩地质条件比较均一的洞身段不设施工缝。(　　)

2. 无压隧洞由于内水压力较大，从水流及受力条件考虑，一般用圆形断面。(　　)

3. 隧洞中常需要临时性支护和永久性衬砌，以承受围岩压力。(　　)

4. 回填灌浆的目的是加固围岩，提高围岩的整体性，减小围岩压力，保证岩石的弹性抗力。(　　)

5. 当围岩厚度超过1.5倍开挖洞径时，才考虑弹性抗力。(　　)

6. 在均匀内水压力作用下，隧洞衬砌的外边缘应力是衬砌设计控制条件。(　　)

7. 当围岩完好，有压隧洞的洞径小于6 m时，可只考虑内水压力。(　　)

四、简答题

1. 水工隧洞进口建筑物的形式有哪些？各适用于什么情况？

2. 水工隧洞按用途如何分类？

3. 什么叫隧洞的内水压力？分别写出圆形隧洞所受的均匀内水压力强度和非均匀内水压力强度计算公式，并指出公式中字母的含义，画出分布图形。

4. 水工隧洞衬砌的作用是什么？衬砌有哪些种类？

5. 有压隧洞内水压力如何计算？写出计算公式，并指出其中字母的含义。

6. 坝下涵管与水工隧洞相比较各有什么特点？

7. 涵管管身的细部构造有哪些？各有什么作用？

8. 什么是隧洞的空蚀破坏，如何避免？

项目八　渠系建筑物

项目任务书

<table>
<tr><td colspan="2">项目名称</td><td>项目八　渠系建筑物</td><td>参考学时</td><td>12 学时</td></tr>
<tr><td colspan="2" rowspan="6">教学任务</td><td colspan="2">任务一　渠系建筑物认知</td><td>1 学时</td></tr>
<tr><td colspan="2">任务二　渠道设计</td><td>2 学时</td></tr>
<tr><td colspan="2">任务三　渡槽设计</td><td>6 学时</td></tr>
<tr><td colspan="2">任务四　桥梁认知</td><td>1 学时</td></tr>
<tr><td colspan="2">任务五　倒虹吸管认知</td><td>1 学时</td></tr>
<tr><td colspan="2">任务六　跌水与陡坡认知</td><td>1 学时</td></tr>
<tr><td colspan="2">学习任务</td><td colspan="3">让学生理解掌握渠道、渡槽、桥梁、陡坡、倒虹吸管等建筑物组成、作用、常见类型，会识读工程图</td></tr>
<tr><td colspan="2">教学内容</td><td>1. 渠道断面设计、断面图。
2. 渡槽分类、组成、作用。
3. 桥梁分类、组成、作用。</td><td colspan="2">4. 倒虹吸管分类、组成、作用。
5. 跌水分类、组成、作用。
6. 陡坡分类、组成、作用</td></tr>
<tr><td rowspan="3">教学目标</td><td>知识</td><td>1. 熟悉渠系建筑物类型、作用。
2. 掌握渠道设计。
3. 掌握渡槽分类、组成、渡槽设计。</td><td colspan="2">4. 掌握桥梁分类、组成。
5. 掌握倒虹吸管组成、布置。
6. 掌握跌水、陡坡分类、组成、布置</td></tr>
<tr><td>技能</td><td>1. 能识读渠道设计图。
2. 能识读渡槽设计图。</td><td colspan="2">3. 能识读倒虹吸管设计图。
4. 能识读桥梁设计图</td></tr>
<tr><td>态度</td><td>1. 能按时上课，遵守课堂纪律，积极回答课堂问题，按时上交作业。
2. 课下能配合小组积极完成老师布置的各项任务。</td><td colspan="2">3. 同学间能对疑难问题相互讨论。
4. 能勇于表达个人的观点和见解</td></tr>
</table>

任务一　渠系建筑物认知

知识要求

掌握渠系建筑物的种类、特点，了解其定型设计。

技能要求

熟悉渠系建筑物的布置原则。

输配水渠道一般路线长，沿线地形起伏变化大，地质情况复杂，为了准确调节水位、控制流量、分配水量、穿越各种障碍，满足灌溉、水力发电、工业及生活用水的需要，在渠道上兴建的水工建筑物统称为渠系建筑物。

一、渠系建筑物的种类和作用

渠系建筑物的种类较多，按其主要作用可分为以下几种：

(1)控制建筑物。主要作用是调节各级渠道的水位和流量，以满足各级渠道的输水、配水和灌水要求，如进水闸、节制闸、分水闸等。

(2)泄水建筑物。主要作用是保护渠道及建筑物安全，用以排放渠中余水、入渠的洪水或发生事故时的渠水，如退水闸、溢流堰、泄水闸等。

(3)交叉建筑物。渠道经过河谷、洼地、道路、山丘等障碍时所修建的建筑物，主要作用是跨越障碍、输送水流。如渡槽、倒虹吸管、桥梁、涵洞、隧洞等。常根据建筑物运用要求、交叉处的相对高程，以及地形、地质、水文等条件，经比较后合理选用。

(4)落差建筑物。渠道通过地面坡度较大的地段时，为使渠底纵坡符合设计要求，避免深挖高填，调整渠底比降，将渠道落差集中所修建的建筑物，如跌水、陡坡等。

(5)量水建筑物。为了测定渠道流量，达到计划用水、科学用水而修建的专门设施，如量水堰、量水槽、量水喷嘴等。工程中，常利用符合水力计算要求的渠道断面或渠系建筑物进行量水，如水闸、渡槽、陡坡、跌水、倒虹吸管等。

(6)防沙建筑物。为了防止和减少渠道的淤积，在渠首或渠系中设置冲沙和沉沙设施，如冲沙闸、沉沙池等。

(7)专门建筑物。方便船只通航的船闸、利用落差发电的水电站和水力加工站等。

(8)利民建筑物。根据群众需要，结合渠系布局，修建方便群众出行、生产的建筑物，如行人桥、踏步、码头、船坞等。

二、渠系建筑物的布置原则

在渠系建筑物的布置工作中，一般应当遵循以下原则：

(1)布局合理，效益最佳。渠系建筑物的位置和形式，应根据渠系平面布置图、渠道纵横断面图及当地的具体情况，合理布局，使建筑物的位置和数量恰当，水流条件好，工程效益最大。

(2)运行安全,保证需求。满足渠道输水、配水、量水、泄水和防洪等要求,保证渠道安全运行,提高灌溉效率和灌水质量,最大限度地满足作物需水要求。

(3)联合修建,形成枢纽。渠系建筑物尽可能集中布置,联合修建,形成枢纽,降低造价,便于管理。

(4)独立取水,便于管理。结合用水要求,最好做到各用水单位有独立的取水口,减少取水矛盾,便于用水管理。

(5)方便交通,便于生产。在满足灌溉要求的同时,应考虑交通、航运和群众的生产、生活的需要,为提高劳动效率和建设新农村创造条件。

三、渠系建筑物的特点

在灌区工程中,渠系建筑物是重要组成部分,其主要特点如下:

(1)量大面广、总投资多。渠系建筑物的分布面广,数量较大,总工程量和投资往往很大。如韶山灌区的总干渠和北干渠上,渠系建筑物的造价为枢纽工程造价的6.3倍。所以,应对渠系建筑物的布局、选型和构造设计进行深入研究与决策,降低工程总造价。

(2)同类建筑物较为相似。渠系建筑物一般规模较小、数量较多,同一类型的建筑物工作条件、结构形式、构造尺寸较为相近。因此,在同一个灌区,应尽量利用同类建筑物的相似性,采用定型设计和预制装配式结构,简化设计和施工程序,确保工程质量,加快施工进度和便于维修运用。对于规模较大、技术复杂的建筑物,应进行专门的设计。

(3)受地形环境影响较大。渠系建筑物的布置,主要取决于地形条件,与群众的生产、生活环境密切相关。例如,渡槽的布置既要考虑长度最短,又要考虑与进出口渠道平顺连接,这样将会增加填方渠道与两岸连接的长度,多占用农田及多拆迁房屋,影响群众切身利益。所以,进行渠系建筑物布置时,必须深入实地进行调查研究。

四、渠系建筑物的定型设计

渠系建筑物一般为小型建筑物,在其设计过程中,可以直接使用定型设计图集中的尺寸和结构,不再进行复杂的水力和结构计算。采用定型设计,不仅可以缩短设计时间,而且可以保证工程质量,加快施工进度,节省工程费用。

实际工程中,建筑物轮廓和控制性尺寸的确定,常以简单的水力计算为主进行验算。对一般构件的构造和尺寸,可参考工程设计经验拟定。

为了总结灌区渠系建筑物的建设经验,提高工程设计质量,促进水利建设,更好地发挥工程效益,我国已经出版了多种渠系建筑物设计图册。这些图册中的设计图件,都经过实践的检验,它们技术先进,经济合理,运行安全可靠,在同类建筑物中具有一定典型性和代表性。在使用定型设计图件时,一定要根据各地区的具体条件,因地制宜,取其所长。

任务二　渠道设计

知识要求

熟悉渠道的选线，掌握渠道的纵、横断面设计。

技能要求

能识读渠道设计图。

渠道是灌溉、发电、航运、给水、排水等水利工程中广为采用的输水建筑物。渠道遍布整个灌区，线长面广，其规划和设计是否合理，将直接关系到土方量的大小、渠系建筑物的多少、施工和管理的难易及工程效益的大小。因此，一定要搞好渠道的规划布置和设计工作。灌溉渠系一般分为干、支、斗、农、毛五级渠道，构成灌溉系统，如图 8-1 所示。其中，前四级为固定渠道，最后一级多为临时性渠道。一般干、支渠主要起输水作用，称为输水渠道；斗、农渠主要起配水作用，称为配水渠道。

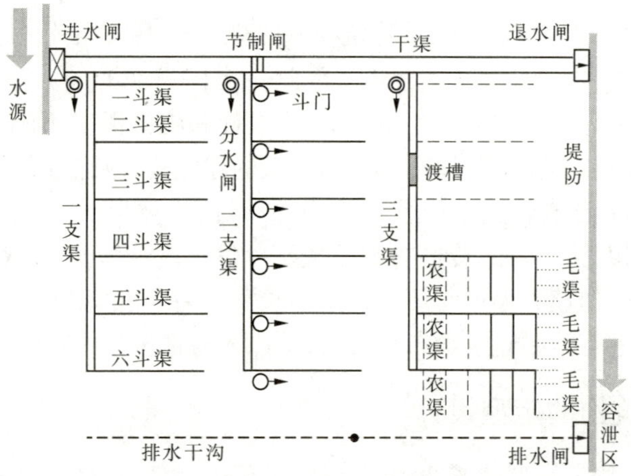

图 8-1　灌区渠系布置示意图

渠道设计的任务是在完成渠系布置之后，推算各级渠道的设计流量，确定渠道的纵横断面形状、尺寸、结构和空间位置等。

一、渠道的选线

渠道的路线选择，关系到灌区合理开发、渠道安全输水及降低工程造价等关键问题，应综合考虑地形、地质、施工条件及挖填平衡、便于管理养护等各因素。

(1)地形条件。渠道顺直，尽量应与道路、河流正交，减少工程量。在平原地区，渠道路线最好选为直线，并力求选在挖方与填方相差不大的地方。如不能满足这一条件，应尽量避免深挖方和高填方地带。转弯也不应过急，对于有衬砌的渠道，转弯半径应不小于 $2.5B$(B 为渠道水面宽度)；对于不衬砌的渠道，转弯半径应不小于 $5B$。在山坡地区，渠道路线应尽量沿等高线方向布置，以免过大的挖填方量。当渠道通过山谷、山脊时，应对高填、深挖、绕线、渡槽、穿洞等方案进行比较，从中选出最优方案。

(2)地质条件。渠道路线应尽量避开渗漏严重、流沙、泥泽、滑坡及开挖困难的岩层地带，必须通过时，应比较确定。如采取防渗措施以减少渗漏，采用外绕回填或内移深挖以避开滑坡地段，采用混凝土或钢筋混凝土衬砌以保证渠道安全运行等方案。

(3)施工条件。应全面考虑施工时的交通运输、水和动力供应、机械施工场地、取土和弃土的位置等条件，改善施工条件，确保施工质量。

(4)管理要求。渠道的路线选择要和行政区划、土地利用规划相结合，确保每个用水单位均有独立的用水渠道，以便于运用和管理维护。

渠道的路线选择必须重视野外踏勘工作，从技术、经济等方面仔细分析比较。

二、渠道的纵、横断面设计

渠道的断面设计包括横断面设计和纵断面设计，二者是互相联系、互为条件的。在实际设计中，纵、横断面设计应交替，并且反复进行，最后经过分析比较确定。

合理的渠道断面设计，应满足以下几方面的具体要求：①有足够的输水能力，以满足灌区用水需要；②有足够的水位，以满足自流灌溉的要求；③有适宜的流速，以满足渠道不冲、不淤或周期性冲淤平衡；④有稳定的边坡，以保证渠道不坍塌、不滑坡，以满足纵向稳定要求；⑤有合理的断面结构形式，以减少渗透损失，提高灌溉水利用系数；⑥尽可能在满足输水的前提下，兼顾蓄水、养殖、通航、发电等综合利用要求；⑦尽量做到工程量最小，以有效地降低工程总投资；⑧施工容易，管理方便。

(一)渠道横断面设计

1. 渠道横断面的形状

渠道横断面形状常见的有梯形、矩形、U 形等。一般采用梯形，它便于施工，并能保持渠道边坡的稳定；在坚固的岩石中开挖渠道时，宜采用矩形断面；当渠道通过城镇工矿区或斜坡地段，渠宽受到限制时，可采用混凝土等材料砌护。

为了提高渠道的稳定性、提高水的利用率、减少渗漏损失、缩小渠道断面面积，一般采取各种防渗措施，防渗渠道横断面形式如图 8-2 所示。

2. 渠道横断面结构

渠道横断面结构有挖方断面、填方断面和半挖半填断面三种形式，见图 8-3，主要是渠道过水断面和渠道沿线地面的相对位置不同造成的。规划设计中，常采用半挖半填的结构形式，或尽量做到挖填平衡，避免深挖、高填，以减少工程量，降低工程费用。

3. 渠道横断面设计

渠道横断面设计的主要内容是确定渠道设计参数，通过水力计算确定横断面尺寸。对于梯形渠道，横断面设计参数主要包括渠道流量、边坡系数、糙率、渠底比降、断面宽深比及渠道的不冲、不淤流速等。当渠道的设计参数已确定时，即可根据明渠均匀流公式确定渠道横断面尺寸。

4. 渠道设计参数

(1)渠道流量。渠道流量是渠道和渠系建筑物设计的基本依据。设计渠道时，需要设计流量、最小流量和加大流量，分别作为设计和校核之用。

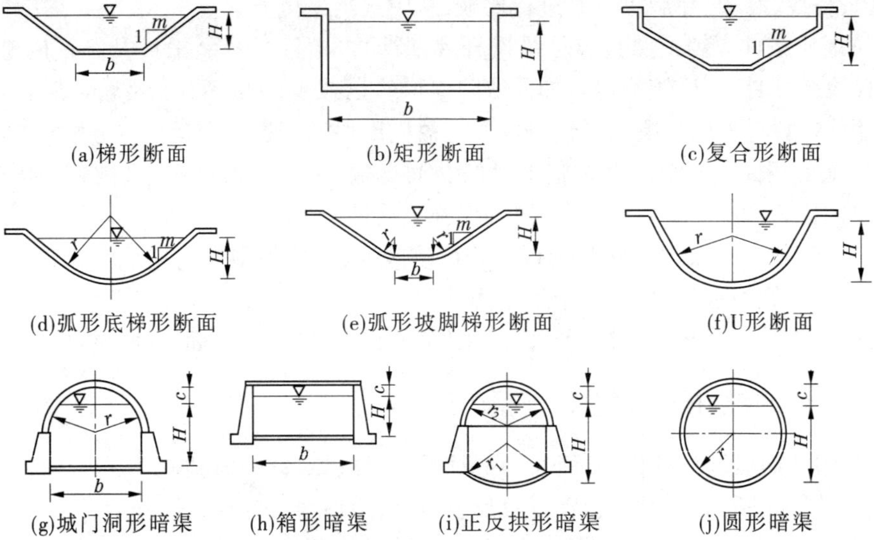
(a)梯形断面　(b)矩形断面　(c)复合形断面
(d)弧形底梯形断面　(e)弧形坡脚梯形断面　(f)U形断面
(g)城门洞形暗渠　(h)箱形暗渠　(i)正反拱形暗渠　(j)圆形暗渠

图 8-2　防渗渠道横断面示意图

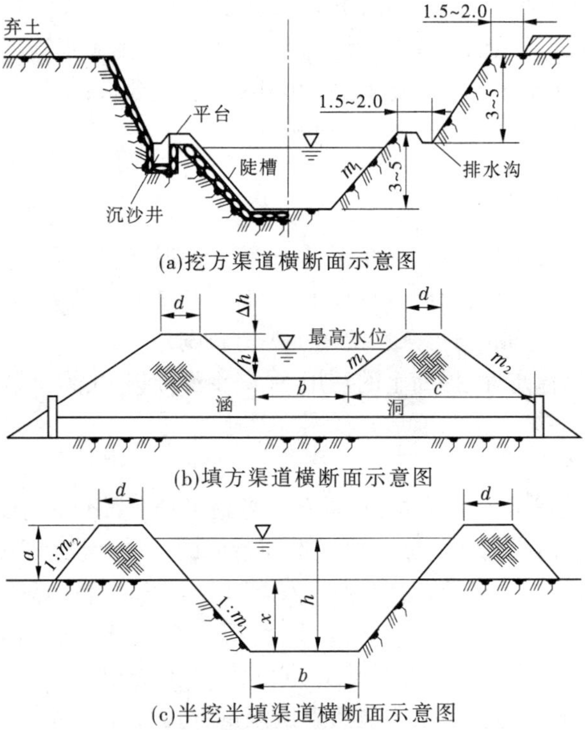

(a)挖方渠道横断面示意图
(b)填方渠道横断面示意图
(c)半挖半填渠道横断面示意图

图 8-3　渠道横断面结构示意图　(单位:m)

渠道设计流量是指设计年内作物灌水时期渠道需要通过的最大流量,是渠道正常工作条件下需要通过的流量。渠道设计流量是设计渠道纵横断面的主要依据,与渠道的灌溉面积、作物组成、灌溉制度、渠道的工作制度及渠道的输水损失等因素有关。

渠道最小流量是在设计标准条件下，渠道正常工作中输送的最小流量。渠道最小流量用于校核下一级渠道的水位控制条件，确定节制闸的修建位置。对于同一条渠道而言，其设计流量与最小流量相差不要过大，以免下级渠道因水位不足而造成引水困难。一般渠道最小流量≥渠道设计流量的40%，相应的渠道最小水深≥设计水深的70%。

灌溉工程运行期，可能出现规划设计之外的情况，如作物种植比例变更、灌溉面积扩大、气候特别干旱、渠道发生事故后需要短时间加大输水量等，都需要渠道通过比设计流量更大的流量。通常把短时期内渠道需要通过的最大灌溉流量称为渠道加大流量，它是确定渠道堤顶高程、校核渠道输水能力和不冲流速的依据。一般干、支渠需要考虑加大流量，而斗、农渠多因实行轮灌无须考虑加大流量。

渠道加大流量等于加大系数（见表8-1）乘以设计流量，即 $Q_{加大}$ = 加大系数 × $Q_{设计}$。

表8-1 渠道流量加大系数

设计流量(m^3/s)	<1	1~5	5~20	20~50	50~100	100~300	>300
加大系数	1.30~1.35	1.25~1.30	1.20~1.25	1.15~1.20	1.15~1.20	1.10~1.15	<1.10

注：1. 表中加大系数，湿润地区可取小值，干旱地区可取大值。
2. 泵站供水的续灌渠道加大流量应为包括备用机组在内的全部装机流量。

（2）边坡系数 m。梯形土渠两侧边坡系数，一般取1~2，应根据土质情况和开挖深度或填土高度确定。对于挖深大于5 m或填高超过3 m的土坡，必须根据稳定条件确定。计算方法同土石坝的稳定计算。为使边坡稳定和管理方便，每隔4~6 m深应设一平台，平台宽1.5~2 m，并在平台内侧设置排水沟。

（3）渠道的糙率 n。反映渠床粗糙程度的指标，影响因素主要有渠床状况、渠道流量、渠水含沙量、渠道弯曲状况、施工质量、养护情况。一般情况下，渠床糙率参考水力计算相应的糙率表选用，大型渠道的糙率最好通过试验确定。

（4）渠道断面宽深比 β。渠道断面的宽深比是指底宽 b 和水深 h 的比值。宽深比对渠道工程量和渠床稳定等有较大影响，过于宽浅容易淤积，过于窄深又容易产生冲刷。宽深比与渠道流量、水流含沙情况、渠道比降等因素有关，比降小的渠道应选较小的宽深比，以增大水力半径，加大水流速度；比降大的渠道应选较大的宽深比，以减小流速，防止渠床冲刷。为了节省输水渠道土石方及衬砌工程量，尽量少占地，一般采用窄深式断面；而配水渠道为使水流较为稳定，不易产生冲刷和淤积，多采用宽浅式断面。一般情况下，流量大，含沙量小，渠床土质较差时多用宽浅式渠道；反之，宜采用窄深式渠道。对于中小型渠道，可以根据渠道流量，参照表8-2所列经验数据选定。

表8-2 渠道断面宽深比

设计流量(m^3/s)	<1	1~3	3~5	5~10	10~30	30~60
宽深比 β	1~2	1~3	2~4	3~5	5~7	6~10

有通航要求的渠道，应根据船舶吃水深度、错船所需的水面宽度及通航的流速要求等确定。渠道水面宽度应大于船舶宽度的2.6倍，船底以下水深应不小于15~30 cm。

（5）渠道的不冲不淤流速。在稳定渠道中，允许的最大平均流速称为临界不冲流速，简称不冲流速,用 $v_{不冲}$ 表示;允许的最小平均流速称为临界不淤流速,简称不淤流速,用 $v_{不淤}$ 表示。为了维持渠床稳定,渠道通过设计流量时的平均流速(设计流速) $v_{设计}$ 应满足以下条件:

$$v_{不淤} < v_{设计} < v_{不冲} \tag{8-1}$$

①渠道不冲流速。水在渠道中流动时,具有一定的能量,这种能量随水流速度的增加而增加,当流速增加到一定程度时,渠床上的土粒就会随水流移动,土粒将要移动而尚未移动时的水流速度就是临界不冲流速或简称不冲流速。一般渠道可按表 8-3 的数值选用,渠水含沙量越大,且渠床有薄层淤泥时,可将表 8-3 中所列数值适当增大后选用。

表 8-3　渠道允许不冲流速　　(单位:m/s)

防渗衬砌结构类别			$v_{不冲}$
土料	黏土、黏砂混合土		0.75~1.00
土料	灰土、三合土、四合土		<1.00
水泥土	现场填筑		<2.50
水泥土	预制铺砌		<2.00
砌石	干砌卵石(挂淤)		2.50~4.00
砌石	浆砌块石	单层	2.50~4.00
砌石	浆砌块石	双层	3.50~5.00
砌石	浆砌料石		4.00~6.00
砌石	浆砌石板		<2.50

防渗衬砌结构类别		$v_{不冲}$
膜料(土料保护层)	砂壤土、轻壤土	<1.45
膜料(土料保护层)	中壤土	<0.60
膜料(土料保护层)	重壤土	<0.65
膜料(土料保护层)	黏土	<0.70
膜料(土料保护层)	砂砾料	<0.90
沥青混凝土	现场浇筑	<3.00
沥青混凝土	预制铺砌	<2.00
混凝土	现场浇筑	<8.00
混凝土	预制铺砌	<5.00
混凝土	喷射法施工	<10.00

②渠道不淤流速。渠道水流的挟沙能力随流速减小而减少,当流速小到一定程度时,部分泥沙就开始在渠道内淤积。泥沙将要沉积而尚未沉积时的流速就是临界不淤流速或简称不淤流速。渠道不淤流速主要取决于渠道含沙情况和断面水力要素。含沙量很小的清水渠道虽无泥沙淤积威胁,但为了防止渠道杂草滋生,影响输水能力,要求大型渠道的平均流速不小于 0.5 m/s,中小型渠道的平均流速不小于 0.3~0.4 m/s。

(二)渠道纵断面设计

灌溉渠道不仅要满足输送设计流量的要求,而且要满足水位控制的要求。渠道纵断面设计的任务是根据灌溉水位要求确定渠道的空间位置。一般纵断面设计主要内容包括确定渠道纵坡比降、设计水位线、最低水位线、最高水位线、渠底高程线、渠道沿程地面高程线和堤顶高程线,绘制渠道纵断面图。渠道的纵断面与渠系建筑物图例如图 8-4 所示。

渠底纵坡比降是指单位渠长的渠底降落值。渠底比降不仅决定着渠道输水能力的大小、控制灌溉面积的多少和工程量的大小,而且关系着渠道的冲淤、稳定和安全,必须慎重选择确定。在规划设计中,渠底比降应根据渠道沿线地面坡度、下级渠道分水口要求水位、渠床土质、渠道流量、渠水含沙量等情况,参照相似灌区的经验数值(见表 8-4),初选一个渠底比降,进行水力计算和流速校核,若满足水位和不冲不淤要求,便可采用。否则应重新选择比降,再计算校核,直到满足要求为止。

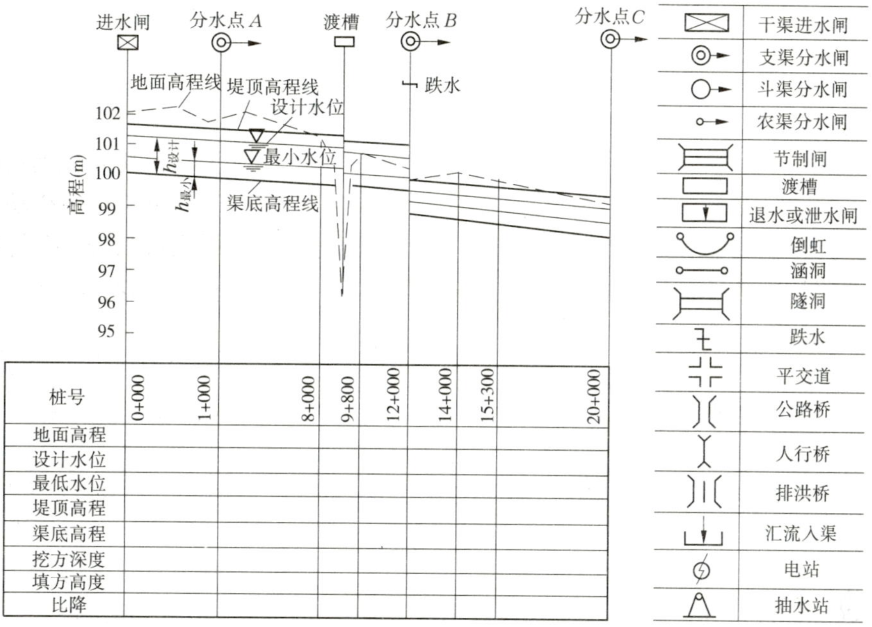

图 8-4　渠道纵断面示意图与渠系建筑物图例

表 8-4　渠底比降的经验数值

渠道级别	干渠	支渠	斗渠	农渠
丘陵灌区	1/2 000 ~ 1/5 000	1/1 000 ~ 1/3 000	土渠 1/2 000，石渠 1/500	土渠 1/1 000，石渠 1/300
平原灌区	1/5 000 ~ 1/10 000	1/3 000 ~ 1/7 000	1/2 000 ~ 1/5 000	1/1 000 ~ 1/3 000
滨湖灌区	1/8 000 ~ 1/15 000	1/6 000 ~ 1/8 000	1/4 000 ~ 1/5 000	1/2 000 ~ 1/3 000

渠道纵坡选择时应注意以下几项原则：①地面坡度。渠道纵坡应尽量接近地面坡度，以避免深挖高填。②地质情况。易冲刷的渠道，纵坡宜缓，地质条件较好的渠道，纵坡可适当陡一些。③流量大小。流量大时纵坡宜缓，流量小时可陡些。④含沙量。水流含沙量小时，应注意防冲，纵坡宜缓；含沙量大时，应注意防淤，纵坡宜陡。⑤水头大小。提水灌区水头宝贵，纵坡宜缓；自流灌区水头较富裕，纵坡可以陡些。

干渠及较大支渠，上、下游渠段流量变化较大时，可分段选择比降，而且下游段的比降应大些。支渠以下的渠道一般一条渠道只采用一个比降。

为了便于渠道的运用管理和保证渠道的安全，应设置一定的堤顶宽度和安全超高，参考表 8-5 选定。若渠道的堤顶有交通要求，则堤顶宽度应根据交通要求确定。

表 8-5　堤顶宽度和安全超高数值　（单位：m）

项目	田间毛渠	固定渠道流量（m^3/s）						
		<0.5	0.5 ~ 1	1 ~ 5	5 ~ 10	10 ~ 30	30 ~ 50	>50
超高	0.1 ~ 0.2	0.2 ~ 0.3	0.2 ~ 0.3	0.3 ~ 0.4	0.4	0.5	0.6	0.8
宽度	0.2 ~ 0.5	0.5 ~ 0.8	0.8 ~ 1.0	1.0 ~ 1.5	1.5 ~ 2.0	2.0 ~ 2.5	2.5 ~ 3.0	3.0 ~ 3.5

任务三　渡槽设计

知识要求

掌握渡槽的作用及组成、类型、总体布置，熟悉梁式渡槽、拱式渡槽。

技能要求

能进行小型渡槽的水力分析并能识读渡槽设计图。

一、渡槽的作用及组成

渡槽是渠道跨越山谷、河流、道路等的架空输水建筑物，其主要作用是输送水流。根据水利工程的不同需要，渡槽还可以用于排洪、排沙、导流和通航等。

渡槽主要由槽身、支承结构、基础及进出口建筑物等部分组成。渠道通过进出口建筑物与槽身相连接，槽身置于支承结构上，槽中水重及槽身重通过支承结构传给基础，再传至地基。为确保运行安全，渡槽进口处可设置闸门，在上游一侧配置泄水闸；为方便群众生产生活，可以在有拉杆渡槽的顶端设置栏杆、铺设人行道板，方便群众出行。

渡槽一般适用于跨越河谷（断面宽深、流量大、水位低）、宽阔滩地或洼地等情况。它与倒虹吸管相比具有水头损失小、便于管理运用及可通航等优点，是交叉建筑物中采用最多的一种形式。与桥梁相比，渡槽以恒载为主，不承受桥梁那样复杂的活载，故结构设计相对简单，但对防渗和止水构造要求较高，以免影响运行管理和结构安全。

二、渡槽的类型

人类应用渡槽距今有 2 700 多年的历史，公元前 700 多年前亚美尼亚人就运用石块砌造渡槽。随着水泥的不断应用，高强度、抗渗漏的钢筋混凝土渡槽便应运而生。随着混凝土渡槽形式的不断演变，渡槽从单一的梁式（见图 8-5）、拱式（板拱、肋拱、双曲拱、箱形拱、桁架拱、折线拱）、斜拉式、悬吊式，发展到组合式（拱梁和斜撑梁组合式等）。

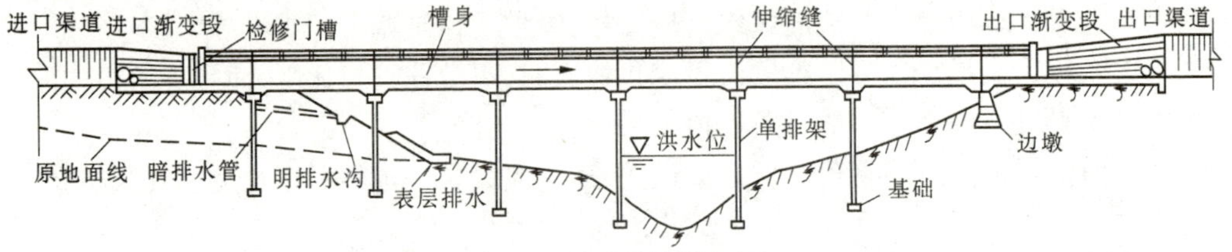

图 8-5　梁式渡槽纵剖面

渡槽按槽身断面形式分类，有 U 形、矩形、梯形、椭圆形和圆形等；按支承结构分类，有梁式、拱式、桁架式、悬吊式、斜拉式等；按所用材料分类，有木制渡槽、砖石渡槽、混凝土渡槽、钢筋混凝土渡槽、钢丝网水泥渡槽等；按施工方法不同，有现浇整体式、预制装配式及预应力渡槽。

三、渡槽的总体布置

渡槽的总体布置，主要包括槽址选择、渡槽选型、进出口布置等内容。一般是根据规划确定的任务和要求，进行勘探调查，取得较为全面的地形、地质、水文、建材、交通、施工和管理等方面的基本资料，通过经济技术分析，选出最优的布置方案。

渡槽总体布置的基本要求是：流量、水位满足灌区规划需要；槽身长度短，基础、岸坡稳定，结构选型合理；进出口与渠道连接顺直通畅，避免填方接头；少占农田，交通方便，就地取材等。

（一）基本资料

基本资料是渡槽设计的依据和基础，主要包括以下几个方面的内容：

（1）灌区规划要求。在灌区规划阶段，渠道的纵横断面及建筑物的位置已基本确定，可据此得到渡槽上下游渠道的各级流量和相应水位、断面尺寸、渠底高程及预留的渠道水流通过渡槽的允许水头损失值等。

（2）设计标准。根据渡槽所属工程等别及其在工程中的作用和重要性确定。对于跨越铁路、重要公路及墩架很高或跨度很大的渡槽，应采用较高的级别。对于跨越河道、山溪的渡槽，应根据其级别、地区的经验，并参考有关规定选择洪水标准计算决定相应的槽址洪水位、流量及流速等。凡能直接应用于渡槽设计的规范，如《水工混凝土结构设计规范》（SL 191—2008）等的规定必须遵守。

（3）地形资料。应有1/200～1/2 000的地形图。测绘范围应满足渡槽轴线的修正和施工场地布置需要，在渡槽进出口及有关附属建筑物布置范围外，至少应有50 m的富裕。对小型渡槽，也可只测绘渡槽轴线的纵剖面及若干横剖面图。跨越河道的渡槽，应加测槽址河床纵、横断面图。

（4）地质资料。通过挖探及钻探等方法，探明地基岩土的性质、厚度、有无软弱层及不良地质隐患，观察河道及沟谷两岸是否稳定，并绘制沿渡槽轴线的地质剖面图；通过必要的土工试验，测定基础处岩土的物理力学指标，确定地基承载力等。

（5）水文气象等资料。调查槽址区的最大风力等级及风向，最大风速及其发生频率；多年平均气温，月平均气温，冬夏季最高、最低气温，最大温差及冰冻情况等。渡槽跨越河流时，应收集河流的水文资料及漂浮物情况等。

（6）建筑材料。砂料、石料、混凝土骨料的储量、质量、位置与开采、运输条件，以及木材、水泥、钢材的供应情况等。

（7）交通要求。槽下为通航河道或铁路、公路时，应了解船只、车辆所要求的净宽、净空高度；槽上有行人及交通要求时，要了解荷载情况及今后发展要求等。

（8）施工条件。施工设备、施工技术力量、水电供应条件及对外交通条件等。

（9）运用管理要求。如运用中可能出现的问题及对整个渠系的影响等。

以上各项资料并非每一渡槽设计全需具备。每项资料调查、收集的深度和广度，随工程规模的大小、重要性及设计阶段的不同逐步深入。

（二）槽址选择

渡槽轴线及槽身起止点位置选择的基本要求是：渠线及渡槽长度较短，地质条件较好，工程量最省；槽身起止点尽可能选在挖方渠道上；进出口水流顺畅，运用管理方便；满足所选的槽跨结构和进出口建筑物的结构布置要求等。对地形、地质条件复杂，长度较大的渡槽，应通过方案比较，择优选用。

（三）渡槽选型

渡槽选型应根据地形、地质、水流条件，建筑材料和施工技术等因素综合研究决定。一般中小型渡槽，可采用一种类型的单跨渡槽或等跨渡槽。对于地形、地质条件复杂而长度较大的大中型渡槽，可选用一种或两种类型和不同跨度的布置方式，但变化不宜过多，以免影响槽墩受力状况和增加施工难度。具体选择时，应考虑以下几方面：

（1）地形、地质条件。当地形平坦、槽高不大时，宜采用梁式渡槽；窄深的山谷地形，当两岸地质条件较好，且有足够强度与稳定性时，宜建大跨度单跨拱式渡槽；地形、地质条件比较复杂时，应进行具体分析。如跨越河道的渡槽，若河道水深流急、水下施工较难，而且滩地高大时，在河床部分可采用大跨度的拱式渡槽，在滩地则宜采用梁式或中小跨度的拱式渡槽。当地基承载能力较低时，可采用轻型结构或适当减小跨度。

（2）建筑材料。当槽址附近石料丰富且质量符合要求时，应就地取材，优先采用石拱渡槽。由于这种渡槽对地基条件要求高，需要较多的人力，因此应综合分析各种条件，采用经济合理的结构形式。

（3）施工条件。如具备吊装设备和吊装技术，应尽可能采用预制构件装配的结构形式，以加快施工速度，节省劳力。同一渠系布置有多个渡槽时，应尽量采用同一种结构形式，以便利用同一套吊装设备，使设计和施工定型化。

（四）进出口段布置

为了减小渡槽过水断面，降低工程造价，一般槽身纵坡较渠底坡度陡。为使渠道水流平顺地进入渡槽，避免冲刷和减小水头损失，渡槽进出口段布置应注意以下几方面：

（1）与渠道直线连接。渡槽进出口前后的渠道上应有一定长度的直线段，与槽身平顺连接，在平面布置上要避免急转弯，防止水流条件恶化，影响正常输水，造成冲刷现象。对于流量较大、坡度较陡的渡槽，尤其要注意这一问题。

（2）设置渐变段。为使水流平顺衔接，适应过水断面的变化，渡槽进出口均需设置渐变段。渐变段的形式，主要有扭曲面式、反翼墙式、八字墙式等。扭曲面式水流条件较好，应用也较多；八字墙式施工简单，小型渡槽使用较多。渐变段的长度 L_j 通常采用式（8-2）计算：

$$L_j = C(B_1 - B_2) \tag{8-2}$$

式中 B_1——渠道水面宽度，m；

B_2——渡槽水面宽度，m；

C——系数，进口取 $C=1.5\sim2.0$，出口取 $C=2.5\sim3.0$。

对于中小型渡槽，进口渐变段长度可取 $L_1 \geq 4h_1$（h_1 为上游渠道水深）；出口渐变段长度可取为 $L_2 \geq 6h_3$（h_3 为出口渠道水深）。

四、渡槽的水力计算

渡槽水力计算的目的，就是确定渡槽过水断面形状和尺寸、槽底纵坡、进出口高程，校核水头损失是否满足渠系规划要求。

渡槽的水力计算，是在槽址中心线及槽身起止点位置已选择的基础上进行的，所以上下游渠道的断面尺寸、水深、渠底高程和允许水头损失均要为已知。

(一)槽身断面尺寸的确定

槽身的过水断面尺寸，一般按设计流量设计，按最大流量校核，通过水力学公式进行计算。当槽身长度 $L \geq (15 \sim 20)h_2$（h_2 为槽内水深）时，按明渠均匀流公式计算；当 $L < (15 \sim 20)h_2$ 时，可按淹没宽顶堰公式进行计算。

槽身过水断面的深宽比选择：工程中多采用窄深式断面，一般矩形槽取 0.6～0.8，U 形槽取 0.7～0.8。为防止风浪或其他原因而引起侧墙顶溢流现象，侧墙应有一定的超高 Δh，一般选用 0.2～0.6 m，对于有通航要求的渡槽，超高值应根据通航要求确定。

(二)渡槽纵坡 i 的确定

进行渡槽的水力计算，首先要确定渡槽纵坡。在相同的流量下，纵坡的选择对渡槽过水断面大小、工程造价高低、水头损失多少、通航要求、水流冲刷及下游自流灌溉面积等有直接影响。因此，确定一个适宜的底坡，使其既能满足渠系规划允许的水头损失，又能降低工程造价，常常需要试算。一般初拟时，常采用 $i = 1/500 \sim 1/1\,500$，槽内流速 1～2 m/s；对于通航的渡槽，要求流速在 1.5 m/s 以内，底坡 $i = 1/3\,000 \sim 1/10\,000$。

(三)水头损失与水面衔接计算

水流通过渡槽时，由于克服局部阻力、沿程阻力及水流能量的转换，都会产生水头损失，水流进出渡槽产生变化，这种水流现象可分为三段分析计算，如图 8-6 所示。

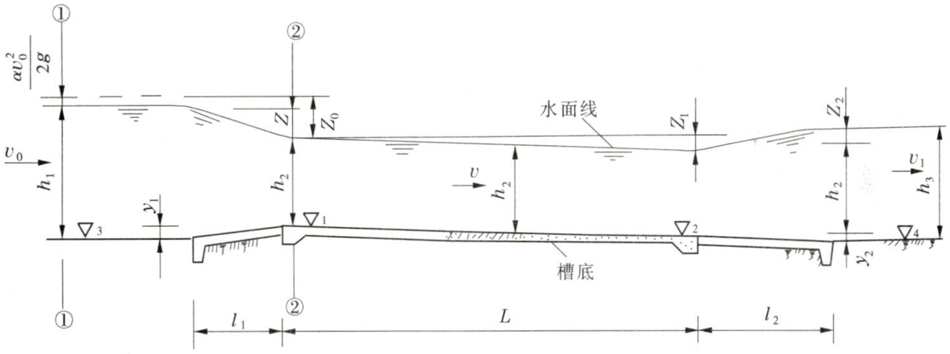

图 8-6 渡槽水力计算示意图

水流经过进口段时，随着过水断面的减小，流速逐渐加大，水流的位能一部分转化为动能，另一部分消耗于因水流收缩而产生的水头损失，因此形成进口段水面降落 Z；槽中基本保持均匀明流，水面坡等于槽底坡，产生沿程水头损失 Z_1；水流经过出口段时，随着过水断面的扩大，流速逐渐减小，水流的动能一部分消耗于因水流扩散而产生的水头损失，另一部分转化为位能，因此形成出口段水面回升 Z_2。水流经过渡槽的总水头损失，要求满足规划设计所允许的水头损失，其水头损失与水面衔接计算见表 8-6。

表 8-6　渡槽水头损失与水面衔接计算

序号	项目名称	计算公式	说明
1	进口段水面降落值 Z	$Z=\frac{Q^2}{(\sigma\varphi\omega\sqrt{2g})^2}-\frac{v_0^2}{2g}$ 或 $Z=\frac{1+K_1}{2g}(v^2-v_0^2)$	σ、φ——侧收缩系数、流速系数，均可取 0.9～0.95； v_0、v——上游渠道、槽身的平均流速，m/s； ω——渡槽过水断面面积，m^2； K_1——进口段局部水头损失系数，与渐变段形式有关，见表 8-7
2	槽身段沿程降落值 Z_1	$Z_1=iL$	i——槽底比降；L——槽身长度
3	出口段水面回升值 Z_2	$Z_2=\frac{1-K_2}{2g}(v^2-v_1^2)$ $Z_2=\frac{1-K_2}{1+K_1}Z\approx\frac{1}{3}Z$	v_1——下游渠道的平均流速，m/s； K_2——出口段局部水头损失系数，常取0.2。 当上下游渠道断面相等时，也可以按第二个式子计算
4	渡槽总水面降落值 ΔZ	$\Delta Z=Z+Z_1-Z_2\leq[\Delta Z]$	$[\Delta Z]$——规划所允许的水头损失
5	进口槽底高程	$\nabla_1=\nabla_3+y_1$	抬高值：$y_1=h_1-Z-h_2$
6	出口槽底高程	$\nabla_2=\nabla_1-Z_1$	
7	出口渠底高程	$\nabla_4=\nabla_2-y_2$	降低值：$y_2=h_3-Z_2-h_2$

表 8-7　进口段局部水头损失系数 K_1 值

渐变段形式	长扭曲面	八字斜墙	圆弧直墙	急变形式
渐变段示意图（渠道→渡槽）	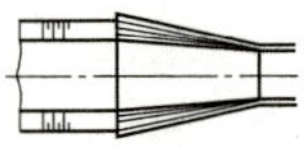	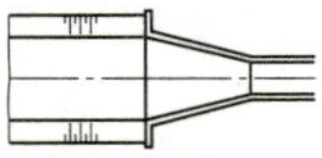	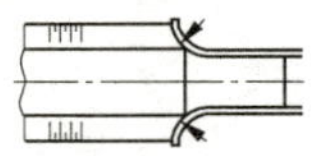	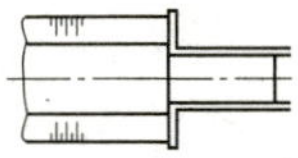
K_1	0.1	0.2	0.2	0.4

五、梁式渡槽设计

（一）梁式渡槽的类型

梁式渡槽的槽身置于槽墩或槽架上，纵向受力与梁相同。梁式渡槽的槽身根据其支承位置的不同，可分为简支梁式、双悬臂梁式、单悬臂梁式和连续梁式等几种形式。前三种是较为常用的静定结构，连续梁式为超静定结构。

（1）简支梁式渡槽。其特点是结构形式简单，施工吊装方便，但是跨中弯矩较大，整个底板受拉，不利于抗裂防渗。对于矩形槽身（见图 8-7（a）、（b）），跨度一般为 8～15 m；U 形槽身（见图 8-7（c）），跨度为15～20 m；其经济跨度一般为墩架高度的 0.8～1.2 倍。槽身高度大、修建槽墩困难时，宜采用较大的跨度；槽身高度较小且地基条件又较差时，宜选用较小的跨度。

（2）双悬臂梁式渡槽（见图 8-8（a））。按照悬臂长度的大小，双悬臂梁式又可分为等跨度、等弯矩和不等跨不等矩三种形式，一般前两种情况较为常用。设一节槽身总长度为 L，悬臂长度为 B，对于等跨式 $B=0.25L$，在纵向均布荷载水重和自重的作用下，其跨中弯

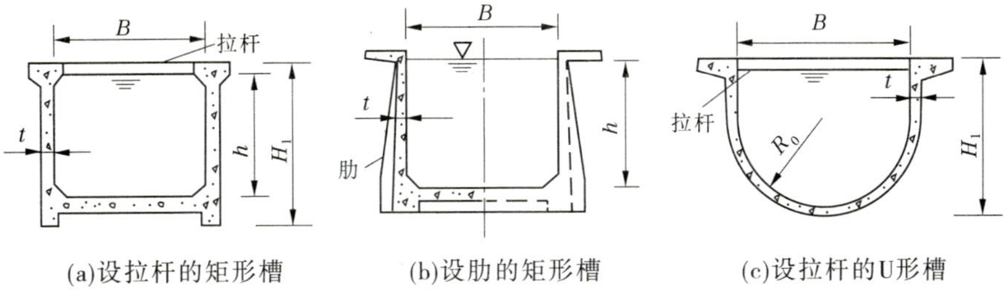

图 8-7 矩形、U 形槽身断面形式

矩为零,底板全部位于受压区,有利于抗裂防渗。等弯矩式 $B = 0.207L$,跨中弯矩与支座弯矩相等,结构受力合理,但需上、下配置受力钢筋,总配筋量不一定最小。双悬臂梁式渡槽的跨度较大,一般每节槽身长度为 25 ~ 40 m,由于其质量大,施工吊装较困难,当悬臂顶端变形时,接缝处止水容易被拉裂。

(3)单悬臂梁式渡槽(见图 8-8(b))。一般用在靠近两岸的槽身,或双悬臂梁向简支梁式过渡时采用。其悬臂的长度不宜过长,以保证槽身的另一端支承处有足够的压力。

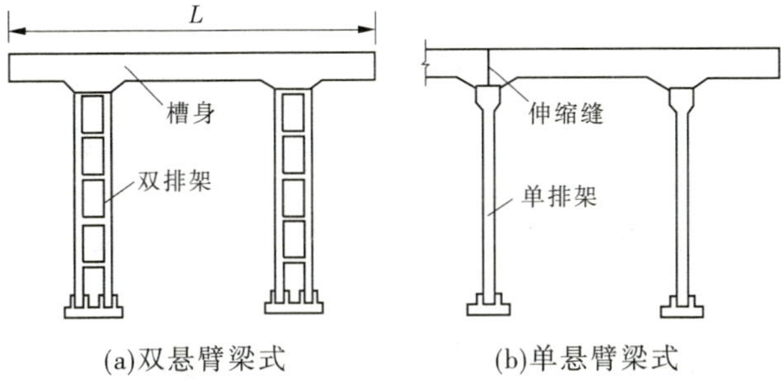

图 8-8 悬臂梁式渡槽

(4)连续梁式渡槽。连续梁式渡槽为超静定结构,弯矩值较小,但是适应不均匀沉降的能力较差。因此,应慎重选用。

(二)槽身设计

1. 槽身横断面形式选择

在进行槽身横断面形式选择时,一般应考虑水力条件、结构受力、施工条件及通航要求等因素。一般大流量渡槽,多采用矩形断面,中小流量可采用矩形也可采用 U 形断面。矩形槽身多采用钢筋混凝土或预应力钢筋混凝土结构,U 形槽身还可采用钢丝网水泥或预应力钢丝网水泥结构。

对于中小型渡槽,流量较小而且又无通航要求时,可在槽顶设置拉杆,其间距一般为 1 ~ 2 m,以改善槽身横向受力条件和增加侧墙稳定性;如有通航要求,则不能设置拉杆,而应适当加大侧墙厚度,也可做成变厚度侧墙。为了增加侧墙的稳定,也可沿槽长方向每隔一定距离加一道肋,构成肋板式槽身,如图 8-9 所示。

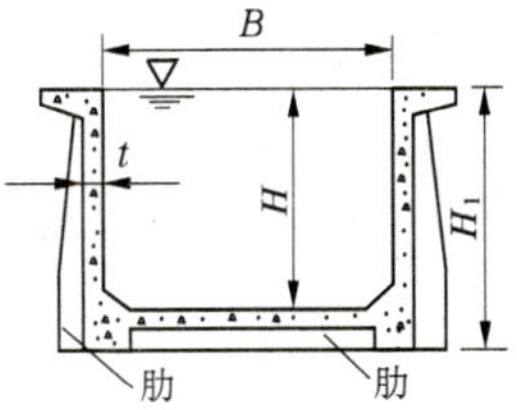

图 8-9 肋板式矩形槽身

肋间距可按侧墙高的 0.7 ~ 1.0 倍,肋的宽度一般不应小

于侧墙厚度 t,肋的厚度一般为(2 ~ 2.5)t。对于大流量(40 ~ 50 m^3/s以上)的渡槽,或者因通航需要较大的槽宽时,为了减小底板厚度,可在底板下面设置边纵梁或中纵梁,而建成多纵梁式矩形槽,如图 8-10 所示。

槽身侧墙通常都做纵梁考虑,因为侧墙薄而高,所以应满足强度和稳定的要求,一般以侧墙厚度 t 与侧墙高 H_1 的比值 t/H_1 作为衡量指标,其经验数据可参考表 8-8。

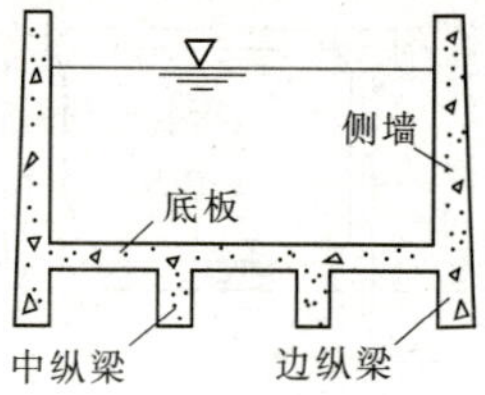

图 8-10　多纵梁式矩形槽身

表 8-8　槽身侧墙尺寸经验数据参考值

项目名称	t/H_1	厚度 t(cm)
有拉杆矩形槽	1/12 ~ 1/16	10 ~ 20
有拉杆 U 形槽	1/10 ~ 1/15	5 ~ 10
肋板式矩形槽	1/18 ~ 1/21	12 ~ 15

钢筋混凝土 U 形渡槽,一般采用半圆形上加直段的断面形式。为了增加槽壳的纵向刚度以利于满足底部抗裂要求、便于布置纵向受力钢筋,常将槽底弧形段加厚,如图 8-11 所示,图中 s_0 是从 d_0 两端分别向槽壳外缘作切线的水平投影长度,可由作图求出,其他参数经验值参见表 8-9。

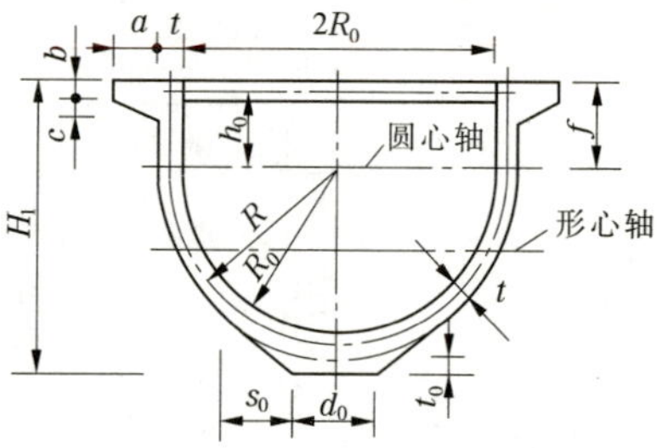

图 8-11　U 形槽身

表 8-9　U 形槽经验参数

参数	h_0	a	b	c	d_0	t_0
经验数据	(0.4 ~ 0.6)R_0	(1.5 ~ 2.5)t	(1 ~ 2)t	(1 ~ 2)t	(0.5 ~ 0.6)R_0	(1 ~ 1.5)t

2. 槽身一般构造

槽身设计中,除选择断面形式、确定断面尺寸外,还应注重槽身的分缝、止水及与墩台的连接等一般构造。

(1)分缝。为了适应槽身因温度变化引起的伸缩变形和允许的沉降位移,应在渡槽与进出口建筑物之间及各节槽身之间设置变形缝,缝宽一般为 3 ~ 5 cm。

(2)止水。渡槽分缝应填堵止水材料,以适应变形和防止漏水。槽身接缝止水材料和构造形式较多,有橡皮压板式止水、塑料止水带压板式止水、沥青填料式止水、黏合式止水、套环填料式止水及木糠水泥填塞式止水等。

(3)支座。梁式渡槽槽身搁置在墩架上,当跨径在 10 m 以内时,一般不设专门的支座,直接支承在油毡或水泥砂浆的垫层上,垫层厚度不应小于 10 mm。为防止支承处混凝土拉裂,可设置钢筋网进行加固。当跨径较大时,为使支点接触面的压力分布比较均匀并减小槽身摩擦时所产生的摩擦力,常在支点处设置支座钢板。每个支点处的支座钢板有两块,分别固定于槽身及墩(架)的支承面上,一般要求每块钢板上先焊上直径不小于 10 mm 的锚筋,钢板厚度不小于 10 mm,面积大小根据接触面处混凝土的局部压力决定。对于跨度及纵坡较大的简支梁式槽身,其支座形式最好能做成一端固定(不能水平移动但可以转动)一端活动(能水平移动和转动)。

3. 槽身纵向结构计算

一般按满槽水情况设计。对矩形槽身,可将侧墙视为纵向梁,梁截面为矩形或 T 形,按受弯构件计算纵向正应力和剪应力,并进行配筋计算和抗裂验算。

4. 槽身横向结构计算

由于荷载沿槽长方向的连续性和均匀性,在槽身横向计算时,如表 8-10 所示,通常可沿槽长方向取长度为 1 m 的脱离体,按平面问题进行分析。

表 8-10 渡槽横断面结构计算简图一览表

无拉杆矩形槽计算简图	有拉杆矩形槽计算简图	U 形渡槽计算简图
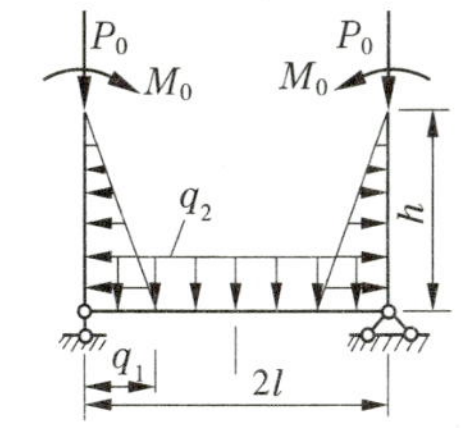	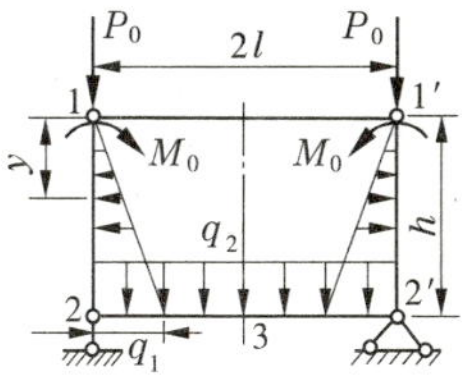	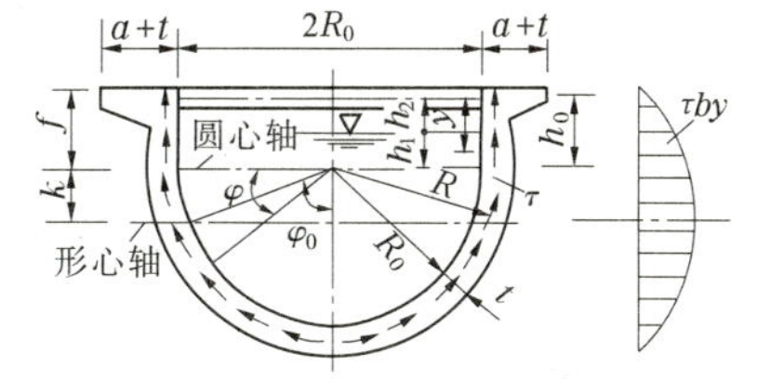
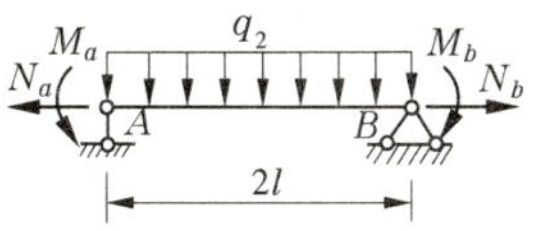	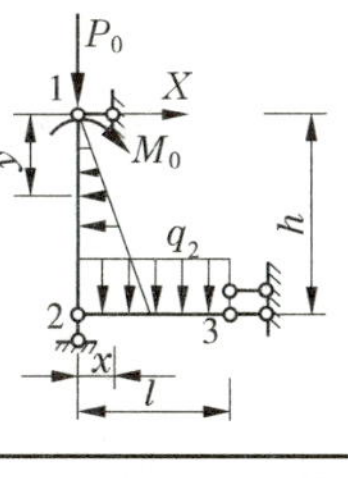	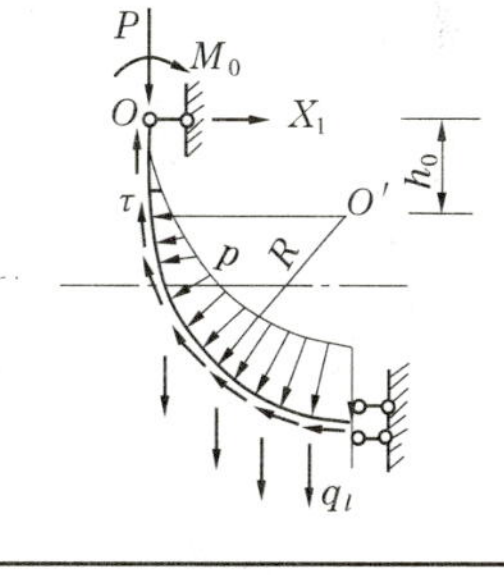

(1)无拉杆矩形槽。对于无拉杆矩形槽身,侧墙可作为固定于底板上的悬臂板,侧墙和底板仍按刚性连接处理。

(2)有拉杆矩形槽。其槽身横向结构计算时,假定设拉杆处的横向内力与不设拉杆处的横向内力相同,将拉杆"均匀化",拉杆截面尺寸一般较小,不计其抗弯作用及轴力对变位的影响,根据结构对称性,槽身设置拉杆后,可显著地减小侧墙和底板的弯矩。计算表明,侧墙底部和底板跨中的最大弯矩值均发生在满槽水深的情况,可以近似地将水位取至拉杆中心。有拉杆的矩形槽身属一次超静定结构,可按力矩分配法进行计算。但必须注意,求出拉杆拉力(拉杆"均匀化"后)以后,应再乘以拉杆的间距,才是拉杆的实际拉力。

(3)U 形槽。一般设有拉杆,横向结构计算时取单位长度槽身按平面问题分析。作用于单位长度槽身的荷载有槽身、水的重力和两侧截面上的剪力,其剪力分布呈抛物线形,方向沿槽壳厚度中心线的切线方向,对槽壳产生弯矩和轴向力。该力产生的弯矩与其他荷载产生的弯矩的方向相反,起抵消作用。因其结构及荷载对称,取一半进行分析。

为使槽身便于支承在槽墩(架)上及增加 U 形槽身支承点处的刚度,常在支点处设支承肋,对于简支梁式槽身即为端肋。对于端肋,可以近似地视为一简支梁,梁高为端肋中部截面的高度,梁宽为端肋厚度,计算跨度取支承之间的距离 L,即可得图 8-12(b)。假定槽身全部作用于两端肋简支梁上,荷载为均匀分布,取跨中最不利截面进行内力计算及配筋。槽身及端肋配筋如图 8-12 所示。在风较大的地区,若槽身较轻,受风面积及高度均较大时,应验算槽身空槽时的抗倾覆稳定性,以防止槽身在风荷载作用下倾倒掉落。

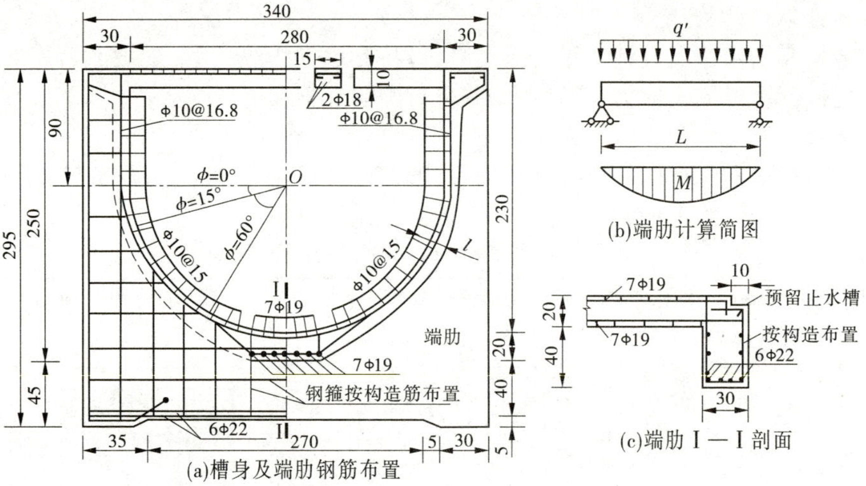

图 8-12　某 U 形槽身及端肋钢筋布置　（单位:cm）

(三)支承结构设计

支承结构设计主要包括形式选择、尺寸确定、排架与基础连接及结构计算等内容。

1. 支承结构形式选择、尺寸确定

梁式渡槽的支承结构,一般有槽墩式和排架式两种形式,如表 8-11 所示。

表 8-11　渡槽支承结构形式一览表

	实体墩	空心墩	槽台
槽墩式	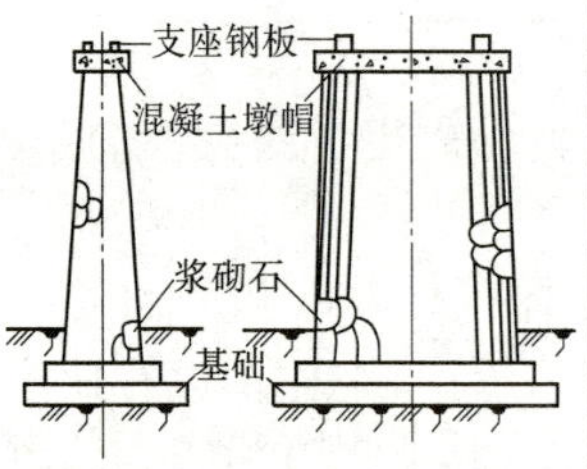	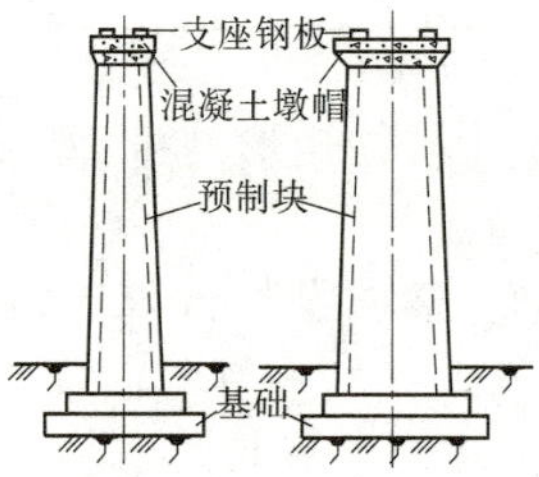	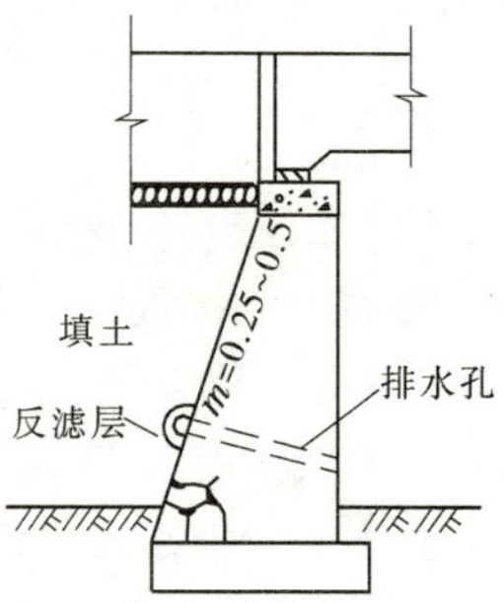
	单排架	双排架	A 字形排架
排架式	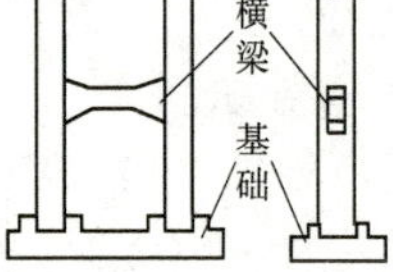	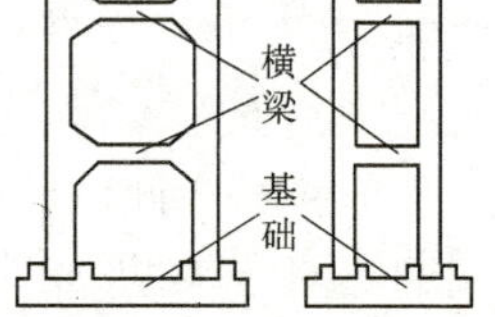	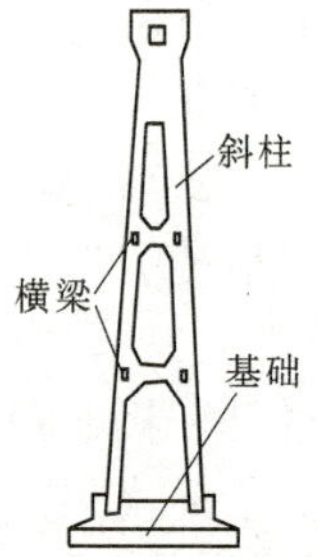

(1)槽墩式。槽墩一般为重力式,包括实体墩和空心墩两种形式。①实体墩。实体墩的墩头多为半圆形或尖角形,建筑材料为混凝土或浆砌石,构造简单,施工方便,但使用材料较多,自身重力大,故高度不宜太大,当槽墩较高又承受较大荷载时,要求地基应有较大的承载能力。这种墩的高度一般为 8 ~15 m。②空心墩。截面形式有圆矩形、矩形、双工字形、圆形等。空心墩墩身,可采用混凝土预制块砌筑,也可将墩身分段预制现场安装。与实体墩相比可节省材料,与槽架相比可节省钢材。其自身重力小,但刚度大,适用于修建较高的槽墩。③槽台。渡槽与两岸连接时,常用重力式边槽墩,亦简称槽台。槽台起着支承槽身和挡土的双重作用,其高度一般不超过 5 ~6 m。为减小槽台背水压力,常在其体内设置排水孔,孔径为 5 ~8 cm,并做反滤层予以保护。

(2)排架式。排架式主要有单排架、双排架、A 字形排架和组合式槽架等形式。①单排架。由两根支柱和横梁所组成的多层刚架结构(见图 8-13)。具有体积小、质量轻、可现浇或预制吊装等优点,在工程中被广泛应用。单排架高度一般为 10 ~20 m。②双排架。由两个单排架及横梁组合而成,属于空间框架结构。在较大的竖向及水平荷载作用下,其强度、稳定性及地基应力均较单排架容易满足要求。可适应较大的高度,通常为15 ~25 m。③A字形排架。常由两片 A 字形单排架组成,其稳定性能好,适应高度大,但施工较复杂,造价也较高。④组合式槽架。适用于跨越河道主河槽部分,在最高洪水位以下为重力式墩,其上为槽架,槽架可为单排架,也可为双排架。

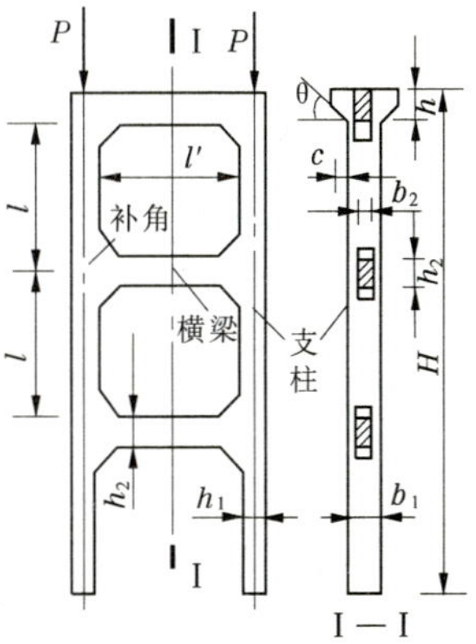

图 8-13 单排架构造

2. 排架与基础的连接

排架与基础的连接形式,通常有固接和铰接两种,如图 8-14 所示。一般现场浇筑时,排架与基础常整体结合,排架竖向钢筋直接伸入基础内,应按固接考虑。预制装配排架,根据排架吊装就位后的杯口处理方式而定。

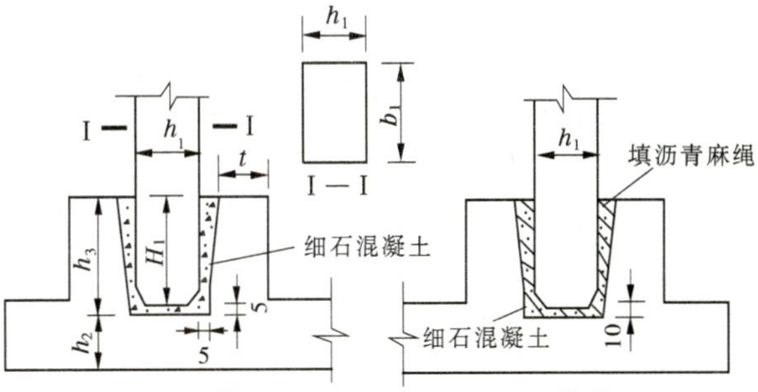

(a)固接 (b)铰接

图 8-14 排架与基础的连接形式 (单位:cm)

3. 单排架结构计算

单排架的结构计算,一般分满槽(水)加横向风荷、空槽加横向风荷、施工吊装等情况进行,其计算简图由立柱和横梁的轴线所组成,其横向计算可采用“无剪力分配法”。荷载组合分为空槽加横向风荷和满槽(水)加横向风荷两种情况。前者往往对排架的内力及配筋起控制作用,而后者则对立柱的配筋起校核作用。

(四)渡槽基础设计

渡槽基础,是将渡槽的全部重量传给地基的底部结构。渡槽基础的类型较多,根据埋置深度可分为浅基础和深基础,埋置深度小于 5 m 时为浅基础,大于 5 m 时为深基础;按照结构形式可分为刚性基础、整体板式基础、钻孔桩基础和沉井基础等。渡槽的浅基础一般采用刚性基础及整体板式基础,深基础多为桩基础和沉井基础,如图 8-15 所示。

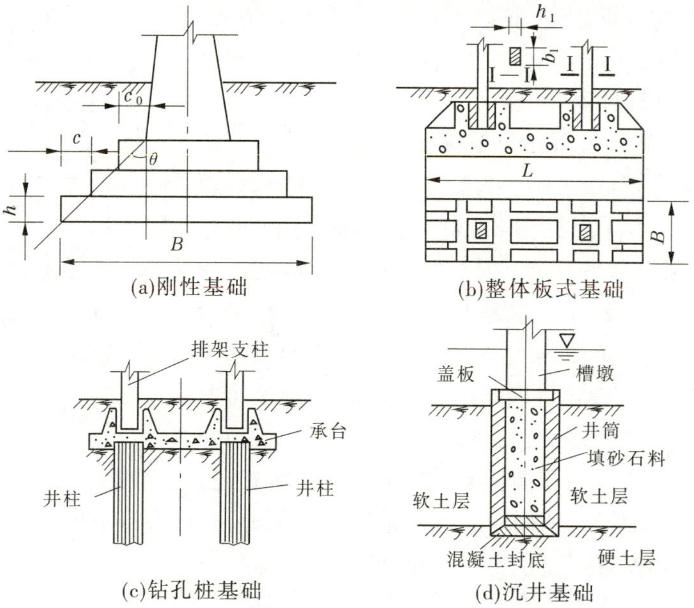

图 8-15 渡槽的基础

对于浅基础,基底面高程(或埋置深度),一般应根据地形、地质、水文、气象条件和使用要求等条件选定。软土地基上基础埋置深度,一般为 1.5 ~ 2.0 m。冰冻地区,基底面埋入冰冻层以下不少于 0.3 ~ 0.5 m,以免因冰冻而降低地基承载力。耕作地区的基础,基础顶面应设在地面以下 0.5 ~ 0.8 m。河槽中受到水流冲刷的基础,基底面应埋入最大冲刷线之下,以免基底受到淘刷而危及工程的安全。对于深基础,入土深度应从稳定坡线、耕作层深度、最大冲刷深度处开始算起,以确保深基础有足够的承载能力。

六、拱式渡槽

拱式渡槽,是指槽身置于拱式支承结构上的渡槽。其支承结构由槽墩、主拱圈、拱上结构组成。主拱圈是拱式渡槽的主要承重结构,其受力特征为槽身荷载通过拱上结构传给主拱圈,再由主拱圈传给槽墩或槽台。主拱圈主要承受压力,故可用石料或混凝土建造,并可采用较大的跨度,但拱圈对支座的变形要求严格。对于跨度较大的拱式渡槽应建在比较坚固的岩石地基上。

拱式渡槽按照主拱圈的结构形式,可分为板拱、肋拱、双曲拱及桁架拱等;拱式渡槽的拱上结构,有实腹式和空腹式两种(如图 8-16 和图 8-17 所示),是设置在主拱圈之上,用来传递槽身荷载的重要结构。

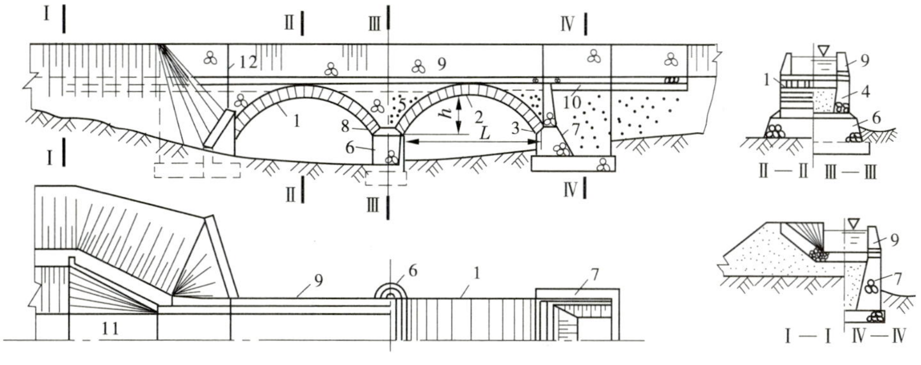

1—拱圈;2—拱顶;3—拱脚;4—边墙;5—拱上填料;6—槽墩;7—槽台;
8—排水管;9—槽身;10—垫层;11—渐变段;12—变形缝

图 8-16 实腹式石拱渡槽

(1)板拱渡槽。渡槽的主拱圈横截面形状为矩形,结构形式像一块拱形的板,一般为实体结构,多采用粗料石或预制混凝土块砌筑,故常称为石拱渡槽。对于小型渡槽,主拱圈也可采用砖砌。其主要特点是可以就地取材,结构简单,施工方便,故在水利工程中被广泛采用。但因自重较大、对地基要求较高,一般用于较小跨度的渡槽。

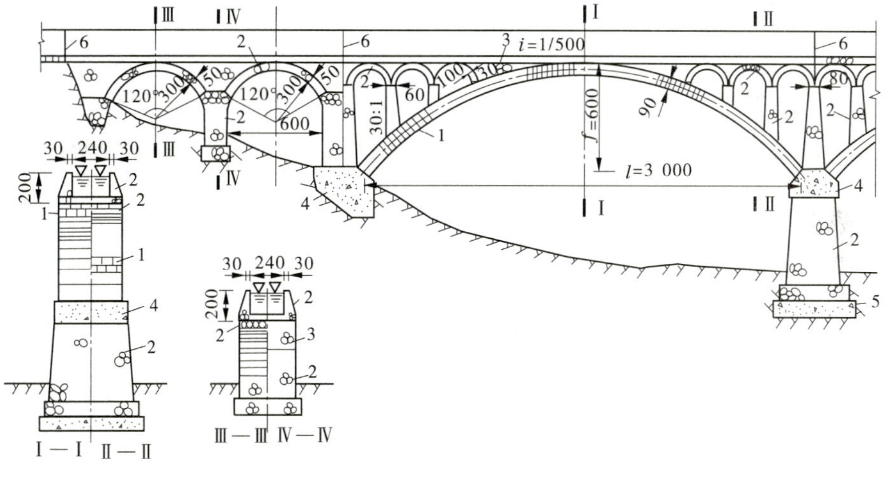

1—水泥砂浆砌条石;2—水泥砂浆砌块;3—水泥砂浆砌块石;4—C20 混凝土;5—C10 混凝土;6—伸缩缝

图 8-17 空腹式石拱渡槽 (单位:cm)

(2)肋拱渡槽。其主拱圈由几根分离的拱肋组成,为了加强拱圈的整体性和横向稳定性,在拱肋间每隔一定的距离设置刚度较大的横系梁进行联结,拱上结构为排架式。当槽宽不大时,多采用双肋。肋拱渡槽一般采用钢筋混凝土结构,小跨度的拱圈也可采用少筋混凝土或无筋混凝土。对于大中跨径的肋拱结构可分段预制吊装拼接,无需支架施工。这种形式的渡槽外形轻巧美观,自重较轻,工程量较小,如图 8-18 所示。

(3)双曲拱渡槽。双曲拱主要由拱肋、拱波和横系梁或横隔板等部分组成。因主拱

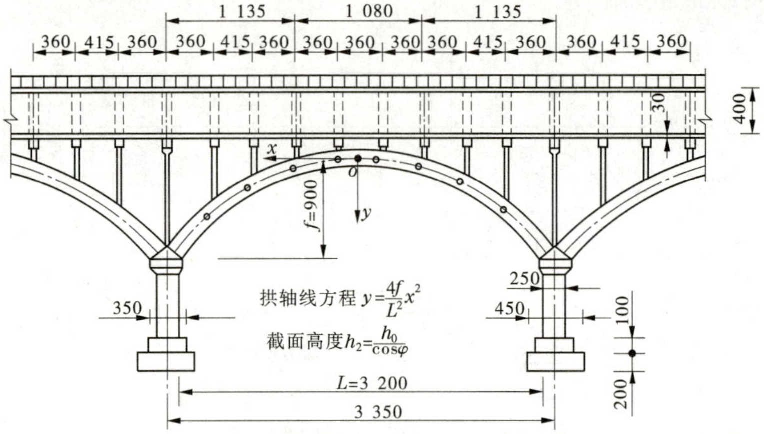

图 8-18　肋拱渡槽　（单位：cm）

圈沿纵向是拱形，其横截面也是拱形，故称为双曲拱渡槽。双曲拱能够充分发挥材料的抗压性能，具有较大的承载能力，节省材料，造型美观，主拱圈可分块预制吊装施工，一般适用于修建大跨度渡槽，如图 8-19 所示。

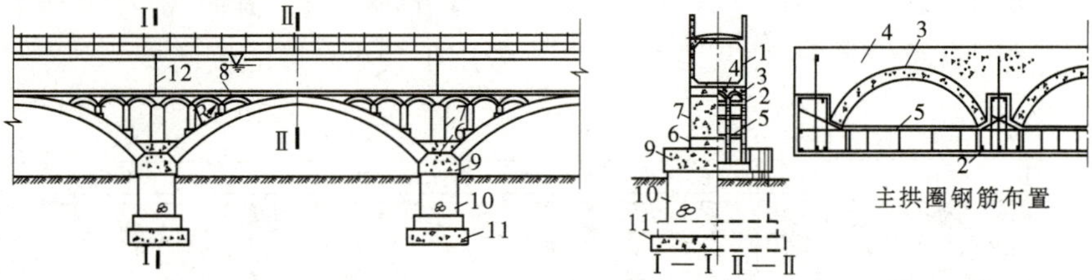

1—槽身；2—拱肋；3—预制拱波；4—混凝土填平层；5—横系梁；6—护拱；7—腹拱横墙；8—腹拱；9—混凝土墩帽；10—槽墩；11—混凝土基础；12—伸缩缝

图 8-19　双曲拱渡槽

任务四　桥梁认知

知识要求

掌握桥梁的组成、类型和特点，会识别各类桥梁。

技能要求

能识读渠道上小型桥梁设计图。

桥梁指的是为道路跨越天然或人工障碍物而修建的建筑物，是灌区百姓生产、生活的重要建筑物，随着农村经济的发展，桥梁的设计标准应适当提高。

灌区各级渠道上配套的桥梁具有量大面广、结构形式相似的特点，采取定型设计和装配式结构较为适宜。

一、桥梁的组成

桥梁一般来说由五大部件和五小部件组成。

五大部件是指桥梁承受汽车或其他车辆运输荷载的桥跨上部结构与下部结构，是桥梁结构安全的保证。它包括桥跨结构（或称桥孔结构、上部结构）、支座系统、桥墩、桥台、墩台基础，与渡槽有很多相似之处。五小部件是指直接与桥梁服务功能有关的部件，过去称为桥面构造，包括桥面铺装、防排水系统、栏杆、伸缩缝、灯光照明。

二、桥梁的分类

桥梁按用途分为公路桥、公铁两用桥、人行桥、机耕桥、过水桥。

桥梁按跨径大小和多跨总长（单孔跨径 L_0，m，多孔跨径总长 L，m）分为：

特大桥：$L \geqslant 500$ m 或 $L_0 \geqslant 100$ m；

大桥：100 m $\leqslant L < 500$ m 或 40 m $\leqslant L_0 < 100$ m；

中桥：30 m $\leqslant L < 100$ m 或 20 m $\leqslant L_0 < 40$ m；

小桥：8 m $\leqslant L < 30$ m 或 5 m $\leqslant L_0 < 20$ m。

桥梁按结构分为梁式桥、拱桥、钢架桥、缆索承重桥（斜拉桥和悬索桥）四种基本体系，此外还有组合体系桥。

桥梁按行车道位置分为上承式桥、中承式桥、下承式桥。

桥梁按使用年限可分为永久性桥、半永久性桥、临时桥。

桥梁按材料类型分为木桥、圬工桥、钢筋混凝土桥、预应力桥、钢桥。

三、各类桥梁的基本特点

（1）梁式桥。包括简支板梁桥、悬臂梁桥、连续梁桥，其中简支板梁桥跨越能力最小，一般一跨在 8～20 m。

（2）拱桥。在竖向荷载作用下，两端支承处产生竖向反力和水平推力，正是水平推力大大减小了跨中弯矩，使跨越能力增大。理论推算，混凝土拱极限跨度在 500 m 左右，钢拱可达 1 200 m。也正是这个推力，修建拱桥时需要良好的地质条件。

（3）刚架桥。有 T 形刚架桥和连续刚构桥，T 形刚架桥主要缺点是桥面伸缩缝较多，不利于高速行车。连续刚构桥主梁连续无缝，行车平顺，施工时无体系转换。

（4）缆索承重桥（斜拉桥和悬索桥）。是建造跨度非常大的桥梁最好的设计。道路或铁路桥面靠钢缆吊在半空，缆索悬挂在桥塔之间。

（5）组合体系桥。有梁拱组合体系，如系杆拱、桁架拱、多跨拱梁结构等。梁刚架组合体系，如 T 形刚构桥等。

（6）桁梁式桥。有坚固的横梁，横梁的每一端都有支承。最早的桥梁就是根据这种构想建成的。它们不过是横跨在河流两岸之间的树干或石块。现代的桁梁式桥，通常是以钢铁或混凝土制成的长型中空桁架为横梁。这使桥梁轻而坚固。利用这种方法建造的桥梁叫作箱式梁桥。

（7）拉索桥。有系到桥柱的钢缆。钢缆支撑桥面的重量，并将重量转移到桥柱上，使桥柱承受巨大的压力。

(8)廊桥。加建亭廊的桥,称为亭桥或廊桥,可供游人遮阳避雨,又增加桥的形体变化。

任务五 倒虹吸管认知

知识要求

掌握倒虹吸管的组成和类型、布置要求,熟悉倒虹吸管的布置与构造。

技能要求

能识读倒虹吸管设计图。

一、倒虹吸管的特点和适用条件

倒虹吸管属于交叉建筑物,是指设置在渠道与河流、山沟、谷地、道路等相交叉处的压力输水管道。其管道的特点是两端与渠道相接,而中间向下弯曲。与渡槽相比,具有结构简单、造价较低、施工方便等优点,水头损失较大、运行管理不便等缺点。

倒虹吸管的适用条件:①渠道跨越宽深河谷,修建渡槽、填方渠道或绕线方案困难或造价较高时;②渠道与原有渠、路相交,因高差较小不能修建渡槽、涵洞时;③修建填方渠道,影响原有河道泄流时;④修建渡槽,影响原有交通时等。

二、倒虹吸管的组成和类型

倒虹吸管的组成,一般分为进口段、管身段和出口段三大部分。

倒虹吸管的类型,根据管路埋设情况及高差的大小,倒虹吸管通常可分为竖井式、斜管式、曲线式和桥式四种类型。

(一)竖井式

竖井式倒虹吸管由进出口竖井和中间平硐所组成,如图 8-20 所示。竖井式倒虹吸管构造简单、管路较短、占地较少、施工较容易,但水力条件较差。一般适用于流量不大、压力水头小于 3 ~5 m 的穿越道路倒虹吸。

竖井断面为矩形或圆形,一般采用砖、石或混凝土砌筑,其尺寸稍大于平硐,竖井底部设置深约 0.5 m 的集沙坑,以便于清除泥沙及检修管路时排水。

平硐的断面一般为矩形、圆形或城门洞形。为了改善平硐的受力条件,管顶应埋设在路面以下 1.0 m 左右。

(二)斜管式

斜管式倒虹吸管,进出口为斜卧段,中间为平直段,如图 8-21 所示。一般用于穿越渠道、河流而且两者高差不大,压力水头较小、两岸坡度较平缓的情况。

斜管式倒虹吸管,与竖井式相比,水流畅通,水头损失较小,构造简单,实际工程中采用较多。但是,斜管的施工较为不便。

(三)曲线式

曲线式倒虹吸管,一般是沿坡面的起伏爬行曲线铺设,如图 8-22 所示。其主要适用

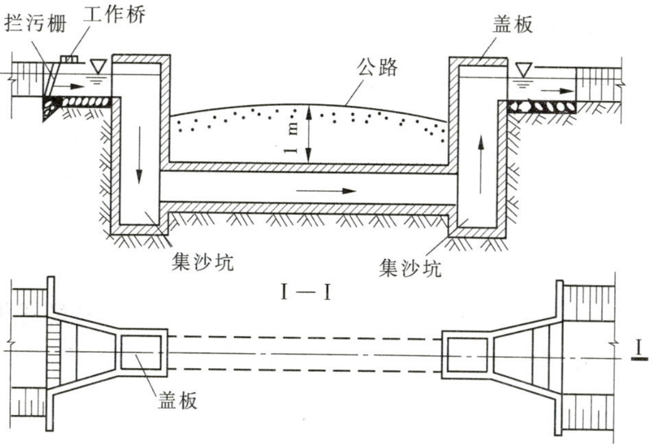

图 8-20 竖井式倒虹吸管

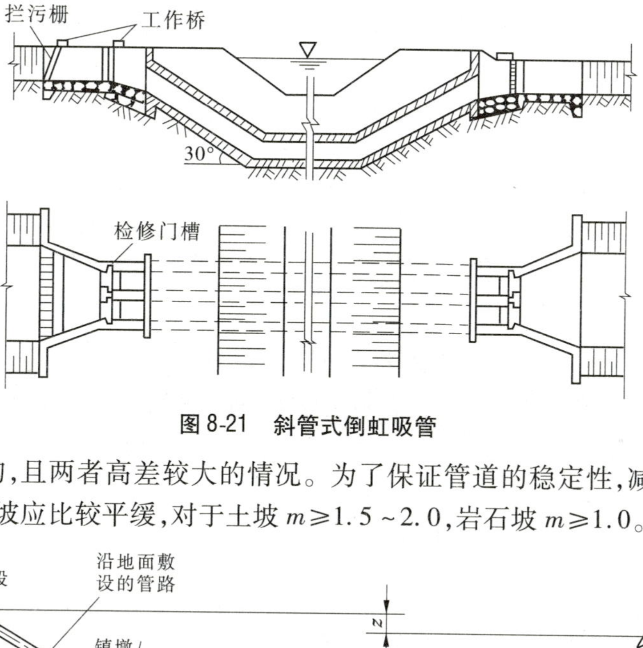

图 8-21 斜管式倒虹吸管

于跨越河谷或山沟,且两者高差较大的情况。为了保证管道的稳定性,减少施工的开挖量,铺设管道的岸坡应比较平缓,对于土坡 $m \geqslant 1.5 \sim 2.0$,岩石坡 $m \geqslant 1.0$。

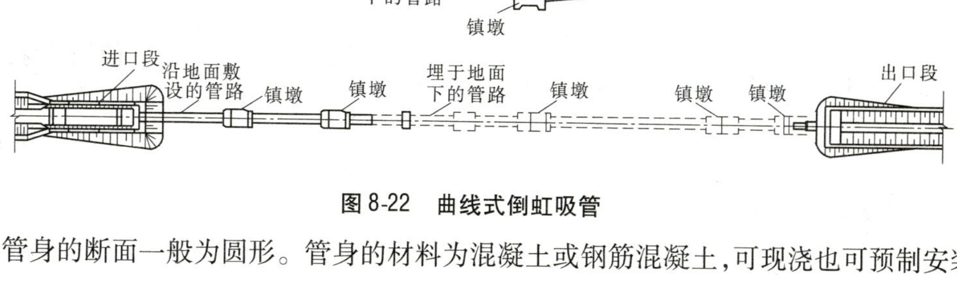

图 8-22 曲线式倒虹吸管

管身的断面一般为圆形。管身的材料为混凝土或钢筋混凝土,可现浇也可预制安装。

管身一般设置管座，当管径较小且土基很坚实时，也可直接设在土基上。在管道转弯处，应设置镇墩，并将圆管接头包在镇墩之内。

为了防止温度变化而引起管道产生过大的温度应力，管身顶部应埋置于地面以下0.5～0.8 m，为减小工程量，埋置深度也不宜过大。在寒冷地区，管道应埋置于冻土层以下0.5 m。通过河道水流冲刷部位的管道，管顶应埋设在冲刷线以下0.5 m。

（四）桥式

与曲线式倒虹吸相似，在沿坡面爬行铺设曲线形的基础上，在深槽部位建桥，管道铺设在桥面上或支承在桥墩等支承结构上，如图8-23所示。桥式多用于渠道与较深的复式断面或窄深河谷交叉的情况，主要特点是可以降低管道承受的压力水头，减小水头损失，缩短管身长度，并可避免在深槽中进行管道施工的困难。

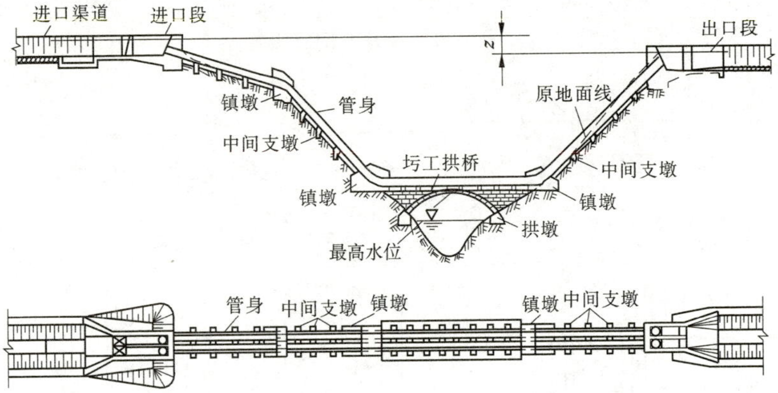

图8-23　桥式倒虹吸管

桥下应有足够的净空高度，以满足泄洪要求，通航的河道，还应满足通航要求。

三、倒虹吸管的布置要求

倒虹吸管的总体布置应根据地形、地质、施工、水流条件，以及所通过的道路、河道洪水等具体情况经过综合分析比较确定。一般要求如下：

（1）管身长度最短。管路力争与河道、山谷和道路正交，以缩短倒虹吸管道的总长度。还应避免转弯过多，以减少水头损失和镇墩的数量。

（2）岸坡稳定性好。进、出口及管身应尽量布置在地质稳定的挖方地段，避免建在高填方地段，并且地形应平缓，以便于施工。

（3）开挖工程量少。管身沿地形坡度布置，以减少开挖的工程量，降低工程造价。

（4）进、出口平顺。为了改善水流条件，虹吸管进、出口与渠道的连接应当平顺。

（5）管理运用方便。结构的布置应安全、合理，以便于管理运用。

四、进口段组成、布置和构造

（一）进口段的组成

进口段主要由渐变段、进水口、拦污栅、闸门、工作桥、沉沙池及退水闸等部分组成，如

图 8-24(a)所示。

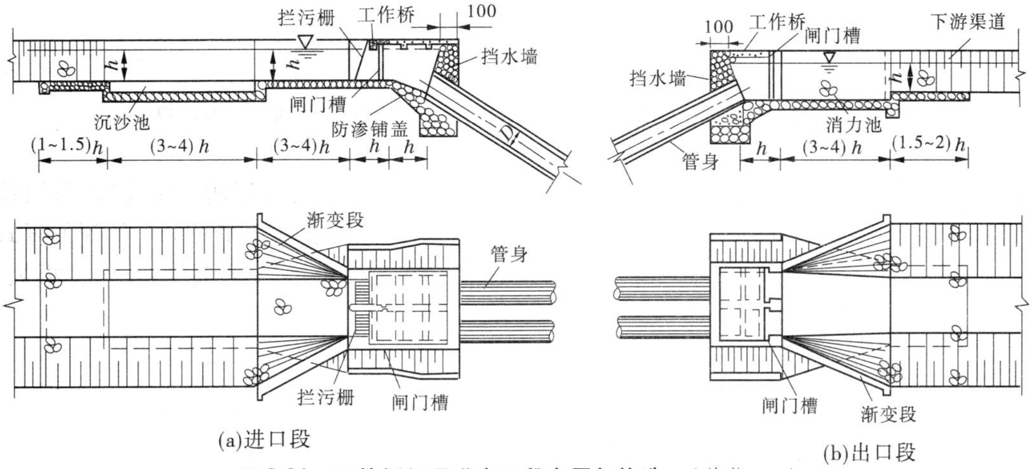

图 8-24 双管倒虹吸进出口段布置与构造 (单位:cm)

进口段的结构形式,应保证通过不同流量时管道进口处于淹没状态,以防止水流在进口段发生跌落、产生水跃而引起管身振动。

进口段的轮廓应当平顺,以减小水头损失,并应满足稳定、防冲和防渗等要求。

进口段应修建在透水性小的较好地基上。当地基较差、透水性大时应作防渗处理。通常做 30 ~50 cm 厚的浆砌石或做 15 ~20 cm 厚的混凝土铺盖,其长度为渠道设计水深的 3 ~5 倍。

(二)进口段的布置和构造

(1)进口渐变段。倒虹吸管的进口,一般设有渐变段,主要作用是使其进口与渠道平顺连接,以减少水头损失。渐变段长度一般采用 3 ~5 倍的渠道设计水深。

(2)进水口。倒虹吸的进水口是通过挡水墙与管身相连接而成的。挡水墙可常用混凝土浇筑或圬工材料砌筑,砌筑时应与管身妥善衔接好。

(3)闸门。对于单管倒虹吸,其进口一般可不设置闸门,有时仅在侧墙留闸门槽,以便在检修和清淤时使用,需要时临时安装插板挡水。双管或多管倒虹吸,在其进口应设置闸门。当过流量较小时,可用一管或几根管道输水,以防止进口水位跌落,同时可增加管内流速,防止管道淤积。闸门的形式,可用平板闸门或叠梁闸门。

(4)拦污栅。为了防止漂浮物或人畜落入渠内被吸入倒虹吸管道内,在闸门前需设置拦污栅。栅条可用扁钢做成,其间距一般为 20 ~25 cm。

(5)工作桥。为了启闭闸门或进行清污,在有条件的情况下,可设置工作桥或启闭台。为了便于运用和检修,工作桥或启闭台面应高出闸墩顶足够的高度,通常为闸门高加 1.0 ~1.5 m。

(6)沉沙池。对于多泥沙的渠道,在进水口之前,一般应设置沉沙池。主要作用是拦截渠道水流挟带的粗颗粒泥沙和杂物进入倒虹吸管内,以防止造成管壁磨损、淤积堵塞,甚至影响倒虹吸管道的输水能力。对于以悬移质为主的平原区渠道,也可不设沉沙池。

(7)进口退水闸。大型或较为重要的倒虹吸管,应在进口设置退水闸。当倒虹吸管发生事故时,为确保工程的安全,可关闭倒虹吸管前的闸门,将渠水从退水闸安全泄出。

五、出口段的布置和构造

出口段包括出水口、闸门、消力池、渐变段等,如图8-24(b)所示。

(1)闸门。为了便于管理,双管或多管倒虹吸的出口应设置闸门或预留检修门槽。

(2)消力池。一般设置在渐变段的底部,主要用于调整出口流速分布,以使水流平稳地进入下游渠道,防止造成下游渠道的冲刷。

(3)渐变段。出口一般设有渐变段,以使出口与下游渠道平顺连接,其长度一般为4~6倍的渠道设计水深。为了防止水流对下游渠道的冲刷,应在渐变段下游3~5 m内进行渠道的护砌保护。

六、管路布置和构造

管路的布置和构造,主要内容包括管身断面、材料选择,管壁厚度、管段长度确定,分缝止水,泄水冲沙孔,进人孔及支承结构等。应根据流量大小、水头高低、运用要求、管路埋设情况、高差的大小及经济效益等因素,综合进行考虑。

(一)管身断面

倒虹吸管的管身断面,一般为圆形,因其水力条件和受力条件较好。对于低水头的管道,也可使用矩形或城门洞形断面。

(二)管身材料

倒虹吸管的材料应根据压力大小及流量的多少、就地取材、施工方便、经久耐用等原则综合分析选择。常用的材料主要有混凝土、钢筋混凝土、预应力钢筋混凝土、铸铁和钢材等。对于水头小于3 m的矩形或城门洞形小型管道,也可采用砖、石等材料砌筑。

(三)管段长度和分缝止水

为防止管道因地基不均匀沉降、温度变化及混凝土的干缩而产生过大的纵向应力,使管身发生横向裂缝,应将管身进行分段,设置沉降缝或伸缩缝,并在缝内设置止水。

(1)缝的间距。管段长度,即为横缝的间距,应根据地基、管材、施工、气温等条件确定。现浇钢筋混凝土管缝的间距,土基上一般为15~20 m;岩基上一般为10~15 m。预制钢筋混凝土管及预应力钢筋混凝土管,管节长度可达5~8 m。

(2)伸缩缝的形式。主要有平接、套接、企口接以及预制管的承插式接头等。缝的宽度一般为1~2 cm,缝中堵塞沥青麻绒、沥青麻绳、柏油杉板或胶泥等。

(四)泄水冲沙孔、进人孔

为了泄空管内积水、清除管内淤积泥沙以及便于检查维护,一般要在管身设置泄水冲沙孔,其底部标高应与河道枯水位齐平。对于桥式倒虹吸管道,泄水冲沙孔可设在管道的最低部位。对于大型倒虹吸管,为了便于观察检修,应设置进人孔。通常进人孔与泄水冲沙孔结合布置,并尽可能布置在镇墩上,进人孔的孔径不应小于60 cm。

(五)支承结构

倒虹吸管的支承结构,按其构造和受力特征,分为管床、管座、支墩及镇墩等形式。

(1)管床和管座。对于小型钢筋混凝土倒虹吸管,若地基条件较好,可采用弧形土基管床、三合土管床或分层夯实的碎石管床。对于大中型的倒虹吸管,应采用砌石或混凝土刚性管座,以增加管身的抗滑稳定性,并改善地基的受力条件。在岩石地基上修建倒虹吸管时,可以在岩石中直接开槽,将管身直接浇筑在岩基上,也可在槽内浇混凝土垫层,然后敷设管道,如图 8-25 所示。

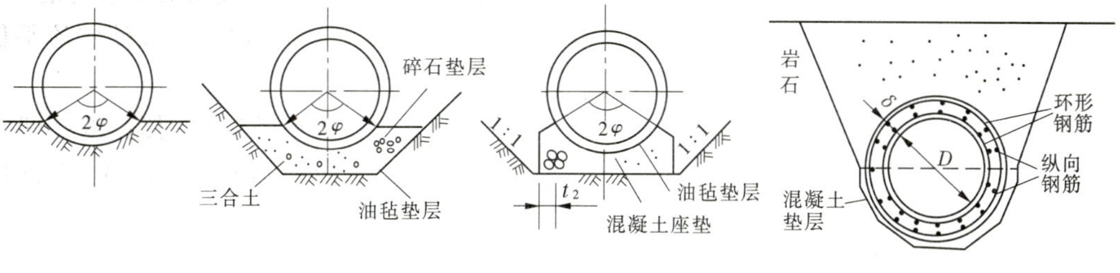

(a)弧形土基　(b)碎石垫层　(c)刚性管座　(d)整体混凝土垫层(岩基)

图 8-25　管床、管座示意图

(2)支墩。在承载力较大的地基上敷设中小型倒虹吸管道时,可以不设连续式的管座,而采用设置中间支墩的形式。支墩的构造,应保证管道轴向位移的可能性,一般采用摆动或滑动的形式,管径小于 100 cm 时,也可采用鞍形支墩。支墩的间距,可根据地基、管径大小、管节的长度等情况而定,一般采用 2 ~8 m。包角 2φ 一般为 90° ~135°,管身与支墩间铺沥青油毛毡。支墩的建造材料,一般采用浆砌石、混凝土等。

(3)镇墩。镇墩是为了连接和固定管道而专门设置的支承结构。设置镇墩的位置,一般在倒虹吸管的变坡处、转弯处、不同管壁厚度的连接处、管身分段分缝处或管坡较陡长度较大的斜管中部。设置个数应结合地形、地质条件而定。

镇墩的结构形式,一般为重力式。镇墩所承受的荷载,主要包括管身传来的荷载、水流产生的动荷载、填土压力及自身重力等。镇墩的材料,主要为砌石、混凝土或钢筋混凝土。对于砌石镇墩,可在管道周围包一层混凝土,多用于小型倒虹吸管。在岩基上的镇墩,为了提高管身的稳定性,也可以加设锚杆与岩基相连接。

任务六　跌水与陡坡认知

知识要求

掌握跌水与陡坡的类型、组成和布置。

技能要求

能识读跌水与陡坡设计图。

一、跌水

当渠线通过陡坎或坡度较陡的地段时,为防止渠道受冲,在陡坎处或适宜地点将渠道底突然降低,利用消力池来消除水流的多余能量,这种建筑物称为跌水。

(一)作用与类型

跌水的作用是将上游渠道或水域的水安全地自由跌落入下游渠道或水域,将天然地形的落差适当集中修筑,从而调整引水渠道的底坡,克服过大的地面高差引起的大量挖方或填方。跌水多设置于落差集中处,用于渠道的泄洪、排水和退水。

跌水可分为单级跌水和多级跌水,如图 8-26、图 8-27 所示。

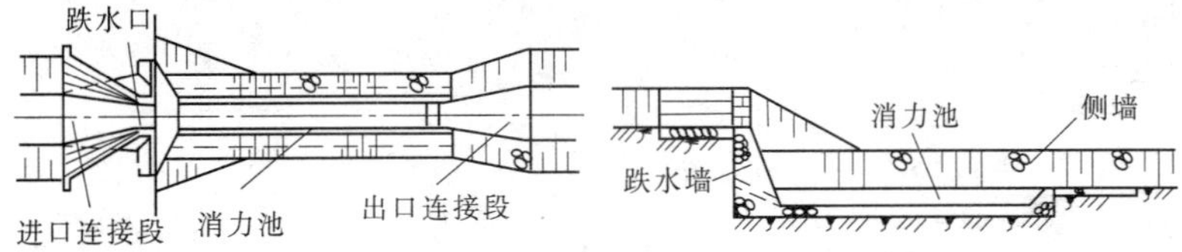

图 8-26 单级跌水

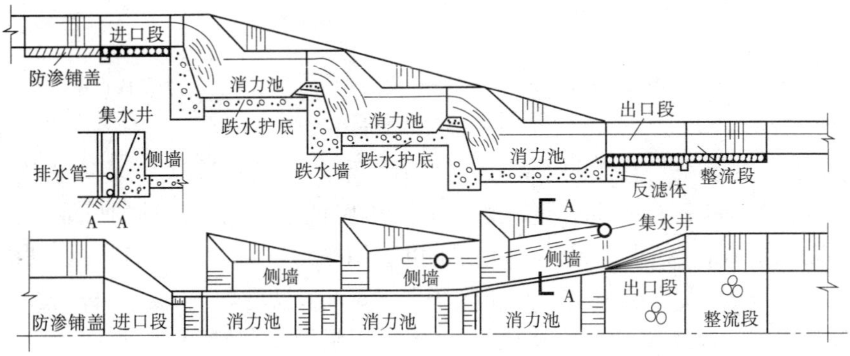

图 8-27 多级跌水

(二)组成与布置

跌水应根据工程需要进行布置,既可以单独设置,也可以与其他建筑物结合布置,一般情况下,跌水应尽量与节制闸、分水闸或泄水闸布置在一起,方便运行管理。

在跌差较小处选用单级跌水,在跌差较大处(跌差大于 5 m)选用多级跌水。

跌水常用的建筑材料多为砖、砌石、混凝土和钢筋混凝土。

跌水主要由进口、跌水口、跌水墙、消力池、海漫、出口等部分组成。

(1)进、出口。进、出口连接段须以渐变段连接,以保持良好的水力条件,如扭曲面、八字墙、圆锥形等。连接段常用片石和混凝土组砌。

(2)跌水口。由底板和边墙组成,构造与闸室相似,一般不设闸门,是一个自由泄流的堰。跌水口是设计跌水的关键,形式有矩形、梯形和底部台堰式,如图 8-28 所示。

(3)跌水墙。是跌水口和消力池间的连接,属挡土墙形式,但断面比一般挡土墙小。有直立式和倾斜式,一般采用重力式挡土墙。侧墙间常设沉降缝,并设排水设施。

(4)消力池。通常宽度比跌水口宽一些,但不宜宽太多。以免引起回流,降低消能效果。横断面一般为矩形、梯形和折线形,底板厚可取 0.4 ~0.8 m。结构设计同闸后消力池,消力池的横断面形式如图 8-29 所示。

(5)海漫。起着消除消力池出口余能和使断面流速分布均匀的作用。一般用干砌石做成。其护砌长度不小于 3 倍下游水深。

(6)分缝与排水。为避免跌水各部分不均匀沉降而产生裂缝,在各部分之间应设沉降缝,缝内填塞沥青、油毡或沥青麻丝止水。当跌水下游水位高于消力池底板时,应在侧墙背面设排水设施。如埋管、反滤层等。

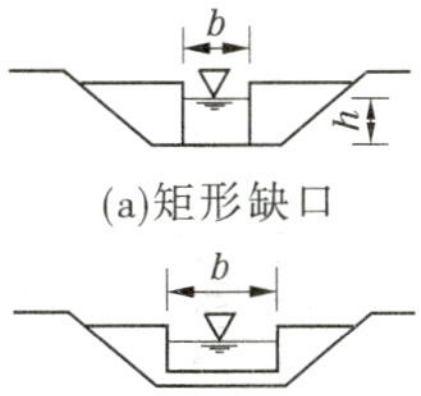

(a)矩形缺口 (b)梯形缺口

(c)台堰式缺口 (d)有小缺口的台堰式缺口

图 8-28 跌水口形式

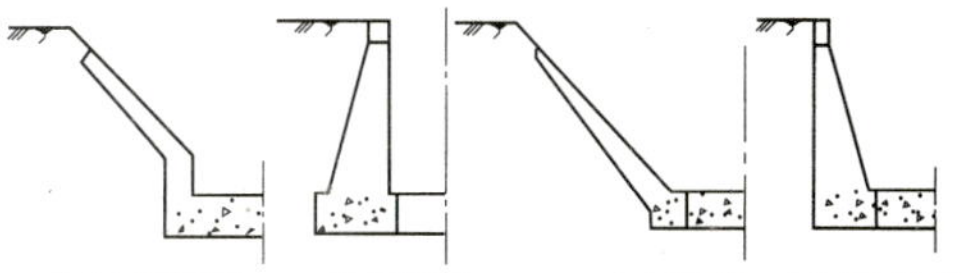

(a)折线形 (b)矩形 (c)梯形 (d)陡梯形

图 8-29 消力池的横断面形式

(7)多级跌水的组成和构造与单级跌水相同。只是将消力池做成若干个阶梯,多级落差和消力池长度均相同。池长不大于 20 m,可设消力槛或不设。多级跌水的分级数目和多级落差大小,应根据地形、地质、工程量等具体情况综合分析确定。

二、陡坡

陡坡是建在地形过陡的地段,用于连接上下游渠道的倾斜渠槽,由于该渠槽的坡度一般陡于临界坡度而得名。

(一)作用与类型

陡坡的作用与跌水相同,主要是调整渠底比降,满足渠道流速要求,避免深挖高填,减小挖填方工程量,降低工程投资。

根据地形条件和落差的大小,陡坡的形式分为单级陡坡和多级陡坡两种。多级陡坡往往建在落差较大且有变坡或有台阶地形的渠段上。

(二)组成与布置

陡坡由进口连接段、控制堰口、陡坡段、消力池和出口连接段五部分组成。陡坡的构造与跌水类似,所不同的是以陡坡段代替跌水墙,水流不是自由跌落而是沿斜坡下泄。

陡坡的落差、比降,应根据地形、地质及沿渠调节分水需要等进行确定。一般陡坡的落差比跌水大,陡坡的比降不陡于 1:1.5。

在陡坡段水流速度较高,因此应做好进口和陡坡段的布置,以使下泄水流平稳、对称且均匀地扩散,以利于下游的消能和防冲。

陡坡段的横断面形式,主要有矩形和梯形,梯形断面的边墙可以做成护坡式。

在平面布置上,陡坡可做成等宽度、扩散形(变宽度)和菱形三种。

(1)等宽度陡坡。布置形式较为简单,水流集中,不利于下游的消能,所以对于小型渠道和跌差小的情况较为常用。

(2)扩散形陡坡。扩散形陡坡是指在陡坡段采用扩散形布置,如图 8-30 所示,这种形式可以使水流在陡坡上发生扩散,单宽流量逐渐减小,因此对下游消能防冲较为有利。陡坡的比降,应根据地形地质情况、跌差及流量的大小等条件进行确定。对于流量较小、跌差小且地质条件较好的情况,其比降可陡一些。在土基上陡坡比降一般可取 1:2.5 ~ 1:5。对于土基上的陡坡,单宽流量不能太大,当落差不大时,多从进口后开始采用扩散形陡坡。陡坡平面扩散角,一般为 5° ~ 7°。

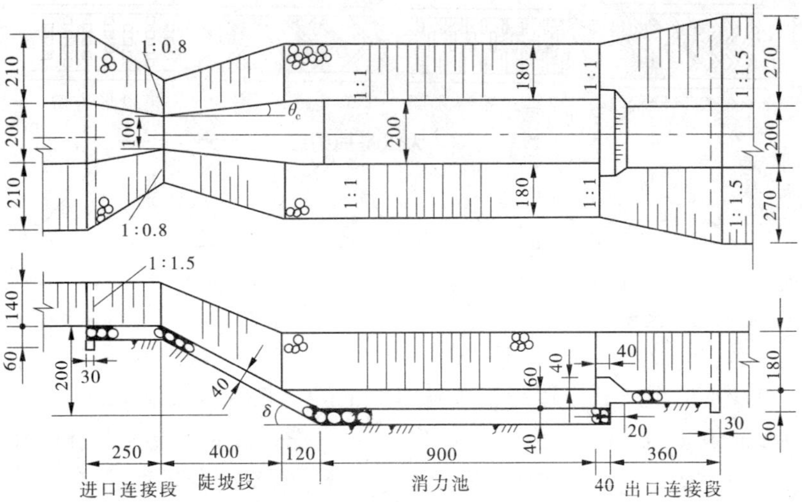

图 8-30　扩散形陡坡　（单位:cm）

(3)菱形陡坡。菱形陡坡是指在平面布置上呈菱形,即上部扩散而下部收缩,如图 8-31 所示。这种布置一般用于跌差 2.5 ~5.0 m 的情况。为了改变水流条件,一般在收缩段的边坡上设置导流肋,并使消力池段的边墙边坡向陡槽段延伸,使其成为陡坡边坡的一部分,确保水跃前后的水面宽度相同,两侧不产生平面回流漩涡,使消力池平面上的单宽流量和流速分布均匀,从而减轻了对下游的冲刷。

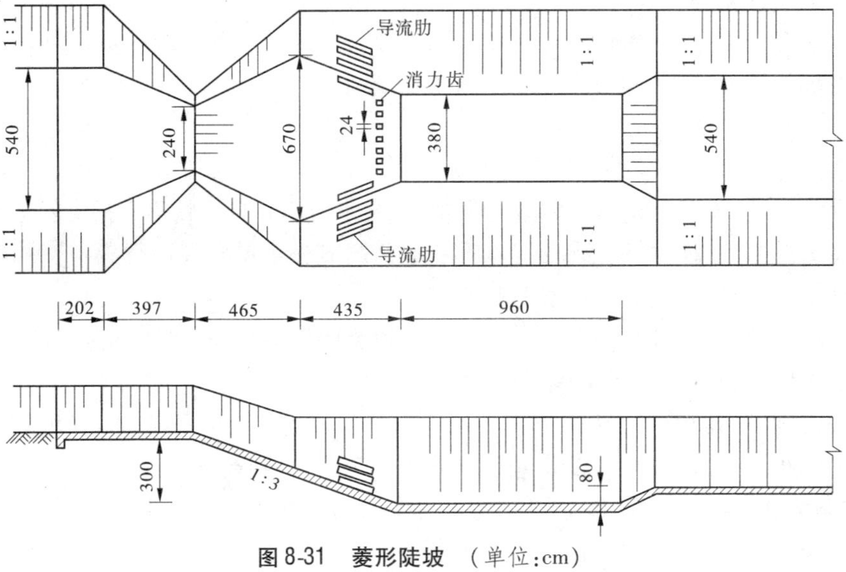

图 8-31　菱形陡坡　（单位:cm）

(4)人工加糙陡坡。为了促使水流紊动扩散、降低流速、改善下游流态及利于防冲消能,可在陡坡段上进行人工加糙。常见的加糙形式有双人字形槛、单人字形槛、交错式矩形糙条、棋盘形方墩等,如图 8-32 所示。

人工加糙的糙条间距不宜过密,不然将使急流脱离底板而产生低压,影响陡坡的安全和消能效果。对于重要工程,其布置形式、条槛尺寸大小等应通过模型试验确定。

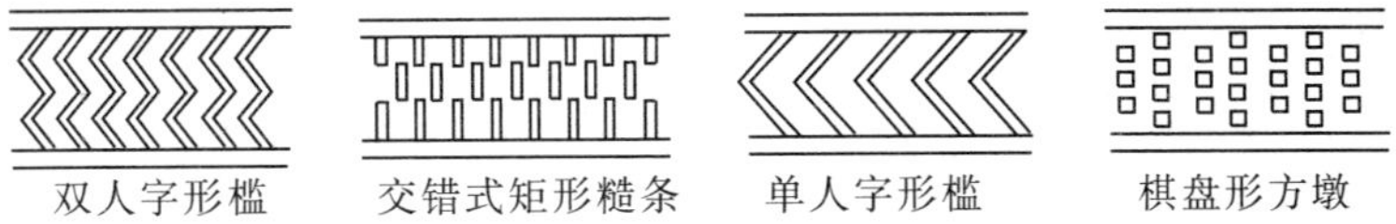

图 8-32 人工糙面的形式

习 题

一、单项选择题

1. 进水闸属于(　　)。
   A. 泄水建筑物　B. 控制建筑物　C. 交叉建筑物　D. 落差建筑物
2. 退水闸属于(　　)。
   A. 泄水建筑物　B. 控制建筑物　C. 交叉建筑物　D. 落差建筑物
3. 渡槽属于(　　)。
   A. 泄水建筑物　B. 控制建筑物　C. 交叉建筑物　D. 落差建筑物
4. 跌水属于(　　)。
   A. 泄水建筑物　B. 控制建筑物　C. 交叉建筑物　D. 落差建筑物
5. 下列属于超静定结构的是(　　)。
   A. 简支梁式　B. 双悬臂梁式　C. 单悬臂梁式　D. 连续梁式
6. 一般跌坡超过(　　)就要选用多级跌水。
   A. 4 m　B. 5 m　C. 6 m　D. 7 m

二、多项选择题

1. 渠道横断面常见形状有(　　)。
   A. 梯形　B. 矩形　C. 三角形　D. 圆形　E. U 形
2. 渠道横断面结构形式有(　　)。
   A. 挖方断面　B. 填方断面　C. 半挖半填断面　D. 梯形　E. 矩形
3. 倒虹吸管的类型有(　　)。
   A. 竖井式　B. 斜管式　C. 侧槽式　D. 曲线式　E. 桥式

三、简答题

1. 简述渠系建筑物的种类、作用和布置原则,各种渠系建筑物的类型、组成和特点。
2. 渠道设计的要求有哪些?在设计时应如何考虑?
3. 梁式渡槽的支承形式有哪几种?各有何优缺点?适用条件是什么?
4. 倒虹吸管的适用条件主要是什么?布置要求有哪些?
5. 根据跌差大小,跌水可分为哪几种类型?跌水口的作用是什么?
6. 跌水与陡坡有何区别?

项目九　其他水工建筑物

项目任务书

<table>
<tr><td colspan="2">项目名称</td><td>项目九　其他水工建筑物</td><td>参考学时</td><td>4 学时</td></tr>
<tr><td colspan="2" rowspan="4">教学任务</td><td colspan="2">任务一　橡胶坝的构造</td><td>1 学时</td></tr>
<tr><td colspan="2">任务二　船闸的构造</td><td>1 学时</td></tr>
<tr><td colspan="2">任务三　升船机</td><td>1 学时</td></tr>
<tr><td colspan="2">任务四　过鱼建筑物</td><td>1 学时</td></tr>
<tr><td colspan="2">学习任务</td><td colspan="3">让学生理解并掌握橡胶坝、船闸、升船机、过鱼建筑物等其他水工建筑物的组成、作用、常见类型，会识读工程图</td></tr>
<tr><td colspan="2">教学内容</td><td colspan="3">1. 橡胶坝的类型、构造与布置。
2. 船闸的类型、构造与布置。
3. 升船机的类型、构造与布置。
4. 过鱼建筑物的类型、构造与布置</td></tr>
<tr><td rowspan="3">教学目标</td><td>知识</td><td colspan="3">1. 熟悉橡胶坝的类型、构造与布置。
2. 理解船闸的类型、构造与布置。
3. 理解升船机的类型、构造与布置。
4. 理解过鱼建筑物的类型、构造与布置</td></tr>
<tr><td>技能</td><td colspan="3">1. 能识读橡胶坝的构造与布置图。
2. 能识读船闸的构造与布置图。
3. 能识读升船机的构造与布置图。
4. 能识读过鱼建筑物的构造与布置图</td></tr>
<tr><td>态度</td><td colspan="3">1. 能按时上课，遵守课堂纪律，积极回答课堂问题，按时上交作业。
2. 课下能配合小组积极完成老师布置的各项任务。
3. 同学间能对疑难问题相互讨论。
4. 能勇于表达个人的观点和见解</td></tr>
</table>

任务一　橡胶坝的构造

知识要求

掌握橡胶坝的作用、特点、适用条件、分类，掌握橡胶坝的组成。

技能要求

熟悉橡胶坝的工程应用。

一、橡胶坝概述

橡胶坝在国外称尼龙坝、织物坝、可充胀坝等，我国通常称橡胶坝，它是自20世纪50年代以来，随着高分子合成材料的发展而出现的一种新型水工建筑物。

橡胶坝是用高强合成纤维织物做受力骨架，内外涂敷合成橡胶作黏结保护层，加工成胶布，按要求的尺寸，锚固在基础底板上，用水或气的压力充胀起来，形成挡水坝。不需要挡水时，泄空坝内的水或气，恢复原有河渠的过流断面。坝高调节自如，溢流水深可控，起到闸门、滚水坝和挡水坝的作用，可用于防洪、灌溉、发电、供水、航运、挡潮、地下水回灌及城市园林美化等工程中。

二、橡胶坝的特点

橡胶坝的结构简单新颖，坝袋是以石油副产品用现代工业技术生产的合成材料，原材料来源丰富，坝的跨度大，适用范围广，还具有造价低，节省三材（钢、木、水泥）、施工工期短、抗震性能好、不阻水和止水效果好、操作灵活、管理费用低等优点。

橡胶坝作为一种新型的水工建筑物有突出的优点，但也有自身的缺点。如坝袋坚固性较差，坝袋容易老化，使用寿命较短，坝高受到限制等。

三、橡胶坝的应用

橡胶坝以其自身的诸多特点，在低水头、大跨度的坝工程中得到了广泛的应用。

(1)改善城市水生态环境。人类择水而栖，而我国城市河流大多遭受不同程度污染，尤其北方城市季节性河流，枯水季节河底杂物污泥裸露，满目极尽凄凉。随着经济的发展，人民生活水平的改善，人们对生活环境的要求日益提高。在城市河道中建造橡胶坝，可以利用其充坝蓄水，坍坝过洪，利用自然又不破坏自然。橡胶坝在城市园林美化中得到了越来越多的应用。例如山西省太原市汾河城市段建造了若干橡胶坝，拦蓄上游来水，形成水面景观，不仅为市民提供了休闲娱乐场所，还对净化空气、消除水体污染、调节气温、增加空气湿度产生了重要作用。

(2)利用溢洪道或溢流堰抬高水头。将橡胶坝用于水库溢洪道的增高，可以充分利用水资源，发挥水库或水电站的潜在效益，尽可能多地蓄水，取得较高的发电水头。且溢洪道下游一般紧接陡坡段，无回流顶托现象，坝袋不易产生颤动；大量推移质在水库沉积，过流时不致磨损坝袋；不挡水或溢流时上下游均无水，有利于对坝袋进行全面检查维修；充坝挡水时，下游无水，可检修坝袋下游部分。因此，橡胶坝在水库溢洪道上被广泛采用。

例如广东省流溪河大型水库，在溢洪道上利用原有桥墩建造了充气式橡胶坝工程。

(3)沿海挡潮和防浪工程。橡胶坝袋是用高分子材料制成的，目前多采用氯丁橡胶为主要材料，并用少量天然橡胶、氧化镁等其他材料配方，这种配方加工的坝袋在淡水中使用寿命已超过20年。橡胶坝袋耐海水和海生物的性能，使其可适用于沿海防浪或挡潮，克服了钢铁闸门容易锈蚀的缺点。例如，山东烟台市为解决夹河河口的海水入侵修建了高为2.5m的橡胶坝，全长195 m，有效地阻挡了海水入侵。河北北戴河橡胶坝，主要作用是用来防潮蓄淡。

(4)回灌地下水。橡胶坝升坍自如，汛期洪水来临时，可坍坝行洪；之后升坝拦截汛末洪水。河道蓄水后不仅美化环境，还可将水回灌地下，补充地下水。例如，北京市几年来在潮白河上修建了10余座橡胶坝，将降雨和排泄下来的水分段蓄在沿线的拦河橡胶坝中，让其渗到地下，以补充地下水。

四、橡胶坝的分类

按内部介质，橡胶坝可分为充水式和充气式，按照坝形状分为枕式和斜坡式，如图9-1所示。

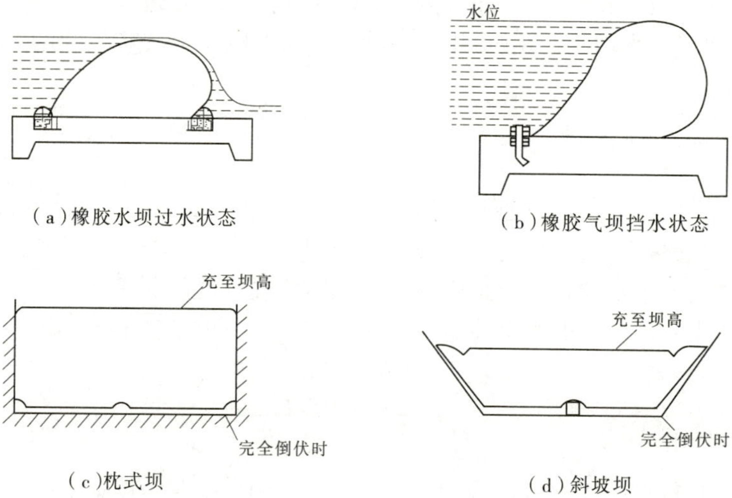

(a)橡胶水坝过水状态　(b)橡胶气坝挡水状态

(c)枕式坝　(d)斜坡坝

图9-1　橡胶坝的分类

五、橡胶坝的结构组成

橡胶坝一般由基础、上建结构、坝袋和控制系统等部分组成。其中：

(1)基础。一般有垫层法、强力夯实法、振动水冲法和桩基础。

(2)上建结构。包括底板、岸墙、消力池(护坦)、锚固槽、铺盖、海漫、护坡、埋设螺栓等。

(3)坝袋。由承受坝袋张力的骨架材料和确保气密性的橡胶层构成。

骨架材料：橡胶坝对骨架材料的要求是承受冲胀压力，具有抗刺穿能力，可选择强力锦纶帆布或钢丝网。

橡胶层：通常分为外层、中层、内层橡胶。

外层橡胶：由于河流中漂浮物较多，外层橡胶应具有耐磨损、耐日照、耐热、耐臭氧等性能。

中层橡胶:对两层或多骨架材料起连接作用,应具有较好的黏和性。

内层橡胶:应具有较高的水密性和气密性。

(4)橡胶坝的控制系统。由水泵(鼓风机或空压机)、电气装置、管道和阀门等组成。

任务二　船闸的构造

知识要求

掌握船闸的作用、组成、分类,船闸的工作原理。

技能要求

了解船闸的引航道布置,船闸的布置形式,船闸的结构形式,船闸输水系统的主要形式。

船闸是通过闸室的水位自动上升或下降,分别与上游或下游水位齐平,从而使得船舶克服航道上的集中水位落差,从上游(下游)水面驶向下游(上游)水面的专门建筑物。

一、船闸的组成

船闸一般由闸室、上下游闸首、引航道等基本部分组成,如图9-2所示。

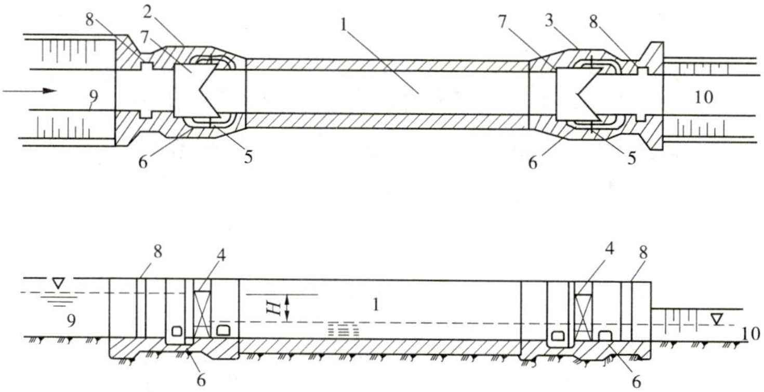

1—闸室;2—上闸首;3—下闸首;4—闸门;5—阀门;
6—输水廊道;7—门龛;8—检修门槽;9—上游引航道;10—下游引航道

图9-2　船闸示意图

(一)闸室

闸室是指由上、下闸首和两侧边墙所组成,通过船闸的船舶可在此暂时停泊的空间,是船闸的主要组成部分,主要由浆砌石、钢筋混凝土闸底板和闸墙构成,可以是整体式,也可以是分离式。可保证过坝(闸)船只的安全,闸墙上须设系船柱或系船环。

(二)上下游闸首

上下游闸首是将闸室与上下游引航道隔开的挡水建筑物。闸首一般由侧墙和底板组成。位于上游的叫上闸首,位于下游的叫下闸首。在闸首内设有工作闸门、检修闸门、输水系统(输水廊道和输水阀门等)及启闭机械等设备。船闸的闸门,常用人字闸门。

(三)引航道

引航道是指保证过闸船舶安全进出闸室交错避让和停靠用的一段航道。与上闸首相连接的叫上游引航道,与下闸首相连接的叫下游引航道。

在引航道内一般设有导航和靠船建筑物。导航建筑物与闸首相连接,其作用是引导船舶顺利地进出闸室;靠船建筑物与导航建筑相连接,布置于船舶过闸方向的一岸,供等待过闸船舶停靠使用。

二、船闸的类型

(一)按船闸级数分

(1)单级船闸。是指沿船闸纵向只建有一级闸室的船闸,如图9-3所示。这种形式的船闸,船舶通过时,只需要进行一次充泄水即可克服上、下游水位的全部落差,一般适用于15~20 m以内水头。

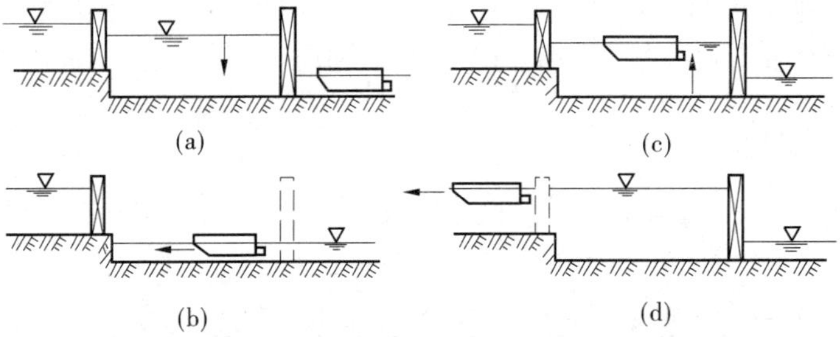

图9-3 船队(舶)过闸程序示意图

(2)多级船闸。是指沿船闸纵向连续建有两级以上闸室的船闸,如图9-4所示。船舶通过多级船闸时,需进行多次充泄水才能克服上、下游水位的全部落差。多级船闸一般适用于水头超过15~20 m的情况。

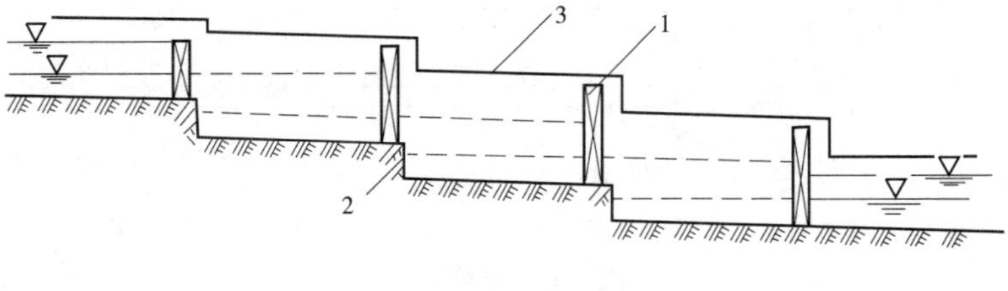

1—闸门;2—帷墙;3—闸墙顶

图9-4 多级船闸示意图

(二)按船闸的线数分

(1)单线船闸。其特点是在一个枢纽内只建有一条通航线路的船闸。一般情况下,大多采用这种形式。

(2)多线船闸。是指在一个枢纽内建有两条或两条以上通航线路的船闸。图9-5为长江葛洲坝水利枢纽所采用的三线船闸。当通过枢纽的货运量巨大,采用单线船闸不能满足通过能力要求时或船闸所处河段的航道对国民经济具有特殊重要意义，不允许因船闸检修而停航时才修建多线船闸。

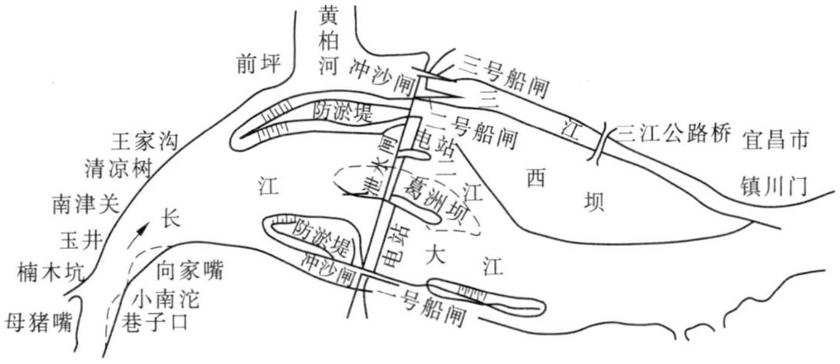

图 9-5　长江葛洲坝水利枢纽三线船闸布置示意图

在双线船闸中，可将两个船闸的闸室并列，而在两个闸室之间采用一个公共的隔墙，如图 9-6 所示。这时可利用隔墙设置输水廊道，使两个闸室相互连通，一个闸室的泄水可以部分地用于另一个闸室的充水。因此，可以减少工程量和船闸用水量。

（三）按闸室形式分

（1）广厢式船闸。其主要特点是闸首口门的宽度小于闸室的宽度，如图 9-7 所示。此类型的船闸适用于小型船只为主过坝。

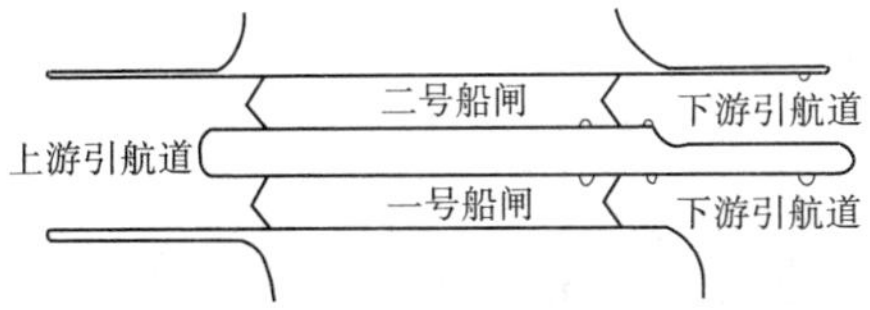

图 9-6　闸室并列双线船闸布置示意图

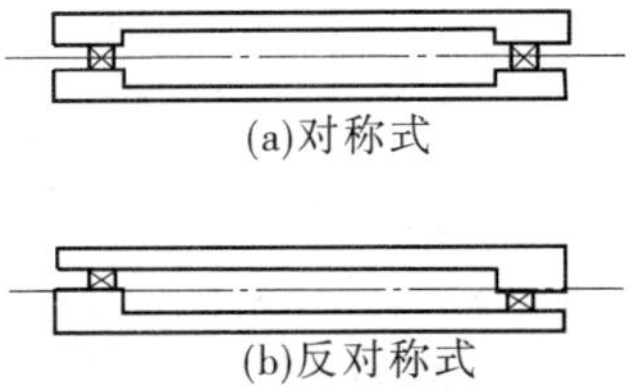

图 9-7　广厢式船闸示意图

（2）具有中间闸首的船闸。在上、下闸首之间增设一个中间闸首，将一个闸室分为前、后两部分，如图 9-8 所示。当所通过的船舶较小时，可只用闸室的前半部或后半部；当通过的船舶较大或船只较多时，可将前、后闸室连为一体使用。此类型船闸适用于过闸船只数量、大小不均一的情况。

（3）竖井式船闸。在闸室的上游侧设有较高的帷墙，而在下游侧设有胸墙，船舶在胸墙下的净空通过，下游闸门采用平面提升式，如图 9-9 所示。这种形式的船闸，用于水头较高、地基良好的情况，可以减小下游闸门的高度。

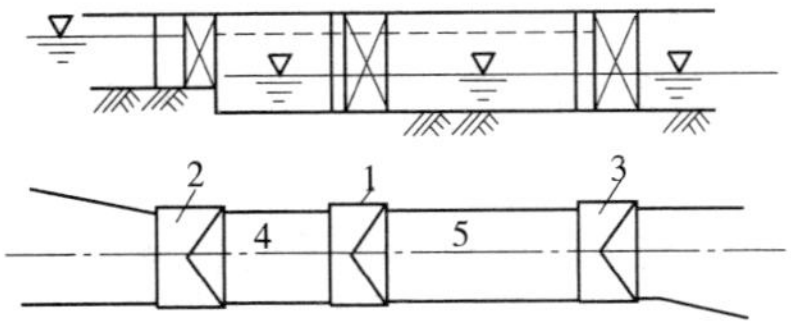

1—中间闸首；2—上闸首；
3—下闸首；4—前闸室；5—后闸室

图 9-8　有中间闸首的船闸

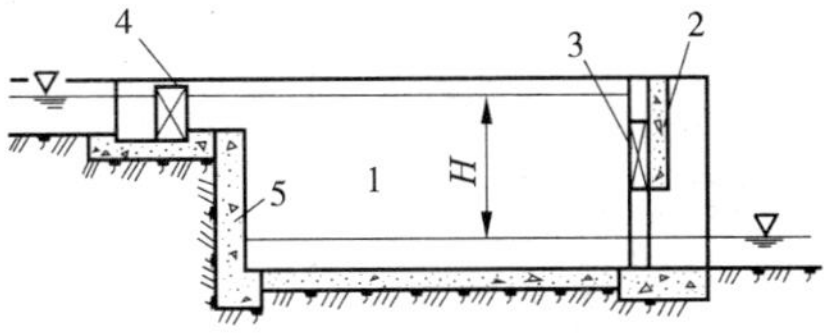

1—闸室；2—胸墙；3—平面闸门；
4—人字闸门；5—帷墙

图 9-9　竖井式船闸

三、船闸的工作原理

船只过坝的工作原理是利用输水设备使闸室内水位依次与上、下游齐平,使船只顺利从上游到下游,或从下游到上游。具体过程为:当上行船只过闸时,首先通过下游输水设备将闸室内水位泄放到与下游水位齐平,然后开启下游闸门,船只驶入闸室后关闭下游闸门,由上游输水设备向闸室充水,待水面与上游水位齐平后开启上游闸门,船只离开闸室上行。若有船只下行则需先关闭上游闸门,调节水位后,再开启下游闸门,让船只下行。

任务三　升船机

知识要求

掌握升船机的组成、作用、分类。

技能要求

了解升船机的工作原理,能识读不同类型的升船机图纸。

一、升船机的组成及作用

升船机一般由承船厢、垂直支架或斜坡道、闸首、机械传动机构、事故装置和电气控制系统等几部分组成。

(1)承船厢。用于装载船舶,其上、下游端部均设有厢门,以使船舶进出承船厢体。

(2)垂直支架或斜坡道。垂直支架一般用于垂直升船机的支撑结构,并起导向作用,而斜坡道则是斜面升船机的运行轨道。

(3)闸首。用于衔接承船厢与上、下游引航道,闸首内一般设有工作闸门和拉紧(将承船厢与闸首锁紧)、密封等装置。

(4)机械传动机构。用于驱动承船厢升降和启闭的厢门。

(5)事故装置。当发生事故时,用于制动并固定承船厢。

(6)电气控制系统。主要是用于操纵升船机的运行。

二、升船机的分类

按照承船厢的工作条件,可将升船机分为干式和湿式。

(1)干式。也称干运,是指将船舶置于无水的承船厢内承台上提升运送过坝。

(2)湿式。也称湿运,是指船舶浮于有水的承船厢内提升运送过坝。与船闸的工作原理基本相同。

按承船厢的运行线路,一般将升船机分为垂直升船机和斜面升船机两大类。

(一)垂直升船机

垂直升船机是利用水力或机械力沿铅直方向升降,使船只过坝;按其升降设备特点,有提升式(见图9-10)、平衡重式(见图9-11)和浮筒式(见图9-12)等形式。

(二)斜面升船机

将船舶置于承船厢内,沿着铺在斜面上的轨道升降,运送船舶过坝。斜面升船机由承

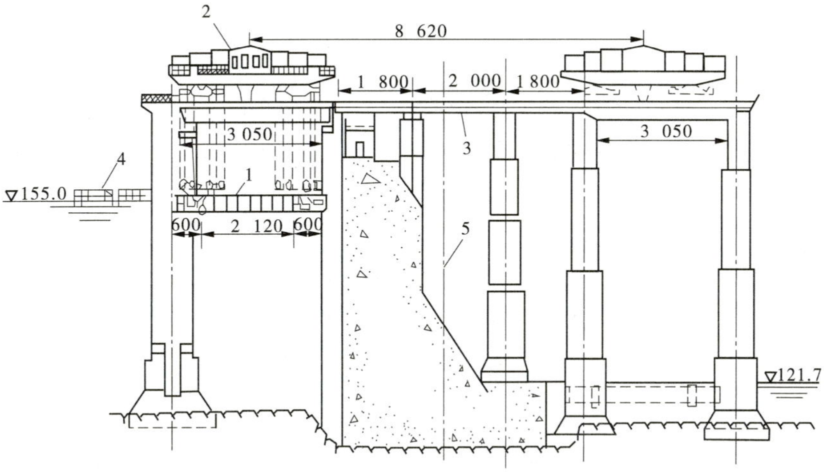

1—船厢;2—桥式提升机;3—轨道;4—浮堤;5—坝轴线

图 9-10 提升式垂直升船机 (单位:尺寸 cm;高程 m)

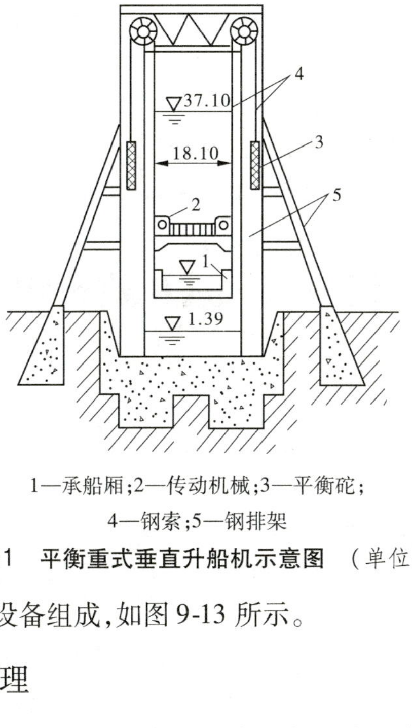

1—承船厢;2—传动机械;3—平衡砣;
4—钢索;5—钢排架

图 9-11 平衡重式垂直升船机示意图 (单位:m)

船厢、斜坡轨道及卷扬机等设备组成,如图 9-13 所示。

三、升船机的工作原理

升船机的工作原理是将船只开进有水或无水的船厢内,利用水力或机械沿垂直或斜面的方向升降船厢,达到使船只过坝的作用。

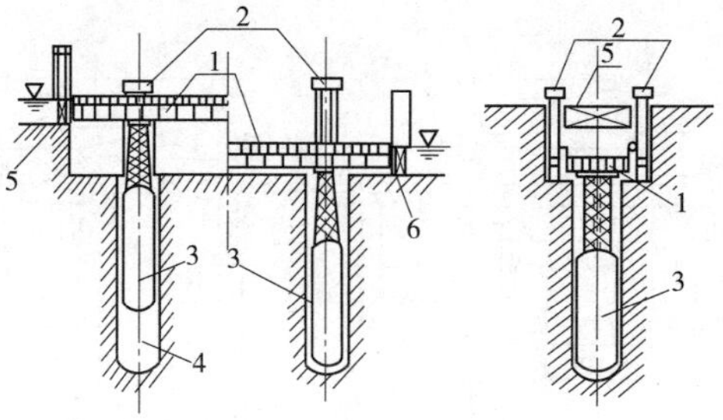

1—船厢;2—船厢导向柱;3—浮筒;
4—竖井;5—上游闸门;6—下游闸门

图 9-12　浮筒式垂直升船机

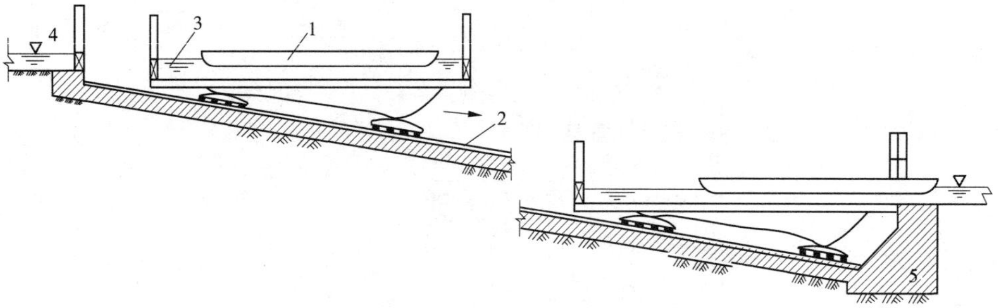

1—船舶;2—轨道;3—承船厢;4—上闸首;5—下闸首

图 9-13　斜面升船机示意图

任务四　过鱼建筑物

知识要求

掌握过鱼建筑物的作用、特点、适用条件、分类,掌握过鱼建筑物的组成。

技能要求

掌握过鱼建筑物的工程布置。

一、鱼道

鱼道是最早采用的一种过鱼建筑物,适用于低水头水利枢纽。鱼道由进口、槽身、出口及诱鱼补给水系统等几部分组成。鱼道按其结构形式有斜槽式、水池式、隔板式等三类。

二、鱼闸

鱼闸的工作原理类似于船闸,采用控制水位升降的方法来输送鱼类通过拦河闸、坝。主要有竖井式和斜井式两种类型。能在较大水位差条件下工作,可以适用于较高的水头。

三、升鱼机

升鱼机是利用机械设施将鱼输送过坝。可适用于高水头的水利枢纽过鱼,又能适应库水位的较大变幅，但机械设备易发生故障。有湿式和干式两种。

四、过鱼建筑物在水利枢纽中的位置

（1）低水头的闸坝枢纽，常把鱼道布置在水闸一侧的边墙内或岸边上，进口则设在边孔的闸门下游。

（2）水头较高的水利枢纽，常把鱼道、鱼闸或升鱼机分别布置在水电站和溢流坝两侧或导墙内。

习　题

一、单项选择题

1. 按内部介质，橡胶坝可分为（　　）和（　　）。

A. 充水式　B. 充气式　C. 枕式　D. 斜坡式

2. 通过闸室的水位自动上升或下降，分别与上游水位或下游水位齐平，从而使得船舶克服航道上的集中水位落差，从上游（下游）水面驶向下游（上游）水面的专门建筑物是（　　）。

A. 隧洞　B. 溢洪道　C. 船闸　D. 渡槽

3. 多级船闸一般适用于水头超过（　　）的情况。

A. 5 m　B. 8 m　C. 10 m　D. 30 m

4. 船闸属于下列哪种类型的水工建筑物。（　　）

A. 通航建筑物　B. 泄水建筑物　C. 输水建筑物　D. 挡水建筑物

5. 鱼道是最早采用的一种过鱼建筑物，适用于（　　）水头水利枢纽。

A. 高　B. 中　C. 低　D. 小

二、多项选择题

1. 橡胶坝一般由以下哪几部分组成。（　　）。

A. 基础　B. 上建结构　C. 坝袋　D. 控制系统

E. 电气系统

2. 船闸按级数分为（　　）。

A. 单级船闸　B. 多级船闸　C. 一级船闸　D. 二级船闸

E. 三级船闸

3. 按承船厢的运行线路，一般将升船机分为（　　）和（　　）两大类。

A. 垂直升船机　B. 斜面升船机　C. 干式升船机　D. 湿式升船机

E. 水平升船机

三、简答题

1. 简述橡胶坝的结构组成。
2. 简述船闸的工作原理及其分类。
3. 简述过鱼建筑物在水利枢纽中的位置。

项目十　水利枢纽布置

项目任务书

<table>
<tr><td colspan="2">项目名称</td><td>项目十　水利枢纽布置</td><td>参考学时</td><td>2 学时</td></tr>
<tr><td colspan="2" rowspan="2">教学任务</td><td colspan="2">任务一　蓄水枢纽布置</td><td>1 学时</td></tr>
<tr><td colspan="2">任务二　引水枢纽布置</td><td>1 学时</td></tr>
<tr><td colspan="2">学习任务</td><td colspan="3">让学生了解大型水利工程水利枢纽布置,会识读工程布置图</td></tr>
<tr><td colspan="2">教学内容</td><td colspan="3">1. 水利枢纽布置特点及影响因素。
2. 典型蓄水枢纽布置案例。
3. 典型引水枢纽布置案例。
4. 水利枢纽对河道的影响</td></tr>
<tr><td rowspan="3">教学目标</td><td>知识</td><td colspan="3">1. 熟悉水利枢纽布置特点及影响因素。
2. 理解蓄水枢纽布置。
3. 理解引水枢纽布置。
4. 了解水利枢纽对河道的影响</td></tr>
<tr><td>技能</td><td colspan="3">1. 能识读典型水利枢纽布置图。
2. 掌握典型水利枢纽布置原则,完成工程规划。
3. 通过地形图准确确定水利枢纽布置方案</td></tr>
<tr><td>态度</td><td colspan="3">1. 能按时上课,遵守课堂纪律,积极回答课堂问题,按时上交作业。
2. 课下能配合小组积极完成老师布置的各项任务。
3. 同学间能对疑难问题相互讨论。
4. 能勇于表达个人的观点和见解</td></tr>
</table>

任务一 蓄水枢纽布置

知识要求

掌握蓄水枢纽布置影响因素，掌握蓄水枢纽的布置原则要求。

技能要求

结合工程实际基本资料进行土石坝、水闸、重力坝等蓄水水利枢纽的布置，能初步识读水利枢纽的布置图。

水利枢纽布置，就是根据枢纽工程的地形、地质、水文、气象、交通、建筑材料等条件和运用要求，科学合理地安排枢纽工程中各建筑物的平面布置和高程。

水利枢纽布置是枢纽设计中一项重要而复杂的工作，涉及面宽，影响面大。枢纽布置是否科学合理，直接关系到工程的安全、造价、工期、效益和运行管理。因此，水利枢纽布置必须在充分准确掌握基本资料的基础上，从设计、施工、运行管理和技术经济等方面进行综合比较，选出最优方案。蓄水枢纽和引水枢纽在布置上有不同的特点和要求。

一、蓄水枢纽的布置

（一）坝址及坝型选择

坝址、坝型选择和枢纽布置关系密切，不同的坝轴线可选用不同的坝型和枢纽布置，对同一条坝轴线，也可采用几种坝型和枢纽布置方案。在优选坝址、坝型时，一般应考虑以下几个因素：

（1）地质条件。坝址地质条件是建库建坝的基础，是衡量坝址优劣的重要条件之一，在某种程度上决定着枢纽工程的结构和投资。在该阶段作为宏观决策，关键是不能疏漏重大地质问题，对重大地质问题要有正确的定性判断，以便决定坝址的取舍或定出防护处理的措施，或在坝型选择和枢纽布置上设法适应坝址的地质条件。一般情况下，拱坝对两岸坝基地质条件要求较高，重力坝或支墩坝次之，土石坝要求最低；高坝要求较严格，低坝要求较低。坝址选择还必须对区域地质稳定性及库区的渗漏、库岸塌滑、岸坡及山体稳定等地质条件作出评价。

（2）地形条件。坝址地形必须满足开发任务对枢纽布置的要求。一般来说，坝址河谷狭窄，坝轴线短，坝体工程量较小，但河谷太窄则不利于泄水建筑物、发电建筑物、施工导流及施工场地的布置，是否经济应根据枢纽总造价来衡量。通常，河谷两岸有适宜的高度和必需的挡水前缘宽度时，则对枢纽布置有利。对于多泥沙河流及有漂木要求的河道，应注意坝址位置对取水、防沙及漂木是否有利。对于通航河道，还应考虑通航建筑物的布置。对坝址上游，希望河谷开阔，争取在淹没损失较小的情况下获得较大库容。

坝址地形还应与坝型相适应，拱坝要求河谷狭窄；土石坝要求河谷宽阔、岸坡平缓，坝址附近或库区内有高程合适的天然山垭口，可供布置河岸式溢洪道，以及坝址附近有开阔的地形，便于布置施工场地。

（3）建筑材料。坝址附近应有数量足够、质量符合要求的建筑材料，应便于开采、运输，且施工期间料场不会被淹没。

(4)施工条件。坝址和坝型选择要考虑易于施工导流，施工交通运输、能源供应及便于布置施工场地。

(5)综合效益及环境影响。对于不同坝址要综合考虑防洪、灌溉、发电、通航、过木、城市和工业用水、渔业及旅游等各部门的经济效益，并考虑兴建水库后，原来的陆相地表和河流型水域变为湖泊型水域，改变了地区自然景观，对自然生态和社会经济产生多方面的环境影响。其有利的是水电、灌溉、供水、养殖、旅游等得到发展，消除了洪水灾害，改善了气候条件等。但是，也会带来淹没损失、浸没损失、土壤沼泽化、水库淤积、诱发地震、生态失衡等不利影响。虽然水库对环境的不利影响与其社会、经济效益相比是次要的，但处理不当也可能造成严重的后果，故在进行水利枢纽规划和坝址选择时，必须进行认真的研究。

(二)枢纽布置

蓄水枢纽布置需要考虑的因素多、牵涉面广，但一般起决定作用的是枢纽承担的任务要求、挡水建筑物所采用的坝型和坝址附近的地形地质条件。

蓄水枢纽分类的方法较多，按挡水建筑物形式的不同，可分为重力坝枢纽、拱坝枢纽及土石坝枢纽。同一类型的蓄水枢纽，在建筑物组成和枢纽布置上，有许多共同的特点和相似之处，而不同类型的蓄水枢纽，其建筑物组成和枢纽布置则有很大差别。

1. 重力坝枢纽

1)重力坝枢纽布置的一般原则和要求

(1)由于重力坝坝体上可布置泄水、取水等各种建筑物，因此坝体布置是枢纽布置的重要组成部分。一般在坝型选定后即可进行坝体布置。

(2)泄洪建筑物是影响枢纽布置和其他建筑物安全的关键，应先考虑其布置。开敞式溢流孔具有较大泄洪能力，一般应优先考虑。泄洪建筑物在平面上的布置不应影响电站、取水建筑物、船闸等的正常运行。

(3)水电站厂房的布置通常作如下考虑：位于狭窄河道而洪水流量大的高坝枢纽，可采用溢流坝与厂房重叠布置的形式，如厂房顶溢流式、厂前挑流式等；宽阔河道上的中、低坝常用河床式厂房，高坝则用坝后式厂房。

(4)坝身泄水孔除泄洪排沙外，还有其他重要的综合功能，如控制库水位、放空库水位等。在狭窄的河道上，泄水孔宜与溢流坝段结合，其消能方式宜与溢流坝统一考虑。宽阔河道可考虑分设。排沙孔应靠近发电(灌溉、供水)进水口、船闸闸首等部位，其流态不得影响这类建筑物的正常运行。泄水孔的位置应考虑放空水库、降低库水位、施工进度和施工方法等的要求而定。

(5)对于水电站、船闸、过木、过鱼等专门建筑物的布置，最重要的是保证它们具有良好的运用条件，并便于管理。关键是进、出口的水流条件。布置时，需选择好这些建筑物本身及进、出口的位置，并处理好它们与泄水建筑物及其进、出口之间的关系。

(6)设于坝内的施工导流建筑物(如底孔、缺口、明渠等)，其布置除能宣泄所承运的施工流量外，还应结合永久泄水建筑物的布置考虑，对于通航河流，还应考虑施工期的通航要求。

目前，已较广泛采取导流底孔取代坝体留缺口的措施，导流底孔多而且孔径大已成为发展趋势。导流底孔布设在明渠坝段或是河床坝段的居多。随着施工技术的发展，施工布置已是重力坝枢纽布置的重要组成部分。

2）重力坝枢纽的布置

根据我国已建和在建的10座100 m以上的高重力坝枢纽布置的形式来看，如果以泄洪和水电站厂房布置为中心，高重力坝枢纽布置可以归纳为以下的一些形式。

（1）坝后厂房，坝顶挑流泄洪式。例如，新安江、乌江渡、澜沧江漫滩水电站等均为这种布置形式。其特点是：采用坝顶溢流从坝后厂房泄洪或跨越厂房挑流泄洪。这种枢纽布置非常紧凑，整体安全性能好，工程量小，建设周期短，经济效益显著。

（2）岸边坝后厂房，河床泄洪式。例如，汉江安康、红水河岩滩、黄河万家寨等水电站均采用这种布置形式。枢纽中的坝后厂房在河床一侧岸边，河床及另一侧为泄洪坝段，进行泄洪排沙。其特点是：枢纽布置紧凑，结构不复杂，施工较简便，造价低，建设周期短，技术经济指标优越。特别是在泄洪、排沙建筑物布置中选用了表、中、底孔相结合的布置形式，并能较好地对机组进水口前进行“门前清”排沙。

（3）坝后（地下）混合式厂房，岸边溢洪道及深孔泄洪式。例如黄河刘家峡水电站在峡谷河床布置坝后（地下）混合式厂房，而泄洪、排沙建筑物则分散布置，右岸垭口布置溢洪道，左岸布置深式隧洞，与坝内底孔一起用于泄洪和排沙。

（4）河床坝后厂房，两岸河床泄洪式。例如宝珠寺水电站厂房占据河床中部，左、右两岸布置表、中孔泄洪，底孔分设在电站厂房两侧。

除以上四种外，还有两岸坝后电站厂房，河床泄洪的布置形式，例如长江三峡工程；还有河床泄洪、地下式厂房，如澜沧江大朝山水电站等。

3）重力坝枢纽布置实例

图10-1为丹江口水利枢纽工程布置图，丹江口水利枢纽位于湖北省丹江口市、汉江与丹江汇口以下800 m处，是开发汉江的第一个控制性大型骨干工程，具有防洪、发电、引水、灌溉、航运、养殖等综合效益。枢纽分两期开发，第一期正常蓄水位157.0 m，相应总库容174.5亿m^3，装机容量90万kW，多年平均发电量38.3亿kWh。河床宽缝重力坝，最大坝高97 m。一期工程于1974年竣工。二期工程正常蓄水位170 m，总库容290.5亿m^3。

河床布置混凝土坝、泄洪建筑物及坝后式厂房，左右两岸为土石坝，通航建筑物布置在左岸。坝顶高程162.0 m时，挡水建筑物总长2 494 m，其中混凝土坝长1 141 m，左岸土坝1 223 m，右岸土坝130 m。泄洪建筑物包括泄洪深孔和溢流坝两部分。泄洪深孔位于河床右部，设置12个宽5 m、高6 m的深孔，孔底高程113.0 m，供泄放中、小流量兼作放空、排沙之用（其中1孔在1990年被备用电源电厂占用），最大泄流量9 680 m^3/s。溢流坝位于河床中部，总长264 m，设有20个宽8.5 m、堰顶高程138 m的开敞式溢流孔，中间有一个坝段布置成隔墙（由施工时纵向围堰改建而成），将溢流坝分隔成两部分，只有在洪水超过1935年的洪量时，才开始运用左岸部分（共12孔），以保护电厂尾水少受泄洪干扰。最大泄流量39 900 m^3/s。

坝后式厂房位于河床左部，厂房坝段长174 m，安装6台单机容量为15万kW的竖轴混流式水轮发电机组。

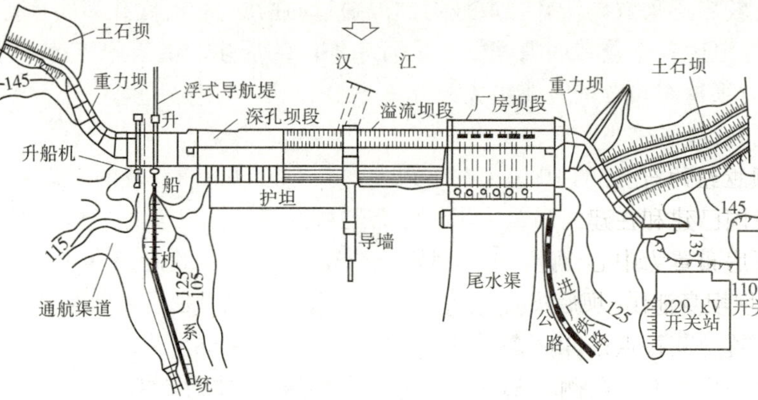

图 10-1　丹江口水利枢纽工程布置图

左岸土石坝全长 1 223 m，最大坝高 56 m，为黏土心墙及黏土斜墙、砂砾料坝壳土石混合坝。左岸土石坝与河床混凝土坝之间的左岸连接段长 220 m，为实体重力坝。为避开片岩区，混凝土坝轴线向下游转弯，左岸土石坝在连接段混凝土坝上游面与其正交连接。连接处设有上、下游挡土墙。

右岸土石坝长 130 m，为黏土心墙风化石渣坝壳土石混合坝。右岸连接段长 339 m，为实体重力坝。

通航建筑物布置在右岸，越过右岸混凝土连接坝段，采用垂直升船机与斜面升船机相结合的形式。全线由上游导航防护建筑物、垂直升船机、中间渠道、斜面升船机和下游引航道等五部分组成，中心线成一折线，总长 1 093 m。

在坝址上游左岸 30 km 处已建 2 座灌溉取水渠首。陶岔渠首，引水流量 500 m^3/s。闸室为 5 孔涵洞式钢筋混凝土结构，孔口尺寸 6 m × 6.7 m，闸底板高程 140.0 m。清泉沟渠首，引水流量 100 m^3/s，无压隧洞，宽 7 m、高 7 m、长 6 775 m，进口高程 143 m。

2. 拱坝枢纽

1）拱坝枢纽布置的一般原则和要求

（1）拱坝的布置与拱坝的体形选择是相互关联的，是拱坝布置的重要内容。应不断调整拱坝外形尺寸，使其在满足坝体应力、拱座稳定的条件下，体形最优，以达到工程量最小、造价最低的目的。

（2）由于坝身泄洪可节约投资且运行管理方便，故除有明显合适的岸边泄洪通道外，宜先考虑采用坝身泄洪的可能性。当选择采用坝身泄洪方式时，对于薄拱坝，当坝不太高、泄洪单宽流量不大时，可采用坝顶泄流式；当采用厚拱坝时，可采用坝面泄流式；当采用双曲拱坝、泄洪量又较大时，可采用滑雪道式或厂房顶溢流、挑越厂房式；当采用双曲拱坝或坝体较薄而泄洪量又很大时，可采用几种坝身泄洪方式或与其他泄洪建筑物相配合的联合泄洪方式。

采用坝身泄洪布置时，其下泄水流与坝脚应保持足够的安全距离，而且应重视泄洪水流及泄洪雾化对两岸山体稳定、交通和其他建筑物运行安全的影响。

坝身泄洪孔口的位置、数量、尺寸的选定应根据泄洪量和水头大小、对坝体应力及下游冲刷的影响与后果、枢纽运行要求以及对相邻建筑物的影响等方面研究确定。

(3)对与拱坝相邻的其他建筑物布置，如航运、取水、过木等建筑物，其布置原则与重力坝相似，但应注意研究其对拱坝应力及拱座稳定的影响。

(4)施工布置是高拱坝枢纽的重要组成部分，目前广泛采用大直径底孔导流，当坝身设导流底孔时，应研究其对拱坝布置的影响。

2)拱坝枢纽的布置形式

根据我国已建和在建的9座100 m以上的高拱坝枢纽布置的形式来看，如果以泄洪和水电站厂房布置为中心，可归纳为如下：

(1)拱坝坝身泄洪，坝后式水电站。例如，龙羊峡、东江、紧水滩、李家峡等水电站均采用这种布置。其特点是，电站均紧靠坝后，由于河床狭窄，厂房占据整个河床，故泄洪建筑物均布设在厂房左右两侧。由于泄洪量较大，这些高坝多采用以坝内表、中、底孔组合泄洪为主，辅以岸边溢洪道，并采用滑雪道或岸边长泄槽挑流。这类枢纽布置紧凑，总体工程量相对较小，建设速度快，在国内高拱坝枢纽布置中得到较普遍的应用。缺点是施工中干扰较多。

(2)拱坝坝体泄洪，地下式水电站。例如，白山、东风、二滩等水电站均采用这种布置。其特点是：将拱坝和电站厂房、引水管道系统分开，相互干扰少，有利于招投标的分标，建设周期短，经济效益好。

此外，还有拱坝坝体泄洪、坝内厂房的布置形式，例如凤滩水电站；还有拱坝坝体泄洪、岸边引水式厂房的布置形式，例如隔河岩水电站等。以上四种布置形式，均采用坝体泄洪，仅是水电站布置形式不同。

3)拱坝枢纽布置实例

图10-2所示为湖南欧阳海拱坝枢纽工程布置图，是灌溉、发电、过木等综合利用的蓄水枢纽。枢纽布置采用了坝体泄洪、岸边引水式厂房的布置形式，在拱坝河床部分坝体的中上部，布置了5个泄洪大孔口；下游布置了二道坝。泄洪时，从挑流式大孔口泄出的挑射水流跌落到二道坝形成的水池中进行消能，以保证工程的正常运行，较理想地布置了挡水建筑物和泄水建筑物。施工导流与发电相结合的隧洞，布置于弯道的凸岸，洞直而短，进、出口条件也较好。

3. 土石坝枢纽

1)土石坝枢纽的布置形式

土石坝由于坝体不能泄水，故其枢纽布置形式几乎均为挡水土石坝、河岸溢流或泄洪(取水)隧洞(或涵管)、岸边引水式水电站。根据枢纽任务要求，可能还有通航、过木等建筑物。

溢洪道和隧洞是土石坝枢纽中最常用的泄水建筑物，隧洞一般布置较低，溢洪道位置较高。工程运行中，在一般洪水情况下，隧洞运用概率较高，只有洪水较大时才起用溢洪道。国内外工程实践表明，土石坝枢纽多采用溢洪道与隧洞相结合的泄洪形式，也有采用单一的溢洪道或隧洞泄洪的形式。由于溢洪道的超泄能力较强，故当地形条件有利时，宜布设开敞式溢洪道。对于高、中坝一般不应采用坝下埋管作为泄水建筑物。对于含沙量较多的河流，还应考虑排沙孔。对于某些重要的土石坝，从工程安全出发，还需考虑设置泄水底孔，以降低库水位或放空库水。

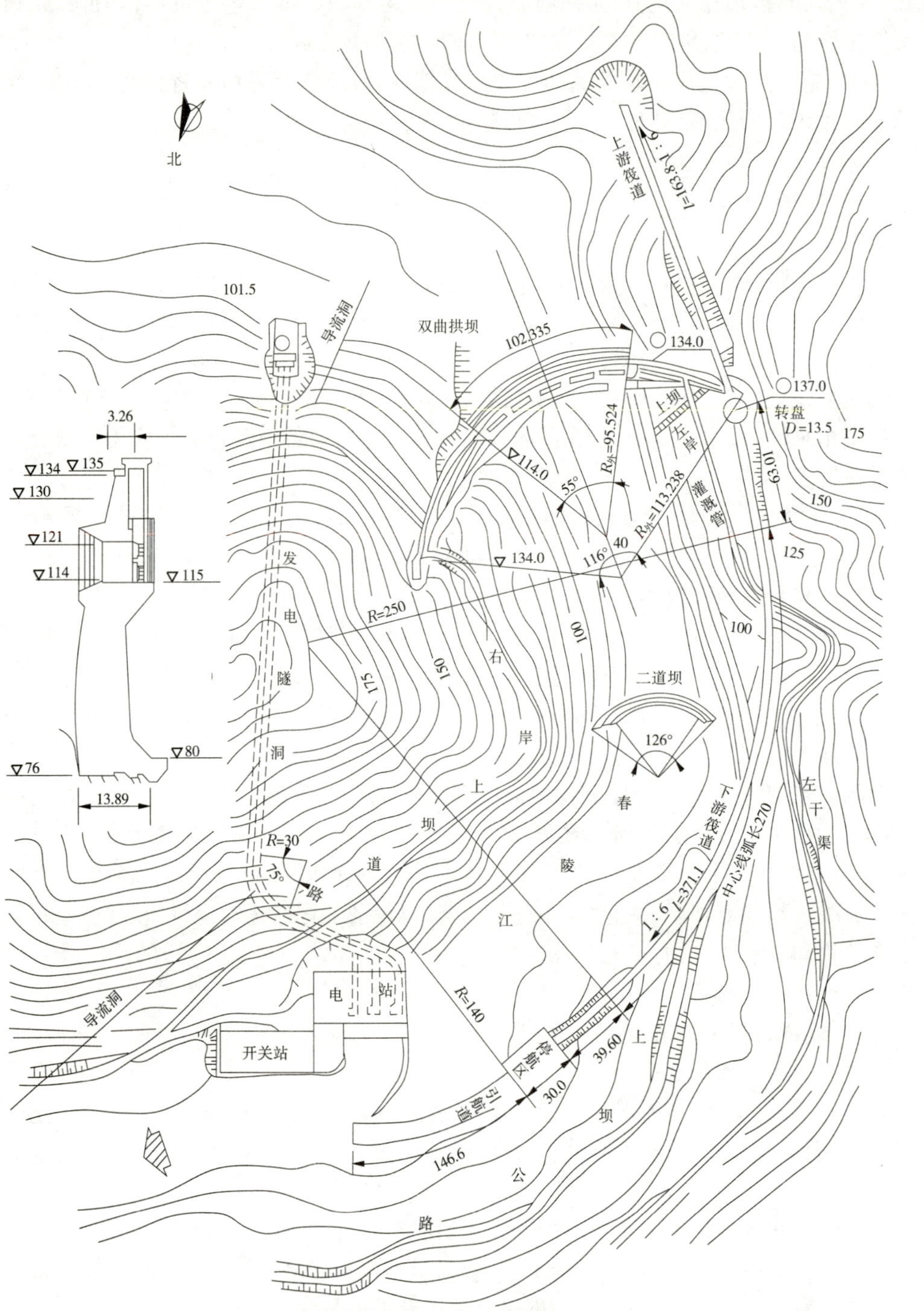

图 10-2　欧阳海拱坝枢纽工程布置图　（单位:m）

2)土石坝枢纽布置实例

图 10-3 所示为土石坝枢纽平面布置图,土石坝枢纽工程的特点是:坝址附近及其上游均无适宜布置溢洪道的地方,坝址地形狭窄,左岸山势陡峻,但右岸在坝顶高程附近的

山坡较平缓；灌区在右岸，要求的坝后渠首高程与原河床有较大的高差。针对这种情况，采用了图 10-3 所示的布置方案，这在技术上是可行的，经济上也是合理的。这一方案利用了右岸山坡比较平缓这个条件布置了坝肩溢洪道。溢洪道在平面上顺直，出口离坝脚有较大的距离，且方向与原河道大致平行；在溢洪道与右坝头之间留出了一段距离，其下布置灌溉、发电相结合的取水隧洞，隧洞后部用压力管道接水电站，尾水渠后接灌溉干渠；在溢洪道出口段下面的山岩内布置输水隧洞，以解决泄洪与灌溉引水交叉问题。从右岸的工程布置来看，尽可能地利用了地形条件，保证了土石坝、溢洪道、灌溉及发电等建筑物安全而正常地运行。由于右岸灌溉，发电取水隧洞的进、出口高程较高，不能兼作施工导流之用，故在左岸布置了施工导流隧洞，并使其与泄洪相结合，且进、出口的位置和方向也是较合适的，施工导流与泄洪时的运用条件均较好；同时，也为土石坝及右岸工程的施工安排提供了较好的条件，既能解决施工干扰又能缩短枢纽的施工工期。

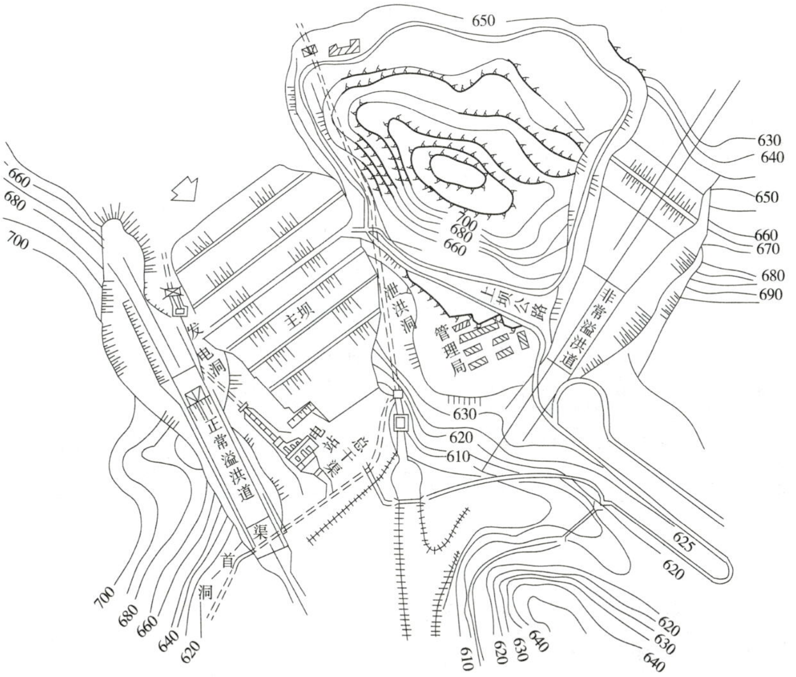

图 10-3　土石坝枢纽平面布置图

任务二　引水枢纽布置

知识要求

掌握引水枢纽布置影响因素，掌握引水枢纽的布置原则要求。

技能要求

结合工程实际基本资料进行无坝引水和有坝引水等水利枢纽的布置；能初步识读水

利枢纽的布置图。

一、引水枢纽的作用和类型

通常所称的引水枢纽(取水枢纽)是指从河流或水库取水的水利枢纽,其作用是获取符合水量及水质要求的河水,以满足灌溉、发电、工业及生活用水的要求,并要求防止粗颗粒泥沙进入渠道,以免引起渠道的淤积和对水轮机或水泵叶片的磨损,保证渠道及水电站正常运行。因引水枢纽位于渠道首部,所以又称为渠首枢纽。

引水枢纽根据是否具有拦河建筑物可分为无坝引水枢纽和有坝引水枢纽两大类。

(一)无坝引水枢纽

当河道枯水时期的水位和流量能满足引水要求时,不必在河床上修建拦河建筑物,只需在河流的适当地点开渠,并修建必要的建筑物自流引水,这种引水枢纽称为无坝引水枢纽。其优点是工程简单、投资少、施工比较容易、工期短、收效快,并且对河床演变的影响较小。缺点是不能控制河道水位和流量,枯水期引水保证率低。在多泥沙河流上引水时,如果布置不合理还可能引入大量泥沙,造成渠道淤积,不能正常工作。

(二)有坝引水枢纽

当河道枯水时期的水位和流量都能满足引水要求,但河道水位较低不能自流引水时,需修建壅水坝(或拦河闸)抬高水位以满足自流引水的要求,这种具有壅水坝的引水枢纽,称为有坝引水枢纽。不过在有些情况下,虽然水位和流量均可满足引水要求,但为了达到某种目的,也要采用有坝取水的方式。例如,采用无坝取水方式需开挖很长的水渠,工程量大,造价高时;在通航河道上引水量大而影响正常航运时;河道含沙量大,要求有一定的水头冲洗取水口前淤积的泥沙时。有坝引水枢纽的优点是工作可靠,引水保证率高,便于引水防沙和综合利用,故应用较广。但相对无坝引水枢纽来说,工程复杂,投资较多,拦河建筑物破坏了天然河道的自然状态,改变了水流、泥沙的运动规律,尤其是在多泥沙河流上,如果布置不合理,会引起渠首附近上下游河道的变形,影响渠首的正常运行。

二、引水枢纽的工作特点

(一)无坝引水枢纽的工作特点

1. 受河道水位涨落的影响较大

无坝引水枢纽因没有拦河建筑物,不能控制河道水位和流量。在枯水期,由于天然河道中水位低,可能引不进所需的流量,引水保证率较低。而在汛期,河道中水位高,含沙量也大。因此,渠首的布置不仅要能适应河水涨落的变化,而且必须采取有效的防沙措施。

2. 河床变迁的影响较大

若引水口处河床不稳定,就会引起主流摆动。一旦主流脱离引水口,就会导致水流不畅;加之常受河水涨落、泥沙淤积等影响,可能还会使引水口被淤塞而失效。例如,黄河人民胜利渠渠首,由于河床变迁,进水闸前出现大片沙滩,引水十分困难;郑州市东风渠的渠首工程,因受黄河河床变迁的影响,引水口被淤而不能引水。所以,在不稳定河流上引水时,引水口应选在靠近河道主流的地方,并随时观察河势变化,必要时加以整治,防止河床变迁。

3. 水流转弯的影响

如在河道直段侧面引水，由于岸边引水口前水流转弯，从而形成侧面引水环流，使表层水流和底层水流分离。而且，进入渠道的底层水流宽度远大于表层水流，从而使大量推移质随着底流进入渠道。当引水比（引水流量与河道流量的比值）达50%时，河道的底沙几乎全部进入渠道。因此，应采取必要的防沙措施，改变流态，减小底流宽度或将底流导离引水口，以减少推移质入渠。

4. 渠首运行管理的影响

渠首运行管理的好坏，对防止泥沙入渠也有很大的关系。河流的泥沙高峰在洪水期，如果这时能关闸不引水，或少引水，避开泥沙高峰，就能有效地防止泥沙进入渠道造成淤积。

（二）有坝引水枢纽的工作特点

1. 对上游河床的影响

当渠首投入运用后，上游水位被壅水坝抬高，坝前流速较低。因此，大量泥沙沉积在坝前，沉积的速度也很快，在1~2年内，甚至一次洪水即可将坝前淤满，山区河流中，由于水中挟带的泥沙为砾石及大块石，因此坝前淤积往往高出坝顶。例如，陕西石头河的梅惠渠，坝前淤积高出坝顶2.0 m，壅水坝淤平后，即失去控制水流的作用，进水闸处于无坝引水状态。另外，当河道主流摆动后，上游河床常形成一些岔道，使得引水口附近不能保持稳定的深槽，从而影响渠首的正常工作。

2. 对下游河床的影响

在渠首运行初期，壅水坝下泄的水流较清，具有很大的冲刷力，促使下游河床冲刷；当坝前淤平后，下泄水流的含沙量增大，又使下游河床逐渐淤积，严重时可将壅水坝埋于泥沙中。例如，陕西省织女渠渠首的壅水坝，其坝体大部分已被埋在沙内。

根据上述情况，不但要使建筑物布置合理、尺寸和高程选择恰当，而且要考虑渠道上、下游河床的再造情况，进行必要的河道整治。

三、引水枢纽布置的一般要求

引水枢纽是整个渠系的咽喉，它的布置是否合理，对发挥工程效益影响极大。除枢纽的各个建筑物应满足一般水工建筑物的要求外，引水枢纽的布置还应满足以下要求：

（1）任何时期，都应根据引水要求不间断地供水。

（2）多泥沙河流上，应采取有效的防沙措施，防止泥沙入渠。

（3）对于综合利用的渠首，应保证各建筑物正常工作互相不干扰。

（4）应采取措施防止冰凌等漂浮物进入渠道。

（5）枢纽附近的河道应进行必要的整治，使主流靠近引水口，以保证引取所需水量。

（6）枢纽布置应便于管理，易于采用现代化管理设施。

四、无坝引水枢纽的布置

（一）无坝引水枢纽的位置选择

无坝引水枢纽因没有拦河建筑物，不能控制河道水位和流量，所以渠首位置的选择，对于提高引水保证率、减少泥沙入渠起着决定性作用。在选择位置时，除满足渠首位置选择的一般原则外，还必须详细了解河岸的地形、地质情况，河道洪水特性，含沙量及河床演变规律等，并根据以下原则，确定合理的位置。

（1）根据河流弯道的水流特性，无坝渠首应设在河岸坚固、河流弯道的凹岸，以引取表层较清水流，防止泥沙入渠。因此，取水口不应设在弯道的上半部，因为该处的横向环流还没有充分形成，河流中的泥沙还来不及带到凸岸。所以，取水口应设在弯道顶点以下水深最大、单宽流量最大、环流作用最强的地方。

（2）在有分汊的河段上，一般不宜将取水口布置在汊道上。由于分汊河段上主流不稳定，常发生交替变化，导致汊道淤塞而引水较困难。若由于具体位置的限制，只能在汊道上设取进水口，则应选择比较稳定的汊道，并对河道进行整治，将主汊控制在该汊道上。

（3）无坝渠首也不宜设在河流的直段上。因从河道直段的侧面引水，河道主流在取水口处流向下游，只有岸边的水流进入取水口，所以进水量相对较小且不均匀。此外，由于水流转弯，引起横向环流，使河道的推移质大量进入渠道。

（二）无坝引水枢纽的布置形式

无坝引水枢纽的水工建筑物有进水闸、冲沙闸、沉沙池及上下游整治建筑物等。当有航运、漂木和渔业等要求时，还应考虑设置船闸、筏道和鱼道等。无坝引水枢纽的布置形式，按取水口的数目可分为一首制和多首制两种，每种渠首的布置形式，根据河床和河岸的稳定情况、河流的水沙特性以及引水流量的多少而有所不同。

根据情况不同有三种布置形式，即位于弯道凹岸的渠首、引水渠式渠首和导流堤式渠首。

1. 位于弯道凹岸的渠首

当河床稳定、河岸土质坚硬时，可将渠首进水闸建在河流弯道的凹岸，利用弯道环流原理，引取表层较清水流，排走底沙。这种渠首由拦沙坎、进水闸及沉沙设施等部分组成。进水闸的作用主要是控制入渠流量。拦沙坎和沉沙池的作用都是防沙。但拦沙坎是用来加强天然河道环流，阻挡河道底部泥沙入渠并使河道底沙顺利排走的。沉沙池是用来沉淀进入渠道的推移质及悬移质中颗粒较粗的泥沙的。

进水闸一般布置在引水口处，在保证工程安全的前提下，应尽量减少引水渠的长度，这样既可减少水头损失，又可减轻引水渠的清淤工作。取水口两侧的土堤，一般用平缓的弧线与河堤相连，使取水口成为喇叭口形状。尤其是取水口的上唇应做成平缓的曲线，以使入渠水流平顺，减少水头损失，并减轻对取水口附近水流的扰动，对防止推移质泥沙随水流进入取水口很有好处。

2. 引水渠式渠首

当河岸土质较差易受水流冲刷而变形时，可将进水闸设在距河岸有一定距离的地方，使其不受河岸变形的影响。

取水口处设简易的拦沙设施，以防止泥沙入渠。在取水口和进水闸之间用引渠相连。引渠兼作沉沙渠，并在沉沙渠的末端，按正面引水、侧面排沙的原则布置进水闸和冲沙闸。冲沙闸用来冲洗沉沙渠内的泥沙，使泥沙重归河道。一般冲沙闸与引水渠水流方向的夹角为30°～60°。冲沙闸底板高程比进水闸低0.5～1.0 m。在进水闸前也要设一道拦沙坎，以利导沙。为了冲洗引渠出口处的长度，以便利用水力冲洗淤积在引水渠中的泥沙，必要时，也可辅以人力或机械清淤。

这种渠首的主要缺点是引水渠沉积泥沙后，冲沙效率不高。为保证引水，常需要用人力或机械辅助清淤。为了减轻引水渠的淤积，一般应在引水渠的入口处修建简单的拦沙设施。

3. 导流堤式渠首

在山区河流坡降较陡、引水量较大及不稳定的河道上，为控制河道流量，保证引水防沙，一般采用导流堤式。该渠首由导流堤、进水闸及泄水冲沙闸等组成。导流堤的作用是束缩水流、抬高水位，以保证水流平顺入渠。进水闸的作用是控制入渠流量。泄水冲沙闸除宣泄部分洪水外，平时也可用来排沙。

进水闸与泄水冲沙闸的位置，一般按正面引水、侧面排沙的原则进行布置。进水闸与河道主流方向一致，泄水冲沙闸与水流方向一般做成接近90°夹角，以加强环流，有利于排沙。当河水流量大、渠首引水量较小时，也可采用正面排沙、侧面引水的布置形式。这时泄水冲沙闸的方向和主流方向一致，进水闸的中心线与主流方向呈锐角，一般以30°～40°为宜。这样布置可减轻洪水对进水闸的冲击，而冲沙闸又能有效地排除取水口前的泥沙。

为拦截泥沙，进水闸底板高程应高出引水段河床高程0.5～1.0 m。泄水冲沙闸底板与该处河底齐平或略低，但比河道主槽要高，有利于泄水排沙。

导流堤的布置一般是从泄水闸向河流上游方向延伸，使其接近河道主流。导流堤的轴线与河道水流方向的夹角不宜过大，以免被洪水冲毁。但也不能太小，否则将使导流堤长度增加而增大工程量。一般取10°～20°的夹角。导流堤的长度取决于引水量的多少，堤愈长引水量愈多。有时在枯水期，为了引取河道全部流量，甚至可使导流堤拦断全部河床，但在洪水来临前，必须拆除一部分，让出河床，以利泄洪。

图10-4所示为我国古代著名的水利工程——都江堰引水枢纽的布置示意图。它建于2 300年前，也属于导流堤式渠首。整个渠首位置选择在岷江天然弯道上。它由百丈堤、导流堤、飞沙堰、泄水槽及进水口等建筑物组成。金刚堤（导流堤）位于进水口——宝瓶口前，建在江中卵石沉积的天然滩脊上，根据当时的施工条件和材料，堤身是用当地材料竹笼内装卵石及木桩加固而成的，类似于现代的铅丝笼装卵石导流堤。金刚堤的最前端是都江鱼嘴。金刚堤的作用主要是分水和导流，它把岷江分为内江和外江。

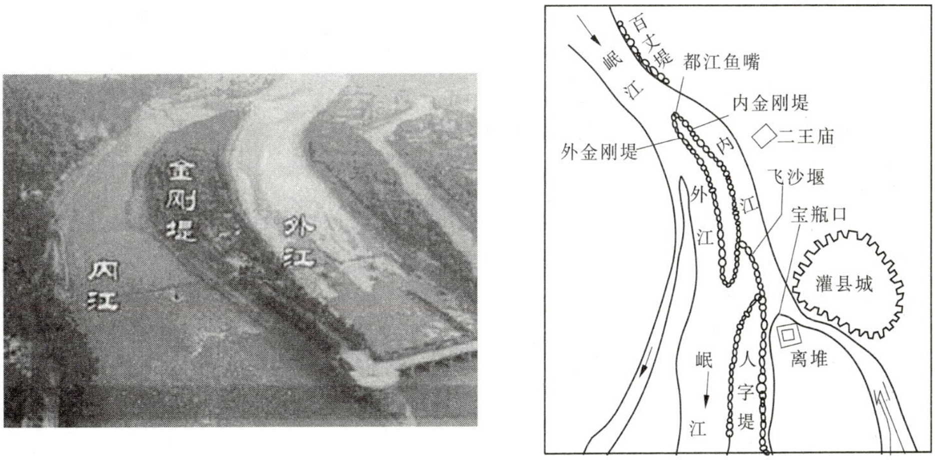

图10-4　都江堰水利工程图

在洪水时期，内江和外江水量的分配比例大约为4∶6，大部分洪水从外江流走以保证灌区的安全；在枯水时期，内、外江的分水比例恰好相反，大部分江水进入内江，保证了灌区用水。进水口——宝瓶口，是由人工凿开玉垒山而成的。由于岩石坚硬，能抵抗水流的冲击，并可以控制引取所需的水量。飞沙堰及泄水槽建在进水口前的导流堤上，用以宣泄进入内江的多余水量，排走泥沙，并保持取水口所需要的水位。百丈堤位于导流堤上游，除引导江水外，还保护河岸免受冲刷。因整个工程布置合理，各建筑物能互相紧密配合，相互调节，起到了分水、泄洪、引水和防沙的作用，使成都平原农田可以自流灌溉，成为旱涝保收的富饶地区。这座工程的建造，充分体现了我国古代劳动人民具有无穷的智慧和高度的科学技术水平。

五、有坝引水枢纽的布置形式

当河道枯水时期的流量能满足引水要求，但河道水位较低，不能自流引水时，需修建拦河建筑物以抬高水位，满足自流引水的要求。这种引水枢纽称为有坝引水枢纽。有坝引水枢纽一般由拦河壅水建筑物（壅水坝或拦河闸）、进水闸、冲沙闸、防排沙设施及上下流河道整治措施等建筑物组成。拦河壅水建筑物的作用是抬高水位和宣泄河道多余的水量及汛期洪水，进水闸的作用是控制入渠流量，防排沙设施的作用是防止河流泥沙进入渠道。常用的防排沙设施有沉沙槽、冲沙闸、冲沙廊道、冲沙底孔及沉沙池等。

由于河道水流特性、地形、地质条件千差万别，各建筑物对枢纽工程的形式选择和布置起着决定性作用。一般情况下，是先根据基础资料拟订几个不同的布置方案，进行技术经济比较后确定。下面介绍常用的几种有坝引水枢纽的布置。

（一）沉沙槽式渠首

这种渠首按侧面引水、正面排沙的原则进行布置，由壅水坝、冲沙闸、冲沙槽、导水墙及进水闸等组成。因其最先建于印度，又称为印度式渠首。

由于沉沙槽式渠首的布置和结构简单，施工容易，造价较低，故在我国西北、华北等地区得到广泛应用。但在运用实践中，发现这种渠首布置存在下述主要问题：

（1）由于进水闸与河流垂直，水流需转90°急弯进入进水闸，这样便在进水口处产生横向环流，把部分推移质泥沙带入渠道。

（2）当冲沙闸冲沙时，槽内推移质发生跃移运动，为防止泥沙入渠，必须关闭进水闸，停止取水。

（3）当壅水坝前淤平后，该坝便失去控制水流作用，此时进水闸处于无坝引水状态。引水得不到保证。针对这些缺点，改进措施有：①加大沉沙槽及冲沙闸的尺寸，采用弧形沉沙槽，槽内增设潜没分水墙、导沙坎等改变水流内部结构，使表层水进入进水闸；②合理选择进水闸与拦河建筑物之间的夹角，一般采用进水闸水流与河道水流成30°～60°，以减弱环流强度；③将壅水坝全部或大部分改为拦河闸以稳定主流。

（二）人工弯道式渠首

人工弯道式渠首是将弯曲河段整治为有规则的人工弯道，利用弯道环流原理，在弯道末端按正面引水、侧面排沙的原则布置进水闸和冲沙闸，以引取表层清水，排走底层泥沙，以达到引水排沙的目的。该渠首由人工弯道、进水闸、冲沙闸、泄洪闸以及下游排沙道等组成。

(三)底栏栅式渠首

在山溪河道上,河床坡度较陡,水流中挟带有大量的卵石、砾石及粗沙,为防止大量泥沙入渠,常采用底栏栅式渠首。

这种渠首的主要建筑物有底栏栅坝、溢流堰、泄洪冲沙闸、导沙坎及上下游导流堤等。

(四)底部冲沙廊道式渠首

由于河道中水流泥沙沿深度分层的特点,将水流垂直地划分为表层及底层两部分,进水闸引取表层较清水流,而含沙量较高的底层水流则经过冲沙廊道或泄洪排沙闸排到下游。分层引水的渠首布置常采用底部冲沙廊道式渠首。由于廊道冲沙所需水量较少,常用于缺少冲沙流量的河流。当冲沙廊道用于宣泄部分洪水时,则需水量较多。这种枢纽要求坝前水位能形成较大的水头,使水流在廊道内产生 4 ~6 m/s 的冲沙流速。

(五)两岸引水式渠首

当河道两岸都需要引水时,常在拦河(溢流)坝两端分别建造沉沙槽式取水口,以满足两岸引水要求。实践证明,这种渠首常有一岸取水口被泥沙堵塞。因此,通常采用在一岸集中引水,然后用坝内输水管道向对岸输水,或用跨河渡槽或在河床内埋设涵管向对岸输水。

这种从一岸取水并向对岸输水的方式,虽然结构复杂,但运用情况良好,不仅有利于水量调配,而且便于管理。

(六)少泥沙河流上综合利用的有坝渠首布置

在我国南方山区及平原地区河道上,多修建综合利用的引水枢纽工程,以满足灌溉、航运、筏运、发电和渔业的要求。因此,这类枢纽建筑物的组成,除进水闸和溢流坝外,根据用途的不同,还要修建一种或几种专门建筑物。

参考文献

[1] 祁庆和. 水工建筑物[M]. 3 版. 北京:水利电力出版社,1996.
[2] 张光斗,王光纶. 水工建筑物(上册)[M]. 北京:水利电力出版社,1992.
[3] 张光斗,王光纶. 水工建筑物(下册)[M]. 北京:水利电力出版社,1994.
[4] 左东启,王世夏,林益才. 水工建筑物(上册)[M]. 南京:河海大学出版社,1995.
[5] 左东启,王世夏,林益才. 水工建筑物(下册)[M]. 南京:河海大学出版社,1996.
[6] 杨邦柱,焦爱萍. 水工建筑物[M]. 2 版. 北京:中国水利水电出版社,2009.
[7] 焦爱萍. 水利水电工程专业毕业设计指南[M]. 郑州:黄河水利出版社,2003.
[8] 陈胜宏. 水工建筑物[M]. 北京:中国水利水电出版社,2004.
[9] 陈德亮. 水工建筑物[M]. 4 版. 北京:中国水利水电出版社,2005.
[10] 郭宗闵. 水工建筑物[M]. 2 版. 北京:中国水利水电出版社,1995.
[11] 麦家煊. 水工建筑物[M]. 北京:清华大学出版社,2005.
[12] 郑万勇,杨振华. 水工建筑物[M]. 郑州:黄河水利出版社,2003.
[13] 王宏硕. 水工建筑物(专题部分)[M]. 北京:水利电力版社,1991.
[14] 潘家铮. 重力坝[M]. 北京:水利电力出版社,1983.
[15] 毛昶熙. 渗流计算分析与控制[M]. 北京:水利电力出版社,1990.
[16] 陈椿庭. 高坝大流量泄洪建筑物[M]. 北京:水利电力出版社,1988.
[17] 潘家铮. 拱坝[M]. 北京:水利电力出版社,1982.
[18] 华东水利学院. 水工设计手册:第 5 卷 混凝土坝[M]. 北京:水利电力出版社,1987.
[19] 能源部、水利部水利水电规划设计总院. 碾压式土石坝设计手册[M]. 北京:水利电力出版社,1989.
[20] 潘家铮. 土石坝[M]. 北京:水利电力出版社,1992.
[21] 谈松曦. 水闸设计[M]. 北京:水利电力出版社,1986.
[22] 华东水利学院. 水工设计手册:第 6 卷 泄水与过坝建筑物[M]. 北京:水利电力出版社,1987.
[23] 潘家铮,何璟. 中国大坝 50 年[M]. 北京:中国水利水电出版社,2000.
[24] 中华人民共和国水利部. SL 319—2005 混凝土重力坝设计规范[S]. 北京:中国水利水电出版社,2005.
[25] 中华人民共和国水利部. SL 274—2001 碾压式土石坝设计规范[S]. 北京:中国水利水电出版社,2002.
[26] 中华人民共和国水利部. SL 253—2000 溢洪道设计规范[S]. 北京:中国水利水电出版社,2000.
[27] 中华人民共和国水利部. SL 279—2002 水工隧洞设计规范[S]. 北京:中国水利水电出版社,2003.